清华大学电子工程系核心课系列教材

U0168207

数字逻辑与处理器基础

汪 玉 李学清 马洪兵 马惠敏 编著

清华大学出版社

北 京

内 容 简 介

本书从"如何用数字电路与处理器解决计算问题"这一需求出发,围绕数字电路和处理器两大部分进行讲解。数字电路部分重点介绍集成电路的数学基础、组合逻辑与时序逻辑的基本概念、分析与设计方法、发展规律与核心思想。处理器部分重点介绍处理器的基本概念和原理、汇编基础知识、不同种类基础处理器的分析与设计方法、多级缓存的存储器架构、处理器的发展规律与核心思想。本书配有实验环节,基于第一部分讲授的数字电路内容,利用硬件描述语言设计、优化基本的处理器,并在可编程逻辑器件上验证。本书适合作为信息科学与技术领域的本科生教材,也可供相关领域工程技术人员参考。

图书在版编目(CIP)数据

数字逻辑与处理器基础/汪玉等编著.—北京:清华大学出版社,2023.12(2024.11重印)
清华大学电子工程系核心课系列教材
ISBN 978-7-302-63702-8

Ⅰ. ①数… Ⅱ. ①汪… Ⅲ. ①数字逻辑-高等学校-教材 ②微处理器-高等学校-教材
Ⅳ. ①TP302.2②TP332

中国国家版本馆 CIP 数据核字(2023)第 102185 号

责任编辑:文 怡
封面设计:王昭红
责任校对:韩天竹
责任印制:沈 露

出版发行:清华大学出版社
　　　　网　　　址:https://www.tup.com.cn,https://www.wqxuetang.com
　　　　地　　　址:北京清华大学学研大厦 A 座　　邮　　编:100084
　　　　社 总 机:010-83470000　　　　　　　　邮　　购:010-62786544
　　　　投稿与读者服务:010-62776969,c-service@tup.tsinghua.edu.cn
　　　　质量反馈:010-62772015,zhiliang@tup.tsinghua.edu.cn
　　　　课件下载:https://www.tup.com.cn,010-83470236
印 装 者:三河市铭诚印务有限公司
经　　销:全国新华书店
开　　本:185mm×260mm　　印　　张:21.75　　　　字　　数:530 千字
版　　次:2023 年 12 月第 1 版　　　　　　　　印　　次:2024 年 11 月第 2 次印刷
印　　数:1501～2000
定　　价:75.00 元

产品编号:098270-01

丛书 序

清华大学电子工程系经过整整十年的努力,正式推出新版核心课系列教材。这成果来之不易! 在这个时间节点重新回顾此次课程体系改革的思路历程,对于学生,对于教师,对于工程教育研究者,无疑都有重要的意义。

一

高等电子工程教育的基本矛盾是不断增长的知识量与有限的学制之间的矛盾。这个判断是这批教材背后最基本的观点。

当今世界,科学技术突飞猛进,尤其是信息科技,在20世纪独领风骚数十年,至21世纪,势头依然强劲。伴随着科学技术的迅猛发展,知识的总量呈现爆炸性增长趋势。为了适应这种增长,高等教育系统不断进行调整,以把更多新知识纳入教学。自18世纪以来,高等教育响应知识增长的主要方式是分化:一方面延长学制,从本科延伸到硕士、博士;一方面细化专业,比如把电子工程细分为通信、雷达、图像、信息、微波、线路、电真空、微电子、光电子等。但过于细化的专业使得培养出的学生缺乏处理综合性问题的必要准备。为了响应社会对人才综合性的要求,综合化逐步成为高等教育主要的趋势,同时学生的终身学习能力成为关注的重点。很多大学推行宽口径、厚基础本科培养,正是这种综合化趋势使然。通识教育日益受到重视,也正是大学对综合化趋势的积极回应。

清华大学电子工程系在20世纪80年代有九个细化的专业,20世纪90年代合并成两个专业,2005年进一步合并成一个专业,即"电子信息科学类",与上述综合化的趋势一致。

综合化的困难在于,在有限的学制内学生要学习的内容太多,实践训练和课外活动的时间被挤占,学生在动手能力和社会交往能力等方面的发展就会受到影响。解决问题的一种方案是延长学制,比如把本科定位在基础教育,硕士定位在专业教育,实行五年制或六年制本硕贯通。这个方案虽可以短暂缓解课程量大的压力,但是无法从根本上解决知识爆炸性增长带来的问题,因此不可持续。解决问题的根本途径是减少课程,但这并非易事。减少课程意味着去掉一些教学内容。关于哪些内容可以去掉,哪些内容必须保留,并不容易找到有高度共识的判据。

探索一条可持续有共识的途径,解决知识量增长与学制限制之间的矛盾,已是必需,也是课程体系改革的目的所在。

二

学科知识架构是课程体系的基础,其中核心概念是重中之重。这是这批教材背后最关键的观点。

布鲁纳特别强调学科知识架构的重要性。架构的重要性在于帮助学生利用关联性来理解和重构知识;清晰的架构也有助于学生长期记忆和快速回忆,更容易培养学生举一反三的迁移能力。抓住知识架构,知识体系的脉络就变得清晰明了,教学内容的选择就会有公认的依据。

核心概念是知识架构的汇聚点,大量的概念是从少数核心概念衍生出来的。形象地说,核心概念是干,衍生概念是枝、是叶。所谓知识量爆炸性增长,很多情况下是"枝更繁、叶更茂",而不是产生了新的核心概念。在教学时间有限的情况下,教学内容应重点围绕核心概念来组织。教学内容中,既要有抽象的概念性的知识,也要有具体的案例性的知识。

梳理学科知识的核心概念,这是清华大学电子工程系课程改革中最为关键的一步。办法是梳理自 1600 年吉尔伯特发表《论磁》一书以来,电磁学、电子学、电子工程以及相关领域发展的历史脉络,以库恩对"范式"的定义为标准,逐步归纳出电子信息科学技术知识体系的核心概念,即那些具有"范式"地位的学科成就。

围绕核心概念选择具体案例是每一位教材编者和教学教师的任务,原则是具有典型性和时代性,且与学生的先期知识有较高关联度,以帮助学生从已有知识出发去理解新的概念。

三

电子信息科学与技术知识体系的核心概念是:信息载体与系统的相互作用。这是这批教材公共的基础。

1955 年前后,斯坦福大学工学院院长特曼和麻省理工学院电机系主任布朗都认识到信息比电力发展得更快,他们分别领导两所学校的电机工程系进行了课程改革。特曼认为,电子学正在快速成为电机工程教育的主体。他主张彻底修改课程体系,牺牲掉一些传统的工科课程以包含更多的数学和物理,包括固体物理、量子电子学等。布朗认为,电机工程的课程体系有两个分支,即能量转换和信息处理与传输。他强调这两个分支不应是非此即彼的两个选项,因为它们都基于共同的原理,即场与材料之间相互作用的统一原理。

场与材料之间的相互作用,这是电机工程第一个明确的核心概念,其最初的成果形式是麦克斯韦方程组,后又发展出量子电动力学。自彼时以来,经过大半个世纪的飞速发展,场与材料的相互关系不断发展演变,推动系统层次不断增加。新材料、新结构形成各种元器件,元器件连接成各种电路,在电路中,场转化为电势(电流电压),"电势与电路"取代"场和材料"构成新的相互作用关系。电路演变成开关,发展出数字逻辑电路,电势二值化为比特,"比特与逻辑"取代"电势与电路"构成新的相互作用关系。数字逻辑电路与计算机体系结构相结合发展出处理器(CPU),比特扩展为指令和数据,进而组织成程序,"程序与处理器"取代"比特与逻辑"构成新的相互作用关系。在处理器基础上发展出计算机,计算机执行各种算法,而算法处理的是数据,"数据与算法"取代"程序与处理器"构成新的相互作用关系。计算机互联出现互联网,网络处理的是数据包,"数据包与网络"取代"数据与算法"构成新的相互作用关系。网络服务于人,为人的认知系统提供各种媒体(包括文本、图片、音视频等),"媒体与认知"取代"数据包与网络"构成新的相互作用关系。

以上每一对相互作用关系的出现,既有所变,也有所不变。变,是指新的系统层次的出现和范式的转变;不变,是指"信息处理与传输"这个方向一以贯之,未曾改变。从电子信息的角度看,场、电势、比特、程序、数据、数据包、媒体都是信息的载体;而材料、电路、逻辑(电路)、处理器、算法、网络、认知(系统)都是系统。虽然信息的载体变了,处理特定的信息载体的系统变了,描述它们之间相互作用关系的范式也变了,但是诸相互作用关系的本质是统一的,可归纳为"信息载体与系统的相互作用"。

上述七层相互作用关系,层层递进,统一于"信息载体与系统的相互作用"这一核心概念,构成了电子信息科学与技术知识体系的核心架构。

四

在核心知识架构基础上,清华大学电子工程系规划出十门核心课:电动力学(或电磁场与波)、固体物理、电子电路与系统基础、数字逻辑与 CPU 基础、数据与算法、通信与网络、媒体与认知、信号与系统、概率论与随机过程、计算机程序设计基础。其中,电动力学和固体物理涉及场和材料的相互作用关系,电子电路与系统基础重点在电势与电路的相互作用关系,数字逻辑与 CPU 基础覆盖了比特与逻辑及程序与处理器两对相互作用关系,数据与算法重点在数据与算法的相互作用关系,通信与网络重点在数据包与网络的相互作用关系,媒体与认知重点在媒体和人的认知系统的相互作用关系。这些课覆盖了核心知识架构的七个层次,并且有清楚的对应关系。另外三门课是公共的基础,计算机程序设计基础自不必说,信号与系统重点在确定性信号与系统的建模和分析,概率论与随机过程重点在不确定性信号的建模和分析。

按照"宽口径、厚基础"的要求,上述十门课均被确定为电子信息科学类学生必修专业课。专业必修课之前有若干数学物理基础课,之后有若干专业限选课和任选课。这套课程体系的专业覆盖面拓宽了,核心概念深化了,而且教学计划安排也更紧凑了。近十年来清华大学电子工程系的教学实践证明,这套课程体系是可行的。

五

知识体系是不断发展变化的,课程体系也不会一成不变。就目前的知识体系而言,关于算法性质、网络性质、认知系统性质的基本概念体系尚未完全成型,处于范式前阶段,相应的课程也会在学科发展中不断完善和调整。这也意味着学生和教师有很大的创新空间。电动力学和固体物理虽然已经相对成熟,但是从知识体系角度说,它们应该覆盖场与材料(电荷载体)的相互作用,如何进一步突出"相互作用关系"还可以进一步探讨。随着集成电路发展,传统上区分场与电势的条件,即电路尺寸远小于波长,也变得模糊了。电子电路与系统或许需要把场和电势的理论相结合。随着量子计算和量子通信的发展,未来在逻辑与处理器和通信与网络层次或许会出现新的范式也未可知。

工程科学的核心概念往往建立在技术发明的基础之上,比如目前主流的处理器和网络分别是面向冯·诺依曼结构和 TCP/IP 的,如果体系结构发生变化或者网络协议发生变化,那么相应地,程序的概念和数据包的概念也会发生变化。

六

　　这套课程体系是以清华大学电子工程系的教师和学生的基本情况为前提的。兄弟院校可以参考,但是在实践中要结合自身教师和学生的情况做适当取舍和调整。

　　清华大学电子工程系的很多老师深度参与了课程体系的建设工作,付出了辛勤的劳动。在这一过程中,他们表现出对教育事业的忠诚,对真理的执着追求,令人钦佩!自课程改革以来,特别是 2009 年以来,数届清华大学电子工程系的本科同学也深度参与了课程体系的改革工作。他们在没有教材和讲义的情况下,积极支持和参与课程体系的建设工作,做出了重要的贡献。向这些同学表示衷心感谢!清华大学出版社多年来一直关注和支持课程体系建设工作,一并表示衷心感谢!

王希勤

2017 年 7 月

序言

数字系统对信息化、智能化意义重大,它广泛应用于通信、导航、雷达、计算机等各类设备和装置中,具有工作可靠、功能灵活、处理高速等优点。设计和使用数字系统成为电子信息类专业学生需要掌握的基本技能,一方面可以使学生认识到微电子的重要意义,了解与、或、非、触发器等逻辑单元如何构建功能电路;另一方面可以使学生明白复杂的算法如何在芯片上运行,在软硬件综合的系统级设计上具有更宽阔的视野。作为高层算法到底层电路的桥梁,数字系统的基础知识对掌握逻辑器件、数字芯片、电路板、电子系统乃至软件算法等不同层次的设计原则和使用方法具有重要作用。面对一个实际需求进行设计,或者面对一个实际数字系统进行调试,是无从下手还是胸有成竹,往往取决于对基础知识的掌握程度和理解深度。

正是因为这些重要作用,数字系统基础知识成为清华大学核心课程中的重要环节。然而,什么是数字系统的基础知识,什么是其核心概念和结构性的知识点,如何使学生在有限的时间内掌握其脉络,这些问题成为筹备课程和编写教材过程中讨论的焦点。

一方面,数字系统应用广泛,具有实时性、灵活性、低功耗、分布式等各类特性,涉及设计、验证、调试、使用等不同视角,又有单元、芯片、电路板、系统等不同层次,知识面广且层次丰富;另一方面,学生从可以摸得到、看得见的物理器件进入抽象的数字逻辑,思维方式有一个跨越,更重要的是,数字系统特别是数字芯片规模的激增,伴随着设计输入、仿真验证、架构设计、布局布线等专业化 EDA 工具的长足发展,讲授数字系统需要适应 EDA 甚至未来智能化工具的发展。例如,简单的组合逻辑化简完全可以使用 EDA 完成,卡诺图如何讲解? EDA 对大规模时序逻辑综合要求采用同步时序电路的设计风格,异步时序电路怎么处理? 这些问题是每位高等教育工作者必须面对的。

任课教师对诸多此类问题进行反复讨论,有老中青不同时代教师的观点碰撞,也有芯片、系统不同视角的认识争论,"数字逻辑与处理器基础"课程沉淀出"算法到结构的映射"这一主线。围绕此主线,通过数位教师数次课程讲授和学生的积极反馈,逐步形成了课程的基本概念和知识体系。

本书在梳理数字电路与处理器核心知识方面,强调基本概念和整体思路。通过布尔函数与组合逻辑、计算过程与时序逻辑、程序与处理器等核心线索,讲述数字电路如何在不同层面完成计算任务。在此线索下,力求选取基本概念来构建一个较为完整的知识框架。

在组合逻辑方面,突出了典型的 CMOS 逻辑门电路,减少了对总线高阻、线与线或等非典型门电路的论述,更适应芯片场景的设计;在时序逻辑方法方面,突出了大规模芯片设计采用的同步时序电路风格,强调时钟同步、基于触发器的分析与设计方法,讲解了时序参数与性能分析,减少了对异步时序电路、锁存器电路的论述,为大规模时序电路的设计及其静态时序分析验证奠定了基础;在处理器方法方面,选取以 MIPS 为精简指令集代表的处理器,突出流水线等现代处理器特点,并通过单周期、多周期和流水线从电路层次对处理器的实现角度进行逐层讲解,使学生能够通过一个设计任务理解数字系统的设计方法。

教材内容的取舍其实是一个挑战,强调基本概念和整体思路,难免会留下遗憾,例如,由于削弱了非典型门电路的知识,后续处理器章节讲述总线时就需要补充与底层电路知识的衔接。我们也希望通过本书的探索,与各位同行教师探讨,如何更好地讲授数字电路与处理器核心知识。

随着人工智能的不断发展,EDA 工具与 AI 的结合将实现数字系统设计的潜在变革。设计者的能力一方面受限于编写高质量代码的速度;另一方面又可以借助 EDA 工具和计算机算力不断拓展。从人工版图、辅助设计、硬件描述语言、自动布局布线到高层次综合,EDA 工具不断提升设计者的效率,只要掌握了基本概念与知识,就能发挥出现代设计工具的作用。希望本书能够为数字系统设计者提供一块基石,打开一扇窗户,从而进入丰富多彩、不断发展、迭代演进的数字世界。

葛　宁

2023 年 11 月

几十年来,集成电路为各类信息处理提供了硬件支撑,推动了信息产业的蓬勃发展。其中,数字电路与处理器作为一个核心分支,向上承接数据与算法和操作系统,向下对接基础电子器件与电路,在信息技术产业发展和电子信息知识体系中起着承上启下的重要作用,是产业界和学术界积极投入的重要领域。近年来,随着人工智能、物联网等领域的快速发展,数字电路和处理器面临新的机遇和挑战。可以预见,在推动信息产业迈向新阶段的过程中,培养一大批掌握数字电路与处理器基础知识、技能和核心理念的人才,具备重要的意义。

在此背景之下,本书面向"如何使用数字电路与处理器完成计算任务"这一核心问题,归纳总结了两套解决方案:为特定应用算法定制的专用硬件思路和各类应用算法通用硬件平台的软件思路。硬件思路与软件思路分别对应数字电路与处理器基础的核心内容。基于此,围绕"数字电路""处理器"两个关键词,清华大学电子工程系构建起新的课程体系,建立高效、深入、统一的学习框架,帮助读者掌握统一的数字电路和处理器分析与设计技能,理解、领悟其中的核心思想与理念。

从内容结构来看,本书包括数字电路与处理器基础两部分内容。前者主要关注布尔代数、组合逻辑、时序逻辑等数字电路的基本原理和分析设计,后者侧重于指令集架构、汇编语言、处理器、存储器和外设等计算机基本原理和分析设计的相关内容。在传统的电子信息相关专业中,这两部分内容往往对应"数字电路""微机原理"两门课程,并分别配备对应的教学参考资料。本书通过融合这两部分的内容,从一个更宏观的整体的角度将两门课程进行统筹教学,并在清华大学电子工程系成功完成了一个学期学习这两部分内容的教学实践。

从章节编排来看,第1章绪论部分总体介绍数字电路与处理器的背景知识,并初探本书的核心思想。在理论知识部分中,第2章讨论数字电路的数学基础,第3、4章分别介绍组合逻辑电路以及时序逻辑电路的相关内容。第2~4章构成本书的前半部分:关注"硬件思路"的"数字逻辑"。从第5章开始,本书逐步把视角聚焦到"软件思路",带领读者走进本书的后半部分:处理器基础。第5章以 MIPS 指令集为典型案例,介绍计算机指令集系统,第6、7章介绍面向 MIPS 指令集的处理器设计方法,主要考察三类处理器:单周期处理器、多周期处理器和流水线处理器。特别地,结合数字电路部分内容,探讨如何利用数字电路的设计方法完成基础处理器的设计与优化。第8、9章分别介绍存储器与总线外设等相关内容。

我们希望通过撰写本书,并逐步提供讲义幻灯片、课堂教授视频、作业解析、基础概念小视频等配套资料,帮助读者在现代信息科学与技术的学科体系中,理解并融会贯通数字电路与处理器、硬件思路与软件思路的相互关系,掌握数字电路与处理器的基本原理、分析设计方法和利用电路解决实际问题的能力,领悟数字系统的设计思想与理念,为在信息技术产业的产业实践或科学研究打下坚实的基础。对于本课程后续更深入的知识,可以参考大规模数字集成电路设计和高等体系架构、数字片上系统等相关资料。

　　本书面向数字电路与处理器的学习和授课需求,可供电子信息类、计算机类、自动化类、生物医学工程等相关专业的本科生以及其他专业感兴趣的读者使用。一方面,本书作为清华大学电子信息科学与技术大类的本科专业基础核心课程配套教材,与其他多部教材一起组成电子信息科学与技术大类的完整教材体系;另一方面,本书也适合希望了解电路和处理器基础知识的读者使用,或者在相关专业的培养方案中作为教材与参考书。在清华大学电子工程系的教学实践中,共为本课程分配48学时。为了在48学时内完成课程讲授,我们在本书的前4章(数字逻辑部分)压缩和略去了部分内容,共需要约16学时进行讲授;而后5章(处理器基础部分)则需要约32学时。使用本书时可以根据实际需求适当扩充学时,也可以只使用本书的前4章作为数字逻辑课程的教材,或只使用本书的后5章作为处理器基础课程的教材,各分配32学时进行讲授。欢迎广大读者和任课教师与编者交流并提出宝贵意见建议。

　　衷心感谢周润德老师、葛宁老师对本书提出的宝贵意见和提供的诸多支持。在本书的编写过程中,朱振华、蔡熠、曾书霖、钟凯、邱剑涛、陈佳煜、郭开元、余金城、吴珏键、孙寒泊、李师尧、张智帅、朱昱、张浩瑜等研究生参与了文稿撰写和整理工作,宁昱诚、程子轩等本科生参与了封面设计和美化工作。

　　由于编者水平有限,书中难免存在不足之处,敬请读者批评指正。

编　者

2023 年 11 月

目 录

第 1 章　绪论 ··· 1

1.1　数字电路简介 ··· 2
1.1.1　数字电路的数学基础 ·· 3
1.1.2　数字集成电路的发展历史 ··· 3
1.1.3　数字电路的优点 ··· 7
1.1.4　数字电路的分层抽象 ·· 8
1.1.5　集成电路产业介绍 ·· 10

1.2　计算机组成与处理器 ·· 12
1.2.1　计算机组成 ·· 13
1.2.2　处理器的理论基础 ·· 14
1.2.3　处理器发展历史 ··· 17

1.3　本书关注的核心问题及核心思想 ·· 21
1.3.1　处理核心问题的两种解决方案 ··· 21
1.3.2　解决方案的核心思想 ·· 24

1.4　关于本书 ·· 27
1.4.1　本书定位及目标 ··· 27
1.4.2　教材结构 ··· 28

1.5　拓展阅读 ·· 29

1.6　思考题 ··· 30

1.7　参考文献 ·· 31

第 2 章　数的表示与布尔函数 ··· 33

2.1　二进制计数系统 ··· 34
2.1.1　历史中的二进制 ··· 34
2.1.2　自然二进制 ·· 34

2.2　信息的二进制编码 ·· 36
2.2.1　整数的二进制编码 ·· 36
2.2.2　小数的二进制编码 ·· 40
2.2.3　其他编码 ··· 44

2.2.4 二进制信息的单位 ·· 46
2.3 布尔函数及其表示 ··· 47
2.3.1 布尔运算与逻辑门 ··· 48
2.3.2 布尔函数与真值表 ··· 50
2.3.3 两级逻辑 ··· 52
2.3.4 卡诺图 ··· 54
2.4 布尔函数的化简 ··· 56
2.4.1 卡诺图化简法 ··· 57
2.4.2 QM 算法 ··· 60
2.5 总结 ··· 62
2.6 拓展阅读 ··· 63
2.7 习题 ··· 63
2.8 参考文献 ··· 65

第 3 章 组合逻辑电路的分析与设计 ································· 66
3.1 从布尔表达式到数字逻辑电路的构建 ····························· 67
3.2 组合逻辑的定义与表示 ··· 68
3.2.1 组合逻辑的定义 ··· 68
3.2.2 组合逻辑的表示 ··· 68
3.3 组合逻辑电路的分析 ··· 69
3.4 组合逻辑电路的设计 ··· 73
3.5 组合逻辑电路的评价 ··· 76
3.5.1 稳态因素 ··· 76
3.5.2 动态因素 ··· 78
3.6 典型组合逻辑电路的设计 ······································· 85
3.6.1 编码器 ··· 85
3.6.2 译码器 ··· 88
3.6.3 多路选择器 ··· 91
3.6.4 加法器 ··· 94
3.7 总结 ··· 99
3.8 拓展阅读 ··· 100
3.9 习题 ··· 100

第 4 章 时序逻辑分析与设计 ····································· 104
4.1 基本概念 ··· 105
4.1.1 过程的离散化 ··· 105
4.1.2 时钟 ··· 108
4.1.3 时序逻辑电路分类 ··· 111
4.1.4 有限状态机 ··· 112

4.2　基本时序逻辑单元 ·· 115
    4.2.1　锁存器 ·· 116
    4.2.2　触发器 ·· 118
    4.2.3　时序参数与性能分析 ·································· 120

4.3　同步时序电路的分析方法 ···································· 124
    4.3.1　整体分析流程 ·· 124
    4.3.2　时序约束与性能分析 ·································· 127

4.4　同步时序电路设计 ·· 130
    4.4.1　设计流程 ·· 131
    4.4.2　状态机抽象方法 ······································ 131
    4.4.3　状态化简方法 ·· 132
    4.4.4　状态分配与编码 ······································ 135
    4.4.5　自启动检查 ·· 139

4.5　亚稳态和同步 ·· 142
    4.5.1　亚稳态 ·· 142
    4.5.2　同步器设计 ·· 143
    4.5.3　同步复位和异步复位 ·································· 145

4.6　典型时序逻辑电路 ·· 145
    4.6.1　寄存器 ·· 145
    4.6.2　计数器 ·· 148
    4.6.3　模块与接口 ·· 153

4.7　拓展知识 ·· 154
    4.7.1　传统的锁存器/触发器实现方法 ····················· 154
    4.7.2　四种逻辑功能的触发器 ······························ 157
    4.7.3　分解有限状态机 ······································ 158

4.8　总结 ·· 159

4.9　拓展阅读 ·· 159

4.10　思考题 ·· 160

4.11　习题 ·· 160

4.12　参考文献 ·· 164

第5章　计算机指令集架构 ··· 165

5.1　通用计算机与指令集 ·· 165
    5.1.1　通用计算机的意义 ···································· 165
    5.1.2　从图灵机到通用计算机 ································ 166
    5.1.3　指令集架构——软硬件接口 ························· 167

5.2　指令集架构 ·· 169
    5.2.1　状态表示及存储 ······································ 170
    5.2.2　指令功能 ·· 170

5.3 MIPS 指令集 ······ 171
  5.3.1 寄存器 ······ 171
  5.3.2 存储器 ······ 172
  5.3.3 指令格式 ······ 172
  5.3.4 寻址方式 ······ 177
5.4 汇编程序设计 ······ 179
  5.4.1 语法 ······ 179
  5.4.2 变量与数组 ······ 180
  5.4.3 分支 ······ 180
  5.4.4 过程调用 ······ 180
  5.4.5 异常处理 ······ 182
  5.4.6 MARS 模拟器 ······ 182
5.5 性能评价 ······ 185
  5.5.1 性能的定义及评价指标 ······ 185
  5.5.2 影响性能的因素 ······ 187
  5.5.3 系统性能的优化 ······ 188
5.6 总结 ······ 189
5.7 拓展阅读 ······ 189
  5.7.1 符号扩展与无符号扩展 ······ 189
  5.7.2 x86 指令集 ······ 190
5.8 思考题 ······ 192
5.9 习题 ······ 192

第 6 章 单周期与多周期处理器 ······ 198
6.1 单周期处理器基本概念 ······ 198
  6.1.1 处理器基本操作阶段 ······ 198
  6.1.2 单周期处理器基本硬件单元 ······ 200
6.2 ALU ······ 201
6.3 内存访问和计算指令的实现 ······ 204
  6.3.1 内存访问指令 ······ 204
  6.3.2 基础计算指令 ······ 209
6.4 分支与跳转指令的实现 ······ 211
  6.4.1 分支指令 ······ 211
  6.4.2 跳转指令 ······ 213
  6.4.3 跳转链接和跳转到寄存器 ······ 214
6.5 控制信号的生成 ······ 216
6.6 性能评价 ······ 217
  6.6.1 关键路径 ······ 217
  6.6.2 性能评价 ······ 220

6.7 单周期处理器的中断与异常处理 ······················ 221

6.8 多周期处理器 ······················ 222

    6.8.1 单周期处理器面临的挑战 ······················ 222

    6.8.2 多周期处理器概念 ······················ 225

    6.8.3 多周期处理器的性能评价和问题 ······················ 229

6.9 总结 ······················ 232

6.10 拓展阅读 ······················ 233

    6.10.1 处理器模块的时序和 Verilog HDL 实现 ······················ 233

    6.10.2 协处理器简介 ······················ 234

    6.10.3 RISC-V 处理器 ······················ 235

6.11 习题 ······················ 235

第 7 章 流水线处理器设计 ······················ 242

7.1 流水线的基本概念 ······················ 242

7.2 MIPS 处理器的五级流水线设计 ······················ 246

7.3 流水线处理器中的冒险 ······················ 249

7.4 MIPS 五级流水线处理器的数据冒险 ······················ 252

    7.4.1 数据冒险导致的拥塞 ······················ 252

    7.4.2 MIPS 五级流水线的数据转发 ······················ 254

7.5 MIPS 五级流水线处理器的控制冒险 ······················ 259

    7.5.1 J 指令的控制冒险及其硬件解决方法 ······················ 259

    7.5.2 BEQ 指令的控制冒险及其硬件处理方法 ······················ 261

    7.5.3 分支预测 ······················ 264

    7.5.4 延时槽技术 ······················ 265

    7.5.5 中断和异常 ······················ 266

7.6 总结 ······················ 267

7.7 拓展阅读 ······················ 268

    7.7.1 寄存器堆"先写后读"实现方式 ······················ 268

    7.7.2 进一步提升流水线的性能 ······················ 268

    7.7.3 其他的指令级并行技术 ······················ 270

7.8 习题 ······················ 271

第 8 章 存储系统设计 ······················ 275

8.1 存储器系统基础 ······················ 275

    8.1.1 存储器的发展现状与理想需求 ······················ 275

    8.1.2 存储器简介 ······················ 278

8.2 层次结构存储系统 ······················ 280

    8.2.1 单一存储介质的困境 ······················ 280

    8.2.2 存储系统设计基础：局部性原理 ······················ 281

    8.2.3 存储系统的层次结构 ······················ 283

　　　8.2.4 层次结构存储系统的性能度量 ……………………………… 283
　8.3 高速缓存技术 ………………………………………………………… 284
　　　8.3.1 高速缓存的基本概念简介 …………………………………… 285
　　　8.3.2 高速缓存的基础结构 ………………………………………… 285
　　　8.3.3 高速缓存的地址映像方式 …………………………………… 287
　　　8.3.4 高速缓存中数据的替换与更新 ……………………………… 290
　8.4 高速缓存的性能分析 ………………………………………………… 294
　　　8.4.1 高速缓存的性能损失分析 …………………………………… 294
　　　8.4.2 高速缓存的性能评估 ………………………………………… 297
　　　8.4.3 高速缓存性能的改进方向：多级高速缓存 ………………… 298
　8.5 虚拟内存 ……………………………………………………………… 299
　　　8.5.1 虚拟内存简介 ………………………………………………… 300
　　　8.5.2 物理寻址与虚拟寻址 ………………………………………… 300
　　　8.5.3 虚拟内存的组织方式 ………………………………………… 301
　　　8.5.4 内存管理单元的缺失处理 …………………………………… 302
　8.6 拓展阅读 ……………………………………………………………… 303
　8.7 习题 …………………………………………………………………… 303

第 9 章　计算机系统简介 …………………………………………………… 308
　9.1 总线的定义及分类 …………………………………………………… 309
　　　9.1.1 总线的定义及性能指标 ……………………………………… 309
　　　9.1.2 总线的结构及分类 …………………………………………… 310
　9.2 总线是如何工作的 …………………………………………………… 313
　　　9.2.1 总线传输过程 ………………………………………………… 313
　　　9.2.2 总线判优控制 ………………………………………………… 314
　　　9.2.3 总线通信控制 ………………………………………………… 317
　9.3 外设的定义及分类 …………………………………………………… 319
　　　9.3.1 典型案例 1：I/O 设备 ……………………………………… 320
　　　9.3.2 典型案例 2：磁盘 …………………………………………… 320
　9.4 外设是如何工作的 …………………………………………………… 321
　　　9.4.1 I/O 设备及其系统的设计目标 ……………………………… 321
　　　9.4.2 I/O 系统和计算机系统之间的寻址方式 …………………… 322
　　　9.4.3 I/O 系统和计算机系统之间的数据交互方式 ……………… 323
　9.5 常用总线标准及接口 ………………………………………………… 325
　　　9.5.1 I²C 总线 ……………………………………………………… 325
　　　9.5.2 PCI 与 PCIe 总线 …………………………………………… 326
　　　9.5.3 USB …………………………………………………………… 329
　9.6 拓展阅读 ……………………………………………………………… 330
　9.7 习题 …………………………………………………………………… 331
　9.8 参考文献 ……………………………………………………………… 331

第1章

绪　论

　　"计算"是伴随人类社会发展数千年的重要话题。《说文解字》对计算的解释如下："计，会也，筭也①。算，数也②。"[1]。"计算"的英文 compute 源自拉丁语 computare，其中，com 在拉丁语中意为"与"，putare 在拉丁语中意为"考虑，计算"，而另一个演变自 computare 的单词为 count(计数)。通过上面的介绍可以看出，无论是在东方还是西方，"计算"一词最早代表计数的概念，早在原始社会阶段，人类就开始利用绳结、石头等工具进行计数。

　　随着社会与经济的不断发展，"计算"的概念由单纯的"计数"逐渐演变成"计数与算数"，人类在生产生活中面临的"计算"问题也变得更为复杂。在社会发展的不同历史时期，人类都在探索如何用机器帮助自己更好地完成计算任务。例如，中国宋朝开始使用算盘进行快速计算。尽管算盘极大提高了人们计算的效率，但是在计算过程中依然需要借助人的"智慧"，那么是否可以制造一台能够完全摆脱人力控制、自动完成计算的机器，即计算机呢？

　　基于上述想法，在工业革命后，人们采用齿轮、杠杆等机械结构构造了机械式计算机，利用齿轮转动完成加法、乘法等数学运算。然而，机械式计算机受齿轮转速和机械规模的限制，计算能力极为有限。第二次世界大战期间，战场弹道轨迹计算与密码破译等军事任务亟需支持大量复杂计算的计算设备，基于继电器和真空管的电子计算机应运而生。电子计算机诞生的同时，计算机理论逐步完善，现代计算机的雏形逐渐明晰。而后的近一百年的时间里，得益于晶体管与集成电路的出现以及半导体技术的飞速发展，电路成为人类解决"计算"问题的主要方式。基于集成电路的现代计算机③引领人类社会快速发展进入信息化时代，为人类社会带来了沧海桑田般的变化。

　　在今天这样一个信息化、智能化的时代，计算机可以帮助甚至替代人类解决生活中各种各样的实际问题，深刻地影响并改变了人类的生活方式。

- **人脸识别**：自 2019 年起，电子铁路客票开始在中国全面推广，乘客无须使用纸质车票，仅须在验票闸机"刷脸"入站，铁路出行变得更为便捷。"刷脸"入站的"幕后功臣"是搭载人脸识别技术的计算机，它们可以在"看到"人脸后识别人的身份，使人脸成为一张"天然身份证"。

---

① 解释：总计，数数字。
② 解释：计数。
③ 本书后续部分出现的"计算机"如无特殊说明，均指基于集成电路的现代计算机。

- **辅助驾驶**：顾名思义,辅助驾驶是指由计算机系统控制汽车等载具感知环境并实现自动化或半自动化的导航行驶,仅需驾驶员在部分场景下的辅助操作或完全实现无人化操控。近年来,辅助驾驶已逐渐从实验室研究走向了实际生活场景,2023 年 2月,百度公司获准在北京开展全无人自动驾驶示范应用,百度公司投入 10 辆全无人自动驾驶车,在北京经开区 $60km^2$ 的规定范围内进行无人自动驾驶运营示范①。
- **线上购物**：足不出户地进行线上购物已经成为人们生活的重要组成部分。据国家统计局统计,2021 年全国网上零售额达 13.09 万亿元,同比增长 14.1%[2]。线上购物的实时性响应依赖云计算处理平台的计算能力,例如在"双 11"等线上购物较为密集的活动日,云计算处理平台需要满足单日 EB(2^{20}TB)量级数据量的处理需求。

在上述三个例子中,计算机凭借其强大的计算能力,辅助或替代人类完成了人脸识别、辅助驾驶、线上购物等任务,让人们的生活更为美好与便捷。请问读者,计算机是如何帮助人们解决生活中的这些实际问题的呢?

为了使用计算机解决生活中的实际问题,首先需要将实际的应用问题建模为计算机可以"理解"的计算问题。计算机能够处理的可计算问题可以被表征为**从输入数据到输出数据的映射转换**,通常包括三部分：问题的输入 x,问题的输出 y 以及输入数据到输出数据的计算函数 $f(\cdot)$,该函数用于描述应用问题的求解过程。计算问题的数学模型如式(1-1)所示：

$$y = f(x) \tag{1-1}$$

式(1-1)可以统一抽象表示实际应用中的各类计算问题。例如,在人脸识别的应用中,输入 x 是待识别的人脸,求解过程 $f(\cdot)$ 是根据输入人脸进行分析的过程,输出 y 是人脸检测的结果,如身份认证等信息。

在对计算问题进行了数学建模后,下一步需要考虑如何使用计算机解决 $y=f(x)$ 的计算,这就涉及本书关注的核心问题：**如何使用计算机等具有计算功能的电路完成 $y=f(x)$ 的计算任务**。针对这一问题,主要有如下两种思路。

- **硬件思路**：使用专用芯片完成特定计算任务,即一种计算任务对应一种电路,此时需要针对不同的计算函数 $f(\cdot)$ 设计不同的电路结构。
- **软件思路**：使用通用处理器完成各类算法的计算任务,即使用一种电路(如中央处理器)处理多种算法,此时算法会被转换成由处理器执行的比特序列,这些比特序列是计算机能直接识别的二进制指令代码(即机器语言),不同算法对应不同的比特序列。

上述两种解决思路对应着本书的核心内容：**使用数字电路专用芯片(硬件思路)与处理器(软件思路)解决 $y=f(x)$ 的计算问题**。希望读者在阅读完本书后对这一核心内容有更为深刻的理解与认识。

本章将介绍上述核心内容涉及的两部分基础知识：数字电路与处理器,并对核心问题与核心思想进行进一步的阐述和介绍。本章还将介绍本书的定位、目标以及整体结构。

1.1　数字电路简介

在信息时代,数字电路广泛应用于各个领域,小到智能手表,大到卫星控制、雷达通信。数字电路是指由逻辑门电路单元组成的电路,数字电路处理的是由"0/1"两种状态组成的离

---

① https://www.apollo.auto/

散数字信号。在数字电路中,"0"和"1"分别由特定的电压或电流状态表示,例如在正逻辑下,使用低电平表示"0"信号,使用高电平表示"1"信号。

针对实际应用的计算问题,既可以设计专用的数字电路,以硬件思路解决计算问题;也可以基于数字电路设计通用处理器,以软件思路解决计算问题。因此,数字电路是硬件思路和软件思路的重要基础。本节将概述数字电路的基础概念,第3章和第4章将进一步深入讲解数字电路的相关知识。

1.1.1 数字电路的数学基础

布尔代数是数字电路的数学基础,它为计算系统、电路芯片的设计与制造提供了严密且坚实的理论支撑。布尔代数是代数学中处理逻辑运算和集合运算的一个分支,布尔函数是布尔代数中的映射关系。由于电路中的开关打开闭合、电压的高低与二进制中的数字 0/1 相对应,因此在电子工程与计算机领域,人们通常关注基于二进制表示的布尔函数。

布尔代数的发展可以追溯到古希腊时期,亚里士多德提出了传统逻辑学的三段论,首次使逻辑思维得以形式化及公理化地演绎,开创了逻辑的形式化研究。17 世纪末,德国数学家戈特弗里德·威廉·莱布尼茨(Gottfried Wilhelm Leibniz)提出了建立一种通用表意文字(characteristica universalis)的想法,以在通用逻辑运算或推理演算框架下使用。在这一研究的过程中,莱布尼茨首次系统性地提出二进制数字表示,他在其著作中介绍了仅使用数字 0/1 进行表征的计算系统,并以《易经》中的"阴阳"作为实际应用的例证[①]。1847 年,英国数学家乔治·布尔(George Boole)在其著作《逻辑的数学分析》(*The Mathematical Analysis of Logic*)中提出了布尔代数的基础理论[②],布尔在该著作及后续工作中对传统逻辑提供了一种代数的解释。20 世纪 30 年代,美国数学家克劳德·E. 香农(Claude E. Shannon)在研究开关电路时注意到布尔代数与逻辑门之间的相似性,并于 1937 年在其硕士论文 *A Symbolic Analysis of Relay and Switching Circuits* 中详细介绍了布尔代数与开关电路的具体关系,证明了利用布尔代数可以对电路系统进行化简与设计[③]。布尔代数是研究逻辑关系的重要工具,而香农的工作则揭示了数字电路的行为与布尔代数的一致性,这奠定了数字电路的数学理论基础,亦成为数字电路设计的理论基石。香农的这篇硕士论文被称为"本世纪(20 世纪)最重要、最著名的硕士学位论文"。本书第 2 章将详细介绍布尔代数及相关理论知识。

1.1.2 数字集成电路的发展历史

今天生活中常见的数字电路普遍为数字集成电路。集成电路(integrated circuit,IC)是指采用一定的工艺,将电路中需要的晶体管、电阻、电容、电感等元器件及导线互连在一起,集成在一块或几个小块半导体晶片上,并封装在一起,形成的可以实现一定电路功能的电子部件。相比于用分立的元器件搭建电路,得益于集成的优势,集成电路具有体积小、成本低、性能好、可靠性高的优势。

[①] Lach D F. Leibniz and China. Journal of the History of ideas,1945:436-455.

[②] Boole G. The mathematical analysis of logic. philosophical library,1847.

[③] Shannon C E. A symbolic analysis of relay and switching circuits. Electrical Engineering,1938,57(12):713-723.

集成电路的发展历史可以追溯到 20 世纪 40 年代。1947 年 12 月,贝尔实验室的约翰·巴丁(John Bardeen)和沃尔特·H. 布拉顿(Walter Houser Brattain)发明了第一个晶体管。该晶体管由金电极和锗半导体组成,可以实现微小电信号的放大。一个月后,威廉·肖克利(William Shockley)发明了 PN 结晶体管。晶体管的诞生标志着现代半导体产业的诞生,拉开了信息时代的序幕,晶体管也被称为 20 世纪最伟大的发明之一。1956 年,巴丁、布拉顿及肖克利三人凭借晶体管的研究与发明共同获得诺贝尔物理学奖。如表 1-1 所示,与真空电子管相比,晶体管体现出制备简单、可靠性高、体积小的优势。因此,随着技术的不断发展,晶体管逐渐取代了真空电子管,为集成电路的诞生奠定了技术基础。

表 1-1　20 世纪 50 年代真空电子管与晶体管的对比[3-5]

类型	体积	电压	预加热	寿命
真空电子管	约 $200cm^3$	约 250V	需要预加热	1000 小时以下
晶体管	约 $0.2cm^3$	约 50V	无需预加热	70000 小时以上

历史趣闻

晶体管发明人之一的约翰·巴丁曾两次获得诺贝尔物理学奖。1956 年,巴丁因晶体管这一技术发明获得诺贝尔物理学奖。由于团队内部矛盾,巴丁、布拉顿与肖克利三人于 20 世纪 50 年代初分道扬镳。巴丁离开贝尔实验室前往伊利诺伊大学香槟分校任教,开始研究超导理论。巴丁与利昂·库珀、约翰·施里弗三人共同提出解释超导现象的微观机理:以三人名字首字母命名的 BCS 理论。三人凭借 BCS 理论于 1972 年获得诺贝尔物理学奖。

1952 年,英国雷达工程师杰弗里·达默(Geoffrey Dummer)在一次技术会议上提出了集成电路的概念:将电路所需的晶体管等器件全部制作在一块半导体上。集成电路想法提出的 6 年后,德州仪器(Texas Instruments)公司的工程师杰克·基尔比(Jack Kilby)解决了电路集成中的工艺问题,于 1958 年发明了人类历史上第一块集成电路(图 1-1)。基尔比发明的单块锗集成电路包括 5 个元器件:一个晶体管、两个电阻及一个"电阻-电容"网络。基尔比因在集成电路发明上的突出贡献于 2000 年获得诺贝尔物理学奖。

图 1-1　第一块集成电路 (1958 年)[6]

历史趣闻

1956 年,肖克利离开贝尔实验室,回到加利福尼亚州圣克拉拉谷创办了肖克利半导体实验室,并从美国东部招聘了 8 位年轻人,着手设计肖克利二极管以替代晶体管并占领市场。但由于肖克利偏执的性格与较差的管理能力,实验室创建之初招来的8位年轻人集体从肖克利实验室"叛逃"并创办了仙童半导体公司。这8位年轻人包括罗伯特·诺伊斯(Robert Noyce)、戈登·摩尔(Gordon Moore)、朱利亚斯·布兰克(Julius Blank)、尤金·克莱尔(Eugene Kleiner)、金·赫尔尼(Jean Hoerni)、杰·拉斯特(Jay Last)、谢尔顿·罗伯茨(Sheldon Roberts)和维克多·格里尼克(Victor Grinich),他们也被肖克利称为"八叛逆"。人们将仙童半导体的创立视为硅谷诞生的标志,仙童半导体为日后的硅谷输送了大量的科技人才,间接推动了AMD、英特尔等公司的诞生。此外,它的创立模式(风险投资)、运营模式(员工占股、技术创新)也成为硅谷创业公司的标杆,拉开了硅谷创业浪潮的序幕。对这部分历史感兴趣的读者可以阅读由Michael Riordan和Lillian Hoddeson撰写的 *Crystal Fire: The Invention of the Transistor and the Birth of the Information Age*。

在基础工艺与制备技术发展的同时,20世纪70年代前后涌现出一系列具有跨时代意义的集成电路产品,包括通用处理器与各类存储器。1965年,静态随机访问存储器(static random access memory,SRAM)与动态随机访问存储器(dynamic random access memory,DRAM)的原型诞生。1970年,英特尔公司推出了1Kb DRAM Intel 1103,标志着大规模集成电路的出现。1971年,英特尔公司推出了世界上第一款商用微处理器Intel 4004,拉开了微处理器发展的巨幕,具有划时代的里程碑意义。此后半个多世纪的时间中,SRAM、DRAM及处理器等集成电路在规模性能等方面不断进步。以微处理器的发展为例,图1-2展示了过去几十年微处理器的发展趋势。随着集成电路产业的发展,微处理器的晶体管数目由1971年的2300个(Intel 4004处理器)增长到2019年的3.95×10^{10}个(AMD EPYC 7742处理器)。集成电路产业的飞速发展推动了人类社会迈入信息时代,极大提高了生产效率并带动了经济增长。

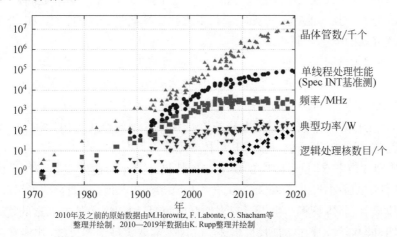

2010年及之前的原始数据由M.Horowitz, F. Labonte, O. Shacham等
整理并绘制,2010—2019年数据由K. Rupp整理并绘制

图1-2 48年间(1971—2019)微处理器的发展趋势[7]

谈起集成电路的发展,就不能不提到摩尔定律。摩尔定律预测了集成电路发展趋势并对集成电路发展起到了重要的推动作用。1965年,时任仙童半导体研发实验室主任的戈登·摩尔在 *Electronics* 杂志上发表题为 *Cramming More Components onto Integrated Circuits* 的文章,提出了著名的摩尔定律(Moore's Law)。最初的摩尔定律表述为:集成电路上最小元器件的复杂性(器件数量)每年增加一倍[8]。1975年,英特尔首席执行官大卫·豪斯(David House)根据摩尔定律指出计算机芯片的性能大约每18个月增长一倍。该表述被更

多人引用并加以拓展,拓展后的摩尔定律包括三方面的内容表述:①集成电路芯片上集成的电路器件①数目每隔 18 个月翻一番;②微处理器的性能每隔 18 个月提高一倍,而价格降为一半;③用相同价格所能买到的计算机的性能,每隔 18 个月翻两番。图 1-3 展现了三种代表性集成电路计算平台 CPU(central processing unit)、FPGA(field programmable gate array)和 GPU(graphics processing unit)所含晶体管数目的发展趋势,可以发现三种计算平台的晶体管数目变化均遵循了摩尔定律的预测趋势。

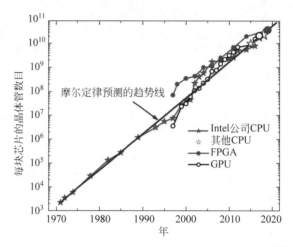

图 1-3　CPU、FPGA 和 GPU 晶体管数目的发展趋势[9]

　　根据摩尔定律可知,集成电路的集成度约每三年翻两番,工作频率提高约 30%。集成电路的集成度与工作频率能否一直无限增长下去呢？答案是否定的。集成电路的发展还受到功耗等物理因素的限制与制约。

　　(1) 在芯片的功率密度方面,过高的芯片集成度将造成难以接受的功率密度。当工艺尺寸逐渐降低时,芯片集成度进一步提升,芯片整体的功率密度也将大大增加。但当功率密度过高时(如 $150W/cm^2$),温度的提高将无法保证芯片正常工作。为了降低功率密度引起的高温问题,切实有效的方法是降低电压或降低频率。因此今天 CPU 的发展主要通过多核协作来提高整体性能,而非进一步提升单核频率。

　　(2) 从物理效应来看,量子效应的影响在器件尺寸过小时越发显著。当晶体管特征尺寸(半导体器件中的最小尺寸,CMOS② 工艺中通常指沟道长度)降低至纳米尺度时,隧穿效应等量子效应显著,晶体管将产生不可忽视的漏电流,且对温度等外界因素的扰动也更加敏感。研究表明,硅基晶体管在特征尺寸低于 5nm 时,需要突破诸多挑战,才能在室温下正确实现逻辑功能[10]。因此,需要新理论、新技术与新材料来解决量子效应带来的诸多问题。

　　(3) 从生产制备方面来看,先进工艺的集成电路需要高精尖的制备设备。近年来集成电路的工艺尺寸逐渐接近传统光刻机的极限,制造更小特征尺寸集成电路的极紫外光刻机(extreme ultraviolet lithography machine,EUV)仍未实现大规模量产。

---

　　① 在集成电路发展早期,电路器件通常包括晶体管、电阻、电容等器件,随着集成电路晶体管数量的逐渐增加,集成电路中晶体管的数量远远超出电阻与电容的数量。今天再谈及摩尔定律时,电路器件通常是指晶体管数目。

　　② CMOS(complementary metal oxide semiconductor,互补金属氧化物半导体)是一种主要的集成电路设计工艺。

（4）从成本来看，随着工艺尺寸的降低，集成电路设计和生产成本急剧增加。以 EUV 光刻机为例，一台用于先进工艺①芯片生产的 EUV 光刻机售价高达 1.5 亿欧元[12]。今天，能够生产先进工艺集成电路的代工厂屈指可数，主要包括台湾积体电路制造股份有限公司、三星集团、英特尔公司、格罗方德半导体股份有限公司等。

在集成电路发展中，芯片集成度及工艺尺寸的发展受到了功耗问题、物理效应、生产制造等因素的限制。因此，除进一步降低工艺尺寸的方式外，还需要从电路设计及计算机体系结构创新等角度进一步提高集成电路的计算性能。例如，本书第 7 章将介绍的流水线技术就是一种被广泛应用的计算机体系结构优化方法。

1.1.3 数字电路的优点

除了数字电路外，其他两类主要的电路为模拟电路和数模混合电路。模拟电路主要以电容、电感、电阻、晶体管等器件处理连续的模拟信号，常见的模拟电路包括射频电路、放大器、模拟开关电路等。数模混合电路是指同时包括数字电路与模拟电路的电路系统，常见的数模混合电路包括模/数转换器（analog-to-digital converter，ADC）、锁相环（phase locked loop，PLL）等。本书重点关注数字集成电路的相关内容，读者如果对模拟电路和数模混合电路的相关内容感兴趣，可以参考模拟集成电路领域方向的相关书籍。

数字电路与模拟电路相比，其最主要的特征在于处理的信号为离散化的数字信号。不同于连续变化的模拟信号，数字信号可以使用一系列二进制 0/1 数字进行编码。相比于模拟电路，数字电路有多方面的优点：

（1）数字电路可以抵抗噪声，稳定性好，可靠性高。如图 1-4 所示，模拟电路中的电路噪声（ε_i，如元器件参数的偏差）会在信号传输过程传递并累积，进而对电路整体输出产生影响。而数字电路的基本单元电路具有"宽进严出"的传输特性，电路噪声只要不超过噪声容限就可以被消除。电路元器件本身非理想因素及漂移等问题带来的影响也是可以消除的，第 3 章将详细介绍数字电路的抗噪能力及噪声容限等概念。

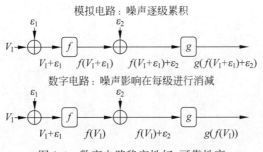

图 1-4　数字电路稳定性好，可靠性高

（V_1：输入信号；ε_1、ε_2：电路噪声；$f(\cdot)$、$g(\cdot)$：信号处理单元，如逻辑门等电路）

（2）数字电路中的数字信号只有 0/1 两种状态，可以使用高低电压进行表示，易于传输与存储。此外，数字电路可以设定信号阈值并通过阈值判别恢复原信号，同时可以引入纠错编码技术（如汉明码编码）等降低传输信号的误码率。模拟信号中没有类似的纠错技术，且

---

① 特征尺寸为 5nm 或 3nm 的半导体，特征尺寸是指半导体器件中的最小尺寸。

模拟信号难以进行大规模高密度存储。

（3）数字电路设计自动化程度高。不同于模拟电路，数字集成电路的设计从高层到低层层次明确，可以进行分层处理。每一层都有成熟的自动化设计工具，可以降低每一层的设计复杂度，同时提高设计复用的可能。本书 1.1.4 节将详细介绍数字电路的分层抽象。模拟电路往往层次划分不明确，设计难以实现高度自动化。

（4）数字电路支持逻辑计算。数字电路中的信息均编码在 0/1 上，使用逻辑门作为基本的计算单元，可以实现任意的逻辑运算。

（5）数字电路适合尺寸缩减。集成电路中，半导体器件的最小尺寸称为特征尺寸，CMOS 工艺中特征尺寸通常指晶体管的沟道长度。在数字集成电路中，可以单纯地通过特征尺寸的缩减提升性能、缩小体积以及降低成本。此外，在尺寸缩减的过程中，依然可以沿用之前的前端设计，无须全部推倒重来。

1.1.4　数字电路的分层抽象

集成电路诞生初期，一个电路系统中仅包括数个至数百个元器件，工程师可以对每个器件的布局及参数进行仔细调整来满足计算任务与性能的需求。但是，随着集成电路特征尺寸的不断降低以及应用算法的复杂化，数字集成电路的规模与集成度飞速提升（今天一颗处理器芯片的晶体管数量可达数十亿个），继续以元器件为单位进行电路设计是不现实的。因此，在集成电路发展过程中，人们提出分层抽象的数字电路设计方法以降低数字集成电路的设计复杂度。

数字电路设计的抽象分层按照抽象程度的增加可以分为器件版图级、电路级、逻辑级、模块级和系统级，如图 1-5 所示。

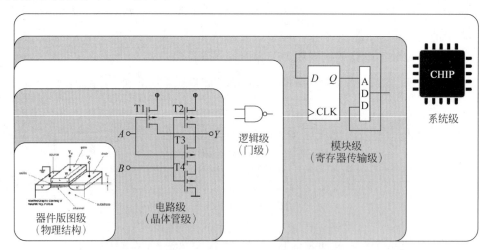

图 1-5　数字电路的分层与抽象

器件版图级代表电路的基本物理结构，半导体器件研究人员在这一级对器件特性进行研究，并根据固体物理方程建立基本器件模型提取相应参数提供给上层电路设计人员，使电路设计人员无须在设计数字门时考虑复杂的描述器件特性的物理方程。此外，电路后端设计人员会在这一级结合器件物理结构进行版图设计与互连规划。

器件版图级之上是由各类器件（如晶体管）构成的电路级，在数字电路中也称为晶体管级。这一级的电路设计人员根据功能的需求选择适合的元器件与连接方式搭建成小规模的电路模块,比如利用 4 个晶体管实现与非的布尔逻辑计算功能。电路级仍须以晶体管为单位进行设计,若将完成特定功能的晶体管视作一个功能单元,就不再需要关心该功能单元内部的器件设计与连接方式,这就进入逻辑级。如果说数字电路的基本组成单元是晶体管等电路元器件,那么数字运算的基本单元就是布尔函数中的门计算。

逻辑级就是将完成门计算的晶体管抽象为逻辑门单元,因此逻辑级也可以称为门级。相比于电路级,逻辑级的抽象省略了大量底层电路器件的组成信息,但是对于一个复杂计算而言,逻辑门仍是一个非常小的计算单元。以一个 8 位加法器为例,完成一个简单的 $C=A+B$ 的计算就需要数十个逻辑门。对于一个包含大量加法器的计算系统而言,使用逻辑门实现每个加法器的逻辑级设计方法显然不够简洁。为解决该问题,通常在逻辑级的基础上进一步提出模块级抽象。

模块级抽象将完成某类功能的计算电路"封装"成一个黑盒,黑盒提供输入、输出及控制信号的相关接口,系统级电路设计人员根据功能的需要调用相关模块,无须关心模块内部的逻辑门连接关系。可以类比算法编程中"函数"的概念对模块级设计进行理解。此外,在输出不仅与当前输入有关,也与历史状态相关的**时序逻辑电路**中,模块级这一层面还包括寄存器传输级(register transfer level,RTL)抽象。寄存器传输级包括寄存器、寄存器之间数据流以及执行数字信号的逻辑运算单元。关于寄存器传输级更详细的介绍可以参考本书第 4 章。

在模块级之上为系统级描述,这里的系统是指完成某一计算应用/任务的完整的计算系统,通常由若干功能模块组成。

数字电路分层抽象的思想具有多方面的优势:

(1) 可以降低数字电路的设计成本:对于计算系统多次/大量使用的计算模块(如加法器、乘法器、寄存器等),只须进行一次设计,将设计好的电路封装为黑盒,在需要使用时多次调用即可,电路设计工作量大大降低。今天在集成电路行业有着重要地位的知识产权核(intellectual property core,IP Core)也可以看作数字电路分层思想的典型实例。在设计整个电路系统时,有些功能模块的设计难度高、成本大,此时就可以购买其他公司设计优化好的 IP 核用于功能实现,可以显著提高设计可靠性,缩短产品研发周期,降低研发成本。

(2) 可以提高数字电路设计的可迁移性与可复用性:在分层设计的数字电路中,底层器件版图级或电路级设计与顶层模块级、系统级设计相互解耦。即使更换底层器件工艺库,顶层的系统级及模块级设计无须做过多改变即可保证原有功能的正确性。此外,对于系统中某些性能不符合要求的模块,也可以通过修改接口及调用方式方便地替换为其他同种功能的高性能模块,无需对其他模块和整体架构做过多修改。

(3) 促进了数字集成电路电子设计自动化工具(electronic design automation,EDA)的发展:今天复杂集成电路系统的设计离不开 EDA 工具,从行为级模拟、设计验证、逻辑综合到版图生成,EDA 工具在集成电路设计的每个环节都起到了不可替代的作用。EDA 工具的发展与数字电路的分层抽象息息相关。20 世纪 70 年代,物理级布局布线需求推动了 EDA 工具的诞生,第一代 EDA 工具专注于物理级的版图图形编辑及绘图。20 世纪 80 年代中期,第二代 EDA 工具在物理级的基础上转向门级设计,开始研究逻辑级电路模拟、门阵列及标准单元的版图设计及验证。1980—1990 年,两种硬件描述语言(hardware description language,

HDL)VHDL 与 Verilog 相继诞生,第三代 EDA 工具开始面向 RTL 级研究逻辑综合、时序分析等内容,实现了从 RTL 级到门级再到电路及物理级的设计自动化。20 世纪 90 年代中期,EDA 工具开始实现系统级任务,包括行为级的描述与模拟、高层次综合等。数字电路分层抽象的思想亦指导着 EDA 工具的发展以及使用 EDA 工具进行芯片设计,衍生出了传统的"电路模块—子系统—系统整合"自底向顶(bottom-up)设计流程以及现阶段常采用的"系统级—行为级—RTL 级(模块级)—门级—电路级—器件版图级"的自顶向底(top-down)设计流程。

在上述数字电路的分层抽象中,本书重点关注从门级到系统级的相关内容。晶体管级电路设计将在第 3 章进行简单介绍。第 3 章与第 4 章将重点介绍门级与模块级设计,第 5~9 章将通过 CPU 设计、存储器设计以及系统设计实例对数字电路系统级设计加以阐述。

1.1.5 集成电路产业介绍

集成电路的生产可以简单分为设计、制造及封装三部分。根据集成电路公司主要负责

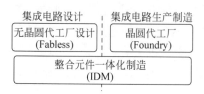

图 1-6 集成电路产业三种代表性商业运作模式

的业务内容,集成电路芯片行业出现了三种商业运作模式:兼顾集成电路设计与生产制备的整合元件一体化制造(integrated device manufacture,IDM)、仅做集成电路生产制造的晶圆代工厂(Foundry)与仅从事集成电路设计的无晶圆代工厂设计(Fabless)。前述三种商业运作模式进而分化出两种集成电路产业模式:IDM 以及 Foundry+Fabless,如图 1-6 所示。

IDM 是指包含设计、制造、封装及销售等所有环节的半导体公司,今天典型的 IDM 模式半导体公司包括英特尔、索尼、三星等公司。集成电路发展早期,几乎全部半导体公司均采用 IDM 模式。随着半导体产业的飞速发展,集成电路的设计需要大量专业人才的技术储备,制造依靠大量的资金投入。高昂的研发成本及制造成本使得众多 IDM 模式的公司难以在近二十年继续保持快速的技术发展。对于整个行业而言,巨大的技术及资金壁垒使 IDM 模式下的半导体产业变成了由数家巨头公司垄断的高门槛行业。IBM 院士柯林·约翰逊(R. Colin Johnson)曾指出:"Only a few high-end chip makers today can even afford the exorbitant cost of next-generation research and design, much less the fabs to build them" [11]。

1986 年,一家公司的出现打破了 IDM 行业巨头垄断半导体产业的状况,为集成电路产业带来了新的产业模式,这家公司就是今天称为"台积电"的台湾积体电路制造公司(Taiwan Semiconductor Manufacturing Company,TSMC)。台积电的创始人张忠谋在公司创立之初就将公司的定位设为"世界级"专门进行芯片制造的公司。尽管在公司创立之初,新的商业模式未被产业界接受导致订单量稀少,但是凭借创始人张忠谋的个人关系与台积电对于产品高标准的严格要求,台积电在 1988 年获得了英特尔的认证与订单,并在 1990 年获得国际半导体企业的质量认可,半导体行业开始有了台积电的一席之地。2005 年,台积电领先业界成功试产 65nm 级芯片,市场反馈与技术水平均宣告 Foundry 商业模式的胜利。2022 年第四季度,台积电在晶圆代工方面市场占有率达 58.5%①,其他主要的晶圆代工厂还

---

① https://www.statista.com/

包括格罗方德半导体（Global Foundries）、联华电子（United Microelectronics Corporation，UMC）、中芯国际等公司（Semiconductor Manufactory International Corporation，SMIC）。

在晶圆代工厂取得越来越多的市场份额时，传统IDM模式中的设计与制造开始分离，出现了众多只进行芯片设计而不负责制造及封装的无晶圆代工厂设计公司。相比于传统IDM模式，晶圆代工厂为无晶圆代工厂设计公司提供工艺库文件及电路模型，无晶圆代工厂设计公司依据器件工艺库设计集成电路芯片，再将设计好的芯片版图、网表及延时文件等交给晶圆代工厂进行芯片制造。今天大家熟知的集成电路相关的公司大部分都是无晶圆代工厂设计公司，如华为海思技术有限公司 、平头哥半导体公司、苹果公司、英伟达公司等。

在今天以Foundry＋Fabless为主的集成电路产业模式中，集成电路产业链从上游至下游可以主要分为如下环节：系统整机设计—芯片设计—材料—工艺—设备—芯片制造—封测—电子设计自动化工具。图1-7展现了上述主要环节的相互关系。

集成电路产业的上游主要是**设计公司**，包括**系统整机设计**和**芯片设计**，主要包括IDM公司和Fabless公司。**系统整机设计**是指根据应用场景

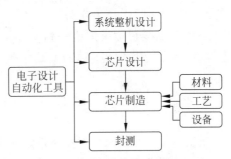

图1-7 集成电路产业链主要环节

和任务需求设计计算系统。计算系统具备输入输出接口、计算与存储单元，能够独立满足应用算法的计算需求，即实现输入数据到输出数据的转化。一个计算系统通常包含多种芯片，例如存储芯片与处理器芯片，系统整机设计公司可以自己完成这些芯片的设计，也可以从其他芯片设计厂商购买芯片IP的使用授权，再基于各类芯片完成系统构建。在芯片设计方面，以高通、博通、英伟达等为代表的美国公司处在第一梯队，以华为海思与兆易创新为代表的中国芯片设计公司发展势头强劲。

设计好的芯片版图需要交由**制造公司**进行芯片制备，**制造公司**即前述的晶圆代工厂，在晶圆制造方面，中国台湾地区的相关公司在产能、营收及工艺技术等方面世界领先。中国大陆的相关公司（中芯国际、华宏半导体等）占有一定的市场规模，在工艺方面距离世界领先水平仍有较大差距。

芯片制造的基础是原材料、制造工艺和制造设备。材料公司为制造公司提供芯片制造

的原材料,制造公司使用制造设备,在特定制造工艺下完成芯片的制造。今天主流的先进工艺是鳍式场效应晶体管(fin field-effect transistor,FinFET)工艺技术[13]。**材料公司**主要负责生产芯片制造相关的原材料(如硅晶圆、光刻胶等)。集成电路材料的市场被日本与德国公司所垄断(如巴斯夫、住友化学、SUMCO 等)。**设备公司**负责生产制造芯片所需的相关设备,如光刻机、等离子体刻蚀设备、薄膜沉积设备等。光刻机设备方面,荷兰阿斯麦尔(Advanced Semiconductor Material Lithography,ASML)公司在市场上处于垄断地位,技术水平超过同行业其他公司。其他设备被美国及日本相关公司所垄断,如美国应用材料、东晶电子、美国泛林等公司。

集成电路制造结束后得到的是集成电路裸片(Die),还需要对制造好的裸片进行封装,为裸片安装具有保护功能和提供对外接口(如芯片引脚和引线)的“外壳”。封装后还需要对芯片的电气特性进行测试,确认制造的芯片符合需求。负责集成电路的封装与测试的公司即为**封测公司**,主要公司包括日月光、艾克尔、江苏长电科技、通富微电子等公司。在封装测试这一领域,中国大陆的相关公司占有一定的市场份额,处在发展的第一梯队。除了前面介绍的产业环节外,集成电路设计流程中另一个不可或缺的重要部分是电路设计自动化(EDA)工具。由于今天集成电路规模庞大,一颗先进工艺下的处理器芯片可能包含数十亿个晶体管,因此集成电路的设计、制造、封测是无法靠人工完成的,这就需要利用 EDA 工具由计算机辅助完成芯片设计。目前 **EDA 公司**处于行业垄断的局面,整个市场份额的95%被三家公司垄断:美国新思科技(Synopsys)、美国楷登科技(Cadence)和 Mentor 公司(现已被德国西门子公司收购)。中国大陆市场份额最大的 EDA 公司是华大九天公司,华大九天产品线包括模拟电路和平板显示电路设计全流程 EDA 工具和数字电路设计关键 EDA 工具,在数字电路 EDA 工具方面与美国公司仍有一定差距。

1.2　计算机组成与处理器

解决计算问题的软件思路通常是使用一个通用处理器完成各类算法的计算任务,通用处理器是一类典型的数字电路,它构成了现代计算机的核心单元。

现代计算机和通用处理器的历史可以追溯到第二次世界大战期间,为了完成弹道计算、密码破解等复杂任务,同时支持不同算法的通用计算任务,美国开始研究使用电子器件构建计算设备,设计了基于电子管的通用计算机 ENIAC[14]。受限于电子管的体积,ENIAC 占地 $167m^2$,重达 27t。集成电路的诞生为缩减真空管计算机的体积提供了可行方案。但是在集成电路诞生初期,受限于工艺水平,集成电路上只能容纳集成有限个电路元器件,仅能处理某些特定计算,难以满足通用计算的需求。随着半导体技术的发展,集成电路集成度显著提升,片上元器件数量的提升为实现更为复杂的通用计算提供了可能。1971 年,第一个商用处理器 Intel 4004 诞生,这颗在单芯片上的完整 CPU 可以处理 4 位数据的通用计算。Intel 4004 揭开了处理器发展的巨幕。历经 50 年的飞速发展,处理器的性能和小巧性得到了显著提升,今天的手机处理器芯片(如华为公司麒麟 990 芯片)的计算性能可达 1TOPS(trillion operations per second,每秒 10^{12} 次运算)。处理器作为完成计算任务的核心,与存储数据的存储器以及输入输出设备一起构成了方便使用的计算机系统。本节将首先介绍计算机组成,然后将目光聚焦在计算机的大脑——处理器上,并且从理论基础、发展历史及常见处理器类型等方面介绍处理器。

1.2.1　计算机组成

在进行 $y=f(x)$ 的计算时,计算机或其他硬件均需要完成五项基本功能。

- 数据输入:提供接口接收输入信号 x。
- 数据存储:将计算需要的参数 w、输入信号 x 和数据处理过程中产生的中间数据 x' 等信息存储起来。
- 数据处理:完成计算功能 $f(\cdot)$。
- 数据输出:提供接口输出处理结果 y。
- 管理与控制:控制计算机系统工作,保障上述四项功能的正确运行。

现代计算机包括多种部件(如通用处理器、存储器等)以支持上述五项基本功能,这些部件的组织形式通常遵循现代计算机架构的设计范式——冯·诺依曼结构。冯·诺依曼结构如图1-8所示,主要包含如下几部分:

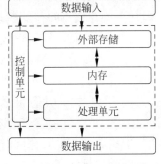

图 1-8　冯·诺依曼结构示意图

- 包含算术逻辑计算单元和寄存器的处理单元(完成数据处理功能)。
- 包含指令寄存器及程序计数器的控制单元(完成管理与控制功能)。
- 存储数据与指令的内存(与外部存储一起完成数据存储功能)。
- 大容量外部存储(与内存一起完成数据存储功能)。
- 输入及输出端口(完成数据输入与数据输出功能)。

冯·诺依曼结构出自美国理论计算机科学家冯·诺依曼(John von Neumann)于1945年6月发表的论文《EDVAC[①] 报告书的第一份草案》(*First Draft of a Report on the EDVAC*),冯·诺依曼本人也被称为"计算机之父"。

根据冯·诺依曼结构,一台现代计算机主要包含五个部件(输入设备、存储器、运算器、输出设备、控制器),分别对应完成计算机系统的五项基本功能。

在五个基本部件中,与用户交互最为密切的就是输入设备(input device)与输出设备(output device)。输入设备是指为计算机提供信息的装置,如计算机的鼠标、键盘等。输出设备是指将计算结果输出给用户或其他计算机的装置,如计算机的显示器等。一些设备同时兼具数据输入与结果输出的功能,既是输入设备亦是输出设备,如无线网络设备、智能手机触控屏等。计算机除主机外的输入输出设备通常称为外部设备,简称外设。外设与主机通过总线(Bus)进行数据传输与交互,第9章将介绍总线与外设的相关知识。

在通过输入设备接收到输入数据及指令后,计算机的大脑——处理器将根据程序中的指令对数据进行处理,然后将结果数据保存在存储器中或输出至输出设备中,用于数据处理的芯片通常称为逻辑芯片。计算机中典型的处理器包括中央处理器(CPU)与图形处理器

[①]　Electronic Discrete Variable Automatic Computer.

(GPU)等。除此之外,根据应用场景的不同,还有其他各种各样的处理器,如数字信号处理器(digital signal processor, DSP)、图像信号处理器(image signal processor, ISP)等。从逻辑上看,处理器可分为运算器(也称数据通路,datapath)及控制器(controller)两个部分,运算器主要负责完成各类算术逻辑运算的数据处理,控制器负责指导与控制运算器、存储器及输入输出设备按照正确的程序指令完成相应的操作。处理器是本书关注的重点内容,本书将以中央处理器 CPU 作为主要的研究案例,在第 6 章与第 7 章介绍典型的三种处理器(单周期处理器、多周期处理器以及流水线处理器)的设计思想与实现细节。

在实际的计算应用中,除了数据的输入输出与处理外,还需要对一些未完成计算的中间数据或未来仍会用到的有效数据及指令序列进行存储,这就引出了存储器(memory)这一计算机部件。用于数据与指令存储的芯片通常也称为存储芯片,今天常见的存储器种类繁多,包括磁盘存储器(magnetic disk storage)、固态硬盘(solid state drive)、动态随机访问存储器(DRAM)、静态随机访问存储器(SRAM)等。尽管存储器的作用均为存储指令与数据,但是不同存储器的存储机理、容量、成本及性能各有千秋。为了能够获取容量大、速度快、价格低廉的存储设备,现代计算机采用了一种存储器层次结构的设计思想,第 8 章将详细介绍存储器及分层设计思想的具体内容。

前面提到的五个基本组成部件均是从硬件角度看待计算机组成。在计算机硬件与通用软件之间还包含一层连接软硬件的抽象接口,即计算机指令集架构(instruction set architecture,ISA)。指令集架构包含了软件能够在计算机硬件上运行所需的全部信息,包括基础指令、寄存器、存储访问以及输入输出接口等。编写应用程序的软件工程师无需关心底层硬件的具体实现方式,仅需要使用高级语言编写程序,编译器根据指令集架构将高级语言翻译为机器语言,从而通过控制器控制整个数据通路。第 5 章将以 MIPS 指令集为代表研究计算机指令集架构。

1.2.2　处理器的理论基础

1.2.1 节介绍了现代计算机系统的基本组成,那么计算机是如何使用五类基本组成部件完成 $y=f(x)$ 的计算呢? 本节将介绍计算机完成通用计算的理论基础:图灵机(Turing machine)。

图灵机是由英国计算机科学家艾伦·图灵(Alan Mathison Turing)于 1936 年提出的一种抽象的计算模型,该计算模型为定义"可计算问题"提供了基础。图灵机模型可分为确定型图灵机与非确定型图灵机[①]。本书将以确定型图灵机为例介绍图灵机的基本原理,关于非确定型图灵机,感兴趣的读者可以自行查阅相关资料。

基础的确定型图灵机模型使用机器模拟人类利用纸笔进行计算的过程,如图 1-9 所示。确定型图灵机主要由一条双向都可无限延长、被分为一个个小格的纸带,一个有限状态控制器和一个读写头组成。

- 纸带:纸带上的每个小格记录了指令或数据信息。
- 读写头:读写头在纸带上移动,并在小格上完成特定的动作,动作包括前后移动及

---

① 确定型图灵机与非确定型图灵机的主要区别在于机器存在固定的状态转移方案还是多种状态转移方案,在非确定型图灵机中,每个状态存在多种可能的状态转移方案,机器将任意地选择其中一种方案工作。

改变小格信息。
- 有限状态控制器：有限状态控制器①是图灵机的控制装置，该控制器具有有限个内部状态，根据当前状态与输入情况决定状态如何改变并控制读写头做出相应的动作。

图灵机工作情况取决于如下三个条件：有限状态控制器内部状态、读写头处在纸带的哪个方格上以及方格内有什么信息。图灵机的这种由状态、符号确定的工作过程称为图灵机程序，图灵机程序可以由一个五元组序列来定义：$<q,b,a,m,q'>$，其中，q 表示当前状态，b 表示当前纸带小格中的符号，a 表示当前纸带小格修改后的符号，m 表示读写头移动的方向（包括左移、右移及不动），q' 表示下一状态。

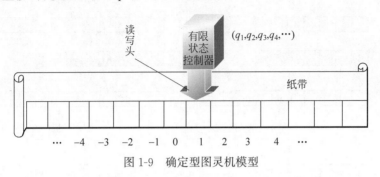

图 1-9 确定型图灵机模型

图灵曾指出凡是可以计算的函数都可以用图灵机来实现，所以图灵机能够模拟人类所能进行的任何计算过程。下面将通过一个例子说明图灵机如何完成函数的计算。

【例 1-1】 使用图灵机计算函数 $f(x)=2^x$。

为使用图灵机完成上述函数的计算，对该例图灵机的使用做如下规定：

（1）数字表征：无论是输入数据 x 还是计算输出 y 均以二进制形式表示。

（2）纸带的初始状态：初始状态上纸带上只有一串连续的方格存储输入 x 对应的二进制表示，其余方格均为空白。

（3）有效状态控制器与读写头：有限状态控制器包含 7 个状态，为 $q_1 \sim q_7$，各状态下读写头的动作以及状态转移如表 1-2 所示，读写头初始停留在 x 的最左位，初始状态为 q_1。

（4）结果输出：停止时纸带上的非空方格所组成的二进制值即为输出结果。

表 1-2 $f(x)=2^x$ 的图灵机状态转移表

当前状态	当前小格为空白时（写入数据，读写头移动方向，状态转移）	当前小格为 0 时（写入数据，读写头移动方向，状态转移）	当前小格为 1 时（写入数据，读写头移动方向，状态转移）
q_1	[1,左,q_7]	[0,右,q_1]	[1,右,q_2]
q_2	[空白,右,q_3]	[0,右,q_2]	[1,右,q_2]
q_3	[0,左,q_4]	[0,右,q_3]	报错
q_4	[空白,左,q_5]	[0,右,q_4]	报错
q_5	报错	[1,左,q_5]	[0,左,q_6]
q_6	[空白,右,q_1]	[0,左,q_6]	[1,左,q_6]
q_7	终止	[空白,左,q_7]	报错

---

① 有限状态控制器的基本原理与数字电路中的有限状态机相同，本书将在第 4 章介绍有限状态机的相关内容。

下面以 $x=1$ 说明该图灵机的工作流程,流程示意图如图 1-10 所示。

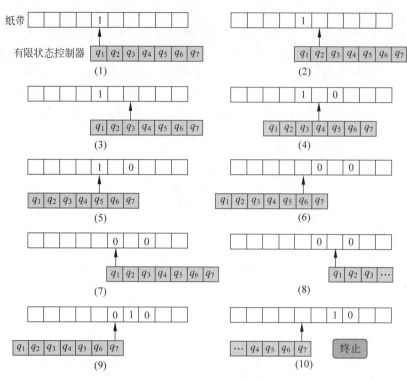

图 1-10　$x=1$ 时的图灵机工作流程

图 1-10(1)展示了图灵机的初始状态,根据前述规定(1),首先将 x 的二进制表示写入纸带中,且初始状态为 q_1。此时,进行有限状态控制器的第一次判断,当前小格为 1,有限状态控制器状态为 q_1,由表 1-2 第二行可知,需要向该小格写入数据 1,读写头向右移动,并将有限状态控制器状态更新为 q_2,如图 1-10(2)所示。然后,在当前小格空白、有限状态器状态为 q_2 的情况下,不做写入操作并将读写头向右移动,有限状态器状态更新为 q_3,如图 1-10(3)所示。以此类推,重复上述操作,在第十步可以进入图 1-10(10)的状态,此时当前小格空白、有限状态器状态为 q_7,由表 1-2 最后一行可知,此时进入终止状态,图灵机工作结束。输出结果根据规定(4)及纸带状态可知输出结果为 10(二进制表示),即 $f(1)=2^1=2$。感兴趣的读者也可以试着分析当 x 为其他数字时,该图灵机是如何变化的。

图灵机的核心思想在于将复杂的计算拆解归并为若干简单的基本运算,再将这些基本运算逻辑与控制逻辑以及存储逻辑相结合,从而完成复杂算法的计算。其中,控制逻辑主要包括分支与跳转等操作,在确定型图灵机模型中建模为有限状态控制器的状态转换以及读写头的左右移动;存储逻辑包括数据的存储与读出,在确定型图灵机模型中建模为对纸带小格内存储数字的写入与读出。在现代计算机系统中,可以将计算逻辑、控制逻辑与存储逻辑抽象为一条条计算机硬件能够“识别”的指令,由这些指令编写的程序控制计算机的运行逻辑,起到了类似于图灵机模型中状态转移表的作用,这就是计算机软硬件的接口——指令集架构(ISA)。本书将在第 5 章对指令集架构进行深入讲解。

本书仅对确定型图灵机中最为基础核心的思想进行介绍,对图灵机与计算理论感兴趣的读者可以阅读学习 *Introduction to the Theory of Computation*[15]、*The Annotated Turing: A Guided Tour Through Alan Turing's Historic Paper on Computability and the Turing Machine*[16]等书籍。

1.2.3 处理器发展历史

商用处理器的历史可以追溯到 1971 年,英特尔公司发售了史上第一款用于计算机的 4 位微处理器 Intel 4004。Intel 4004 由 2300 个 $10\mu m$ MOS 工艺的晶体管组成,包含 640B 的片上存储容量,总面积为 $12mm^2$,最高工作频率为 740kHz,如图 1-11 所示。

英特尔公司推出 Intel 4004 后趁热打铁,于 1972 年及 1974 年研制出 8 位微处理器 8080 和 8085。同一时期,摩托罗拉公司研制出了该公司第一款微处理器 8 位 MC6800。"4 位/8 位微处理器"中的"4 位/8 位"是指微处理器内部的数据总线及寄存器位宽为 4 位/8 位,反映了微处理器的处理能力。尽管 4 位处理器与 8 位处理器的处理能力十分有限,但是这些微处理器标志着通用计算硬件的诞生,为以后**"采用通用的硬件设计作为基础,通过软件来实现不同功能"**这一设计思想开辟了道路。

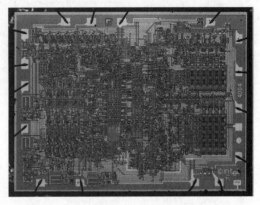

图 1-11 Intel 4004[17]

1978 年,英特尔公司推出了 16 位微处理器 Intel 8086。Intel 8086 采用 $3.2\mu m$ 制造工艺,包含 29000 个晶体管,芯片总面积为 $33mm^2$,主频为 5～10MHz[1]。Intel 8086 亦是英特尔处理器指令集架构 x86 的开端(x86 源自英特尔早期处理器 80x86 的命名方式,包括 Intel 8086、80186、80286 等)。x86 作为历史上最为成功的复杂指令集(complex instruction set computer,CISC),自 1978 年诞生起不断发展并被持续改进超过 40 年,并被用作个人计算机的标准指令集。诞生初期的 x86 为 16 位体系结构。1985 年,英特尔公司推出了 32 位微处理器 Intel 80386,Intel 80386 采用 $1.5\mu m$ 工艺,包含 275000 个晶体管,最高工作频率可达 12.5MHz[2]。Intel 80386 将 16 位 x86 推广至 32 位,通过外置高速缓存解决内存速度受限的问题,增加了新的寻址模式及额外操作。凭借一系列显著提升运算速度的技术改进,Intel 80386 被广泛应用到 IBM 公司的个人计算机(personal computer,PC)中,推动个人计算机由 16 位时代进入 32 位时代。

自 Intel 80386 诞生后,CPU 进入了性能快速增长阶段,如图 1-12 所示。1985—2003 年,CPU 性能保持了每年约 52% 的性能提升,这一快速增长从侧面论证了摩尔定律的有效性。

2003 年以来,随着工艺水平的发展速度逐渐放缓,CPU 的性能发展也呈现出缓慢增长

---

① Morse S P,Ravenel B W,Mazor S,et al. Intel Microprocessors-8008 to 8086. Computer,1980,13(10):42-60.

② Cornell. The Future of FPGAs.

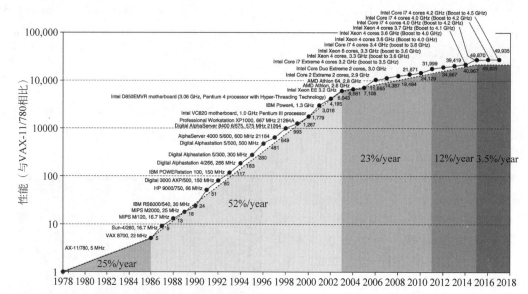

图 1-12　CPU 性能在过去 40 年(1978—2018)间的发展变化[18]

的趋势。2003 年,AMD 公司改进了 x86 体系结构,将 32 位 x86 拓展到 64 位的 x64,并推出 64 位微处理器 Athlon 64。在该处理器的基础上,AMD 公司于 2005 年推出了首款桌面级 双核心处理器 Athlon 64 X2。相比于单核心处理器,多核心处理器具有主频更高、扩展性 高、功耗低、计算并行度高的特点,可以显著提高处理器的计算效率并且避免继续提升单核 处理频率带来的高功耗问题,多核也因此成为处理器发展的主流趋势。2006 年,英特尔公 司推出了包含双核版本的酷睿 2 处理器,并在后续推出了四核版本。

目前,桌面级 CPU 的主要厂商包括英特尔及 AMD 两家公司。中国在桌面级 CPU 方 面与国外公司仍有较大差距,但是近年来飞腾公司等企业在国产自研 CPU 方面取得了较 大的突破,向实现核心技术自主创新迈出了重要的一步。上述公司近年的代表产品如 表 1-3 所示。

表 1-3　桌面级 CPU 代表产品

型　　号	第一个微处理器 Intel 4004	Intel Core i9-10980XE	AMD Ryzen 9 3950X	飞腾公司 D2000
工艺节点	$10\mu m$	14nm+	7nm	14nm
工作频率	740kHz	3.0~4.6GHz	3.5~4.7GHz	2.0~2.6GHz
核心/线程数	1/1	18/36	16/32	8 核心
散热设计功耗	—	165W	105W	25W
L3 缓存	最大支持 4KB 存储(非缓存)	24.75MB	64MB	4MB

除了传统的桌面级 CPU 与服务器 CPU 外,移动端 CPU 在近 10 年随着智能终端设备 的广泛普及得到飞速发展。移动端 CPU 的主要设计厂商包括高通、苹果、华为、联发科等 公司。目前代表性的移动端 CPU 如表 1-4 所示。

表 1-4 移动端 CPU 代表产品

型 号	高通骁龙 8Gen(2021 年)	联发科天玑 1200(2021 年)	华为麒麟 9000 (2020 年)	苹果 A15 (2021 年)
工艺节点	三星 4nm	台积电 6nm	台积电 5nm	台积电 5nm
工作频率	1.8~3.00GHz	2.0~3.0GHz	2.05~3.13GHz	1.8~3.2GHz
核心数	1 超大核＋3 大核＋4 小核	1 超大核＋3 大核＋4 小核	1 超大核＋3 大核＋4 小核	2 大核＋4 小核

历史趣闻

中国计算机产业可以追溯至 1953 年,华罗庚教授召集清华大学电机系的闵乃大、夏培肃、王传英三位科研人员在中国科学院数学所建立了新中国第一个电子计算机科研小组。该研究组以"研究电子计算机的原理和设计,并实验其主要部分"为核心任务,其诞生标志着中国计算机研究与产业的起步。1956 年,以计算机研究组为基础,国务院正式批准成立中国科学院计算技术研究所筹备委员会,华罗庚教授担任筹备委员会主任,1959 年正式成立中国科学院计算技术研究所(简称中科院计算所)。中科院计算所诞生以来的六十余年间,创造了我国第一台电子计算机、第一台大型晶体管计算机、第一款通用 CPU 等诸多耀眼成就。

除了杰出的科学家之外,中国计算机产业的起步与发展亦离不开周恩来总理对电子计算机的关注与重视。20 世纪 50 年代初期,周总理批准了一系列无线电零件厂和电子管厂的建设,这些工厂后续均参与到电子计算机的器件生产中。1956 年,周总理邀请苏联专家来中国短期讲学。在苏联专家的访华过程中,周总理注意到国外电子技术产业的迅速发展,意识到电子信息与计算机产业发展的重要性,提出"依靠一个部门力量做不出来的计算机,在党中央、国务院的领导下,集中全国力量,难道还做不出来吗"。同年,周总理主持制定了新中国成立后科技工作第一份纲领性规划《1956—1972 年科学技术发展远景规划纲要(草案)》,"计算机技术的建立"位列该规划中的第 41 项,推动了中国计算机研究起步与产业建立。基于该发展规划,以钱学森、钱伟长、黄昆等科学家为核心的专门小组总结规划了四项"紧急措施":发展无线电电子学、自动化、电子计算机以及半导体。"紧急措施"使电子计算机成为新中国建设的关键产业,从单纯的一个学科变为国家重器。

除了本书重点介绍的 CPU 外,处理器大家庭中还包括其他多种处理器,本节将对这些处理器进行简单介绍,感兴趣的读者可以参考查阅计算机体系架构的相关书籍。

- **图形处理器(GPU)**：GPU 的主要作用为对图形数据进行处理。相比于适合通用计算的 CPU,GPU 通常包含成百上千个可以并行执行浮点计算的内核,适合进行大规模并行的矩阵及向量计算。GPU 的概念最早由英伟达(NVIDIA)公司于 1999 年提出,英伟达公司在这一年推出了 GeForce 256。在 NVIDIA GeForce 256 的宣传中,英伟达公司首创了 GPU 这一专有名词以体现该产品的核心功能——处理计算机图形应用(如图形渲染、图像构建等)。得益于其适合 SIMD(single instruction multiple data)的特点,GPU 在人工智能时代也常用于神经网络等算法的计算加速,相比 CPU 可以达到 2 个数量级以上的速度提升。今天主要的桌面级及服务器端 GPU 厂商包括英伟达、AMD 及英特尔等公司,中国近年来有多家 GPU 创业公司进入自研 GPU 的商业赛道；移动端 GPU 提供商包括苹果、华为、高通等公司。
- **数字信号处理器(DSP)**：DSP 是一种专用于数字信号处理任务的处理器,常用于语音信号处理、通信、雷达、军事等应用领域。由于现实世界待处理信号通常为连续的模拟信号,因此 DSP 通常与模拟/数字转换器(ADC)及数字/模拟转换器(DAC)一起使用。DSP 硬件结构通常包含存储器、算术逻辑计算单元、寻址单元等部分。相比 CPU,DSP 内部的计算资源针对数字信号处理算法进行了对应的优化,如通过加入多个并行运算单元的方式提高快速傅里叶变换算法中蝶形计算的计算速度。主要的 DSP 提供商包括亚德诺半导体(Analog Devices)及德州仪器(Texas Instruments)等公司。

- **现场可编程门阵列(FPGA)**:FPGA 是一种具有一定硬件可编程性的数字集成电路,通常包含可配置逻辑模块(configurable logic block,CLB)、输入输出单元(input output block,IOB)、内部互连(interconnect)、算术逻辑处理单元、嵌入式存储等部件。CLB 是为 FPGA 提供可编程性的核心模块,主要包括触发器及查找表(look up table,LUT)两部分。所有的组合逻辑计算均可通过在 LUT 真值表中查找给定输入下对应输出的方式来实现。因此,用户定义好逻辑电路后,FPGA 开发软件会在 LUT 中写入该逻辑电路的所有可行计算结果,通过查表的方式得到计算结果,以此达到硬件可编程的目的。FPGA 通过烧写配置文件的方式快速实例化不同的硬件功能,可以有效缩短集成电路的设计周期、降低开发费用。主要的 FPGA 提供商包括美国赛灵思公司(Xilinx)及阿尔特拉公司(Altera,于 2015 年被英特尔公司收购),中国的 FPGA 公司包括紫光同创电子有限公司、安路信息科技股份有限公司、复旦微电子集团股份有限公司等。

- **神经网络处理器(NPU)**:2010 年以来,神经网络算法在图像处理、语音识别、自然语言处理等领域展现出了超越人类专家水平的强大能力。神经网络算法的强大能力来自其庞大的数据量与计算量,这也对硬件计算性能提出了更高的要求。通用计算的 CPU 平台在计算神经网络算法时面临计算延时及实时性方面的挑战。适合向量运算的 GPU 平台尽管可以显著提高神经网络的计算速度,但是硬件面积与计算能耗方面的巨大开销限制了 GPU 在终端设备中的部署与应用。为了满足神经网络计算的速度及能效要求,工业界与学术界提出了许多专门用于神经网络计算的专用集成电路(application-specific integrated circuit,ASIC)解决方案。这些解决方案根据神经网络算法数据流的特征设计了诸多专门用于神经网络计算的硬件结构,比如使用脉动阵列处理矩阵计算的谷歌公司的张量处理单元 TPU[19] 及麻省理工学院的 Eyeriss 架构[20],由清华大学研发的面向神经网络计算的 Sticker 系列芯片和深度学习处理器 DPU[21-22]。典型的专用神经网络处理器包括谷歌公司的张量处理单元、寒武纪公司的寒武纪 1H/1M 及思元系列、集成在苹果 A15 芯片以及华为麒麟芯片中的神经网络引擎等。

- **图像信号处理器(ISP)**:ISP 一般用于对图像传感器采集到的输出图像进行增强处理。由于传感器自身的物理缺陷及外界环境的干扰,传感器采集到的图像往往无法满足实际应用的需求。ISP 会对传感器的"不完美"输出图像进行矫正与增强。ISP 的常见功能包括降噪、色彩校正、坏点矫正、自动白平衡、自动对焦、自动曝光等。ISP 的架构设计方案通常包括外置 ISP 架构及内置 ISP 架构两种。外置 ISP 架构中 ISP 通常作为独立于传感器及应用处理器的单独外置处理器,为不同的应用提供图像处理的解决方案。内置 ISP 架构中 ISP 通常作为应用处理器一部分,有利于提高架构兼容性并降低系统整体的成本。ISP 的硬件架构及数据通路主要根据 ISP

的目标功能进行设计。由于近年来人工智能算法在图像处理领域展现出了超越传统图像处理算法的非凡能力,越来越多的厂商引入神经网络处理单元(NPU)作为ISP或ISP的协处理器。目前主要的ISP提供商包括三星、索尼、佳能等传统ISP厂商以及苹果、华为、英伟达等提供基于人工智能图像处理解决方案的芯片公司。

需要指出的是,无论是本书重点讲解的CPU还是上述列举的面向不同应用的各类处理器,这些处理器均基于数字电路设计。但是,这并不意味着电路是完成"计算"任务的终极答案。随着物理学、材料学等学科的飞速发展,量子计算[23]、光计算[24]、光量子计算[25]、生物计算[26]等新型计算方式逐渐走向实际应用,这些计算方式有望超越电路的处理速度,开启"计算"这一古老话题的新篇章,感兴趣的读者可以参考阅读相关书籍与学术论文。

1.3　本书关注的核心问题及核心思想

集成电路诞生以来,如何让电路像人脑一样又快又高效地提取与处理信息一直是电路和现代计算机发展的核心推动力。人们希望用计算机解决信息世界各种各样复杂的实际算法问题,以电路为硬件基础实现信息化、自动化、智能化,最大程度解放劳动力。但是,在用计算机解决实际问题时面临着一个重要的基本矛盾:千变万化的应用算法与有限类型电路元器件之间的矛盾。计算机要利用有限种类的基本电路元器件(如电阻、电容、电感、忆阻器、晶体管等)去完成类型不可计数的计算任务(如信号滤波、信息识别、数学运算、自动控制等)。如本章引言所述,面对这些类型丰富各异的计算问题,都可以使用 $y = f(x)$ 这一数学模型进行建模,将计算问题抽象为输入数据到输出数据的数据转换。由此可以将本书关注的核心问题表述为:**如何使用计算机等具有计算功能的电路完成 $y = f(x)$ 的计算任务**,建立起从应用算法到硬件电路的桥梁。

本节将围绕上述核心问题,从处理核心问题的主要解决方案以及解决方案的核心思想两方面展开具体阐述。

1.3.1　处理核心问题的两种解决方案

计算问题的数学模型——$y = f(x)$ 以一种统一的形式体现了任何计算任务均可以抽象为由输入数据到输出数据的转换,不同的计算任务仅仅是函数 $f(\cdot)$ 的形式有所差别。对于不同计算任务的不同函数 $f(\cdot)$,可以很自然地想到两种实现途径,一种是针对每个特定的函数形式 $f_i(\cdot)$ 设计一种专门的电路,另一种则是设计一种通用的电路满足多种函数 $f(\cdot)$ 的计算。这就是本书核心问题的两种主要的解决方案:硬件思路与软件思路。

硬件思路是指对于每种应用算法,均设计一种专门的电路用于加速,也就是前面提到的专用集成电路ASIC。软件思路则是指使用一种通用的硬件电路处理多种算法,不同算法对应不同的比特序列(包含输入数据、控制信号等),软件思路的典型代表即常见的CPU。

硬件思路是根据特定算法设计对应的专用芯片。专用芯片的设计层级常包括三层:顶层的抽象计算(即待计算的算法)、过渡层的电路结构以及底层的基础电路器件。

算法是对求解某类问题的方法与步骤的描述,是对实际问题的具体数学表述。在已知具体算法的情况下,首先使用相对高层次的电路结构去实现对应的功能。这里的电路结构主要是指数字电路分层抽象中的系统级及模块级,如对应算法中乘法及加法运算的乘法器单元与加法器单元。在得到实现对应算法计算功能的电路结构后,通过用基础器件替换电路中的功能模块(如加法器、乘法器等),就可以得到由基础器件构成的电路图。基础器件包括数字电路分层抽象中的门级与晶体管级,本书主要关注门级的基础器件,即如何用电路门实现多种功能的基础计算模块。晶体管级的基础器件研究不在本书的关注范围内,对于这部分内容读者可以参考《数字大规模集成电路》《计算机辅助设计》等相关教材。

典型的硬件思路在实现过程中具有如下两类特征:①对于没有过程的算法运算,即算法计算输出只与该时刻的输入相关,在其实现电路中不存在存储状态的相关单元,完全由无记忆器件和互连线组成,即**组合逻辑电路**;②对于有过程状态的算法运算,即算法计算输出不仅取决于当前输入,还与状态变量相关,在其实现电路中包括存储状态的存储单元、用于计算的硬件电路以及控制状态跳转的过程控制器,即**时序逻辑电路**。

举一个简单的实际例子,将家庭的总存款看作一个随时间变化的状态变量(假设以月为单位),它会根据每月的净收入发生变化。净收入的计算公式为:家庭净收入＝家庭总收入－家庭总支出,该公式的计算结果(即净收入)仅与当前时刻的总收入与总支出两项输入有关,因此可以通过设计相应的组合逻辑电路完成计算。得到净收入后可以根据该公式计算当前时刻家庭总存款:当前时刻总存款＝原有总存款＋家庭净收入。此时的总存款计算不仅与当前输入的净收入有关,还与历史状态(原有总存款)相关,因此在用电路实现该计算功能时,需要使用时序逻辑电路,设计相应的数据存储单元对"总存款"这一状态进行存储。关于组合逻辑电路与时序逻辑电路的更多内容可以参考第 3 章及第 4 章。

软件思路是指使用一种相同的硬件解决多种算法的计算问题。实际应用中,算法千差万别,比如人脸识别应用有模板匹配、支持向量机、神经网络等方法,而且以神经网络为例,同一种算法亦可能包括成百上千种不同的算法模型。针对每种算法均采用硬件思路设计一个独特的计算电路存在**成本高、灵活性差**的问题。

针对这一问题,在图灵机的理论基础上,现代计算机系统在软件层面引入了一种面向所有算法运算的转换方式:将算法运算中的每个函数计算看作过程,将其分解为多个基本步骤。所有的基本步骤构成一个有限的操作集,此时只需设计计算该操作集的硬件电路,即可完成多种算法的通用计算。除了计算电路外,通用计算平台中还需要过程(函数计算)控制的控制器和存储过程中状态及中间变量的存储单元,以支持算法中的顺序执行、函数跳转以及状态更新。

CPU 是一种典型的基于软件思路的通用计算平台,在 CPU 上计算的基本步骤称为指令,而基本步骤构成的有限操作集称为指令集(instruction set)。本书将在第 5 章以 MIPS 指令集为例介绍指令集的基本设计思想及相关概念。MIPS 指令集诞生于 1981 年,由斯坦福大学教授约翰·轩尼诗(John Hennessy)领导开发。MIPS 指令集具有简洁优雅的特点,其设计思想适用于所有精简指令集(reduced instruction set computer,RISC)。第 6 章及第 7 章将介绍基于 RISC 指令集的 CPU 设计方法。

硬件思路与**软件思路**两种设计思想均广泛用于今天的电路设计中。本书以一个简单的算法功能为例:对四个不同的整数(A、B、C 和 D)进行排序,图 1-13 展示了排序算法的两种实现方法。

硬件思路使用比较器(用符号＞标识)及多路选择器(2 to 1 MUX)完成四输入的排序。比较器的输出取决于两个输入的相对大小,该输出将作为多路选择器的选择信号,选中多路

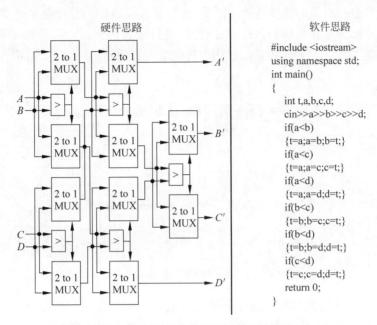

图 1-13 对排序算法的软硬件实现思路

选择器的一个输入作为输出，由此实现输出两个输入数据中较大值的功能。**软件思路**是使用软件语言描述排序的整个流程，其中的核心运算（比较、分支及赋值）通过编译环节转换为一条条计算指令，这些指令会控制通用计算硬件（如 CPU）完成对应的计算，从而实现算法功能。

对于相同的计算任务，硬件思路与软件思路均可实现基本的计算功能，但是在计算性能及成本方面有较大差异，两种思路的对比如表 1-5 所示。在具体场景中，需要根据计算任务的多样性、性能要求及成本限制三方面因素确定具体使用的实现思路。除了前面提到的硬件思路及软件思路外，实际应用中通常还会将两种思路结合起来使用，例如设计专用芯片解决算法中时间/能耗开销最大的计算部分，使用通用 CPU 完成上述计算外的控制及复杂计算等。

表 1-5 两种实现思路对比情况

类　型	优　势	挑　战
硬件思路——专用芯片	针对特定问题性能最优、能效最佳、可全定制化	设计成本高、开发迭代周期长、灵活性低、可扩展性差
软件思路——通用 CPU	通用性强、软件编程简单	针对特定问题时计算性能及处理效率弱于专用芯片

无论是软件思路还是硬件思路，主要解决的都是从具体应用到电路的实现问题。两种思路可以统一为图 1-14 所示的设计流程。在该设计流程中，首先将待解决问题分析建模为数学问题。通过对数学问题进行分析与划分，可以将算法问题中的变量及计算步骤抽象为输入输出变量、状态变量及状态间的转移关系，即有限状态机模型。有限状态机模型刻画了状态与状态之间的关系（包括状态转移与结果输出），为电路实现提供了理论模型，同时还是

图灵机中有限状态控制器的重要基础。因此,有限状态机模型的建立是软件思路及硬件思路共有的实现基础。在此基础上,硬件思路使用硬件描述语言(HDL)刻画有限状态机,得到面向该算法的专用电路;软件思路使用程序语言对状态机进行描述,对应到通用处理器及软件程序。

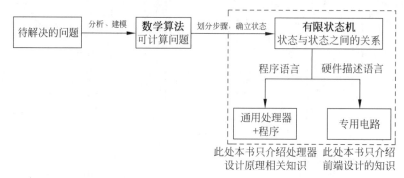

图 1-14　从具体问题到实际电路(了解本书知识点的覆盖范围)

图 1-14 中的虚线框为本书重点介绍的内容范围。本书着重于两方面内容:①介绍如何将一般的算法转化为有限状态机,再进一步用专用电路解决实际问题。对于专用电路部分,本书重点介绍前端设计相关的知识。②介绍通用处理器的工作原理,以及如何设计与优化通用处理器。对于通用处理器部分,本书重点介绍处理器设计原理的相关知识,未涉及程序编写等软件部分的相关内容。

1.3.2　解决方案的核心思想

1.3.1 节介绍了处理本书核心问题的两种解决方案,本节将进一步介绍上述两种解决方案背后的核心思想。在用计算机解决计算与处理问题时,需要用有限种类的电路元器件、在有限的步骤内、以数字化的形式表征并解决真实世界中的算法问题(如包括变量的连续性及时间的连续性的连续性算法问题),**其关键在于数值、时间及任务的离散化**。本书涉及的核心思想从上述三个方面对"离散化"这一关键词加以阐述。

数值的离散化是变量数值维度的离散化,具体是指将实际物理世界中连续变化的模拟信号转换为数字信号的过程。转换过程通常包括三步:采样、量化和编码。采样是指利用时间离散的思想,在时间维度上选取一些特定的时间点进行记录及变量赋值,采样后的变量用特定时刻的值表示了一个时间范围内变量值的变化趋势。量化是一种幅值维度的离散化。在数字信号中,变量值的幅度不是连续可变的,通常会规定一个最小的量化单位,将原始的信号幅值转换为最为接近的最小单位的整数倍。为了记录这些时间离散、幅值离散的数字信号,需要对数字信号进行编码。编码是指将信息从一种形式或格式转换为另一种形式或格式的过程。例如实际生活中通常使用十进制的阿拉伯数字对物理量进行编码。数字电路通常使用高低电平代表数字 1 或 0,因此现代计算机主要使用由 0/1 构成的二进制编码方式。

数值离散化的意义在于为数字电路系统提供了实际物理变量的表征方式。下面通过一个实际应用的例子来解释数值离散化的具体过程。图 1-15 展示了如何用数字化的方式记录下一天的温度变化。温度是一个时间上与幅值上均连续的物理量,在记录过程中首先进

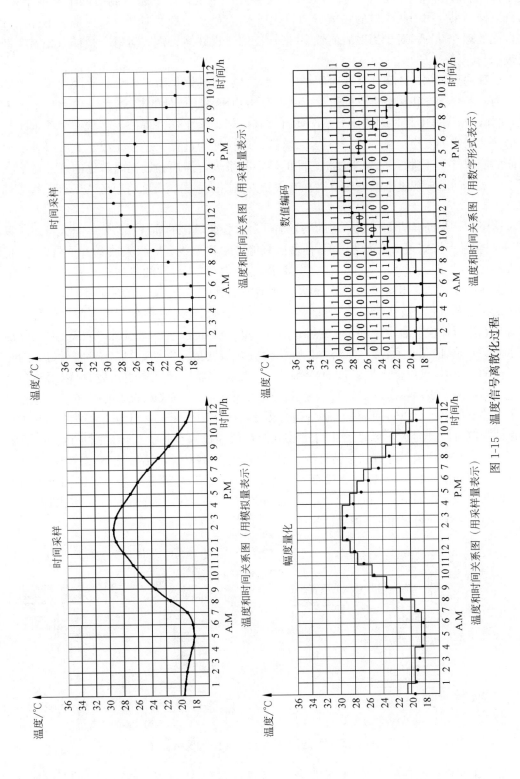

图 1-15 温度信号离散化过程

行采样,例如以小时(h)为单位将一天中每个整点的温度记录下来得到时间采样的结果。得到采样结果后用一些离散的幅值近似替代原本连续的温度(例如以 1℃为基本单位进行离散化处理)。最后,对于离散后的数字结果,使用二进制编码格式对每个采样点的温度进行表示与存储。

过程的离散化是计算任务在时间维度上的离散化,具体是指将一个算法的运算过程离散化为一系列状态和状态转移的过程。状态是指物质系统所处的状况,由一组物理量来表征,比如足球比赛中某时刻的比分情况就可以看作刻画该比赛进程的一种状态。状态向状态的转换描述了事物发展所经过的程序,将这一转换称为过程。过程在数学上可以表示为时间的函数,在有限状态机中通过状态间的转换关系进行描述。过程离散化的意义在于将复杂的实际问题求解过程抽象成可以在有限步内使用数字逻辑方法进行处理的有限状态机模型。

这里用一个经典的"应用题"帮助读者加深对过程离散化的理解。假定一个人带着一只羊、一只狼和一棵白菜来到河边渡河,他每次只能带一只羊或者一只狼或者一棵白菜过河。当人不在场时(即人在河的对岸),狼会吃掉羊、羊会吃掉白菜,因此狼和羊或者羊和白菜不能单独在一起。试求出这个人带羊、狼及白菜渡河的具体方法。针对这一问题,首先要定义什么是状态和过程。为了能够表示过河的情况,用人、狼、羊及白菜分别位于河岸的哪一侧来对状态进行建模。假设使用 P(person)、W(wolf)、S(sheep)、C(cabbage)及符号"|"分别表示人、狼、羊、白菜及河,那么状态可以抽象为五元组变量。例如,当狼、羊、白菜与人同时位于河的左岸时,可以把五元组写为(WSCP|)。定义完状态及状态表示后,可以用两个五元组的转换关系表示状态,例如(WSCP|)→(WS|CP)代表一次人的渡河行为。上述应用题的最终问题求解可以转换为:求解一组过程使得(WSCP|)经过若干步转换为(|WSCP)。问题的求解可以分为状态转移图的构建及可行路径寻找两步。状态转移图示例如图 1-16所示,图 1-16(a)列出了部分状态转移图,包括初始状态、各状态的后续状态(即次态,条件不允许的状态即出错状态,出错状态没有下一步状态)、过程以及最终状态。问题的求解即为从初始状态开始,寻找一条到达最终状态的路径(过程的组合),并且避开所有出错状态。图 1-16(b)给出了该问题的一种可行解。

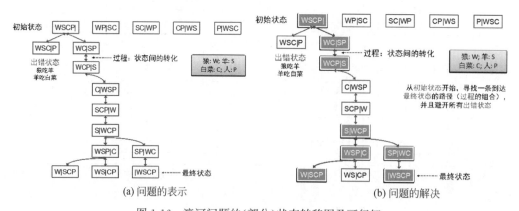

图 1-16　渡河问题的(部分)状态转移图及可行解

算法的离散化是任务维度上的离散化,具体是指将算法表示为一些简单、有层次的程序流程架构。结构化的算法可以概括为顺序(sequence)、选择(selection)以及重复(repetition)三种运行模式,每种运行模式下包含由若干基础操作构成的复杂计算。算法结构化如同儿童搭积木,用有限种类的基础零件,搭建出各种形状的模型物件(图 1-17)。在硬件思路中,"基础操作"就是一系列基本的电路模块(如加法器、乘法器等),控制器及存储器将一系列"基础操作"连接起来构成上述三种运行模式。在软件思路中,"基础操作"是 CPU 可执行的若干条指令集合,通用 CPU 中包含了计算这些基础指令的硬件结构,指令通常包含控制码、地址及输入数据三部分,控制码与地址将控制 CPU 选用特定的硬件结构实现不同的运行模式。

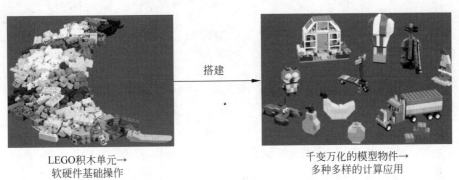

LEGO积木单元→　　　　　　　　千变万化的模型物件→
软硬件基础操作　　　　　　　　　多种多样的计算应用

图 1-17　搭积木与算法的离散化[①]

1.4　关于本书

1.4.1　本书定位及目标

本书是清华大学电子工程系电子信息科学与技术专业的本科专业基础核心课授课教材,主要面向电子信息类、计算机类等相关专业的低年级本科生以及其他专业有兴趣学习数字电路与处理器基础知识的读者。

图 1-18 展示了清华大学电子工程系电子信息科学与技术专业的知识体系图。电子信息科学与技术专业以研究**信息载体与系统的相互作用**为核心。信息的载体从底层物理机理到顶层媒体交互,包括电磁场、电流电压、比特、程序、数据、网络数据包、媒体等形式。与这些信息载体相互作用的系统包括物质材料、电路、处理器、算法、网络及人脑等。

如本书书名《数字逻辑与处理器基础》所述,本书主要关注知识体系中承上启下的中间部分"比特——逻辑,程序——处理器"之间的相互作用。本书围绕着"用数字电路与处理器解决计算与处理问题"这一核心问题,以离散数学与电子电路为基础,从数字电路设计与分析及处理器基础两方面介绍相关内容。

本书侧重工作原理与基本设计的介绍,可以帮助读者掌握组合、时序逻辑电路的工作原理及调试方法以及以 CPU 为代表的基本数字电路模块设计方法。围绕着数字电路系统这一话题,本书重点强调核心典型电路的分析与设计,包括选择器、编码器、触发器等中小规模

---

① 乐高积木的图片源自乐高官网。

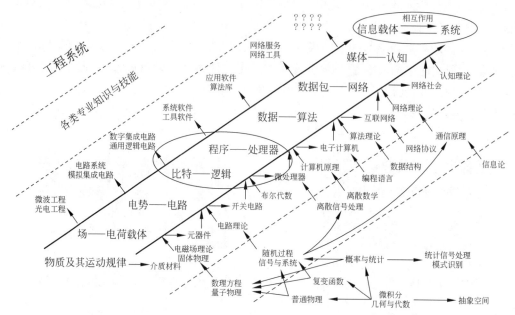

图 1-18　清华大学电子工程系电子信息科学与技术专业的知识体系

的电路以及以 CPU 为代表的大规模数字电路。本书的前导课程包括"离散数学""电路原理""程序设计基础"等课程。"离散数学"与"电路原理"两门课程将为本书提供数学及电路器件方面的理论基础。此外,学习本书需要读者具备一定的编程基础(如 C 语言、C++ 语言等),"程序设计基础"有助于读者深入理解本书处理器基础部分的相关内容。本书的后续拓展课程包括"数字大规模集成电路"(数字电路部分的后续课程)、"编译原理"(汇编语言部分的后续课程)、"计算机体系结构"及"操作系统"(处理器基础部分的后续课程)等课程,感兴趣的读者可以自行查阅相关书籍。读者也可以参考"数据结构""算法导论"等应用算法领域相关课程书籍,从数据与算法的顶层角度了解 CPU 的设计与应用。

本书旨在从以下方面帮助读者深入了解数字电路与处理器的相关知识:

- 熟悉数字电路与处理器的基本原理及评价指标;
- 掌握基础数字电路和处理器的分析和设计方法;
- 理解数字系统的设计思想,具备数字系统设计开发的初步能力。

1.4.2　教材结构

本书包含 10 章理论知识部分。

在理论知识部分中,第 2 章讨论数字电路的数学基础:数的表示及布尔函数,介绍二进制表示与计算、逻辑与布尔函数以及布尔表达式化简的相关知识。第 3 章与第 4 章分别介绍组合逻辑电路以及时序逻辑电路的相关内容。组合逻辑电路部分将介绍布尔表达式与开关电路的关系、组合逻辑的分析设计方法、相关评价指标以及常见的组合逻辑功能的实现与优化。第 4 章介绍一个重要的数学模型:有限状态机,有限状态机是过程同步化的重要体现,也是时序逻辑电路的实现基础。此外,第 4 章还将阐述时序逻辑电路的分析与设计方法,通过介绍基本时序逻辑单元及典型的时序逻辑电路帮助读者理解时序逻辑电路的设计思想。第 2～4 章构成本书的前半部分——"数字逻辑",这 3 章的内容将帮助读者掌握数字系统的基础理论、常见的电路结构及基本的设计分析方法,是后续实现"软件思路"与"硬件思路"的电路基础,读者也可以通过这 3 章的学习掌握"硬件思路"——设计数字电路专用芯片所需的理论基础。

从第 5 章开始,本书把视角聚焦于"软件思路",读者将走进本书的后半部分——"处理器基础"。第 5 章以 MIPS 指令集为典型案例介绍计算机指令集架构,读者可以在本章了解指令集架构的定义与重要意义,掌握汇编语言及汇编程序的设计方法。此外,本书以 MIPS 为例介绍 RISC 指令集的核心设计思想,该核心设计思想同样可以用于学习 RISC-V、ARM 等其他 RISC 指令集。

第 3 章与第 4 章在电路层面介绍处理器中最核心的功能模块实现方法,第 5 章的指令集架构在软件层面实现从高级语言到通用处理器的过渡。基于前述章节的相关内容,第 6 章与第 7 章介绍面向 MIPS 指令集的处理器设计方法,主要考察三类处理器:单周期处理器、多周期处理器及流水线处理器。通过这两章的学习,读者可以掌握处理器的基本原理,同时具备一定的 CPU 设计开发能力。

处理器是计算机系统的大脑,承担着巨大的计算任务。但是对于一个完整的计算系统而言,除了处理器外还需要存储数据的存储器与和外界交互的外设。第 8 章与第 9 章分别介绍存储器与总线外设的相关内容。通过这两章的学习,读者将了解现代计算机系统是怎样实现容量大、速度快且价格低廉的存储器以及如何基于处理器、存储器、输入输出设备等部件构建完整的计算机系统。

除了理论知识详解介绍外,章节末尾还包括拓展阅读、课后习题及相关实验。拓展阅读部分提供了该章的参考文献、推荐阅读书籍列表以及包括前沿发展和延伸内容的拓展阅读。课后习题部分提供了考察本章核心知识点的练习题,包含对概念理解、电路功能分析、电路设计、程序设计、性能分析与优化等方面的考察。电路领域的学习除了理论知识外,离不开动手实践。为了帮助读者在动手实践中深入理解理论知识,锻炼工程能力,提高专业素养,本书将提供一系列基于硬件描述语言的电路实验供读者参考练习。

本书还将逐步提供教材配套电子版课件、课程项目指导、Verilog 语言简介及实验指导、习题答案等资料,欢迎各位读者扫描二维码下载使用。

配套资源

附录部分对理论知识章节进行了补充与拓展,包括 Verilog 语言简介及基本教程、本书配套实验的详细指导和相关工具的使用说明。

1.5　拓展阅读

本节列举了部分与本章内容相关的拓展阅读资料,读者可以根据个人兴趣选择相关文章进行阅读。

[集成电路历史] Gargini P A. A Brief History of the Semiconductor Industry[J]. Nanoelectronics (eds M. Van de Voorde, R. Puers, L. Baldi and S. E. van Nooten), 2017.

[集成电路历史] Riordan M, Hoddeson L. Crystal Fire: The Birth of the Information Age[J]. IEEE Annals of the History of computing, 1999, 21(1): 78.

[摩尔定律] Moore G E. Cramming more components onto integrated circuits[J].

Electronics,1965,38(8)：194.

［摩尔定律］IEEE Spectrum. 50 Years of Moore's Law. https://spectrum.ieee.org/special-reports/50-years-of-moores-law/.

［体系结构］Hennessy J L,Patterson D A. A new golden age for computer architecture[J]. Communications of the ACM,2019,62(2)：48-60.

［国际半导体技术发展路线图］https://irds.ieee.org/.

［布尔代数与开关电路］Shannon C E. A symbolic analysis of relay and switching circuits[J]. Electrical Engineering,1938,57(12)：713-723.

［图灵机理论］Turing A M. Computing machinery and intelligence[M]. Parsing the turing test. Dordrecht：Springer,2009：23-65.

［冯·诺依曼结构］Von Neumann J. First Draft of a Report on the EDVAC[J]. IEEE Annals of the History of Computing,1993,15(4)：27-75.

［处理器介绍］IEEE Spectrum. Chip Hall of Fame. https://spectrum.ieee.org/special-reports/chip-hall-of-fame/.

［CPU 发展数据］Rupp K. 50-year trends in microprocessors. https://github.com/karlrupp/microprocessor-trend-data.

［GPU 计算］Nickolls J,Dally W J. The GPU computing era[J]. IEEE micro,2010,30(2)：56-69.

［存储器］Jacob B,Wang D,Ng S. Memory systems：cache,DRAM,disk[M]. Morgan Kaufmann,2010.

［闪存］Bez R,Camerlenghi E,Modelli A,et al. Introduction to flash memory[C]. Proceedings of the IEEE,2003,91(4)：489-502.

［非易失存储器］Meena J S,Sze S M,Chand U,et al. Overview of emerging nonvolatile memory technologies[J]. Nanoscale research letters,2014,9(1)：526.

［神经网络加速器］Jouppi N P,Young C,Patil N,et al. In-datacenter performance analysis of a tensor processing unit[C]. Proceedings of the 44th Annual International Symposium on Computer Architecture. 2017：1-12.

1.6 思考题

1. 什么是摩尔定律？摩尔定律对于集成电路产业发展的意义是什么？为什么摩尔定律很难继续维持下去？

2. 集成电路通过特征尺寸微缩可以获得哪些增益？为什么？

3. 集成电路的产业模式主要包括哪两类？请列举出两种产业模式下的代表公司。这两种产业模式分别有哪些优点与缺点？

4. 制约中国集成电路产业发展的瓶颈有哪些？应如何克服/突破这些瓶颈？

5. 模拟集成电路与数字集成电路分别具有哪些优缺点？请分别列举 2、3 个模拟集成电路/数字集成电路的应用场景以及 1 例模数混合电路的应用场景。

6. 请用通俗易懂的语言向小学生介绍什么是计算机,计算机包含哪些部件,各部件的主要功能是什么。

7. 请归纳 CPU 发展历史及发展趋势,使用三个短语或关键词对其主要特点进行概括,并说明原因。

8. 为什么要对数字电路进行分层抽象?

9. 什么是 EDA 工具? 为什么芯片研发离不开 EDA 软件?

10. 如何理解 CPU 和 ASIC 之间通用性和性能的权衡,分别具有哪些优势或劣势。从通用性与专用性的角度考虑,你认为未来集成电路的发展趋势是什么?

11. 请以实际应用案例(书中已有案例除外)解释"数值的离散化、过程的同步化、算法的结构化"的具体含义。

12. 请查阅资料,简述芯片制造的完整过程。

13. 请查阅资料,简述 CPU 与 GPU 的主要区别是什么,分别适用于哪些计算场景。

14. 请查阅资料,回答问题:为了能够在处理器上运行高级语言(如 C、Python 等)编写的程序,通常需要经过哪几个步骤,主要作用是什么。

15. 请查阅资料,简述 SRAM 与 DRAM 的主要区别是什么,它们分别用于计算机系统中的哪个模块。

16. 请查阅资料,回答问题:针对神经网络等人工智能算法,为什么谷歌等公司要设计新的硬件(如 TPU)来进行计算。人工智能芯片相比于 CPU 与 GPU 具备哪些优势?

1.7 参考文献

[1] 许慎著,汤可敬译注. 说文解字[M]. 北京:中华书局出版社,2018.

[2] 中国国家统计局. 2021 年社会消费品零售总额增长 12.5% [EB/OL]. http://www.stats.gov.cn/xxgk/sjfb/zxfb2020/202201/t20220117_1826441.html

[3] Converse E V. History of Acquisition in the Department of Defense[M]. Historical Office, Office of the Secretary of Defense, 2012.

[4] 通索尔 6550[EB/OL]. http://www.tungsol.com/specs/6550-tung-sol.pdf.

[5] Becker J A, Shive J N. The transistor—a new semiconductor amplifier[J]. Electrical Engineering, 1949, 68(3): 215-221.

[6] Kilby J S C. Turning potential into realities: The invention of the integrated circuit (Nobel lecture) [J]. ChemPhysChem, 2001, 2(8-9): 482-489.

[7] Carbrupp 微处理器趋势数据[EB/OL]. https://github.com/karlrupp/microprocessor-trend-data/tree/master/48yrs.

[8] Moore G E. Cramming more components onto integrated circuits[J]. Electronics, 1965, 38(8): 114.

[9] Schwierz F, Liou J J. Status and Future Prospects of CMOS Scaling and Moore's Law-A Personal Perspective[C]. 2020 IEEE Latin America Electron Devices Conference (LAEDC). IEEE, 2020: 1-4.

[10] Mamaluy D, Gao X. The fundamental downscaling limit of field effect transistors[J]. Applied Physics Letters, 2015, 106(19): 193503.

[11] 阿斯麦尔公司 2021 年度财报[EB/OL]. https://www.asml.com/-/media/asml/files/investors/financial-results/a-results/2021/asml-annual-report-us-gaap-2021-unsvf2.pdf

[12] Johnson R C. IBM Fellow: More's Law clefunct[EB/OL]. https://www.eetimes.com/ibm-fellow-moores-law-defunct/#.

[13] Hisamoto D, Lee W C, Kedzierski J, et al. FinFET-a self-aligned double-gate MOSFET scalable to 20

nm[J]. IEEE transactions on electron devices,2000,47(12): 2320-2325.

[14] Goldstine H H,Goldstine A. The electronic numerical integrator and computer (eniac)[J]. Mathematical Tables and Other Aids to Computation,1946,2(15): 97-110.

[15] Sipser M. Introduction to the Theory of Computation[M]. Cengage Learning,2012.

[16] Petzold C. The annotated Turing: a guided tour through Alan Turing's historic paper on computability and the Turing machine[M]. Wiley Publishing,2008.

[17] Aspray W. The Intel 4004 microprocessor: What constituted invention? [J]. IEEE Annals of the History of Computing,1997,19(3): 4-15.

[18] Hennessy J L,Patterson D A. Computer architecture: a quantitative approach[M]. Elsevier,2011.

[19] Jouppi N P,Young C,Patil N,et al. In-datacenter performance analysis of a tensor processing unit[C]. Proceedings of the 44th annual international symposium on computer architecture,2017: 1-12.

[20] Chen Y H,Krishna T,Emer J S,et al. Eyeriss: An energy-efficient reconfigurable accelerator for deep convolutional neural networks[J]. IEEE journal of solid-state circuits,2016,52(1): 127-138.

[21] Yuan Z,Liu Y,Yue J,et al. STICKER: An energy-efficient multi-sparsity compatible accelerator for convolutional neural networks in 65-nm CMOS[J]. IEEE Journal of Solid-State Circuits, 2019, 55(2): 465-477.

[22] Qiu J,Wang J,Yao S,et al. Going deeper with embedded fpga platform for convolutional neural network[C]. Proceedings of the 2016 ACM/SIGDA International Symposium on Field-Programmable Gate Arrays,2016: 26-35.

[23] Arute F,Arya K,Babbush R,et al. Quantum supremacy using a programmable superconducting processor[J]. Nature,2019,574(7779): 505-510.

[24] Solli D R,Jalali B. Analog optical computing[J]. Nature Photonics,2015,9(11): 704-706.

[25] Zhong H S,Wang H,Deng Y H,et al. Quantum computational advantage using photons[J]. Science, 2020,370(6523): 1460-1463.

[26] Goñi-Moreno A, Nikel P I. High-performance biocomputing in synthetic biology-integrated transcriptional and metabolic circuits[J]. Frontiers in bioengineering and biotechnology,2019,40.

第2章

数的表示与布尔函数

现代计算机等数字系统的数学基础是二进制和布尔函数。二进制只有 0 和 1 两个数字,看似简单,却可以通过合理的编码表示信息社会中的各种复杂信息。本章从最基本的自然二进制开始,讨论数字系统中不同类型信息(尤其是不同类型的数)的二进制表示。数字系统用二进制表示信息之后,可以基于二进制的运算规则对信息进行处理,这些二进制规则的数学模型是布尔函数。人们可以基于布尔函数分析数字系统的运算原理,也可以基于布尔函数设计数字电路。本章思维导图如图 2-1 所示,本章将结合信息的二进制表示方法,展开讨论布尔函数的基本性质及电路应用,这在第 3 章介绍的组合逻辑电路与第 4 章介绍的时序逻辑电路中有广泛的应用。本书的后半部分着重介绍处理器基础,数的二进制表示和布尔函数在处理器的指令设计与数据通路设计中也有重要应用。

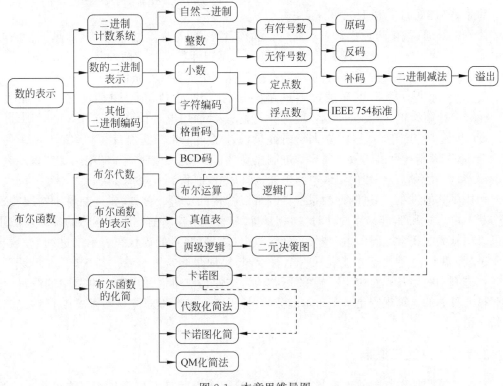

图 2-1　本章思维导图

2.1 二进制计数系统

2.1.1 历史中的二进制

二进制计数系统是最简单的数字系统,它只有 0 和 1 两种数字。数千年前,与二进制有关的系统就在中国、古埃及、古印度等文化中出现了,例如《易经》用符号"—"代表阳,用符号"- -"代表阴,从而通过排列组合形成八卦或者六十四卦。现代的二进制计数系统,主要起源于 16—18 世纪初欧洲数学家莱布尼茨等的研究,不过二进制在这个时代并没有得到推广。有学者认为,莱布尼兹研究二进制是受到中国《易经》的启发。1703 年,莱布尼茨著有论文《论符号 0 和 1 的二进制算术,兼论其用途以及它赋予伏羲所使用的古老图形的意义》。该论文强调二进制的用途,并将其与中国伏羲的八卦图相联系。但实际上,他除了解释神学理论,也并未发现该计数系统的用处。直到计算机发明后,二进制才真正大显身手。

1945 年 6 月 30 日,美籍匈牙利数学家、计算机科学家、物理学家冯·诺依曼提出了 EDVAC 的设计报告,标志着第一台二进制计算机的诞生(如图 2-2 所示)。冯·诺依曼根据电子元件双稳工作的特点,提出了采用二进制表示数字的设计思想,并且提出了基于二进制的逻辑设计和体系结构。

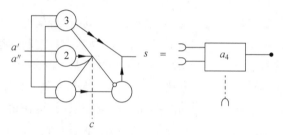

图 2-2　冯·诺依曼在《EDVAC 报告的第一份草稿》中提出的加法器结构及框图

后来,晶体管计算机时代到来,主要用晶体管的导通、截止两种状态表示信息。晶体管导通,电流流过,代表"1";晶体管断开,无电流通过,代表"0"。这实现了以 2 为基数的二进制计数系统。两种状态看似很简单,但是通过合理的约定与设计,足以表示与处理信息社会中的各种复杂信息。

实际上,早期计算机也尝试过多进制的运行。比如 17 世纪中期的帕斯卡加法机(Pascaline)利用齿轮实现十进制运算,1946 年第一台通用电子计算机 ENIAC 采用十进制输入,20 世纪 50 年代莫斯科国立大学研究员设计了第一批三进制计算机(Сетунь 系列)。理论上讲,三进制计算机的效率要比二进制更高,但是实现三进制所需的电路比实现二进制复杂得多,而且不适合现代的集成电路工艺,所以并没有得到大规模发展。

相比于其他进制,二进制计数系统具有难以替代的优势。首先,二进制易于物理实现。两个基本符号 0 和 1,容易用两种对立的物理状态表示。除了前述用晶体管的导通与截止,还可以用开关的闭合、断开,电容器的充电、放电,电平的高、低等状态表示二进制数。若采用十进制,需要 10 种状态才能表示一个符号,其实现是非常困难的。其次,二进制易于运算。二进制中的 1 与 0 对应逻辑值"真"与"假",这使得它可以使用数字电路中的逻辑门直接运算。具体的运算规则是基于布尔函数的,详见 2.3 节。本章先从最基本的自然二进制开始介绍。

2.1.2 自然二进制

自然二进制编码与自然十进制非常相似。自然十进制是人类普遍使用的数制,一种看法认为,这是因为大多数人有十根手指,所以人们自然地使用十进制来计数和运算。十进制数可以根据每个数值位的权重表示成按权相加的形式:

$$D = (d_{n-1}d_{n-2}\cdots d_1 d_0 . c_1 c_2 \cdots) = \sum_{i=0}^{n-1} d_i \times 10^i + \sum_{i=1}^{\infty} c_i \times 10^{-i} \qquad (2\text{-}1)$$

式中,d_i 和 c_i 是十进制数字 $0,1,2,\cdots,9$,分别对应十进制数的各个整数位和小数位。从自然十进制转换到自然二进制,只不过需要把每一位的权重从 10 改为 2。在该计数系统下,把各位置上的数字加权求和,可以得到用十进制表示的值

$$B = (b_{n-1}b_{n-2}\cdots b_1 b_0 . a_1 a_2 \cdots) = \sum_{i=0}^{n-1} b_i \times 2^i + \sum_{i=1}^{\infty} a_i \times 2^{-i} \qquad (2\text{-}2)$$

式中,b_i 是二进制数字 0 或 1。例如,自然二进制数 101.11_2 表示的数值是 $1\times 2^2 + 0\times 2^1 + 1\times 2^0 + 1\times 2^{-1} + 1\times 2^{-2} = 5.75_{10} = 5\times 10^1 + 7\times 10^{-1} + 5\times 10^{-2}$。其中 101.11_2 的下标 2 表示 101.11 是二进制中的数字,5.75_{10} 的下标 10 表示 5.75 是十进制中的数字,本章其余部分的数字下标含义相同。

1. 自然二进制的加法

加法是最基本的运算。自然二进制的加法规则与自然十进制很类似,只不过需要把进位规则从"逢十进一"改成"逢二进一",如下所示。数字电路中广泛存在的加法器模块就是基于这些规则设计的。

$$0+0=0, \quad 进位 0$$
$$0+1=1, \quad 进位 0$$
$$1+0=1, \quad 进位 0$$
$$1+1=0, \quad 进位 1$$

【例 2-1】 用二进制计算 $59_{10}+34_{10}$。

解: 首先把十进制数转换为二进制数 $59_{10}=111011_2$,$34_{10}=100010_2$,然后列竖式做加法,得到结果为 $1011101_2=93_{10}$。

```
        1 1 1 0 1 1
   +    1 0 0 0 1 0
进位  1       1
   ─────────────────
      1 0 1 1 1 0 1
```

2. 自然二进制的减法

自然二进制的减法与自然十进制也是很类似的,通过借位来实现小数减大数,如下所示:

$$0-0=0, \quad 无借位$$
$$0-1=1, \quad 借位 1$$
$$1-0=1, \quad 无借位$$
$$1-1=0, \quad 无借位$$

【例 2-2】 用二进制计算 $38_{10}-59_{10}$。

解: $38_{10}=100110_2 < 59_{10}=111011_2$,先把小数减大数改为大数减小数,列竖式做减法得到 $10101_2=21_{10}$。

$$
\begin{array}{r}
1\ 1\ 1\ 0\ 1\ 1 \\
-\ \ \ 1\ 0\ 0\ 1\ 1\ 0 \\
\end{array}
$$

借位 $-1+2$

$$
\overline{0\ 1\ 0\ 1\ 0\ 1}
$$

再加上负号可得原式结果为$-10101_2=-21_{10}$。注意,这里使用了一个负号,因为并没有多余的数位来表示符号信息。计算机如果像本例一样处理减法和负数加法,"借位"操作需要额外的逻辑电路,而且很可能影响运算速度。加法、减法两套计算电路也会成倍地增加电路的资源开销与设计复杂度。为了更高效地利用资源,计算机中通常没有减法器,而是使用有符号数,并用"补码"把减法运算转化为加法运算,用加法器统一实现加减法的计算。有符号数和补码的定义及规则将在2.2.1节详细讨论。

3. 自然二进制的移位

人们通常称一个二进制数的最左位是最高权重位(most significant bit,MSB),最右位是最低权重位(least significant bit,LSB)。由此可以自然地引出直接操作二进制的各位数字的移位(shift)操作。左移常用符号≪表示,右移常用符号≫表示,是把运算对象的各二进制位全部向左移动或者向右移动若干位。左移一位相当于乘以2,右移一位相当于除以2。例如,0110_2左移一位得$0110_2 \ll 1 = 1100_2$,即$6\times2=12$;而1110_2右移两位得$1110_2 \gg 2 = 0011.10_2$,即$14\div2^2=3.5$。

2.2 信息的二进制编码

数字系统对信息进行处理,离不开对信息的编码。编码是信息从一种形式或格式映射为另一种形式的过程,通常是用预先规定的规则将信息、数据或其他对象转换成具有特定格式的数字序列或者字符序列,或者转换成符合特定规则的电信号,从而让电路可以处理原本无法直接处理的信息。它也可以用于信息的压缩和保密。基于二进制计数系统,不论是非数值信息还是数值信息都可以被编码成二进制数据。根据数值特征进行分类,数可以分为整数和小数,从而有不同的编码体系和运算规则,本节将按照图2-3所示的体系介绍数的二进制表示方法。除此之外,本节将举例介绍ASCII码、格雷码、BCD码等典型的信息编码方式,然后介绍二进制信息的基本单位与换算关系。

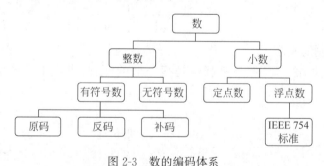

图2-3 数的编码体系

2.2.1 整数的二进制编码

1. 有符号整数

数字系统如果像例2-2一样做减法,然后对符号和借位做额外的判断和处理,是很低效的。为了高效地利用资源,计算机通常使用"有符号数"进行涉及负数的运算,并且用"补码"把减法转化为加法运算。

有符号整数是含有正负号的整数。在数字系统中符号也被数字化,有符号数通过一个额外的数位来表示正负号,人们通常约定把最高权重位当作符号位:0 表示正数,1 表示负数。用最高权重位表示正负的给定位数的二进制编码称为原码。例如有符号数 $+21_{10}$ 的自然二进制表示是 $+10101_2$,在 8 位二进制系统中它的原码是 00010101_2;有符号数 -21_{10} 的自然二进制表示是 -10101_2,在 8 位二进制系统中它的原码是 10010101_2。

类似于原码 00010101_2、10010101_2,数值在给定位数的数字系统中的二进制表示形式称为**机器数**,原码和后面介绍的反码、补码都属于机器数。若不考虑符号位,把机器数按照无符号的自然二进制直接转换成十进制所得的数值,与这串二进制数想表达的数值未必一致。人们称一串二进制数表面上的数值为**形式值**,真正想表达的数值是**真值**。一段 8 位机器数 10010101_2 的形式值是 149,但如果它被视为一个 8 位有符号整数,则首位是符号位而不是数值位,因此它的真值是 -21。

原码对零的表示存在歧义:00000000_2 和 10000000_2 都表示 0,分别对应 $+0$ 和 -0,因此原码并没有充分利用数值空间,而且不兼容负数的加减法。所以人们提出了另外两种机器数"反码"和"补码",以解决零的表示和负数运算问题。

反码也称 1-补码,仅针对负数有不同的表示。正数的反码仍是其原码,不做变化;负数 $-n$ 的反码是对其正数 n 的原码按位取反。若把 n 位数"$-N$"的反码当作无符号数,它的形式值等于 2^n-1-N。n 位二进制数最多可以表示 2^n 个数值,但是反码系统只能表示 2^n-1 个数,数值空间为 $-(2^{n-1}-1)\sim 2^{n-1}-1$。8 位二进制系统中的反码如表 2-1 所示。在反码系统中 0 也有两种表示方法:全 0 和全 1,分别对应 $+0$ 和 -0。如果计算机使用反码,需要引入额外的电路对零进行判断与处理,因此反码未能广泛应用。

表 2-1 8 位二进制系统中的反码

8位反码系统			
十进制正数	反码	十进制负数	反码
0	00000000	-0	11111111
1	00000001	-1	11111110
2	00000010	-2	11111101
3	00000011	-3	11111100
59	00111011	-59	11000100
127	01111111	-127	10000000

现代的计算机主要使用补码(也称为"2-补码")。与反码一样,正数的补码仍是这个正数自身;负数的补码是在反码的基础上再加 1,即"取反加一"。8 位二进制系统中的补码如表 2-2 所示。补码的第一位可以被理解为负权重位,权重为 -2^{n-1}(n 为包含符号位在内的总位数),例如 11000100_2 表示 $-2^7+2^6+2^2=-60$。补码对 0 的表示没有歧义,可表示的数的范围是 $-2^{n-1}\sim 2^{n-1}-1$,充分利用了数值空间。

表 2-2　8 位二进制系统中的补码

8 位补码系统			
十进制正数	补码	十进制负数	补码
0	00000000	-1	11111111
1	00000001	-2	11111110
2	00000010	-3	11111101
3	00000011	-4	11111100
59	00111011	-60	11000100
127	01111111	-128	10000000

若把 n 位数"$-N$"的补码当作无符号数,它的形式值等于 2^n-N。因此,减法运算 $A-N$ 可以转换为 A 与 $-N$ 的补码的加法:

$$A-N=A+(-N)=A+2^n-N=A+补码 \tag{2-3}$$

这就实现了减法运算与加法运算统一,也实现了符号位与数值位的统一。在处理器等数字电路中,可以只利用加法器实现加减法运算。

【例 2-3】　基于 8 位二进制有符号整数,利用补码计算 $34_{10}-59_{10}$。

解:$34_{10}=00100010_2$,$59_{10}=00111011_2$。减去一个正数等价于加上一个负数,$34_{10}-59_{10}=34_{10}+(-59_{10})$,所以需要求出 -59_{10} 的补码:$00111011_2 \rightarrow 11000100_2+1=11000101_2$。接下来使用二进制的加法:

$$
\begin{array}{r}
0\,0\,1\,0\,0\,0\,1\,0 \\
+\quad 1\,1\,0\,0\,0\,1\,0\,1 \\
\hline
进位 \\
\hline
1\,1\,1\,0\,0\,1\,1\,1
\end{array}
$$

得到一个 8 位的二进制数。首位为 1,表明是负数。若要转换回十进制,需要对这个负数再求一次补码以得到其绝对值:

$$11100111_2 \rightarrow 00011000_2+1=00011001_2=25_{10} \tag{2-4}$$

所以减法的差是 -25,易验证该结果是正确的。

【例 2-4】　基于 8 位二进制有符号整数,利用补码计算 $59_{10}-34_{10}$。

解:与例 2-3 类似,先求 -34_{10} 的补码:$00100010_2 \rightarrow 11011101_2+1=11011110_2$。然后进行二进制加法:

$$
\begin{array}{r}
0\,0\,1\,1\,1\,0\,1\,1 \\
+\quad 1\,1\,0\,1\,1\,1\,1\,0 \\
\hline
进位 1\,1\,1\,1\,1\,1\,1 \\
\hline
1\,0\,0\,0\,1\,1\,0\,0\,1
\end{array}
$$

此处得到一个 9 位的二进制数。对于本例,可以将最高位"自然丢弃",截取后面的 8 位。此时首位为 0 表明是正数,所以转换成十进制不需要求补码,其值就是 $00011001_2=25_{10}$,易验证该答案正确。

但是把最高位自然丢弃的方法并不总是正确的,若仿照例 2-4 的方法用 8 位二进制计算 $-64_{10}-65_{10}$,会得到 127_{10} 的错误结果,即负数相加得到了正数。这被称为"溢出"(overflow),是指计算结果超出了可表示的数值空间,导致结果错误。发生溢出的原因是,数值位相加可能超出数值位能表示的最大范围(2^{n-1}),进位到符号位上,同时符号位也有可能发生进位,两种进位如果只发生一个,会引起上溢或者下溢错误。判断是否发生溢出,可以根据最高数值位生成的进位和符号位生成的进位进行综合评判,如表2-3所示。

表2-3 溢出的逻辑判断

符号位的进位 C1	最高数值位的进位 C2	结　　果
0	0	正确
0	1	溢出,上溢(正数相加变负数)
1	0	溢出,下溢(负数相加变正数)
1	1	正确

在数字电路中,可以使用异或逻辑对两个进位进行判断,然后针对性地处理。但是这需要额外的电路结构和延迟。实际电路常采用"有符号扩展"的方法以容纳溢出。具体的做法是根据符号位增加位数:在正数的最高位之前增加0;在负数的最高位之前增加1(相当于把负数的符号位变成正权重位,再增加更高负权重的符号位,如表2-4所示)。有符号扩展不影响数的大小和符号。

表2-4 1位有符号扩展举例

十进制	1位有符号扩展	十进制的权重表达式
6	$0110_2 \rightarrow 00110_2$	$2^2+2^1 \rightarrow 2^2+2^1$
-3	$1101_2 \rightarrow 11101_2$	$-2^3+2^2+2^0 \rightarrow -2^4+2^3+2^2+2^0$

与"有符号扩展"相对应的是"无符号扩展",即直接在最高位前面增加0。以上两种扩展都在处理器数据通路的设计中有所应用,详见本书后半部分。对于有符号数的加减法,应该使用有符号扩展。

【例2-5】 利用补码和有符号扩展的方法,用8位二进制有符号整数计算$-64_{10}-65_{10}$。

解:把-64_{10}的补码进行1位有符号扩展:$11000000_2 \rightarrow 111000000_2$,把$-65_{10}$的补码进行1位有符号扩展:$10111111_2 \rightarrow 110111111_2$。接下来使用二进制的加法:

$$
\begin{array}{r}
111000000 \\
+\quad 110111111 \\
\hline
\text{进位} \quad 11 \qquad\qquad\quad \\
\hline
1101111111
\end{array}
$$

得到一个10位的二进制数,将最高位"自然丢弃",截取后面的9位。剩下的结果首位为1,表明是负数,转换回十进制时需要再求一次补码。转换结果为-129_{10},易验证该答案正确。

2. 无符号整数

与有符号整数对应的是无符号整数(unsigned integer),它所有的二进制数字均表示数值。相比于同等字长的有符号整数,无符号整数可以表示的数值范围要大一倍。例如在16位系统中,一个有符号整数类型(int)变量能存储的数据范围为$-32768 \sim 32767$,而无符号整数能存储的数据范围则是$0 \sim 65535$。它只能表示非负数,因此常被用于计数或者表示地址、索引等不需要用到负数的数据。

2.2.2 小数的二进制编码

2.2.1 节介绍了计算机对整数的二进制表示与运算。对于带有小数的实数,计算机的二进制表示方法主要有两类:定点数和浮点数。

1. 定点数

定点数(fixed point number)表示法使用固定字段长度和小数位置的二进制编码表示实数。例如十进制实数 10.77 转换成自然二进制是 $(1010.11000101\cdots)_2$,若规定使用 8 位二进制计数,且规定小数点在第 4 位之后,则其定点数的表示是 10101100_2。机器数并不保存小数点,而是在读取和计算时根据事先的规定做处理。前面介绍的二进制整数可以视为定点数的特例(小数点在 LSB 之后),其运算对象和运算结果都是整数,即使遇到除不尽的情况也会取余处理,便于在硬件中实现。

定点数的缺点在于小数点的位置固定,从而限制了数值空间的大小。一方面,小数部分的位数有限,导致精确度有限。含一位小数的定点数只能准确表示 0.5 的倍数;如果要让精确度提高到 0.25,需要让定点数包含两位小数。另一方面,整数部分和小数部分的总位数固定,如果小数位数增加,必然使得整数的位数减少。在 8 位数字系统中,小数位数为 1~4 的定点数可表示的最小值和最大值如表 2-5 所示,可见定点数无法同时表示特别大的数和特别小的数。对于涉及小数的计算,通用计算机(如笔记本电脑)一般采用浮点数,而在单片机、数字信号处理模块等特定应用中,若计算能力、功耗、成本等指标有限,且定点数可以符合应用计算准确率的要求,则可能使用定点数。

表 2-5 8 位二进制系统中的定点数

小数位数	形式	可表示的最小值	可表示的最大值
1	0000000.1	0.5	127.5
2	000000.01	0.25	63.75
3	00000.001	0.125	31.875
4	0000.0001	0.0625	15.9375

3. 浮点数

浮点数(floating point number)表示法是采用科学记数法表示实数。在十进制中,10.77 用科学记数法可以表示为 1.077×10^1,而 107.7 可以表示为 1.077×10^2,用指数实现了让小数点"浮动"的效果,从而可以灵活地表示更大范围的实数。在二进制中也可以使用类似的方法,用一个三元组 $\langle S, E, M \rangle$ 表示实数 V,其中 S 表示符号位(sign),E 表示指数位(exponent),M 表示尾数(mantissa)。可以规定一种二进制浮点数的机器数的格式,使得其真值:

$$V = (-1)^S \times M \times 2^E \tag{2-5}$$

例如,十进制实数 -4.75 对应的自然二进制是 -100.11_2,用 2 的幂表示为 -0.10011×2^3,所以对应的符号位是 $S = 1_2$,指数位是 $E = 11_2$,尾数是 0.10011_2。可以用一组 12 位的二进制编码 $1\ 1001100\ 0011_2$ 代表十进制实数 -4.75,如图 2-4 所示。

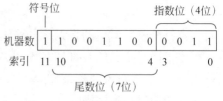

图 2-4 十进制实数 -4.75 的一种浮点数编码方法

在上述编码示例中,尾数的小数点位置、三个元素的顺序和长度是随意规定的。若不对浮点数的表示格式做出明确而统一的规定,同一个实数的表示就不是唯一的,采用不同浮点数编码格式的数字系统很难相互沟通。在20世纪80年代之前,各计算机公司根据自己的需要来设计自己的浮点数的表示和运算的规则,各种机型使用的浮点数编码方法千差万别,给数据交换和代码移植带来了极大的不便。1985年,二进制浮点数算术标准 IEEE 754 应运而生,成为了被广泛接受的行业标准。它定义了浮点数的表示格式、特殊值和例外情况。与前面的简单例子不同的是,除了明确定义了三部分的顺序和长度,该标准还考虑了指数位的偏移量和一位隐含的尾数。

IEEE 754 标准中最基本的格式是单精度(single-precision)浮点数,整个浮点数的机器数字长为32位,其中符号位1位,指数位8位,尾数位23位,如图2-5所示。指数位是8位无符号数,可以表示的数字是0~255。

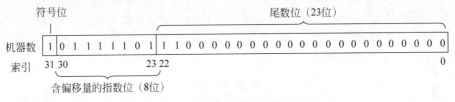

图 2-5 规约的单精度浮点数的格式

在实际计算中,指数既可能是正数,也可能是负数。为了能够表示负数,我们可以仿照有符号整数的做法把指数位的最高位设置为符号位,但是为了方便硬件处理,IEEE 754 标准采用了另一种方法:规定指数位的真值等于指数位的形式值减去一个偏移量。单精度浮点数的偏移量是127,这意味着指数位上的0~255实际表示-127~128。为了处理特殊情况,规定-127(指数位全是0)和128(指数位全是1)用于表示一些特殊值。因此,单精度浮点数可用的指数范围是 2^{-126}~2^{127}。这样规定的好处是,处理浮点数的指数位仅需一次减法运算和简单判断,实现代价低于使用有符号整数的做法。

尾数位有23位,规定小数点位置在形式最高位的前面,所以形式最高位对应 2^{-1}。为了让每个实数都有唯一确定的浮点数表示,规定尾数的小数点前面还有隐藏的一位数,即实际最高位(对应权重 2^0),其固定为1,所以它可以被省略。采用这种规定的浮点数称为"规约"的浮点数,尾数位虽然只有23位,但在计算中有24位。

例如,图2-5中的浮点数的符号位为1,含偏移量的指数位是 $01111101_2 = 125$,所以指数实际上是-2。尾数位的形式最高位(图2-5第22位)对应 2^{-1},次高位对应 2^{-2},因为该浮点数是规约的,所以在计算尾数时还应该加上省略的 2^0,尾数的真值是 $2^0 + 2^{-1} + 2^{-2} = 1.75$。图2-5中的机器数表示的真值

$$V = (-1)^1 \times 2^{-2} \times 1.75 = -0.4375 \tag{2-6}$$

浮点数的数值空间受字段长度限制。尾数位的长度有限,使得浮点数不是稠密的。例如,使用单精度浮点数无法准确地表示123.456,真值距离它最近的浮点数如图2-6所示。

在图2-6中,尾数的真值是

$$M = 2^0 + 2^{-1} + 2^{-2} + 2^{-3} + \cdots + 2^{-20} + 2^{-23} = 1.9290000200271606$$

因此整个浮点数表示的真值是

图 2-6　真值距离 123.456 最近的浮点数

$$V=(-1)^0\times2^{(133-127)}\times M=123.45600128173828125$$

这个值略高于所需的 123.456,若将其稍微减小,把图 2-6 中最后一位改为 0,则浮点数的真值会减少 $(-1)^0\times2^6\times2^{23}$,变为 123.45599365234375,则又低于目标值。可见浮点数并不稠密,精度受尾数位的长度限制,在实际应用中只能近似使用最接近的浮点数。

指数位的字段长度有限,使得浮点数可表示的数值范围有限。规约的单精度浮点数可表示的最大数字是 $\pm(2-2^{-23})\times2^{127}$,最小数字是 $\pm2^{-126}$,其范围如图 2-6 所示。

为了扩大浮点数的数值空间,IEEE 754 标准规定了一些特殊编码,表示零、非规约数、无穷和异常,常见的特殊编码如表 2-6 所示。

表 2-6　单精度浮点数的特殊编码

特殊值	符号位	指数位	实际指数	尾数位
0.0	0	全 0	—	全 0
−0.0	1	全 0	—	全 0
非规约数	不限	全 0	−126	非全 0
+∞	0	全 1	—	全 0
−∞	1	全 1	—	全 0
NaN	不限	全 1	—	非全 0

前面提到,规约的浮点数是把尾数的实际最高位(对应 2^0)固定为 1,非规约数与此相反,使尾数的实际最高位为 0,使得浮点数可以表示与零更相近的实数。另外 IEEE 754 规定,非规约形式的浮点数的指数偏移值比规约形式的浮点数的指数偏移值小 1。单精度浮点数能够表示的最小正数如图 2-7 所示。

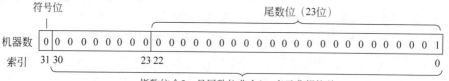

指数位全0,且尾数位非全0,表示非规约数

图 2-7　非规约的单精度浮点数

该浮点数的指数位全 0,而且尾数位并非全 0,所以它是非规约数。指数位对应的数值为 2^{-126},尾数位等于 2^{-23},符号位为 0,所以该机器数表示的真值

$$V=(-1)^0\times2^{-126}\times2^{-23}=2^{-149}$$

除了单精度浮点数,IEEE 754 还规定了双精度浮点数(64 位)、延伸的单精确度(43 位以上)与延伸双精确度(79 位以上),它们的编码原理与单精度浮点数很类似。该标准也规

定了浮点运算、数值舍入和例外处理等规则,具体请参考拓展阅读[3]。

浮点数的优势在于可以表示整数和定点小数难以表示的实数范围,能够满足大部分的计算需求。IEEE 754 标准统一了浮点数的二进制编码格式,保证了科学应用程序的可移植性,被广泛地接受和应用。绝大多数现代的计算机支持基于 IEEE 754 标准的浮点数运算。

浮点数的一个缺点在于精度有限,前面提到这是由于尾数位的长度有效造成的。单精度浮点数的尾数位共有 24 位,换算成十进制,有效数字约为 $\log_{10}(2^{24})=7.22$ 位;双精度浮点数的尾数位共有 53 位,换算成十进制,有效数字约为 $\log_{10}(2^{53})=15.95$ 位。超过这些位数之后,浮点数的表示和运算通常伴随着近似或舍入,有可能会出现数值误差。浮点数的另一个缺点是硬件实现复杂,大多数现代的中央处理器包含为了浮点数运算而专门设计的浮点运算器(FPU)。低功耗系统(如嵌入式处理器、小型微控制器)中可能没有 FPU,也不便于实现浮点数表示和运算。在这种情况下,定点数可能是更好也可能是唯一的选择。

【例 2-6】 使用 C 语言进行浮点数运算,把显示位数设置得很长,则计算结果"不精确",例如对于图 2-8 中的代码,输出表明 0.1 不等于 0.1,0.2 不等于 0.2,0.1+0.2 不等于 0.3,这是为什么呢?

```
#include <stdio.h>
int main() {
    float x = 0.1;
    float y = 0.2;
    printf("%.30f\n", x);
    printf("%.30f\n", y);
    printf("%.30f\n", x + y);
    return 0;
}

运行结果:
0.100000001490116119384765625000
0.200000002980232238769531250000
0.300000011920928955078125000000
```

图 2-8 例 2-6 的代码及运行结果

解:C 语言中的 float 类型采用的是单精度浮点数标准,我们应从浮点数编码的角度来分析。十进制 0.1 对应的二进制数为 $0.000\dot{1}10\dot{0}_2$,这是一个二进制的无限循环小数。根据浮点数标准,它的规约形式为 $1.100\dot{1}10\dot{0}_2 \times 2^{-4}$,所以它的浮点数机器码的指数项的值应该为 $-4+127=123$(考虑偏移项),对应的二进制编码是 01111011_2;尾数的编码是 $10011001100110011001101_2$,最后一位 1 是按舍入原则的由小数点后第 24 位的 1 进位而来的;符号位是 0。综合这三部分可以得到十进制 0.1 的单精度浮点数机器码:$00111101110011001100110011001101_2$,写成十六进制就是 0x3DCCCCCD。根据浮点数的编码规则对该机器码进行译码,可以得到它的真值是 0.100000001490116119384765625,并不等于 0.1。打印的位数很长,并不代表它的有效数字多,与前面的分析一致,它只有 8 位有效数字。程序的输出是最接近 0.1 的单精度浮点数的机器码对应的真值。

0.2 是 0.1 的两倍,所以把 0.1 的二进制编码左移 1 位就可以得到 0.2 的二进制编码:$0.00\dot{1}10\dot{0}$。同样把它写成规约的形式,得 $1.100\dot{1}10\dot{0}_2 \times 2^{-3}$。所以它的机器数的指数编码是 $-3+127=124=01111100_2$;尾数编码与 0.1 一样,也是 $10011001100110011001101_2$;符号位也是 0。所以,十进制数 0.2 的单精度浮点数机器码是 00111110010011001100110011001101,写成十六进制是 0x1F266666。按照编码的逆过程对该机器码进行译码,可知它的精确值是 0.20000000298023223876953125,它是 0.1 的机器码的真值的两倍,但是也不等于 0.2。它也只有 8 位有效数字。

0.3 的浮点数表示同理,此处不再赘述。0.1 和 0.2 的机器码的真值相加不等于 0.3 的机器码的真值,这是因为浮点数的运算规则与理想的数学运算略有不同,浮点数的加法规则是先对阶(把两项化为相同的指数幂),然后把尾数相加,再对结果进行规格化,经过溢出检测之后最后得到合法的二进制编码。该过程并不对应两种机器码的真值在十进制中的相加。浮点数乘法规则类似,把尾数相乘、指数相加,然后对结果进行规格化。更多的运算规则请参考拓展阅读[3]。总之,我们在使用浮点数时需要考虑到它能够支持的精度范围;如果出现与预想不一致的情况,可以考虑根据浮点数的编码标准分析原因。

2.2.3 其他编码

除了基于自然二进制对不同数进行二进制编码,人们也提出了其他各种各样的二元编码方式,以满足不同应用场景的需求。例如数字电路只能表示 0 和 1,不能直接表示 A、B、C 等字符,那么如何使用数字系统表示文本信息呢? 可以定义一套字符和数字之间的映射关系,把字符编码成二进制数,使得文本可以在数字系统中表示和传递,典型的实例是 ASCII 码。为了在通信系统中获得更好的容错性能,人们提出了不遵从自然二进制顺序的格雷码。为了更好地计算精度,人们提出了用二进制直接表示十进制中每一位数字的 BCD 码。本节介绍上述三种典型的非数编码。

1. 字符编码

ASCII 码(American Standard Code for Information Interchange,美国信息交换标准代码)是一种常用的字符编码系统,它使用指定的 7 位或 8 位二进制数组合来表示 128 或 256 种单个字符,包括大小写字母、数字 0～9、标点符号,以及一些特殊控制字符。基础 ASCII 码的常用部分如表 2-7 所示。

表 2-7 基础 ASCII 码的常用部分

二进制代码	十进制	符号	二进制代码	十进制	符号	二进制代码	十进制	符号	二进制代码	十进制	符号
00100000	32	空格	00111000	56	8	01010000	80	P	01101000	104	h
00100001	33	!	00111001	57	9	01010001	81	Q	01101001	105	i
00100010	34	"	00111010	58	:	01010010	82	R	01101010	106	j
00100011	35	#	00111011	59	;	01010011	83	S	01101011	107	k
00100100	36	$	00111100	60	<	01010100	84	T	01101100	108	l
00100101	37	%	00111101	61	=	01010101	85	U	01101101	109	m
00100110	38	&	00111110	62	>	01010110	86	V	01101110	110	n
00100111	39	'	00111111	63	?	01010111	87	W	01101111	111	o
00101000	40	(	01000000	64	@	01011000	88	X	01110000	112	p
00101001	41	)	01000001	65	A	01011001	89	Y	01110001	113	q
00101010	42	*	01000010	66	B	01011010	90	Z	01110010	114	r
00101011	43	+	01000011	67	C	01011011	91	[	01110011	115	s
00101100	44	,	01000100	68	D	01011100	92	\	01110100	116	t
00101101	45	—	01000101	69	E	01011101	93	]	01110101	117	u
00101110	46	.	01000110	70	F	01011110	94	^	01110110	118	v
00101111	47	/	01000111	71	G	01011111	95	_	01110111	119	w
00110000	48	0	01001000	72	H	01100000	96	`	01111000	120	x
00110001	49	1	01001001	73	I	01100001	97	a	01111001	121	y
00110010	50	2	01001010	74	J	01100010	98	b	01111010	122	z
00110011	51	3	01001011	75	K	01100011	99	c	01111011	123	{
00110100	52	4	01001100	76	L	01100100	100	d	01111100	124		
00110101	53	5	01001101	77	M	01100101	101	e	01111101	125	}
00110110	54	6	01001110	78	N	01100110	102	f	01111110	126	~
00110111	55	7	01001111	79	O	01100111	103	g	01111111	127	删除

除了 ASCII 码,计算机常用的字符编码标准还包括通用字符集 UTF-8(8 位一组的 Unicode 可变长度字符编码),汉字编码 GB2312(信息交换用汉字编码字符集)、GBK(汉字内码扩展规范)等。

Unicode 字符编码作为一种可变字长编码,一个字符可以由 1 个字节(即 8 位)表示,也可以由 2~4 个字节表示。因此相比于 ASCII 码,它能够表示更多字符,从而支持汉语、俄语、阿拉伯语等多种语言字符的表示。Unicode 编码兼容 ASCII 码,即当一个字符采用 1 个字节表示时,其编码方法与 ASCII 码完全相同。为了可以确定一个字符实际上是由几个字节表示的,规定对于单个字节的字符,第一位设为 0,后面的 7 位对应这个字符的 Unicode 编码,对需要使用 N 个字节表示的字符($N>1$),每个字符编码的第一个字节的前 N 位都设为 1,第 $N+1$ 位设为 0,剩余的 $N-1$ 个字节的前两位都设为 10,剩下的二进制位则使用这个字符的 Unicode 编码来填充。

2. BCD 码

BCD 码(binary-coded decimal code)也是一种数值信息的二进制编码,它利用规定长度的一组二进制数字来表示十进制数字。最基本的 BCD 码是 8421 BCD 码,如表 2-8 所示,它用 4 位二进制数字表示十进制数字 0~9,即使用 0000~1001 代表对应的十进制数字,余下的六组代码不用。例如,十进制数字 119 在 BCD 码中的表示是 0001 0001 1001。

BCD 码的主要优点是能够精确、方便地表示十进制数,其运算规则与十进制一致,从而可以保留十进制数值的精确度,避免二进制浮点数的精度损失问题。需要高精确度计算的应用常用 BCD 码,例如在金融、商业等领域中涉及金钱数额的场景下,或者在需要精确数字的工业程序中和数值处理模块中。BCD 码在需要显示数值的电子系统中也很常见。把每个数字视为单独的子电路,有利于在 LED 等器件上显示数字。大多数袖珍计算器使用 BCD 码进行计算与显示。

BCD 码的主要缺点是增加了信息的字节数量,使得运算的复杂度增加、存储密度降低。比如,4 位 BCD 码利用了 2^4 个数值空间中的 10 个,它与自然二进制编码的信息量之比为 $\log_2 10 : \log_2 16 = 0.83$,即约多 20% 的存储开销。另外,4 位 BCD 码称为压缩的 BCD 码。未压缩的 BCD 码通常有 8 位数字,多余的位数用于表示符号、溢出等信息,其精度会提高,但是存储效率就更低了。

3. 格雷码

格雷码(Gray code)是一种典型的数值信息的二进制编码,其编码顺序与自然二进制不同,它的特点是:在一组数的编码中,任意两个相邻的代码之间只有一位数字不同。4 位典型格雷码的编码方式如表 2-8 所示。

表 2-8 自然二进制编码、典型格雷码、8421 BCD 码对比

十进制	自然二进制	典型格雷码	8421BCD 码	十进制	自然二进制	典型格雷码	8421BCD 码
0	0000	0000	0000	8	1000	1100	1000
1	0001	0001	0001	9	1001	1101	1001
2	0010	0011	0010	10	1010	1111	—
3	0011	0010	0011	11	1011	1110	—
4	0100	0110	0100	12	1100	1010	—
5	0101	0111	0101	13	1101	1011	—
6	0110	0101	0110	14	1110	1001	—
7	0111	0100	0111	15	1111	1000	—

格雷码属于可靠性编码,是一种错误最小化的编码方式。例如,十进制数 7 和 8 对应的自然二进制码分别为 0111_2 和 1000_2。若通信信号中某一部分数据从 7 变成 8,则 4 个数值位均发生变化,可能产生较大的尖峰电流脉冲,导致误码、码间串扰等问题。而格雷码没有这个缺点,它在相邻值之间转换时,只有一位数字发生变化,从而减小了出错的可能性。同时,格雷码的特性使得它适合用于布尔函数的化简,2.4 节对此有详细的讨论。

格雷码由贝尔实验室的弗兰克·格雷(Frank Gray,1887—1969)在 20 世纪 40 年代提出,最初目的是在传输数字信号的过程中降低出错的可能性。除了典型格雷码之外,还发展出了十进制余三格雷码、十进制空六格雷码、十进制跳六格雷码、步进码等多种变体,本书不做具体介绍。若不做特别说明,后续章节中的"格雷码"均指 4 位典型格雷码。

2.2.4 二进制信息的单位

1. 比特与字节

二进制数据在数字系统中的最基本单位是比特(bit,缩写为 b)。比特是信息论中最基本的信息度量单位,也是数据存储的最小单位,广泛应用于数字电路、计算机中。在信息论中,一个等概率的二元变量所能携带的信息为 1bit。例如抛掷一个完全对称的硬币,结果是正面或者反面,这个结果所含的信息量就是 1bit。在电路中,通常不考虑每个数位的取值概率,直接认为一位二进制数所携带的信息就是 1bit。实际上,英文 bit 正是由"binary digit"两个词融合而成的,克劳德·香农在论文《通信的数学理论》中首次正式使用了这个词。

字节(byte,缩写为 B)是由许多比特位组成的字符串,也是数据的常用单位。对于给定的数据处理系统,字节的位数是固定的。在历史上,一字节等于多少比特曾经依赖于硬件的具体实现,1~48bit 都被尝试过。在现代的计算机或数字电路中,一字节通常等于八比特,即 1byte=8bit。在实用的数字电路中,二进制数据的位数通常是字节的整数倍,如 8 位、16位、32 位、64 位。

2. 字节序与位序

字节序(endianness),是指多字节数据中字节的排列顺序。数字系统中的数据通常是串行的比特流,基本的读写方式有两种:从高往低、从低往高,分别称为大端字节序(big endian)和小端字节序(little endian)。可以用一个形象的例子来理解。对于一个 8 位的十进制数字 12345678,权重最高的数位是 1,权重最低的数位是 8。人类习惯的读写方式是从 1 开始,从左向右读写,这就是大端字节序。但是列竖式做加法计算时是从最低位开始的,从右向左计算和进位,这就是小端字节序。

与字节序类似的是位序,是指每个字节中比特位的排列顺序。无论是位序还是字节序,大端模式总是自左向右(从高往低)地读取数据,而小端模式总是自右向左(从低往高)地读取数据,区别仅在于是按位还是按字节。

在不同的计算机体系结构或者模块中,存储和读取比特位和字节的顺序可能不同,在传递数据时如果不达成一致可能会导致通信失败。具体采用哪种位序和字节序,需要参考处理器和存储器的系统设计或者通信协议。

3. 二进制乘数前缀

表示较大的数量需要使用乘数前缀。SI 国际单位制提供了"千"(kilo-,缩写为 k)、"兆"(mega-,缩写为 M)、"吉"(giga-,缩写为 G)等前缀用于表示不同的数量级。但是在信息技术领域,人们通常用二进制乘数 $1024(2^{10})$ 而不用 SI 国际单位制中的 $1000(10^3)$ 作为数量级的比例,如表 2-9 所示。

表 2-9 乘数前缀的不同标准

中文前缀	SI 国际单位制(十进制)			IEC 国际电工委员会标准(二进制)			相对误差	
	英文前缀	符号	值	英文前缀	符号	值	二进制/十进制	十进制/二进制
千	kilo	k	10^3	kibi	Ki	2^{10}	$+2.4\%$	-2.3%
兆	mega	M	10^6	mebi	Mi	2^{20}	$+4.9\%$	-4.6%
吉	giga	G	10^9	gibi	Gi	2^{30}	$+7.4\%$	-6.9%
太	tera	T	10^{12}	tebi	Ti	2^{40}	$+10.0\%$	-9.1%
拍	peta	P	10^{15}	pebi	Pi	2^{50}	$+12.6\%$	-11.2%
艾	exa	E	10^{18}	exbi	Ei	2^{60}	$+15.3\%$	-13.3%
泽	zetta	Z	10^{21}	zebi	Zi	2^{70}	$+18.1\%$	-15.3%
尧	yotta	Y	10^{24}	yobi	Yi	2^{80}	$+20.9\%$	-17.3%

国际标准化组织国际电工委员会(IEC)曾引入"kibi-""mebi-""gibi-"等词头以及缩写符号"Ki""Mi""Gi"等明确表示以 2^{10} 为单位的二进制计数。尽管它被电气电子工程师协会(IEEE)等组织作为标准采用,一些国际标准明确区分了 KiB 与 kB、MiB 与 MB,但是并没有被人们广泛认可,混淆仍然是普遍的。

2.3 布尔函数及其表示

前文介绍的二进制计数系统解决了数字系统中的信息表示问题,信息被编码为二进制机器数之后在数字系统中处理和运算,其中很多运算过程可以借助布尔函数来描述,人们也基于布尔函数来分析和设计数字系统,可见布尔函数与数字系统是密切相关的。

布尔函数是布尔代数中的映射关系。布尔代数是离散数学的一个分支,起源于英国数学家乔治·布尔。他在 1854 年出版的著作《思维规律的研究》[1] 提出了一种基于二进制的符号逻辑运算体系,形成了现代布尔代数的基础。在提出之后的近一百年,人们把它应用到电子信息领域。1937 年,克劳德·香农的论文《继电器与开关电路的符号分析》[2] 用继电器和开关实现了布尔代数运算(例如图 2-9),并且揭示了数字电路的行为与布尔代数的一致性,这为电子信息领域的发展奠定了重要的数学理论基础,同时也是人类把二进制逻辑运算投入实际应用的起点。

历 史 趣 闻

"我可以想象未来的某个时刻,我们对机器人就像狗对人类一样。我支持机器!"

——克劳德·香农,载于 1987 年的 *Omni* 杂志

克劳德·E. 香农(Claude Elwood Shannon,1916—2001)是美国著名数学家、电子工程师、密码学家、发明家。相比在布尔代数方面的贡献,他更广为人知的成就是创立了信息论。他在攻读博士学位期间着重研究开关电路和微分分析器,同时也开始思考通信问题中的数学。他于 1948 年发表的 *A Mathematics Theory of Communication* 为通信系统建立了数学理论,标志着信息论的诞生。比特、信息熵等现在广为人知的概念都是由香农提出的。

在学术之外,香农对杂技、独轮车和国际象棋等方面感兴趣。在贝尔实验室上班时,他经常特立独行地骑独轮车上下班,同时耍着四个球。他有一个房间陈列着装裱好的证书,其中一份写着 doctor of juggling(杂耍学博士)。房间的其他部分陈列了各式各样的玩具与装置。其中一部分是他收藏的,另一部分是他发明的,例如罗马数字计算机、会走迷宫的玩具老鼠等。

香农曾说,自己不关心自己研究成果的最终价值,总是在被兴趣驱动;自己在完全无用的东西上花费了很多时间。尽管这样,后人最终还是发现他一共发表了至少125篇论文。

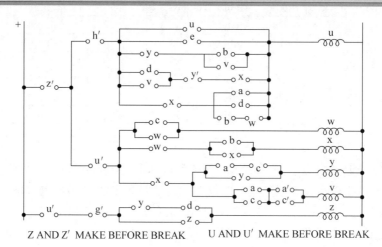

Z AND Z′ MAKE BEFORE BREAK　　　U AND U′ MAKE BEFORE BREAK

图 2-9　香农用开关和继电器实现密码锁

2.3.1　布尔运算与逻辑门

布尔代数定义了集合 $\{0,1\}$ 上的运算规则。最常用的三个布尔运算是"布尔和"、"布尔积"和"补"。**布尔和**是二元运算,也称为"**或(OR)**",其运算符和运算规则与自然二进制的加法(见 2.1.2 节)类似:

$$1+1=1,\quad 1+0=1,\quad 0+1=1,\quad 0+0=0 \tag{2-7}$$

布尔积也是二元运算,也称为"**与(AND)**",其运算符和运算规则与初等代数中的乘法相同:

$$1\cdot1=1,\quad 1\cdot0=0,\quad 0\cdot1=0,\quad 0\cdot0=0 \tag{2-8}$$

在不引起混淆时可以省略布尔积的符号。**补**是一元运算,也称为"**非(NOT)**",用上画线或者单引号′标记,其运算规则为

$$\overline{0}=1,\quad \overline{1}=0 \tag{2-9}$$

除非使用括号,三种布尔代数运算的优先级从高到低是:非>与>或。

【例 2-7】 计算 $\overline{(1\cdot0)}+(0+\overline{1})$ 的值。

解: $\overline{(1\cdot0)}+(0+\overline{1})=\overline{0}+(0+0)=1+0=1$。

以上三种基本布尔运算可以组合成复合逻辑运算。例如**异或(XOR)**运算,它的运算符和运算规则是

$$1\oplus1=0,\quad 1\oplus0=1,\quad 0\oplus1=1,\quad 0\oplus0=0 \tag{2-10}$$

它可以由与、或、非三种基本运算组合而成:

$$A \oplus B = A \cdot \overline{B} + \overline{A} \cdot B \qquad (2\text{-}11)$$

容易验证该结论成立。类似的组合逻辑运算还包括**或非（NOR）、与非（NAND）、异或（XOR）、同或（XNOR）**等。

在数字系统中，人们使用逻辑门描述布尔运算，并以此作为数字系统的基本单元。逻辑门是有一个或者多个输入端口、一个输出端口的抽象元件，它的输入和输出信号都是数字化的，高、低电平直接对应二进制中的 1 和 0。逻辑门的符号有多种标准，包括用不同的形状表示逻辑门种类的图形符号、用矩形中的标注表示种类的矩形符号（国家标准 GB/T 4728.12）等。本书采用 IEEE Std 91—1984 推荐的图形符号，基本逻辑门的符号和对应的布尔运算如表 2-10 所示。

表 2-10 常用逻辑门及其对应的布尔运算

逻 辑 门	图形符号 （IEEE Std 91—1984）	方框符号 （GB/T 4728.12）	对应的布尔运算 （输入 A 或者 A、B）
非门（NOT）			$\overline{A}$
或门（OR）			$A+B$
与门（AND）			$A \cdot B$
或非门（NOR）			$\overline{A+B}$
与非门（NAND）			$\overline{A \cdot B}$
异或门（XOR）			$A \oplus B$
同或门（XNOR）			$\overline{A \oplus B}$

根据硬件平台或工艺的不同，逻辑门的物理实现可能有多种方式，例如在集成电路中，逻辑门可以基于双极型晶体管（bipolar junction transistor，BJT）或者 CMOS 实现。其中 CMOS 可以在更小的面积上集成更多的器件，系统的功耗和成本都相对较低，是当前集成数字系统的主流平台。非门、与非门、或非门和或门的基本 CMOS 电路实现如图 2-10 所示。

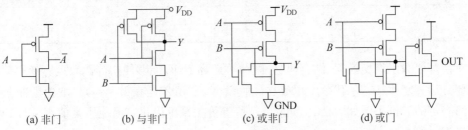

图 2-10 非门、与非门、或非门和或门的 CMOS 电路实现

在没有环路结构的情况下,直接由逻辑门组成的数字电路是没有记忆的,输出信号仅与当前的输入信号有关,因此称为组合逻辑电路。与组合逻辑相对应的是时序逻辑,它增加了记忆和状态,因此不能只用逻辑门描述,而需要引入寄存器等时序单元,第 4 章将对时序电路进行分析与设计。

2.3.2 布尔函数与真值表

设 $B=\{0,1\}$ 是一个二元集合,若变量 x 仅从 B 中取值,则 x 称为布尔变量。包含布尔变量和布尔运算的代数表述称为布尔表达式。n 个布尔变量组成的集合是 $B^n=\{(x_1,x_2,\cdots,x_n)|x_i\in B,1\leqslant i\leqslant n\}$,从 B^n 到 B 的映射称为 n 元布尔函数。布尔函数可以描述数字系统中广泛存在的组合逻辑。

例如,$F(A,B)=\overline{A}+B$ 是一个二元布尔函数,从取值于 B 的二元组 (A,B) 映射到二元集合 $\{0,1\}$。根据布尔运算的定义易知,$F(0,0)=1,F(0,1)=1,F(1,0)=0,F(1,1)=1$。人们常用列表的方式罗列布尔函数的输入、输出的全部可能组合,这种表格称为真值表(truth table),它可以完整地描述一个布尔函数的映射关系。布尔函数 $F(A,B)=\overline{A}+B$ 的真值表如表 2-11 所示。

表 2-11 布尔函数 $F(A,B)=\overline{A}+B$ 的真值表

A	B	$F(A,B)$	A	B	$F(A,B)$
0	0	1	1	0	0
0	1	1	1	1	1

对于同样的输入,若两个布尔函数 F 和 G 具有同样的输出,则称它们是**等价**的,即 $F(x_1,x_2,\cdots,x_n)=G(x_1,x_2,\cdots,x_n)$,其中 $x_1,x_2,\cdots,x_n$ 均属于 $\{0,1\}$。例如布尔函数 $F_1=\overline{A}+B,F_2=\overline{A}+B+0,F_3=\overline{A}+B\cdot(A+\overline{A})$ 是等价的,这可以容易地通过真值表验证,如表 2-12 所示。等价是布尔函数化简的基础,将在 2.4 节详细介绍。与此对应的是,若两个布尔函数 $\overline{F}$ 与 F 对同样的输入产生完全相反的输出,则称这两个布尔函数称是**互补**的,也称 $\overline{F}$ 是 F 的补函数,即 $\overline{F}(x_1,x_2,\cdots,x_n)=\overline{F(x_1,x_2,\cdots,x_n)}$,如表 2-12 的最右列所示。

表 2-12 布尔函数的等价与互补

A	B	$F_1=\overline{A}+B$	$F_2=\overline{A}+B+0$	$F_3=\overline{A}+B\cdot(A+\overline{A})$	$\overline{F}=\overline{\overline{A}+B}$
0	0	1	1	1	0
0	1	1	1	1	0
1	0	0	0	0	1
1	1	1	1	1	0

在初等代数中有交换律、结合律、分配律等运算定律,能够使初等代数运算变得简便,其中一部分运算定律在布尔代数中也成立。假设 X、Y 和 Z 是在 $B=\{0,1\}$ 取值的布尔变量,则它们满足的等价关系如表 2-13 所示。这些等价关系可以很容易地用真值表验证,它们也称为布尔恒等式。

表 2-13 布尔恒等式

布尔恒等式	名 称
$X+Y=Y+X$ $XY=YX$	交换律(Commutativity)
$(X+Y)+Z=X+(Y+Z)=X+Y+Z$ $(XY)Z=X(YZ)=XYZ$	结合律(Associativity)
$X(Y+Z)=XY+XZ$	乘法对加法的分配律(Distributivity)
$X+0=X$ $X \cdot 1=X$	同一律(Identity)
$X \cdot 0=0$	0 的支配律(Dominance)

相比初等函数,布尔代数只定义在二元集合 $B=\{0,1\}$ 上,而且有"非"的运算,因此产生了一些仅在布尔代数中成立、在初等函数中不成立的恒等式,如表 2-14 所示。它们也可以很容易地用真值表验证。

表 2-14 布尔恒等式(续)

布尔恒等式	名 称
$X+(YZ)=(X+Y)(X+Z)$	加法对乘法的分配律(Distributivity)
$X+X=X$ $X \cdot X=X$	幂等律(Idempotence)
$\overline{\overline{X}}=X$	对合律(Involution)
$X+1=1$	1 的支配律(Dominance)
$X \cdot \overline{X}=0$ $X+\overline{X}=1$	互补律(Complements)
$\overline{X+Y}=\overline{X} \cdot \overline{Y}$ $\overline{X \cdot Y}=\overline{X}+\overline{Y}$	德摩根定律/反演律 (De Morgan's Law)
$X+XY=X$ $X(X+Y)=X$	吸收律(Absorption)
$(X+Y)(Y+Z)(\overline{X}+Z)=(X+Y)(\overline{X}+Z)$ $XY+YZ+\overline{X}Z=XY+\overline{X}Z$	一致性定理 (Consensus Theorem)

这些布尔恒等式可以用于布尔函数的计算和化简。例如对于二元布尔函数 $F=\overline{A}+B \cdot (A+\overline{A})$,根据互补律可知 $(A+\overline{A})=1$,即不论函数的输入是什么,这一项都恒定为 1,因此可以把这一项消去,把布尔函数等价转化为更简单的形式 $F=\overline{A}+B$。表 2-12 所示的真值表已经验证了这个等价关系。

其中,德摩根定律在电路分析与设计中有着十分重要的应用,它可以在数字电路设计中用于变换逻辑门的连接形式。从数学表达式上来说,布尔和运算和布尔或运算看似复杂度一样,但在实际电路中,各种逻辑门的实现代价不同。除了非门之外,最容易实现的逻辑门通常是与非门(见图 2-10)。用德摩根定律把布尔函数改写成主要使用与非运算的表达式,所需的硬件实现成本往往更小。

注意,大部分恒等式都是成对出现的,每一对恒等式中两个式子的关系称为"对偶"(duality)。一个布尔表达式的对偶式可以用以下方法得到:交换布尔和与布尔积,并且交换 0 与 1。如果一个布尔代数恒等式成立,其对偶式也成立。

2.3.3　两级逻辑

给定布尔函数的值,例如表 2-15 给出的布尔函数 F 和 G 的真值表,是否可以用一种标准化的流程找到它的布尔表达式?

表 2-15　布尔函数例子 F 和 G 的真值表

A	B	C	F	G
0	0	0	0	0
0	0	1	0	0
0	1	0	0	1
0	1	1	1	0
1	0	0	0	0
1	0	1	0	0
1	1	0	0	1
1	1	1	0	0

观察真值表可知,布尔函数 F 仅在 $A=0,B=1,C=1$ 时值为 1,否则它的值为 0。容易找到布尔积 $\overline{A}BC$ 满足这个条件,所以可以把布尔函数 F 的表达式写为 $F=\overline{A}BC$。布尔函数 G 在 $A=0,B=1,C=0$ 时,或者 $A=1,B=1,C=0$ 时,值为 1,否则它的值为 0。容易找到布尔积 $\overline{A}B\overline{C}$ 当且仅当 $A=0,B=1,C=0$ 时等于 1,布尔积 $AB\overline{C}$ 当且仅当 $A=1,B=1,C=0$ 时等于 1,这两个布尔积的布尔和满足布尔函数 G 的真值表,所以可以把布尔函数 G 的表达式写为两个布尔积的布尔和,即 $G=\overline{A}B\overline{C}+AB\overline{C}$。

类似于 $\overline{A}BC$、$AB\overline{C}$、$\overline{A}B\overline{C}$ 这样的包含了所有的布尔变量或者其补的布尔积称为"最小项"。对于一个最小项,只有一种布尔变量的组合能让它的取值为 1,即最小项的值为 1,当且仅当这个最小项中的每个元素都为 1。

对不同的最小项做布尔和,可以构造布尔表达式,使得它仅在特定情况下等于 1,其余情况下等于 0。因此任意给定一个布尔函数,都可以构造与这个布尔函数相对应的最小项的布尔和,使得布尔函数的值为 1 时它为 1,布尔函数的值为 0 时它为 0。这种最小项的布尔和(积之和)称为"与或表达式"(sum of products,SOP)。与或表达式从输入到输出仅需要两级运算,因此也称为"两级逻辑"。两级逻辑常用来规范、准确地描述布尔函数。

基于对偶的原则,也可以通过取布尔和的布尔积(和之积)来求布尔表达式,称为"或与表达式"(product of sums,POS)。此时布尔和类似于 $\overline{A}+B+C$、$A+B+\overline{C}$,称为"最大项"。

为了让两级逻辑表达式看起来更简练,可以对最小项或者最大项进行编码。例如,三个布尔变量能产生 $2^3=8$ 个最小项,可以把这 8 个最小项编码为 $m_0,m_1,\cdots,m_7$。注意,这里可能有多种编码方式。例如可以把布尔变量的补视为 1 进行自然二进制编码,即 ABC 为第 $(000)_2=0$ 项,$\overline{A}\overline{B}\overline{C}$ 为第 $(111)_2=7$ 项;也可以把布尔变量的补视为 0 进行二进制编码,即 $\overline{A}\overline{B}\overline{C}$ 为第 0 项,ABC 为第 7 项。本书默认采用后者,编码结果如表 2-16 所示。编码之后,布尔函数 $G=\overline{A}B\overline{C}+AB\overline{C}$ 可以缩写为 $G=m_2+m_6=\sum m(2,6)$。若三个布尔变量的输入组合与 m_2,m_6 中的任何一个最小项相符,则函数 G 的输出为 1。

表 2-16 最小项对应关系

最小项	使最小项取值为 1 的输入变量值			最小项下标 i	最小项符号 m_i
	A	B	C		
$A'B'C'$	0	0	0	0	m_0
$A'B'C$	0	0	1	1	m_1
$A'BC'$	0	1	0	2	m_2
$A'BC$	0	1	1	3	m_3
$AB'C'$	1	0	0	4	m_4
$AB'C$	1	0	1	5	m_5
ABC'	1	1	0	6	m_6
ABC	1	1	1	7	m_7
权重	2^2	2^1	2^0	—	—

同理也可以对 3 变量布尔函数的最大项进行编码,如表 2-17 所示。可以根据德摩根定律实现对偶的最小项和最大项之间的转换:把求布尔和与求布尔积互换、对各项的序号求互补元素(交换 0 与 1)。

表 2-17 最大项对应关系

最大项	使最大项取值为 0 的输入变量			最大项下标 i	最大项符号 m_i
	A	B	C		
$A+B+C$	0	0	0	0	M_0
$A+B+C'$	0	0	1	1	M_1
$A+B'+C$	0	1	0	2	M_2
$A+B'+C'$	0	1	1	3	M_3
$A'+B+C$	1	0	0	4	M_4
$A'+B+C'$	1	0	1	5	M_5
$A'+B'+C$	1	1	0	6	M_6
$A'+B'+C'$	1	1	1	7	M_7
权重	2^2	2^1	2^0	—	—

【例 2-8】 考虑三变量的布尔函数,求和与或表达式 $F = m_6$、$G = \sum m(1,3,5,6,7)$ 等价的或与表达式。

解:最小项 m_6 对应的布尔表达式为 $AB\overline{C}$,求补得 $\overline{m}_6 = \overline{A} + \overline{B} + C = M_6$。因此与 m_6 等价的或与表达式是 $\overline{M}_6$,即 $F = \overline{M}_6 = \prod M(0,1,2,3,4,5,7)$。

同理,对布尔函数 $G = \sum m(1,3,5,6,7) = m_1 + m_3 + m_5 + m_6 + m_7$ 求补可得 $\overline{G} = $
$\overline{m_1 + m_3 + m_5 + m_6 + m_7} = M_1 \cdot M_3 \cdot M_5 \cdot M_6 \cdot M_7 = \prod M(1,3,5,6,7)$,所以 $G = \overline{\overline{G}} = $
$\overline{\prod M(1,3,5,6,7)} = \prod M(0,2,4)$。

用下标来标记最小项或最大项的方法可以推广到更多的变量,比如对于四变量布尔函数,可以用 m_3 表示 $\overline{A}\overline{B}CD$(即 0011_2),用 M_{15} 表示 $\overline{A} + \overline{B} + \overline{C} + \overline{D}$(即 1111_2)。

在电路设计中,两级逻辑有明确的物理意义。它是使得对应的逻辑电路级数最小的表示方式,仅有两层逻辑门。不过,虽然两级逻辑的级数最小,但通常都不是最简单的表达式,如果直接映射为组合逻辑电路,元件的数量和电路的延迟未必最小。这是因为两级逻辑表达式的每一项都包含了所有的布尔变量或者其补,其中一部分是冗余的。例如布尔函数 $F = \sum m(0,2,4)$,可以用幂等律、单位元性质等布尔恒等式简化为

$$F = \sum m(0,2,4) = \overline{A}\,\overline{B}\,\overline{C} + \overline{A}B\overline{C} + A\overline{B}\,\overline{C} = \overline{A}\,\overline{B}\,\overline{C} + \overline{A}B\overline{C} + A\overline{B}\,\overline{C} + \overline{A}\,\overline{B}\,\overline{C}$$

$$= (A + \overline{A})\overline{B}\,\overline{C} + \overline{A}\,\overline{C}(B + \overline{B}) = \overline{A}\,\overline{C} + \overline{B}\,\overline{C} \tag{2-12}$$

式(2-12)化简结果也是布尔和的布尔积,但因为各项不再满足最小项的定义中的"包含所有的布尔变量或者其补",所以不算最小项,仅仅是普通的乘积项。

除了可以用真值表描述外,两级逻辑也可以通过二元决策图(binary decision diagram, BDD)来表示。它是一种二叉树,根节点表示第一个布尔变量,它的两个子节点对应布尔变量的两种取值,可以规定连接左子节点表示取值 0,连接右子节点表示取值 1。第二层对应第二个布尔变量,以此类推。BDD 的每一条通路(从根节点到叶节点)都表示布尔函数的一种映射情况,而且用到了所有可用的布尔变量,因此可以完整地表示两级逻辑。例如,布尔函数 $G = \overline{A}B\overline{C} + A\overline{B}\,\overline{C}$(真值表见表 2-15)对应的 BDD 如图 2-11 所示,其中虚线箭头表示布尔变量的取值为 0,实线箭头表示取值为 1。

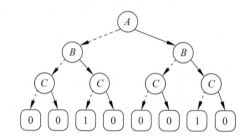

图 2-11 布尔函数 $G = \overline{A}B\overline{C} + A\overline{B}\,\overline{C}$ 的二元决策图

2.3.4 卡诺图

卡诺图(Karnaugh map)是一种逻辑表示图,它可以把多维布尔变量映射到图表上。用它表示布尔函数,可以方便后续的化简和组合逻辑电路设计。卡诺图与布尔代数有着源远流长的关系。19 世纪英国逻辑学家 John Venn 深受布尔及其代数体系的影响,在 1890 年提出了可以描述逻辑关系的韦恩图(Venn diagram)。1952 年,美国计算机科学家 E. W. Veitch 提出了维奇图(Veitch diagram),用于描述并化简布尔函数。一年之后,美国贝尔实验室的电信工程师、物理学家 Maurice Karnaugh 改进、扩展了维奇图,提出了后来被广泛应用的卡诺图(图 2-12)。

图 2-12 逻辑函数、真值表与卡诺图的映射

卡诺图是一个方格图,把一个函数的最小项表达式(或者最大项表达式)中的各个最小项(或者最大项)的取值填入对应的格子中。用最小项填充时,关注取值为 1 的格子;用最大项填充时,关注取值为 0 的格子。出于便利性考虑,人们主要使用最小项填充的卡诺图,即卡诺图的每个格子代表一个最小项。

注意,卡诺图采用格雷码编码,即横纵坐标的编码顺序是 00,01,11,10,而不是自然二进制编码顺序 00,01,10,11。格雷码编码的特点是,相邻的两个编码仅有一位数字不同,这给化简带来了极大的便利,是卡诺图化简方法的基础。

本节先介绍两个变量的卡诺图,然后再看如何扩展到三个变量、四个变量。两变量的布尔函数 $F(A,B)$ 对应的卡诺图是以布尔变量 A 和 B 作为行、列索引的方格图,一共有 4 种可能的最小项,所以有 4 个方格(不考虑表头),如图 2-13(a)所示。若某个最小项使得布尔函数的取值为 1,则该最小项对应的格子填入 1,否则填入 0。例如,布尔函数 $F=AB+A\bar{B}$ 的卡诺图如图 2-13(b)所示。

(a) 填充前 (b) 填充后

图 2-13 两变量卡诺图

把两变量卡诺图的一个维度进行扩展,可以得到三变量的卡诺图。对于三变量的布尔函数 $F(A,B,C)$,可以把三个布尔变量分成两组,分别作为行、列索引,本书选择 A、BC 的分组方式,其他的分组方式也是可行的。一共有 8 种可能的最小项,所以有 8 个方格(不考虑表头),如图 2-14(a)所示。方格的填充规则与两变量卡诺图一致,例如布尔函数 $F=ABC+A\bar{B}C+\bar{A}B\bar{C}$ 对应的卡诺图如图 2-14(b)所示。

若某两个最小项只有一个元素不一致,例如 ABC 和 $A\bar{B}C$,则称它们为相邻的。为了让相邻的最小项在卡诺图中也占据相邻的方格,卡诺图的索引采用格雷码编码而不是自然二进制编码,对于两变量的索引就是 $(00\rightarrow01\rightarrow11\rightarrow10)_2$。卡诺图两边的元素也是相邻的,例如 $\bar{A}\bar{B}\bar{C}$ 与 $\bar{A}B\bar{C}$、$A\bar{B}\bar{C}$ 与 $AB\bar{C}$,所以图 2-14 其实可以被横向"卷"起来,如图 2-15 所示。

A\BC	00	01	11	10
0				
1				

A\BC	00	01	11	10
0	0	1	0	0
1	1	0	1	0

(a) 填充前 (b) 填充后

图 2-14 三变量卡诺图

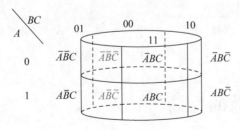

图 2-15 卷起来的三变量卡诺图

再次扩展卡诺图的维度,可以得到四变量的卡诺图。对于行、列索引,本书选择 AB、CD 的分组方式,其他的分组方式也是可行的。四变量布尔函数 $F(A,B,C,D)$ 对应的卡诺图如图 2-16 所示。为了更方便地表示卡诺图的元素,可以使用最小项的编码 m_i ($i=0,1$, $2,\cdots,15$)来指代卡诺图中的某个格子。四变量卡诺图的上下、左右元素都只有一个变量取值不同,因此是相邻的,例如 m_1 和 m_9、m_8 和 m_{10}。

AB\\CD	00	01	11	10
00	m_0	m_1	m_3	m_2
01	m_4	m_5	m_7	m_6
11	m_{12}	m_{13}	m_{15}	m_{14}
10	m_8	m_9	m_{11}	m_{10}

图 2-16 四变量卡诺图及其编码

若变量继续增加,则需要高维的卡诺图。高维的卡诺图需要更加复杂的立体结构来表示,也可以拆分为多张三变量、四变量卡诺图来分析。本书不涉及多于四变量的卡诺图。

【例 2-9】 用卡诺图表示逻辑函数 $F=A'B'C'D+A'BD'+AB'$。

解:可以把函数 F 补全为最小项组成的与或表达式,然后根据序号逐个填入卡诺图的格子。填充过程如图 2-17(a)所示。

$$F=A'B'C'D+A'BD'+AB'$$
$$=A'B'C'D+A'B(C+C')D'+AB'(C+C')(D+D')$$
$$=A'B'C'D+A'BCD'+A'BC'D'+AB'CD+AB'C'D+AB'CD'+AB'C'D'$$
$$=m_1+m_6+m_4+m_{11}+m_{10}+m_9+m_8$$
$$=\sum m(1,4,6,8,9,10,11)$$

填充完成的卡诺图如图 2-17(b)所示。

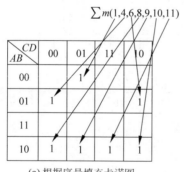

(a) 根据序号填充卡诺图

AB\\CD	00	01	11	10
00	0	1	0	0
01	1	0	0	1
11	0	0	0	0
10	1	1	1	1

(b) 填充完成的卡诺图

图 2-17 卡诺图填充

2.4 布尔函数的化简

把布尔函数映射成实际的数字电路,至少需要经过两个步骤:逻辑综合和布局布线,其中与本课程关系最密切的是逻辑综合。它的作用是把面向设计师的行为级描述转换为适合物理实现的逻辑门或者寄存器传输级(register-transfer-level,RTL)形式。

2.3 节提到,所有的布尔函数都能用两级逻辑表示,从而可以直接得到对应的逻辑门电路。但是如式(2-13)所示,两级逻辑可能包含一些不必要的项。例如,考虑两变量的布尔表达式 $ABC+AB\overline{C}$,在两项中变量 C 以不同的形式出现了两次,根据布尔代数的分配律和单位元性质,它们可以合并:

$$ABC + AB\overline{C} = AB(C+\overline{C}) = 1 \cdot AB = AB \tag{2-13}$$

简化后的布尔表达式 AB 与之前表示同一个布尔函数,但包含更少的运算符。对于电路实现而言,化简前后的组合逻辑电路功能相同,但是所需的元器件数量不同,面积、功耗、速度等资源消耗和性能指标也不同。如果直接把原始的布尔函数映射到硬件上,通常很难满足资源与性能的约束,因此需要一定的化简来减少冗余、提高效率,进而设计最优的电路。

类似上述方法,可以通过布尔代数恒等式获得一个包含最少的运算符的布尔表达式,得到逻辑门数量最少的电路。但是这种代数推导很不直观,而且需要很多经验和技巧,并不总是有迹可循。

卡诺图提供了一种相对直观的图形化的化简方法。不过它主要适用于变量较少的情况,而且也需要一定的技巧与经验。当布尔函数的变量增加到五个、六个甚至以上时,卡诺图将变得很复杂。

布尔函数的手工化简是低效的,在大规模的数字设计中更是基本不可能。在电子市场上,尤其是在摩尔定律如火如荼的时代,产品越早面市,所占市场份额就很可能越多、在用户手中使用的时间越长,利润也就越多。因此,为了追求商业效益,各公司迫切地需要提高设计效率,从而研发了各种逻辑综合工具。与电子市场的繁荣同步,人类对于逻辑综合的探索起步于 20 世纪 70 年代。此时出现了较为复杂的两级逻辑化简器,例如 IBM 公司的 MINI 系统和多级逻辑化简器。最早的商用逻辑综合系统是 IBM 公司在 1984 年开发的基于规则的映射系统——LSS(logic synthesis system)系统。在 21 世纪初,常用的数字电路逻辑综合工具包括 Synopsys 公司的 Design Compiler,Cadence 公司的 Encounter RTL Compiler 等。

布尔函数的化简是逻辑综合工具的基础。好的化简方法应该至少具备以下几个特点:能处理任意多的输入变量;适合使用计算机编程实现;能找到全局最简表达式,而不是卡在局部最简表达式;复杂度尽可能低。按照这几项标准,QM 算法是比代数化简法和卡诺图化简法更好的化简方法。

不过在实际应用中,元器件数目最少的电路未必是"最优"的。对于特定的需求,设计师有可能希望它的元器件数目最少,也有可能希望它的总面积最小、总功耗最小、信号延迟最小……更多情况下,设计师需要折中考虑,希望它的信号延迟、功耗、电路总面积都较小,满足多个指标的共同约束。

2.4.1　卡诺图化简法

对于小规模的组合逻辑电路,卡诺图化简法是一种有效的化简方法。虽然它很少用于六变量以上的布尔函数问题,但它用的概念在更复杂的算法中起着广泛而重要的作用。掌握这些概念有助于理解更新的算法及其实现。

用卡诺图表示布尔函数有利于设计者发现能被合并的项。在卡诺图中,相邻的两个最小项仅有 1 个布尔变量的取值不同。若两个相邻的最小项都能使布尔函数的取值为 1,则根据式(2-5)可知,这两个最小项可以合并。在卡诺图中的体现就是 2×1 的方格组成的块可以合并。把这个结论推广,2×2、4×1 等尺寸的方格组成的块也可以合并。三变量卡诺图中可以合并的块如图 2-18 所示。虽然图中没有画出,但是所有的方格都是 1 的情况也可以合并。这意味着不论什么输入,布尔函数的输出都为 1,所以布尔函数的表达式就是常数 1。

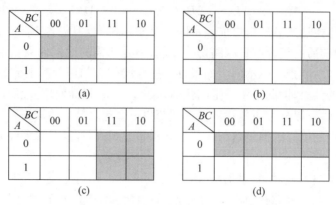

图 2-18　三变量卡诺图中可以合并的块

以图 2-18(c)为例,灰色部分的 2×2 块对应的布尔表达式为 $\overline{A}BC + ABC + \overline{A}B\overline{C} + AB\overline{C} = (\overline{A}+A)BC + (\overline{A}+A)B\overline{C} = BC + B\overline{C} = B(C+\overline{C}) = B$,可见通过合并消去了两个布尔变量。用类似的原理容易验证,在四变量卡诺图中 2×1、2×2、4×1、4×2、4×4 的块可以被合并。注意,卡诺图是首尾相接的,所以图 2-19 中的两种块也是可以被合并的相邻块。

<table>
<tr><td>AB\CD</td><td>00</td><td>01</td><td>11</td><td>10</td></tr>
<tr><td>00</td><td></td><td></td><td>▓</td><td></td></tr>
<tr><td>01</td><td></td><td></td><td></td><td></td></tr>
<tr><td>11</td><td></td><td></td><td></td><td></td></tr>
<tr><td>10</td><td></td><td></td><td>▓</td><td></td></tr>
</table>

<table>
<tr><td>AB\CD</td><td>00</td><td>01</td><td>11</td><td>10</td></tr>
<tr><td>00</td><td></td><td></td><td></td><td>▓</td></tr>
<tr><td>01</td><td></td><td></td><td></td><td>·</td></tr>
<tr><td>11</td><td></td><td></td><td></td><td></td></tr>
<tr><td>10</td><td>▓</td><td></td><td></td><td></td></tr>
</table>

图 2-19　四变量卡诺图中可以合并的块

在卡诺图中,若某个方格集合里的所有方格的布尔函数值均为 1,则称其为一个**蕴含项**(implicant)。若该蕴含项并不包含在某个更大的全是 1 的块中,则称其为**本原蕴含项**(prime implicant)。

卡诺图化简的目标是在图中找出尽可能大的块,然后用最大块优先的原则以尽可能少的块覆盖卡诺图中所有为 1 的方格,即用包含尽可能少的布尔变量的与或表达式表示给定的布尔函数。若某个值为 1 的方格,只有一个块能覆盖它,则这个块必须被选取,所以也称其为**本质本原蕴含项**(essential prime implicant)。

卡诺图化简的通用步骤是:先找出本质本原蕴含项,若它们的集合不能覆盖所有的 1,则再找本原蕴含项,用本原蕴含项的最小集合覆盖所有 1。用多个本原蕴含项覆盖了卡诺图中所有的 1 之后,对这些本原蕴含项做布尔和,就可以求出布尔函数的最简的表达式。

【例 2-10】 基于卡诺图化简布尔函数 $F = A\overline{B} + AB$。

解:先画出卡诺图,如图 2-20(a)所示。观察卡诺图发现,在 $A=1$ 对应的行有两个相邻的最小项,这个 2×1 块是蕴含项,也是本原蕴含项,也是本质本原蕴含项,所以化简结果为 $F=A$。

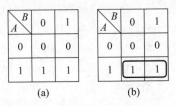

$\begin{smallmatrix}B\\A\end{smallmatrix}$	0	1
0	0	0
1	1	1

(a)

$\begin{smallmatrix}B\\A\end{smallmatrix}$	0	1
0	0	0
1	1	1

(b)

图 2-20 例 2-10 的卡诺图

【例 2-11】 图 2-21 给出了四变量布尔函数 $F(A,B,C,D)=\sum m(0,2,3,6,7,9,11,13,15)$ 对应的卡诺图,请给出各种大小的蕴含项的个数,并找出本原蕴含项、本质本原蕴含项,然后给出化简后的布尔表达式。

$\begin{smallmatrix}CD\\AB\end{smallmatrix}$	00	01	11	10
00	1	0	1	1
01	0	0	1	1
11	0	1	1	0
10	0	1	1	0

图 2-21 例 2-11 的卡诺图

解: 观察卡诺图发现,大小为 1×1 的蕴含项有 9 个,大小为 2×1 或 1×2 的蕴含项有 11 个(注意卡诺图是首尾相接的),大小为 4×1 的蕴含项有 1 个,大小为 2×2 的蕴含项有 2 个。其中本原蕴含项有 4 个:$m(0,2)$、$m(2,3,6,7)$、$m(3,7,11,15)$、$m(9,11,13,15)$,如图 2-22(a)所示。注意,本原蕴含项 $m(3,7,11,15)$ 有 4 个最小项,但都不是由它唯一包含的,因此它不是本质本原蕴含项。其余的 3 个本原蕴含项都含有唯一包含的最小项(如图 2-22(b)中灰色格子所示),所以都是本质本原蕴含项。

$\begin{smallmatrix}CD\\AB\end{smallmatrix}$	00	01	11	10
00	1	0	1	1
01	0	0	1	1
11	0	1	1	0
10	0	1	1	0

(a)

$\begin{smallmatrix}CD\\AB\end{smallmatrix}$	00	01	11	10
00	1	0	1	1
01	0	0	1	1
11	0	1	1	0
10	0	1	1	0

(b)

图 2-22 例 2-11 的卡诺图化简

在图 2-22(b)中,三个本质本原蕴含项已经覆盖了所有的 1,所以可以直接做布尔和,得到最简的布尔表达式:

$$F=AD+\overline{A}C+\overline{A}B\overline{D} \tag{2-14}$$

有些情况下,组合逻辑电路的部分输入组合并不可能出现,或者即使出现了,在后续电路中也不会被利用,这种输入组合称为**无关项**(don't care),用×表示。数字系统并不关心无关项×的值,因此可以根据化简的需要将其取为 1 或 0,这往往能给电路化简带来简便。例如,一个四输入的组合逻辑电路可以用布尔函数 $F(A,B,C,D)$ 建模,假设待设计的电路需要满足当输入为 $A=B=D=1$ 或者 $A=C=0,B=D=1$ 时输出 1,而当 $A=0,B=C=1$ 时结果不重要,除此之外的情况都输出为 0。则它对应的卡诺图如图 2-23 所示。在取本原蕴含项时,我们可以把其中一个无关项取 1,另一个取 0,这样可以凑够一个 2×2 的块,以获得最简单的表达式。

AB\CD	00	01	11	10
00	0	0	0	0
01	0	1	×	×
11	0	1	1	0
10	0	0	0	0

(a)

AB\CD	00	01	11	10
00	0	0	0	0
01	0	1	×	×
11	0	1	1	0
10	0	0	0	0

(b)

图 2-23　含有无关项的卡诺图

2.4.2　QM 算法

相比于代数化简法和卡诺图化简法,QM 算法是一种更为程式化的化简方法,可以处理更多的输入、适合用计算机算法实现。

前面提到的本原蕴含项,是由哈佛大学的哲学家、逻辑学家 Willard V. Quine 在 1952 年提出的。在此基础上,斯坦福大学电子工程系的教授 Edward J. McCluskey 发明了一个系统性的化简方法,可以把任意布尔函数化简为乘积项最少的与或表达式。该算法以两人的姓氏合称为 Quine-McCluskey(QM)算法。该算法基于并涵盖了卡诺图的功能,然后用文字表格代替了图形,因此它更适合用代码编程实现。另外,它还给出了检查布尔函数是否达到了最小化形式的确定性方法。

QM 算法由两个步骤组成,第一个步骤称为"搜索本原蕴含项",与卡诺图方法类似,通过搜寻相邻的最小项,找到一些本原蕴含项作为候选。第二个步骤称为"寻找最小覆盖",用于确定哪些候选项将真正使用。下面以一个四变量布尔函数化简的例子展示 QM 算法的完整过程。并且与卡诺图化简法对照,说明 QM 算法与卡诺图化简方法的一致性。

【**例 2-12**】　使用 QM 方法化简布尔函数 $F(A,B,C,D)=\sum m(4,8,10,11,12,15)+d(9,14)$,其中 d_i 表示无关项。

解:

步骤 1:搜索本原蕴含项。

首先,列出所有使得输出为 1 的最小项,将其序号转为二进制,根据二进制表示中数字 1 的个数分类,按照升序填入以下表格。填充后的表格如表 2-18 第二列所示。此处把无关项当作输出为 1 的最小项处理,这可能给后续化简带来潜在的便利。

其次,合并最小项。对所有相邻的组中的最小项进行搜索、比对,若某两个最小项之间只有 1 个数位不同,则可以将这两个最小项合并,并且用一短横"－"代替这个数位。例如,

最小项 m_4 的二进制码为 0100,最小项 m_{12} 的二进制码为 1100,两个二进制码仅有第一位不同,所以把两个最小项合并为蕴含项 $m(4,12)$,合并后的二进制码为 -100,填入表格的第三列。回顾 2.3 节卡诺图化简法,若两个输出都为 1 的最小项仅有一位不同,说明这一位的取值对输出没有影响,所以可以省略。合并而成的蕴含项称为 Size 2 蕴含项,对应卡诺图中 2×1 或 1×2 的方块。

第一轮合并结束后,对得到的一系列 Size 2 蕴含项进行第二轮搜索与比对,继续合并能够合并的最小项。含有"$-$"符号的合并与普通合并类似,比如 -110 可以与 -100 合并为 $-1-0$,但是 -110 不能与 $011-$ 合并;通常优先选择"$-$"在同一位置的两项进行匹配。例如,Size 2 蕴含项 $m(8,9)$ 的二进制码为 $100-$,Size 2 蕴含项 $m(10,11)$ 的二进制码为 $101-$,两个二进制码仅有第三位不同,所以把两个最小项合并为蕴含项 $m(8,9,10,11)$,把两个二进制码合并为 $10--$,填入表格的第三列。此处合并而成的蕴含项称为 Size 4 蕴含项,对应卡诺图中 1×4、4×1 或 2×2 的方块。

重复的合并,不产生新的蕴含项,比如 $m(8,10)$ 与 $m(9,11)$ 合并的结果仍为 $m(8,9,10,11)$,不需单独列出。这是因为 Size 2 蕴含项 $10-0$ 和 $10-1$ 都蕴含在 Size 4 蕴含项 $10--$ 中。

在本轮合并中,有一个蕴含项 $m(4,12)$ 未参加合并,它对应本原蕴含项,表 2-18 用星号对其进行标记。观察得到的一系列 Size 4 蕴含项,都不满足合并的条件,因此不进行下一轮合并了,搜索结束。此时,两个不能继续合并的 Size 4 蕴含项都是本原蕴含项,见图中星号标记。

注意,在第一轮搜索中,没有未参加合并的最小项,故没有 1×1 的本原蕴含项。

表 2-18　QM 算法化简过程-步骤 1

1 的个数	最小项		Size 2 蕴含项		Size 4 蕴含项	
			$m(4,12)$ *	-100		
1	m_4	0100	$m(8,9)$	$100-$	$m(8,9,10,11)$ *	$10--$
	m_8	1000	$m(8,10)$	$10-0$	$m(8,10,12,14)$ *	$1--0$
			$m(8,12)$	$1-00$		
	d_9	1001	$m(9,11)$	$10-1$		
2	m_{10}	1010	$m(10,11)$	$101-$	$m(10,11,14,15)$ *	$1-1-$
	m_{12}	1100	$m(10,14)$	$1-10$		
			$m(12,14)$	$11-0$		
3	m_{11}	1011	$m(11,15)$	$1-11$		
	d_{14}	1110	$m(14,15)$	$111-$		
4	m_{15}	1111				

步骤 2:寻找最小覆盖。

最小覆盖分为两部分,包括本质本原蕴含项和非本质本原蕴含项。前者是没有选择余地的,回想卡诺图化简中的说明,本质本原蕴含项是唯一蕴含某个最小项的本原蕴含项,所以不可或缺。后者有一定的选择余地,因为非本质本原蕴含项之间必然有一定的重复,化简的目标是找到变量个数最少的表达式,覆盖所有的最小项。

为了寻找最小覆盖,可以以最小项为横坐标、本原蕴含项为纵坐标列一个表格,称为本原蕴含图。与步骤 1 不同,此处并不关心化简结果最终对无关项的影响,因此无关项不用在此图中出现,它们并不需要被覆盖。

　　每个本原蕴含项都含有一些最小项。记录每个最小项出现的次数,发现有 2 个最小项各自只被一个本原蕴含项蕴含,如表 2-19 中灰色格子所示。因为 $m(4,12)$ 和 $m(10,11,14,15)$ 都含有其他本原蕴含项不包含的最小项,所以这 2 个就是本质本原蕴含项。选择这两个本质本原蕴涵项后,还有虚线框框选的最小项 $m(8)$ 未被覆盖,因此在可以覆盖 $m(8)$ 的 $m(8,9,10,11)$ 与 $m(8,10,12,14)$ 中任选一个覆盖住 $m(8)$ 即可。写出(其中一种)对应的最终化简结果,得 $m(4,12)+m(10,11,14,15)+m(8,9,10,11)$,化简过程如表 2-19 所示。

表 2-19　QM 算法化简过程-步骤 2

本原蕴含项 ＼ 最小项	4	8	10	11	12	15
$m(4,12)$	1				1	
$m(8,9,10,11)$		1	1	1		
$m(10,11,14,15)$			1	1		1
$m(8,10,12,14)$		1	1		1	
出现次数	1	2	3	2	2	1

　　写成用变量名表示的布尔表达式则为 $F(A,B,C,D)=B\overline{C}D+AC+A\overline{B}$ 。

　　作为对比,使用卡诺图化简法化简例 2-11 中的布尔函数。对应的卡诺图如图 2-24 所示。其中短横线表示无关项。

　　由卡诺图可以直接写出化简后的布尔表达式,为 $F(A,B,C,D)=B\overline{C}D+AC+A\overline{B}$,与前述 QM 算法的结果一致。读者可以思考一下在前述 QM 算法例题中如果选择使用 $m(8,10,12,14)$ 覆盖 $m(8)$,应该如何进行后续的操作? 是否可以获得等价的结果?

　　卡诺已经证明,最小化多变量的布尔函数是 NP 完全问题[9],即很难找到可以在多项式时间内的算法来求解。对于 n 个变量的布尔函数,本原蕴涵项的数目最多可达 $3^n/n$ 。若

$\frac{CD}{AB}$	00	01	11	10
00	0	0	0	0
01	1	0	0	0
11	1	1	1	-
10	1	-	1	1

图 2-24　卡诺图化简对比

$n=32$,则可能存在超过 6.1×10^{14} (万亿量级)的本原蕴涵项。QM 算法也是指数复杂度的,它通常用于不超过 10 个布尔变量的问题。对于更为复杂的布尔函数化简问题,可以通过一些启发式的算法求解①。

2.5　总结

　　本章介绍了数的编码与二进制表示,布尔代数和布尔函数,函数关系的表示方法和布尔代数式的化简方法。二进制系统只有 0 和 1 两个数字,看似简单,却可以通过合理的编码表示信息社会中的各种复杂信息。数字系统处理信息的数学基础是布尔函数,数字系统的分析与设计也需要借助布尔函数。虽然代数化简法和卡诺图化简法很少用于六变量以上的数字系统设计,但它们所用的概念在更复杂的算法中起着广泛而重要的作用,掌握其概念有助

---

　　①　Nosrati M,Hariri M. An Algorithm for Minimizing of Boolean Functions Based on Graph DS[J]. World Applied Programming,2011,1(3):209-214.

于理解更复杂的数字电路设计方法,QM 算法就是一个典型的例子。人们通常基于布尔函数对数字系统进行建模,借助布尔函数的各种化简方法来设计数字系统,并且在此基础上逐步迈向现代化、工业化、自动化。

2.6　拓展阅读

[计算机底层工作原理科普读物][美] Petzold C. 编码——隐匿在计算机软硬件背后的语言[M]. 左飞,等译. 北京: 电子工业出版社,2012.

[首次把布尔代数与电路结合的论文] Shannon C E. A symbolic analysis of relay and switching circuits[J]. Transactions of the American Institute of Electrical Engineers,1938, 57(12): 713-723.

[IEEE 754 浮点数标准]IEEE Standard for Binary Floating-Point Arithmetic[S]. ANSI/IEEE Std 754-1985,1985: 1-20.

2.7　习题

1. (进制转换)请计算并补全以下表格(表 2-20)。

表 2-20　进制转换

十　进　制	二　进　制	十　六　进　制	8421BCD 码
124			
	0011 1011		
		0xB1	
			0011 1001

2. (有符号数)用 8 位二进制有符号整数表示十进制数-34_{10}、59_{10}的原码、反码和补码。

3. (补码运算)将下列算式中的十进制数转化为 8 位 2-补码形式,进行减法运算,并且判断是否会发生溢出。

(1) -95　-32

(2) -95　-33

(3) -65　-103

4. (布尔代数性质)已知布尔函数 $F=(A+B) \cdot C+1 \cdot D$,请写出 F 的互补函数 $\overline{F}$。

5. (代数化简法)使用**代数化简法**对布尔函数: $F=A'B'C'+A'B'C+A'BC+ABC+A'BC'$进行化简,要求化至最简并写出各步化简使用到的布尔代数性质。

6. (一致性定理)请推导/验证一致性定理$(X+Y)(Y+Z)(X'+Z)=(X+Y)(X'+Z)$及 $XY+YZ+X'Z=XY+X'Z$ 的正确性。

7. (布尔代数运算)计算下列布尔表达式的值。

(1) $\overline{(1 \cdot 0)}+(1+\overline{1})$

(2) $\overline{(1 \cdot 0)} + (1 + \overline{1}) \cdot (1 + \overline{1})$

(3) $(1 + \overline{0} \cdot 1) \cdot 0 + \overline{1} \cdot (1 + 0)$

8.（卡诺图）在卡诺图的化简过程中,我们可以将 2 个/4 个/⋯/2^m 个相邻的最小项进行合并以消除输入逻辑变量,请问为什么不能将 3 个/6 个等非 2 的幂次个相邻的最小项合并来进行化简呢?

9.（卡诺图）请使用卡诺图化简布尔函数 $F(A,B,C,D) = \sum m(3,4,5,7,9,13,14,15)$,$m_i$ 为最小项,例:$m(0) = A'B'C'D'$（后续习题同理）。

10.（卡诺图）请使用卡诺图化简布尔函数 $F(A,B,C,D) = \sum m(0,4,5,7,8,12,13,14,15)$,要求将结果表示为 POS 形式。

11.（两级逻辑,卡诺图）已知布尔函数 $F(A,B,C,D) = \sum m(1,3,4,5)$,请完成以下操作:

(1) 将该函数转化为最大项表示的 POS 形式,即 $F(A,B,C,D) = \prod M_i \cdot \prod D_i$,其中 M_i 表示最大项,D_i 表示无关项。

(2) 使用卡诺图将该函数化简为最简 SOP 形式。

12.（两级逻辑,卡诺图,QM 算法）已知布尔函数 $F(A,B,C,D) = \sum m(1,8,9,13) + d(2,4,5)$,请完成以下操作:

(1) 将该函数转化为最大项表示的 POS 形式。

(2) 使用卡诺图将该函数化简为最简 SOP 形式。

(3) 使用 QM 算法对上式进行化简并写出化简结果。

13.（两级逻辑,卡诺图,QM 算法）已知布尔函数 $F(A,B,C,D) = \prod M(2,3,8,9,13,15) \cdot \prod D(7,11)$,$M_i$ 为最大项,例:$M(0) = A + B + C + D$。请完成以下操作:

(1) 将该函数转化为最小项表示的 SOP 形式。

(2) 使用卡诺图将该函数化简为最简 SOP 形式。

(3) 使用 QM 算法对上式进行化简并写出化简结果。

14.（二进制除法）考虑 2 位二进制除法 $A_1 A_0 \div B_1 B_0 = Q_1 Q_0 \cdots R_1 R_0$,其中 $\{A\}$、$\{B\}$、$\{Q\}$、$\{R\}$ 分别表示被除数、除数、商及余数,请写出 $\{Q_i\}$ 与 $\{R_i\}$ 关于 $\{A_i\}$ 与 $\{B_i\}$ 的布尔函数表达式,然后使用卡诺图化简。

15.（逻辑综合）请用最少数量的非门和或非门电路实现 $F(A,B,C) = \sum m(2,3,4) + \sum d(5,7)$。

16.（逻辑综合）已知函数:$f(A,B,C) = \sum m(1,3,4,5)$,

(1) 将该函数转化为最大项表示的 POS 形式。

(2) 使用卡诺图将该函数化简为最简 SOP 形式。

(3) 使用表 2-21 提供的逻辑门,如果要以最小面积实现该函数的计算功能应如何设计电路,此时面积是多少? 如果考虑最小延时呢?（注:门名称后的数字代表输入数）

表 2-21 逻辑门

逻辑门	延时/ps	面积/μm²	逻辑门	延时/ps	面积/μm²
NOT	18	8	AND4	90	40
AND2	50	25	NAND4	70	30
NAND2	30	15	OR4	100	42
OR2	55	26	NOR4	80	32
NOR2	35	16			

17. （QM算法）请使用 C/C++/Python 等编程语言实现 QM 算法，要求：

（1）输入格式：布尔变量数目 N，最小项数目 N_m 及最小项数组 $\{m\}$ 与无关项数目 N_d 及无关项数组 $\{d\}$，其中，$\{m\}$ 与 $\{d\}$ 中存储的为最小项及无关项的下标。

（2）输出格式：QM 化简结果，其中，布尔变量符号表示为 $A,B,C,D,\cdots$，例：$m(0)=A'B'C'D'$。布尔变量的反表示为 A' 的形式。

（3）要求：保证表达式最简。

18. （逻辑化简）请查阅相关资料，了解商用 EDA 软件中使用的常见的逻辑化简算法及化简策略。

2.8 参考文献

[1] Boole G. An investigation of the laws of thought, on which are founded the mathematical theories of logic and probabilities[M]. Project Gutenberg, 2017.

[2] Shannon C E. A symbolic analysis of relay and switching circuits[J]. Transactions of the American Institute of Electrical Engineers, 1938, 57(12): 713-723.

[3] IEEE Standard for Binary Floating-Point Arithmetic[S]. ANSI/IEEE Std 754—1985, 1985: 1-20, doi: 10.1109/IEEESTD.1985.82928.

[4] Karnaugh M. The map method for synthesis of combinational logic circuits[J]. Transactions of the American Institute of Electrical Engineers, Part I: Communication and Electronics, 1953, 72(5): 593-599.

[5] Petzold C. Code: The Hidden Language of Computer Hardware and Software [M]. Microsoft Press, 2011.

[6] Darringer J A, Brand D, Gerbi J V, et al. Trevillyan: LSS: A system for production logic synthesis[J]. IBM Journal of Research and Development, 1984, 28(5): 537-545.

[7] Reilly E D, Ralston A, Hemmendinger D. Encyclopedia of computer science[M]. Chichester, Eng: Wiley, 2003.

[8] von Neumann J. First draft of a report on the EDVAC[J]. IEEE Annals of the History of Computing, 1993, 15(4): 27-75, doi: 10.1109/85.238389.

[9] Karnaugh M. Map method for synthesis of logic circuits[J]. Electrical Engineering, 1954, 73(2): 136-136, doi: 10.1109/EE.1954.6439241.

[10] Harris M S. Introduction to digital logic design [J]. Microelectronics Journal, 1994, 25(5): 403-404.

[11] Shannon C E. A mathematical theory of communication[J]. The Bell System Technical Journal, 1948, 27(3): 379-423, doi: 10.1002/j.538-7305.1948.tb01338.x.

[12] Horgan J. Shannon Claude: Tinkerer, Prankster, and Father of Information Theory [EB/OL]. https://spectrum.ieee.org/claude-shannon-tinkerer-prankster-and-father-of-information-theory.

[13] Sloane N J A, Wyner A D. Claude E. Shannon: Collected Papers[M]. Wiley-IEEE Press, 1993.

第3章

组合逻辑电路的分析与设计

第2章介绍了数的编码和布尔代数的相关知识,本章将对组合逻辑的表示、分析和设计方法进行深入的讲解。同时,本章将引入几种常见的组合逻辑电路模块的设计实例展开进一步的分析和讲解,对数字系统的实现进行细致的讨论。本章的主要内容总结概括为图3-1的思维导图。第2章介绍了布尔逻辑的表示、化简以及具体的电路实现,本章建立在基础逻辑门之上,进一步讨论如何分析和设计具备特定功能的组合逻辑电路。

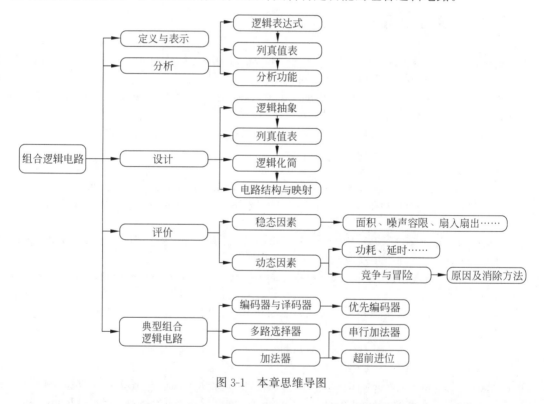

图 3-1　本章思维导图

为了更好地设计组合逻辑电路,首先需要对组合逻辑电路的基本定义和分析方法进行介绍,主要包括功能和性能层面的分析方法,从而可以针对一个电路进行解构和评价。然后,本章将介绍一个标准的组合逻辑电路的设计流程,包括对具体算法或问题进行逻辑抽象,继而通过列真值表等手段对逻辑进行化简,最后完成实际电路结构的映射。

设计完成后,对于一个组合逻辑电路的好坏,需要制定关键的评价指标和评价方法,包括稳态因素和动态因素,指导组合逻辑电路的调整,实现具体场景下的电路优化。另外,在组合逻辑中存在固有的属性——竞争和冒险,由于不同电信号在线路中的传播会有竞争现象,导致电路输出可能出现瞬态的错误结果,从而引发一系列问题,本章也将对这一现象的产生原因和解决方案做相关介绍。最后,基于以上基础知识,进一步介绍一些更为复杂、更贴近实际应用的典型组合逻辑电路设计实例,例如多路选择器、编码器、解码器、加法器等,并介绍这些组合逻辑电路在实际计算机芯片中的应用。

总体来说,本章希望帮助读者掌握基本的组合电路分析和设计方法,熟悉常见的组合电路的设计规范和背后的设计考量,以及在实际数字系统中所发挥的作用,为后续更深入的学习打下良好的基础。

3.1 从布尔表达式到数字逻辑电路的构建

布尔函数能够表述输出和输入的逻辑映射关系,而要完成布尔表达式的运算,需要实现相应的组合元件(例如逻辑门)映射,再使用互联元件将这些组合元件连接成电路。那如何实现一些基本的逻辑门器件呢? 20 世纪早期的系统,如电话交换网络,是由电子和机械模块组成的,主要包括开关(switch)和继电器(relay)[1]。到 20 世纪中期,真空管开始用于实现简单的门逻辑,取代了原有的机械开关。真空管[2]是一类电子控制开关,配合适当的电阻和电容可以实现逻辑门。相较于传统的机械开关,真空管速度快、功耗低且造价便宜。

1947 年晶体管被发明,也取代了真空管成为广泛应用的器件。晶体管是类似于真空管的半导体,在正确的电学条件下,可以起到闭合开关的作用。晶体管相比于真空管,体积更小,并且在速度、功耗和可靠性方面都更有优势。晶体管技术如今已经十分成熟,尺寸也在不断微缩,目前可量产的最先进制程已经达到 5nm,使大规模集成电路成为可能,集成电路的性能和功能也得到巨大提升。

晶体管的发明也极大促进了数字电路的发展。在第 1 章也提到过数字电路相比于模拟电路的许多优势。例如,数字电路的稳定性好、可靠性强;数字信号更易传输和存储;数字电路设计层次化明确,能够实现较高程度的自动化设计;能够与布尔逻辑进行对应,利用简单的门组合可以实现完备的逻辑运算;适合尺度缩减,基于 CMOS 器件的数字电路功耗极低、面积极小,能够大规模集成;等等。因此,越来越多的处理器开始对信号进行数字化,并使用逻辑的运算方式完成各种运算。

需要强调的是,虽然目前数字电路占据主流,但模拟电路在许多领域依然发挥着不可替代的作用。一方面,很多信号都源自自然界,例如声音、图像、电磁波等,这些信号都是以模拟的形式存在的,要针对这些信号进行采集和处理,就必然涉及一些模拟域的计算或从模拟域到数字域的转换;另一方面,在一些特定的场景下,模拟计算具备更高的处理能效、更快的处理效率。比如近年来神经网络的大规模应用,也重新让人们思考数模混合矩阵计算的

---

① Morse S E B. Improvement in the Mode of Communicating Information by Signals by the Application of Electromagnetism: U. S. ,1647[P],1840.

② Fleming J A. Instrument for Converting Alternating Electric Currents into Continuous Currents: U. S. ,803684 [P],1905.

优势和潜力,甚至人们已经开始跨入光电混合或纯光学的模拟计算领域。由于本书主要介绍数字系统的设计与分析,因此不会过多地涉及模拟计算的相关内容和知识,如读者有兴趣,可自行查阅相关文献。

数字电路是构建计算机系统的基础,而组合逻辑电路则是实现数字电路的重要部分。通过组合逻辑能够实现输出和输入的与时间无关的函数映射,再辅以一定的记忆单元和时钟就可以构建时序逻辑电路,以实现更复杂算法的计算。因此,本章的学习一方面承接布尔逻辑的具体应用,另一方面也为后续更复杂的时序逻辑电路以及计算机系统设计打下基础。

3.2　组合逻辑的定义与表示

3.2.1　组合逻辑的定义

组合逻辑是用于设计和实现当前输出仅取决于当前输入的**逻辑函数**。换句话说,组合逻辑系统是**无记忆的**,它的**输出**不受历史输入的影响,这是与后续章节介绍的时序逻辑最本质的区别之一。回顾第 1 章所提到的,对于一个计算问题,可以通过三个基本部分进行描述:问题的输入 x,问题的输出 y 以及输入数据到输出数据的计算函数 $f(\cdot)$。而一个组合逻辑电路可求解的问题,其抽象出的计算函数 $f(\cdot)$ 一定是与时间无关的,且不含任何历史输入的信息。

一个典型的组合逻辑计算单元结构如图 3-2 所示,组合逻辑运算单元负责完成输出逻辑和输入逻辑的函数映射关系。可以看到,整个框架中并无任何与时间或以往状态相关的变量,输出仅取决于当前的输入逻辑值以及运算单元实现的逻辑映射关系。并且,这里的输入和输出均为逻辑变量,即由 0、1 组成。

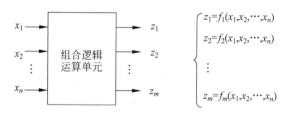

图 3-2　组合逻辑计算单元结构

3.2.2　组合逻辑的表示

1. 两级逻辑

组合逻辑的表示可以有多种形式。在第 2 章所介绍的真值表、卡诺图、逻辑门电路、逻辑表达式等都可以作为组合逻辑的表示方式,只要能够清晰地描述出输出与输入的逻辑关系即可。在第 2 章中引入了一种规范的表示方法:与或两级逻辑(SOP)。这种表示形式利用或函数作为第二级门逻辑,将与函数作为第一级门逻辑进行级联,从而表示逻辑函数。与之相对应的是另一种规范形式:或与两级逻辑(POS)。顾名思义,即利用与函数作为第二级门逻辑,将或函数作为第一级门逻辑进行级联来表示逻辑函数。需要注意的是,在认为输入的信号同时提供正信号和反信号的情况下,输入的取反将不计为一级逻辑门;但若反信号需要通过一个非门来对正信号进行求解,则需要被计算为一级逻辑门。在本章中,若无特

别说明,默认输入变量取反不作为一级逻辑门。如:

$$Y = f(A, B, C) = AB + BC + ABC$$

就是一个典型的两级 SOP 逻辑表达式。理论上,两级 SOP 或 POS 形式能够表示任何组合逻辑,两级逻辑的优势是在门逻辑器件充足且器件的扇入扇出(扇入与扇出的具体含义参见 3.5.1 节)无限制的情况下,能够在两个门逻辑的延时内完成任意逻辑运算。并且,在利用第 2 章提到的常见化简方法(例如卡诺图化简、QM 算法化简等)对逻辑表达式进行化简时,最终得到的化简表达式都是以两级逻辑呈现的。

2. 多级逻辑

在了解了两级逻辑后,自然与之对应的就是多级逻辑,这里的"多级"通常是指三级及以上的级联逻辑。比如上述例子,略加变形就会成为一个三级逻辑:

$$Y = f(A, B, C) = A'B + BC + AB'C' = (A' + C)B + AB'C'$$

仔细观察可以发现,在这种情况下,多级逻辑与两级逻辑相比,使用的与门减少了一个,但是会增加一个逻辑门的延时。希望读者能够形成一个基本概念:组合逻辑的优化往往不是由单方面因素驱动的,许多情况下面积和延时无法同时达到全局最优,需要根据电路设计的实际条件约束(例如面积约束或延时约束),选择相应的优化方式以实现既定功能的逻辑实现。

多级组合逻辑本质上是将一个简单逻辑函数表达为复合函数,其基本形式为

$$f(A, B, C, \cdots) = f(g(\cdots), h(\cdots), \cdots)$$

可以看到,外部函数可以形成内部函数的一个两级逻辑形式,而内部函数又可以继续拆解成复合函数,从而逐层形成复杂的多级逻辑。以下是一个多级逻辑拆解的示例。

【例 3-1】 $F = abc + abd + a'c'd' + b'c'd'$。

解:首先构造 $X = ab, Y = c + d$,可以得到

$$
\begin{aligned}
F &= abc + abd + a'c'd' + b'c'd' \\
&= ab(c + d) + (a' + b')c'd' \\
&= ab(c + d) + (ab)'(c + d)' \\
&= XY + X'Y' = X \odot Y
\end{aligned}
$$

于是就形成两个复合函数输出结果的同或($\odot$)形式。以此类推,更为复杂的多级函数本质上都是多层级的复合函数表达,类似因式分解,通过引入中间层次来构造新的函数。

由于现实应用的复杂性,仅仅使用两级逻辑通常无法满足功耗和面积等因素制约下的实现要求,因此通常会通过多级逻辑的级联来对逻辑进行分层次的解决和处理。一方面,多级逻辑能够共享中间层的计算结果,能够在一定程度上降低电路的代价;另一方面,多级逻辑的优化和化简通常较为复杂,依靠人工仅能处理小规模的问题,这也促使了逻辑综合工具的诞生。

3.3 组合逻辑电路的分析

了解了基础的门电路实现方法后,对于一个由逻辑门构成的复杂电路,如何分析这个电路的功能呢? 本节将介绍常见的组合逻辑电路的分析方法,对以上问题进行解答。

组合逻辑电路的分析在于找到输出和输入的逻辑映射关系,也就是找到计算函数

$f(\cdot)$ 的具体形式,并且能够复原该函数所求解的问题。组合电路的分析是一个从低层次向高层次解析的过程:基础器件→电路结构→抽象算法。在得到一个电路图以后(这个电路图可能具有不同的抽象层次,例如以晶体管级、门级或者以功能模块来呈现),如何分析出其实现的功能是一项需要掌握的、极为重要的基础能力。

一般来说,分析一个较为复杂的组合逻辑电路所实现的功能可以遵循以下三个基本步骤。

- 列出逻辑表达式:观察输入到输出之间逻辑门的类型和连接关系可以推导出电路对应的逻辑表达式,得到 $f(\cdot)$ 的函数形式。
- 列出真值表:根据布尔表达式,列出真值表或卡诺图。逐个分析输出信号的逻辑组合对应的输出信号,并填充到真值表或卡诺图中相应的位置。
- 分析真值表:对真值表或卡诺图进行分析,确定其功能。对于一些复杂的、不常见的功能,这一步有时候可能很难直接看出其功能,因此还需要结合一些设计经验辅助判断。

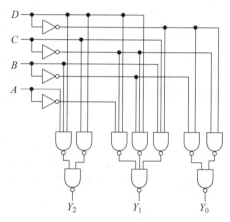

接下来用一些实例来展开讲解。

【例 3-2】 请分析图 3-3 所示组合逻辑电路的功能。

解:按照三个步骤对该组合逻辑电路进行分析。

图 3-3 示例电路

第一步,列出逻辑表达式。根据门的逻辑功能和连接关系,可以写出布尔表达式如下:

$$Y_2 = ((DBA)'(DC)')' = ((DBA)')' + ((DC)')' = DBA + DC$$

$$Y_1 = ((DC'A')(DC'B')(D'CB)')' = DC'A' + DC'B' + D'CB$$

$$Y_0 = ((D'B')(D'C')')' = D'B' + D'C'$$

第二步,列出真值表。根据第一步中的布尔表达式,可以列出真值表(见表 3-1)。

表 3-1 例 3-2 的真值表

D	C	B	A	Y_2	Y_1	Y_0	D	C	B	A	Y_2	Y_1	Y_0
0	0	0	0	**0**	**0**	**1**	1	0	0	0	**0**	**1**	**0**
0	0	0	1	**0**	**0**	**1**	1	0	0	1	**0**	**1**	**0**
0	0	1	0	**0**	**0**	**1**	1	0	1	0	**0**	**1**	**0**
0	0	1	1	**0**	**0**	**1**	1	0	1	1	**1**	**0**	**0**
0	1	0	0	**0**	**0**	**1**	1	1	0	0	**1**	**0**	**0**
0	1	0	1	**0**	**0**	**1**	1	1	0	1	**1**	**0**	**0**
0	1	1	0	**0**	**1**	**0**	1	1	1	0	**1**	**0**	**0**
0	1	1	1	**0**	**1**	**0**	1	1	1	1	**1**	**0**	**0**

第三步,分析真值表。对第二步得到的真值表进行分析,确定电路功能。

从真值表的输出取值可以观察到,随着输入的 4 位二进制数的大小变化,输出的值也随之发生阶段式的改变,可以看出这是一个判断输入范围的电路,即判断输入的 4 变量所组成的二进制数所对应的十进制数值的范围,具体划分如下:

$$DCBA:0\sim5,\quad Y_0=1$$
$$DCBA:6\sim10,\quad Y_1=1$$
$$DCBA:11\sim15,\quad Y_2=1$$

【例 3-3】　分析图 3-4 所示组合逻辑电路的功能。

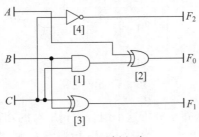

图 3-4　示例电路

解:依然通过分析的三个基本步骤来完成这个组合电路的分析。

第一步,列出逻辑表达式。根据门的逻辑功能和连接关系,可以写出布尔表达式如下:

$$F_0=A\oplus(BC)$$
$$F_1=B\oplus C$$
$$F_2=C'$$

第二步,列出真值表。根据第一步中的布尔表达式,可以列出真值表(见表 3-2)。

表 3-2　例 3-3 的真值表

A	B	C	F_0	F_1	F_2
0	0	0	0	0	1
0	0	1	0	1	0
0	1	0	0	1	1
0	1	1	1	1	0
1	0	0	1	0	1
1	0	1	1	1	1
1	1	0	1	1	1
1	1	1	0	0	0

第三步,分析真值表。对第二步得到的真值表进行分析,确定电路功能。可以通过 $F_0F_1F_2$ 和 ABC 的对应关系得知这是一个 3 位的计数器,即

$$(F_0F_1F_2)=(ABC)+1$$

需要注意的是,根据真值表确定功能往往需要分析输出和输入的对应关系,并找出变化的规律和规则。但是,在一些情况下,真值表无法直观地推理出对应的功能,这时需要结合实际的应用和经验来展开分析。

【例 3-4】 分析图 3-5 所示组合逻辑电路的功能。

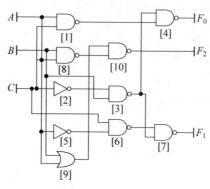

图 3-5　示例电路

解：依然使用三个基本步骤来分析这个组合逻辑电路的功能：

第一步，列出逻辑表达式。根据门的逻辑功能和连接关系，可以写出布尔表达式如下：

$$F_0 = ((AC)'(BC')')' = AC + C'B$$
$$F_1 = ((A'C)'(BC')')' = A'C + BC'$$
$$F_2 = ((AB)'(A+B))' = A \odot B$$

第二步，列出真值表。根据第一步中的布尔表达式，可以列出真值表（见表 3-3）。

表 3-3　例 3-4 的真值表

A	B	C	F_0	F_1	F_2
0	0	0	0	0	1
0	0	1	0	1	1
0	1	0	1	1	0
0	1	1	0	1	0
1	0	0	0	0	0
1	0	1	1	0	0
1	1	0	1	1	1
1	1	1	1	0	1

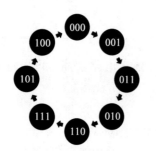

图 3-6　例 3-4 的状态转移图

第三步，分析真值表。对第二步得到的真值表进行分析，确定电路功能。在这个例子中，直接观察真值表很难直观地看出它所实现的功能。但是更细致地观察后可以发现 $F_0F_1F_2$ 和 ABC 之间总是只差一位，由此可以联想到格雷码。将真值表的变化画成状态图后可得图 3-6。

由图 3-6 可以看到，输出总是输入的下一个格雷码的编码形式。所以这是一个格雷码递增的编码器，给定输入的格雷码，就可以输出下一个格雷码的编码形式。

3.4　组合逻辑电路的设计

在了解组合逻辑电路的分析方法后,还需要了解组合逻辑电路的设计方法。面对一个具体的计算问题,如何一步步地给出组合逻辑电路的实现,即给出计算函数 $y = f(x)$ 的电路实现。设计的过程与分析的过程相反,从基本的抽象函数出发,分析出其电路结构,再映射到基础的逻辑器件。但是,设计过程要比分析过程困难很多。对于相同的功能要求,可能存在多种不同的设计,如何让自己的设计最简洁、最高效、功耗最低、最实用,是一个永远值得思考的话题。本节将介绍组合逻辑设计的一般方法和思想。

一般来说,组合逻辑的设计过程包括以下五个步骤。

- **逻辑抽象**:要将一个问题 $y = f(x)$ 映射到电路,首先要对问题做抽象和概括,明确需求电路的输入和输出,对输入和输出进行逻辑变量的定义,并得到输出和输入的逻辑对应关系。
- **列出真值表**:基于抽象出的逻辑和输入输出的对应关系,列出真值表。真值表是为了能够清晰地表示输出与输入的关系,来帮助后续逻辑函数的提取、化简和针对性的优化。
- **逻辑化简**:基于真值表,列出每个输出变量关于输入变量的卡诺图,利用卡诺图进行逻辑函数化简,从而得到每个输出变量的逻辑函数表达式。
- **确定逻辑电路结构**:得到函数表达式以后,就可以确定逻辑电路的结构。
- **映射成基础器件**:再将基础逻辑器件对应到电路结构中的相应组件即可得到最终的逻辑电路。

接下来通过一个比较器的设计实例来更直观地感受以上过程。

【例 3-5】　请设计一个比较器,比较两个 2 位二进制数的大小。

解:遵循组合逻辑电路设计的五个基本步骤进行比较器的设计。

第一步:逻辑抽象。

首先明确比较器的功能:比较两个 2 位二进制数的大小。因此,输入就是两个 2 位二进制数 A 和 B,记作 $A_1 A_0$ 和 $B_1 B_0$;输出则是关于大小的判断,一共有三种情况,则可以用三个变量进行表示,LT 表征 $A < B$,EQ 表征 $A = B$,GT 表征 $A > B$,当各自的条件为真时,相应的变量输出 1,其他变量则为 0。当然,这里的输出规定并不是一成不变的,也可以对各种情况进行编码。例如,也可以使用 2 位输出编码格式:00 指代小于,01 指代等于,10

指代大于。此时需要在输出端再接一个解码器对输出结果进行解析(对 2 位输出数据进行解码判断是小于/等于/大于),原理上等同于增加一级逻辑,效率上可能会有所差距。总之,对明确功能的逻辑抽象是多种多样的,但通常情况下会选择较容易理解且效率最高的方案(如图 3-7 所示使用 LT、EQ、GT 进行输出编码表示)。

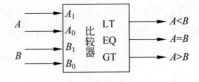

图 3-7　比较器功能示意图

第二步:列出真值表。

根据上述的输入和输出变量定义,可以得到变量之间的逻辑对应关系,这一步较为简单,只需要根据功能规则逐个计算得到输出和输入的对应关系即可。在本例题中,列出真值表如表 3-4 所示。

表 3-4 比较器的真值表

A_1	A_0	B_1	B_0	LT	EQ	GT	A_1	A_0	B_1	B_0	LT	EQ	GT
0	0	0	0	0	1	0	1	0	0	0	0	0	1
		0	1	1	0	0			0	1	0	0	1
		1	0	1	0	0			1	0	0	1	0
		1	1	1	0	0			1	1	1	0	0
0	1	0	0	0	0	1	1	1	0	0	0	0	1
		0	1	0	1	0			0	1	0	0	1
		1	0	1	0	0			1	0	0	0	1
		1	1	1	0	0			1	1	0	1	0

第三步：逻辑化简。

根据真值表画出每个输出变量对应的卡诺图，如表 3-5 所示。

表 3-5　左：LT 信号的卡诺图；中：EQ 信号的卡诺图；右：GT 信号的卡诺图

A_1A_0 \ B_1B_0	00	01	11	10
00	0	1	1	1
01	0	0	1	1
11	0	0	0	0
10	0	0	1	0

A_1A_0 \ B_1B_0	00	01	11	10
00	1	0	0	0
01	0	1	0	0
11	0	0	1	0
10	0	0	0	1

A_1A_0 \ B_1B_0	00	01	11	10
00	0	0	0	0
01	1	0	0	0
11	1	1	0	1
10	1	1	0	0

化简过程略，化简后得到每一项输出关于输入的布尔逻辑表达式：

$$\text{LT} = (A < B) = A_1' B_1 + A_1' A_0' B_0 + A_0' B_1 B_0$$

$$\text{EQ} = (A = B) = A_1' A_0' B_1' B_0' + A_1' A_0 B_1' B_0 + A_1 A_0' B_1 B_0' + A_1 A_0 B_1 B_0$$

$$= (A_1 \oplus B_1)'(A_0 \oplus B_0)'$$

$$\text{GT} = (A > B) = A_1 B_1' + A_0 B_1' B_0' + A_1 A_0 B_0'$$

第四步确定逻辑电路结构，第五步映射成基础器件。

在获得布尔逻辑表达式后，就可以确定逻辑电路结构，映射成基础门器件，如图 3-8 所示。

【例 3-6】 请用尽量少的输入变量和不超过 4 个的"或门"和"与非门"实现

$$Y(A, B, C, D) = \sum m(0, 2, 4, 6, 9, 13) + \sum d(10, 11, 14, 15)$$

解：由于本题中已经给出了要实现的逻辑函数形式，且以最小项形式给出，因此第一个步骤逻辑抽象和第二个步骤列出真值表可以跳过，直接利用卡诺图来进行化简。

卡诺图如表 3-6 所示。

表 3-6　例 3-6 的卡诺图

AB \ CD	00	01	11	10
00	1	0	0	1
01	1	0	0	1
11	0	1	x	x
10	0	1	x	x

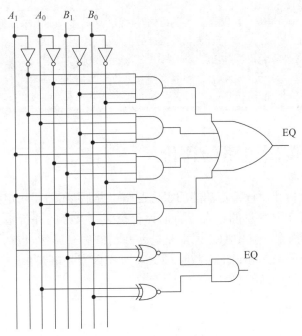

图 3-8　比较器的电路图

从而可以得知，F 的逻辑表达式可以简化为
$Y=AD+A'D'$，但是需要注意，题目中要求仅使
用或门和与非门，因此利用德摩根定律对表达式
进行转换，可以得到 $Y=((AD)'(A+D)')'$。从
而得到需映射到门逻辑器件的逻辑表达式，其电
路实现如图 3-9 所示。

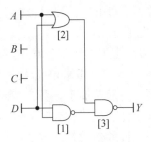

图 3-9　例 3-6 的电路实现图

拓展思考

　　相信读者们也可以发现，目前给出的示例都是使用两级逻辑的结构来解决组合逻辑的设计问题。
这种方法在实际应用中是作为一个简单模块的常用设计思路，因为复杂的布尔函数的表示复杂度是
巨大的，且随逻辑变量数量的增长指数级上升。相信读者在做卡诺图化简时应该也有所体会，当输入
逻辑变量超过 5 个时，人工完成化简已经很困难了，所以通常需要通过计算机辅助完成逻辑变量的化
简。简单做个计算，若输入有 N 个逻辑变量(即 N 位输入)，输出有 1 个逻辑变量(即 1 位输出)，则
构建一个真值表所包含的项的数量为 2^N，每个输出项为 1 位，于是存储这样一个真值表需要 2^N 位的
存储空间。当 $N=50$ 时，存储真值表的输出项占用的存储空间将会达到 $2^{50}\text{bit}=131,072\text{GB}$，这样规
模的存储需求显然无法接受与满足。

　　那么最直观地解决规模问题的方法就是"分而治之"，或者说将一个大的逻辑计算模块拆分成更
多的小模块，再将小模块级联以有效地降低电路的求解规模。从两级逻辑到多级逻辑是一个复合函
数分解的过程，其实本质上也是拆解整个电路，通过引入中间层次的计算来显著降低整体的电路设计
问题的规模。举个简单的例子，如果要设计一个两个 16 位数的加法器，输入总共为 32 位，输出为 16
位，若用两级逻辑来表示和设计，则真值表的规模将是 $2^{32}\times16$ 位，显然求解起来十分复杂。所以可以

> 将这个问题拆解为 16 个 1 位加法器(输入含进位)的级联来完成设计。这样需要设计的电路模块仅仅是一个 1 位的加法器,输入为 1 位的数据位和 1 位的进位输入,输出为该位的加法结果和 1 位的进位输出,再级联 16 个这样的加法器即可实现两个 16 位数的加法运算。可以看到,从两级到多级连接的计算模式肯定会在延时上产生巨大的影响,因此绝大多数情况会做一些速度和开销的权衡,例如引入超前进位的加法器,将一部分进位信号的运算使用直接的求解法来大幅缩小延时。

3.5　组合逻辑电路的评价

在了解了如何分析和设计特定功能的组合逻辑电路后,还需要对电路的性能进行客观合理的评价。本节将介绍常见的组合逻辑的评价指标。关键的评价指标因素通常分为两类：稳态因素和动态因素。其中稳态因素是电路和门的固有属性,包括允许输入的逻辑电平范围、噪声容限、门的扇入和扇出系数、面积等；动态因素是电路在运行时的主要特征,主要考虑速度、功耗和竞争冒险现象。

3.5.1　稳态因素

1. 逻辑电平

数字电路通过对电平进行二值量化实现 0、1 的数字化,但是门电路要正确地进行区分,需要对输入电平的范围进行约束。如图 3-10 所示,当电平处于$[V_{Hmin},V_{Hmax}]$时,对应逻辑 1；当电平处于$[V_{Lmin},V_{Lmax}]$时,对应逻辑 0；中间的范围是禁止电压范围,因为在此范围内,电路无法正确地区分 0、1 逻辑,会影响输出的稳定性。当然也存在少部分情况将高电平定义为逻辑 0,低电平定义为逻辑 1,也称为“负逻辑”。对于门的输入电平需要有一定的范围限制。一般情况下,逻辑 0 和逻辑 1 对应的电压范围越宽,其抗干扰能力越强。但是,为了实现更低功耗,目前使用的电源电压也在不断下降,这导致逻辑电压范围越来越窄,因此对电子元件的参数精度与电源稳定性的要求越来越高。

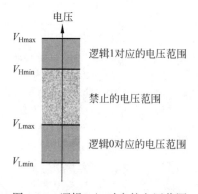

图 3-10　逻辑 0/1 对应的电压范围

对于不同的工艺、不同的工作电压,逻辑 0/1 对应的电压范围不是一成不变的,例如图 3-11 展示的是一些典型的电平范围[1]。

---

[1]　Texas Instrument . How to select little logic.

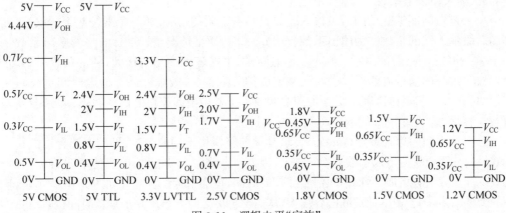

图 3-11　逻辑电平"家族"

2. 噪声容限

上面提到了门电路对于输入的逻辑 0 和逻辑 1 电压有一定的范围限制。自然而然地，在一个级联的门逻辑电路中，上一级的输出电压需要输入到下一级门，因此每一级门的输出都需要满足下一级门的输入电平的允许电压范围约束。但是，一个逻辑门通常无法保证输出精确的逻辑高/低电平值，其输出也会产生一定的波动。因此，需要保证前一级门的输出在最坏的情况下，在受到各种噪声的影响下，依然可以落在下一级门的正确电压输入范围内。这个能够允许的噪声幅度就称为噪声容限。

在数字电路中，噪声容限一般定义为上一级门输出电压和下一级门输入电压之间的可容忍电压差范围。如图 3-12 所示，V_o 表示上一级逻辑门的输出电压，其正常范围落在$[V_{OHmin},$ $V_{DD}]$（逻辑 1）和$[0,V_{OLmax}]$（逻辑 0）中。对于下一级的允许输入电压范围为$[V_{IHmin},V_{DD}]$（逻辑 1）和$[0,V_{ILmax}]$（逻辑 0），因此这里的噪声容限就是 $V_{NH}=V_{OHmin}-V_{IHmin}$（逻辑 1）和$V_{NL}=V_{ILmax}-V_{OLmax}$（逻辑 0）。噪声容限在一定程度上表明级联电路的抗干扰水平，为保证电路功能正确，需保证信号传输时引入的噪声在容限内。电路中的噪声来源有很多，例如热噪声、电磁噪声、地噪声、电源带来的噪声等，以及前后逻辑门之间互联线电阻等因素也会导致压降，因此在设计时应当考虑噪声带来的影响，并尽可能提高电路的噪声容限。

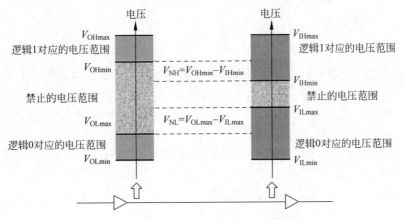

图 3-12　0/1 逻辑的噪声容限示意图

3. 扇入和扇出系数

一个逻辑门能够驱动的后级输入端数目是有上限的,在最坏的负载情况下,其最多能够驱动后级输入端的个数称为**扇出系数**(**fan-out**)[①]。通常情况下,TTL 电路的扇出系数一般小于 10,MOS 电路的扇出系数则不受负载影响,但是随着扇出的增大,外部负载电容增大,会导致输出端的信号需要更长的时间来完成信号准备(等效电容的充放电时间更长),从而增加门延时,引起工作速度下降。如图 3-13 所示,若输出端连接的门个数增多,则会使外部负载电容增大,从而 V_{out} 的准备时间也将更长。

一个逻辑门的**扇入系数**(**fan-in**)表示其被前级模块调用的个数,即门电路允许的输入端的数目。一个模块的扇入系数也不宜过大,因为门电路输入端的增加,会使串联的 MOS 管总等效本征负载电容增加,增加输入信号准备的时间,也会增加门延时。如图 3-13 所示,若输入端的个数增多,则会使本征负载电容增大,从而 V_{in} 以及 CMOS 电路的准备时间也将更长。

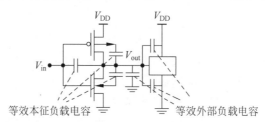

图 3-13　逻辑门的等效负载电容示意图

4. 面积

逻辑电路的面积也是设计时的一个重要考量。一方面,在一块固定面积的晶圆上刻蚀芯片,若单个芯片的面积越小,则最后这一块晶圆上可以切割出的芯片数量也越多,从而能够降低单片芯片的成本。另一方面,面积小的芯片也方便在系统中集成,尤其是在一些空间受限的设备中,如手机、传感器等。所以在设计电路时也需要把面积的代价考虑在内。逻辑电路的面积主要取决于两个方面,一是基础门器件和基础模块的面积占用,二是器件之间互联所产生的面积约束。在得到逻辑表达式后,还需要进行工艺映射(technology mapping),把逻辑函数映射到实际的电路。当然,对于目前集成数亿至数百亿个晶体管的复杂芯片而言,人工去完成布局布线的优化已经不可能,因此通常借助 EDA 软件来完成,在例 3-7 中也会对 EDA 的用途和相关知识做简单的介绍。

3.5.2　动态因素

1. 时间评价指标

逻辑门无法产生理想的方波波形(如图 3-14(a)的波形),即信号来临时刻输出就发生瞬变。逻辑门的时间评价指标主要有两个,一是逻辑门的输出从一个状态变化到另一个状态所需要的时间,称为转换时间(transition time);二是从逻辑门的输入发生变化到相应的输出发生变化所需要的时间,称为延时(delay)。

转换时间包括上升时间 t_r(raising time)和下降时间 t_f(falling time),分别表示输出从逻辑 0 变换到逻辑 1 的用时和逻辑 1 变换到逻辑 0 的用时。如图 3-15 所示,实际的波形并非理想的方波,信号的变换需要一定的时间。

---

① Gopalan K G. Introduction to digital electronic circuits,1996.

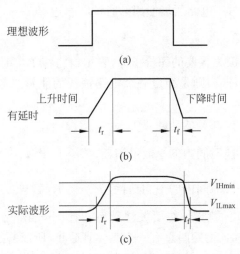

图 3-14 逻辑门的延时特性

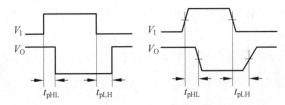

图 3-15 逻辑门的理想方波延时和实际波形的延时

延时是从输入发生变化到相应的输出发生变化所经过的时间。理想情况下，输入信号应当能够瞬时对输出产生影响，从而能使信号更快地传输。但实际情况下，输入的改变并不会立即引起输出的改变，而是经过一段时间后才会引起输出发生变化。图 3-15 是一个非门的延时示意图，输出信号和输入信号存在一个时间差。延时的计算通常用平均值、最大值或最小值表示，即表达式为 $t_p = 1/2(t_{pHL} + t_{pLH})$ 或 $t_p = \max(t_{pHL}, t_{pLH})$ 或 $t_p = \min(t_{pHL}, t_{pLH})$。

延时会对电路带来一些影响，这些影响既有消极的一面，也有积极的一面。一方面，延时导致信号传输的到达时刻有差异，因此在一些情况下会导致电路的冒险（3.5.2 节将展开介绍）。并且由于延时的存在，在设计时序电路时需要对时钟信号进行严格的约束；另一方面，延时也可以用于产生环形振荡器。如图 3-16 所示，利用三个及以上的奇数个非门，将它们的输出端和输入端首尾相连构成环状，就可以产生具有一定周期的振荡信号，这类信号在时序电路中可以用作时钟信号。

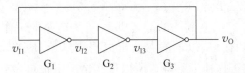

图 3-16 利用延时特性基于奇数个反相器构建周期信号

对于一个逻辑电路，其整体延时通常以**关键路径的延时**来计算。关键路径即从输入到输出所经过的最长延时路径，决定了一个逻辑电路的计算速度。这个概念在时序逻辑章节中也会涉及,并且决定了时序电路所能使用的时钟频率边界。

2. 功耗和能量

功耗(power)是一项极为重要的评价指标,表示电路在单位时间中所消耗的能量,单位为 W(瓦特)。而能量(energy)则是衡量一个电路消耗的能量总数,单位为 J(焦耳)。首先介绍几个常见的概念:

(1) 瞬时功耗即在某一时刻的功耗,$P(t) = i_{DD}(t)V_{DD}$。

(2) 能量消耗即在一段时间内的总能量消耗,$E = \int_0^T P(t)\mathrm{d}t = \int_0^T i_{DD}(t)V_{DD}\mathrm{d}t$。

(3) 平均功耗即在一段时间内的平均功率,$P_{avg} = E/T = 1/T \int_0^T i_{DD}(t)V_{DD}\mathrm{d}t$。

衡量一个 CMOS 电路的功耗,主要关注动态功耗(dynamic power)和静态功耗(static power)。CMOS 电路在输入稳定时总有一个晶体管截止,所以静态功耗在理想情况下应该为零,但是由于漏电流的存在,实际上静态功耗不为零,因此静态功耗也称为泄漏功耗(leakage power)。CMOS 电路工作时则会产生动态功耗,主要由开关电流和短路电流引起。如图 3-17 所示,在 CMOS 电路中,当电路输入为 0 时,PMOS 导通,电源通过 PMOS 向负载电容充电;当电路输入为 1 时,NMOS 导通,负载电容通过 NMOS 向地放电。可以看到,开关电流就是在不断对负载电容充放电的过程中产生的,而短路电流则是在输入的转换过程引起 PMOS 和 NMOS 同时导通形成的。

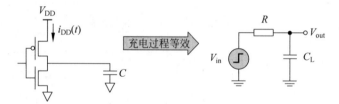

图 3-17　等效电容的充电过程示意

总结一下,总功耗的表达形式可以写成如下形式:

$$P_{total} = P_{dynamic} + P_{dynamic\_short} + P_{leakage}$$

实际芯片中,常见情况下动态功耗要远大于静态功耗。计算动态功耗可以用等效电容的充放电来近似得到[①]。首先,一次充电的总能耗可以计算如下:

$$E_{0 \to 1} = \int_0^T P(t)\mathrm{d}t = V_{DD}\int_0^T i_{supply}(t)\mathrm{d}t = V_{DD}\int_0^{V_{DD}} C_L \mathrm{d}V_{out} = C_L V_{DD}^2$$

因此,动态功耗可以计算如下:

$$P = E/\Delta T = E_{0 \to 1} f_{0 \to 1} = C_L V_{DD}^2 f_{0 \to 1} = C_L V_{DD}^2 \alpha_{0 \to 1} f$$

式中,C_L 为等效电容,$\alpha_{0 \to 1}$ 为 0 到 1 的翻转概率,f 为电路的工作频率。

如果想降低电路的功耗,从以上的参数可以得出结论,应当降低电路的工作电压和频率,但是降低频率会导致工作速度下降。所以现实情况下很难做到低功耗延时积,即很难同时达到功耗和速度的最优化。此时,需要结合应用场景的敏感指标来进行定制化设计,例如

---

① Soudris D, Pirsch P, Barke E. Integrated Circuit Design: Power and Timing Modeling, Optimization and Simulation: 10th International Workshop[C]. PATMOS 2000, Göttingen, Germany, 2000.

对于服务器端的设备,功耗的优先级可能不如速度高,就可以以降低延时为主要目标来设计电路;对于一些边缘端的设备,出于续航时间的考虑,功耗可能是比速度更需要考虑的,则可以针对降低功耗来进行定制设计。

拓展思考

对于一些极为复杂的逻辑电路,在给定的元件库中,如何快速找到逻辑电路的最优实现方案呢?举个例子,对于例 3-7 中的表达式,在给定的单元库中,如何找到面积最小或延时最小的逻辑电路?

【例 3-7】 已知逻辑函数:$f(A,B,C)=\sum m(1,3,4,5)$,并有工艺库如表 3-7 所示,不考虑互联线和空间拓扑引起的面积或延时开销,仅考虑门电路占用的面积和延时,请设计相应的逻辑电路结构,分别使最终的面积/延时最小。

表 3-7 例 3-7 使用工艺库

逻辑门	延时/ps	面积/μm²	逻辑门	延时/ps	面积/μm²
NOT	20	10	AND4	90	40
AND2	50	25	NAND4	70	30
NAND2	30	15	OR4	100	42
OR2	55	26	NOR4	80	32
NOR2	35	16			

解:首先针对这个最小项的表达形式写出其逻辑表达式:$f=AB'+A'C$。

通过观察可以看到,NAND2 和 NOR2 的面积和延时均小于 AND2 和 OR2,所以应尽量使用最小的 NAND2 和 NOR2 来实现电路。所以可以对函数进行一个变形,列出尽可能多地使用 NAND2、NOR2 或混合使用的可能实现方案。

(1) $f=AB'+A'C=((AB')'(A'C)')'$

电路图如图 3-18 所示。

(2) $f=(A+C)(A'+B')=(A'C'+AB)'=(AB+(A+C)')'$

电路图如图 3-19 所示。

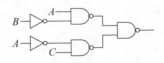

图 3-18 例 3-7 电路图(1)

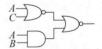

图 3-19 例 3-7 电路图(2)

分别看一下这两种实现方案的面积和延时,其中:

(3) 使用了 3 个 NAND2 和 2 个 NOT,且关键路径上共有三级门逻辑,故面积为 $2\times10+15\times3=65(\mu m^2)$,延时为 $20+30+30=80(ps)$。

(4) 使用了 2 个 NOR2,一个 AND2,且关键路径上共有 2 级,故面积为 $2\times16+25=57(\mu m^2)$,延时为 $50+35=85(ps)$。

所以综合以上分析,方案 1 具有最短的延时,方案 2 具有最小的面积。

虽然经过分析,能够给出该问题的考虑延时和面积的最优电路映射,但是不难看出,解题方法中使用了启发式的搜索以及大量的前置经验来找出具备最优面积和延时的电路设计。但是，即使该问题中的解空间较小，也无法遍历所有的可能实现，面对更困难的电路优化问题时，依靠人工去搜索最优设计会耗费大量的人力。因此 EDA 技术被引入作为一种自动化的电路设计方法。EDA 通过计算机辅助的方式来帮助电路设计，以下是对 EDA 的简单介绍和相关参考文献。

【拓展知识】　EDA 与综合

　　EDA 是电子设计自动化，利用计算机软件来自动对电路进行优化和设计，具体过程包括综合、布局布线、仿真等。对于大型电路，很难通过人工去对电路的结构和组成形式进行优化，因此 EDA 技术能够大幅减轻电路设计工程师的劳动强度，提高电路设计的效率和性能。

　　EDA 技术中间的一个重要环节是逻辑综合，即将给定的硬件描述语言(VHDL)转换为门级表述，并自动化地在给定的优化目标(约束条件)下进行逻辑化简，有些逻辑综合工具还会整合布局布线的功能。由于本课程不涉及逻辑综合的相关内容，对相关内容感兴趣的读者可以参考以下书目：

　　[1]　Damiani，Maurizio. Synthesis and optimization of synchronous logic circuits[D]. Diss. to the Department of Electrical Engineering. Stanford University，1994.

　　[2]　Iman，Sasan，Pedram M. Logic synthesis for low power VLSI designs[M]. Springer Science & Business Media，1998.

---

3. 组合逻辑电路的竞争与冒险

冒险的定义。理想的组合逻辑电路应在任何时刻都符合门逻辑级联定义的输入输出关系，但由于门电路存在延时，导致信号从不同路径到来的时刻不同，因此到达电路中某一汇合点的时间有先后，称为竞争。这种信号的先后到来会引起在输出端的多余脉冲，使本应保持不变的输出值出现瞬时变化，这类瞬时脉冲信号称为毛刺，有可能产生毛刺的组合逻辑电路称为存在冒险(hazard，也称险象)[①]。冒险是不希望发生的现象，一方面，对于定义好的功能，如果输出发生了瞬时变化，有可能改变整个电路的状态，从而导致计算发生错误；另一方面，毛刺会导致不必要的晶体管反转，带来额外的动态功耗。注意，冒险是电路的一个固有特征，与电路的组成和结构相关，存在冒险的电路有可能产生毛刺，也可能不产生毛刺，取决于输入值以及电路的电特性。

以图 3-20 中的电路为例，该电路所实现的组合逻辑表达式为 $L=((A+B)'+A)'$，当 B 信号为 0 时，此时的表达式会简化为 $L=(A'+A)'$，理想情况下这个表达式的输出应始终为 0，但由于 $(A+B)'$ 或非门的存在，使 A' 信号会晚于 A 信号到达第二级的或非门。因此，当 A 信号从 1 跳变到 0 时，会存在第二级的与非门的输入同时为 0 的瞬时时刻，此时电路会输出一个 1，此即为毛刺，即该电路存在冒险。

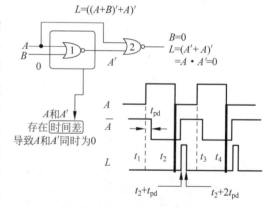

图 3-20　冒险产生的原因

---

　　①　Unger S H. Hazards，Critical Races，and Metastability[J]. IEEE Transactions on Computers，1995，44(6)：754-768.

冒险的分类。组合逻辑电路的冒险分为两种基本类型：静态冒险与动态冒险。如图 3-21 所示，静态冒险是一个本应保持不变的输出经历了瞬时的状态转换，主要包括两种情况。

(1) 静态 1 冒险：本应保持为 1 的输出瞬时经历 0 状态。

(2) 静态 0 冒险：本应保持为 0 的输出瞬时经历 1 状态。

图 3-21　静态冒险的类型

图 3-20 冒险产生的原因中提到的例子就是一种静态 0 冒险，本应保持为 0 的输出，由于输入信号的改变，产生了瞬时的 1 脉冲信号。

动态冒险的定义是本应发生从 1 到 0 或者 0 到 1 单次跳变的输出信号发生不止一次的跳变。其形成的原因是多级电路往往存在多条路径，且这些路径的延时是不对称的。对于一个不存在静态冒险的多级电路网络，仍然有可能存在动态冒险。但由于动态冒险的分析较为复杂，因此本章不讨论这类冒险，感兴趣的读者可自行查阅相关资料。

【例 3-8】请判断以下组合逻辑电路是否存在静态冒险，若是，请分析冒险类型；若不是，请说明原因。

(1) $L = AB + A'C$

(2) $L = (A' + B)(A + C)$

解：第(1)小题的电路图如图 3-22 所示。

由图 3-22 可以看到，虽然 A 和 A' 信号到达最后一级门的时间相同，但当 A 发生变化时，A' 的变化时刻要推迟一个非门的延时。所以当 $B = C = 1$ 时，最后一级门的输入瞬时出现 A 和 A' 同时为 0 的情况，于是产生一个 0 脉冲，即该电路存在静态 1 冒险。

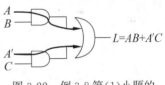

图 3-22　例 3-8 第(1)小题的
　　　　　逻辑电路

第(2)小题与第(1)小题类似，请读者尝试画出电路图进行分析。可以观察到虽然 A 和 A' 信号将同时到达最后一级，但由于 A' 和 A 信号变化不同步，会出现 A' 和 A 同时为 1 的情况。当 $B = C = 0$ 时，且 A 从 0 变化到 1 时，就会出现瞬时的 1 脉冲，即该电路存在静态 0 冒险。

冒险的消除。冒险是不希望发生的现象，因为它是一个组合电路的不稳定因素，在某些情况下，产生了瞬时的错误输出，从而导致电路状态的改变。因此，需要设计相应的方法，在不影响正常功能的情况下消除冒险。常见的消除冒险的方式有两种，分别是添加冗余本原蕴含项和利用采样脉冲来消除冒险。

添加冗余蕴含项即在原逻辑表达式上增加一项冗余的本原蕴含项。来看例 3-8 中的第(1)小题例题，它的卡诺图如表 3-8 所示。

表 3-8　例 3-8（1）的卡诺图

A ＼ BC	00	01	11	10
0	0	1	1	0
1	0	0	1	1

根据前面的分析，当 ABC 由 111 变化至 011 时，由于非门延时有可能出现 A 和 A' 同时为 0 的情况，此时本应输出 1 的情况下输出 0，电路存在冒险。注意，此时没有本原蕴含项能够覆盖输入的初始值（111）和最终值（011）。为了消除冒险，只需保证输入的初始值和最终值能被同一个本原蕴含项覆盖。这样做的原因在于，输入在同一个本原蕴含项内变化时，输入变量发生反相的变化与输出无关。例如本例中的 ABC 从 111 变化为 011，如果加入 BC 项，使得初始值和最终值被 BC 覆盖，即 $L=AB+A'C+BC$，此时当 $B=C=1$ 时，A 与 A' 具体的值不会引起最终输出的变化，即不会出现毛刺。修改后的电路图如图 3-23 所示。

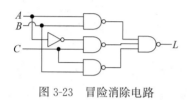

图 3-23　冒险消除电路

再看上面的第（2）小题例题，它的卡诺图与第（1）小题无异。由于它的冒险类型是静态 0 冒险，也就是会出现瞬时的 1 脉冲。要消除 ABC 从 000 变化为 100 时发生的毛刺，就需要对电路形式做一个修改：$L=(A'+B)(A+C)(B+C)$，从而避免在 A 发生变化的时刻出现瞬时的 1 输出。

【思考】 "输入的初始值和最终值被同一个本原蕴含项覆盖"是"电路不存在冒险"的必要条件吗？

再来观察一下上面的几个例子：

（1） $L=AB+A'C$ （静态 1 冒险）

（2） $L=(A'+B)(A+C)$ （静态 0 冒险）

（3） $L=AB+A'C+BC$ （无冒险）

（4） $L=(A'+B)(A+C)(B+C)$ （无冒险）

相信读者已经观察到，这四个表达式的功能/真值表是完全相同的，但是它们却存在完全不一样的冒险类型。这也说明，冒险是电路本身的固有属性，与实现的功能无关，而与实现的方式相关。虽然在逻辑表达式上可以做相互的转换，在功能上是等价的，但是最后的冒险类型可能完全不相同，这一点需要特别注意。

另一种消除冒险的方法是通过采样器对输出进行采样。毛刺的最大特点是产生的脉冲是瞬时的，主要发生在输入变化后信号还未稳定的短时间内。因此一个很直观的想法是即使无法避免毛刺的产生，也可以通过屏蔽毛刺来防止它对后续的电路工作产生影响。那么，要实现毛刺的屏蔽，就可以用一个电路器件来对电路进行隔离，然后利用一个采样脉冲在信号稳定后对输出进行采样，从而屏蔽毛刺带来的影响，原理图如图 3-24 所示。实际上，信号的周期采样在时序电路的设计中是十分必要的，而能够实现采样的电路器件一般为触发器，在时序逻辑章节中会做更详细的介绍。

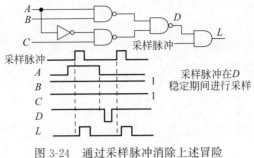

图 3-24　通过采样脉冲消除上述冒险

3.6　典型组合逻辑电路的设计

本节将介绍几种常见的组合逻辑电路,并对其功能、设计原理、设计方法等进行讲解,主要包括编码器、译码器、多路选择器、加法器等。在第 1 章中提到,进行 $y=f(x)$ 的计算时,计算机或其他硬件通常需要完成五项基本功能。

- 数据输入:提供接口接收输入信号 x。
- 数据存储:将计算需要的参数 w、输入信号 x 和数据处理过程中产生的中间数据 x' 等信息存储起来。
- 数据处理:完成计算功能 $f(\cdot)$。
- 数据输出:提供接口输出处理结果 y。
- 管理与控制:控制计算机系统工作,保障上述四项功能的正确运行。

对于数据的输入和输出,必然涉及信息从一种形式到另一种形式的转换,因此需要编解码器来完成数据的处理;对于数据处理,加法器是实现大部分计算的基础单元,因此本章也将对常见的加法器设计进行介绍;在计算过程中,也通常需要选择不同的计算通路来执行不同的运算,因此需要多路选择器来进行多种计算路径的选择。从计算机的构成来说,编码器、译码器、多路选择器、加法器等都是基础且不可缺失的模块,因此本章将逐个展开介绍。

在计算机体系架构中,这些基础模块也扮演着十分重要的角色。例如,译码器在内存寻址中将地址转换为具体的读使能信号,从而得到对应地址的数据;加法器是算术逻辑单元(ALU)中的重要模块,绝大多数计算都需要通过加法器完成;多路选择器能够依据不同的控制信号实现不同数据通路的选择,从而完成多种多样的计算。本节将介绍这些计算机基础模块的设计与优化方法,第 6、7 章将详细介绍这些基础模块在中央处理单元(CPU)中的具体应用。

3.6.1　编码器

编码,从广义上讲是指信息从一种形式或格式转换到另一种形式或格式的过程,从狭义上可以将编码理解为将图像、语音、信号转换为具有特定格式字符序列的过程。相对应地,译码(或解码)是编码的逆过程,即将转换后的格式解析回原格式。举个简单的例子,学校对每位同学都赋予了一个学号,这其实也是一个编码的过程,把每位同学用一个数字序列来"标记",这样可以将一个"物理形式"上的人转换为一个"数字形式"上的序列来指代。当看到一个学号时,想得知这个学号对应的是哪位同学,就需要一个译码过程。这里所讨论的编码器/译码器,具体来说,是针对一串数字序列转换为另外一种形式的数字序列的组合逻辑,一个典型的编码器框图如图 3-25 所示。

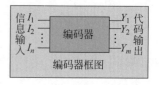

图 3-25　编码器框图

假设输出的编码是一个 m 位二进制数,那么最多可以对 $n \leqslant 2^m$ 种信号进行编码,通常命名为 2^n-n 线编码器。还是以学号为例,若学号位数为 10 位,则最多可以为 1024 位同学进行编号。下面以一个抢答器的设计为例进行分析。

【例 3-9】　设计一个抢答器,将 4 个抢答器的输出信号编码为二进制代码,抢答器按下,用 1 表示;抢答器未按下,用 0 表示。

解:图 3-26 是输入和输出关系的示意图。

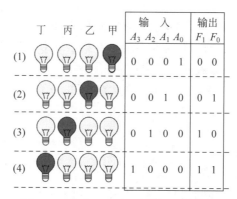

图 3-26　抢答器的输入和输出对应关系

根据输入输出的对应关系,其真值表如表 3-9 所示。

表 3-9　抢答器的真值表

A_3	A_2	A_1	A_0	F_1	F_0
$\times$	$\times$	$\times$	1	0	0
$\times$	$\times$	1	0	0	1
$\times$	1	0	0	1	0
1	0	0	0	1	1

将其他输入组合都作为无关项,则可以很容易得到输出的逻辑表达式为

$$F_0 = A_1 A_0' + A_2' A_0', \quad F_1 = A_1' A_0'$$

所以其组合逻辑电路为图 3-27 所示的电路。

但是相信读者也发现了一个问题,真值表中出现了很多无关项('×')。在设计时认为"其他输入都作为无关项",是认为现实情况下这些情况应当不会出现,然而这些无关项的情况实际上是有可能出现的,此时就要依据需求的定义进行设计的调整。例如,如果 4 个抢答器中有不止一个同时按下该怎么办呢?

若在 4 个抢答器中有不止一个同时按下,由于必然要决断出一个且仅有一个信号灯点亮,则会涉及优先级的问题,即通过一个优先级的定义,来保证多个抢答器同时按下时,仍有

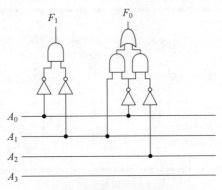

图 3-27 抢答器的组合逻辑电路

序地输出一个响应信号。例如,再看上面的例子,前述真值表实际上就是规定了 $A_0 > A_1 > A_2 > A_3$ 的优先级顺序。当有多个抢答器同时按下时,就会根据 $A_0 > A_1 > A_2 > A_3$ 的优先级来进行判定。若需要规定不一样的优先级顺序,则需要对真值表进行一些改变,例如规定 $A_1 > A_0 > A_2 > A_3$,则真值表可以相应地变化为表 3-10。

表 3-10 优先抢答器的真值表

A_3	A_2	A_1	A_0	F_1	F_0
×	×	0	1	0	0
×	×	1	×	0	1
×	1	0	0	1	0
1	0	0	0	1	1

以下介绍一个常用的 8-3 线优先编码器芯片 74LS148。8-3 线的意思就是输入有 8 位信号,将其编码为 3 位的输出。以此类推,例 3-9 中的编码器就是一个 4-2 线编码器。74LS148 是带有扩展功能的 8-3 线优先编码器芯片,它具备 8 个输入信号端,3 个输出信号端,同时还有输入使能信号、输出使能信号和一个用于扩展的信号。74LS148 的逻辑符号和功能表如图 3-28 所示。

74LS148的功能表

输入									输出				
$\overline{EI}$	$\overline{I_7}$	$\overline{I_6}$	$\overline{I_5}$	$\overline{I_4}$	$\overline{I_3}$	$\overline{I_2}$	$\overline{I_1}$	$\overline{I_0}$	$\overline{Y_2}$	$\overline{Y_1}$	$\overline{Y_0}$	$\overline{GS}$	$\overline{EO}$
1	×	×	×	×	×	×	×	×	1	1	1	1	1
0	1	1	1	1	1	1	1	1	1	1	1	1	0
0	0	×	×	×	×	×	×	×	0	0	0	0	1
0	1	0	×	×	×	×	×	×	0	0	1	0	1
0	1	1	0	×	×	×	×	×	0	1	0	0	1
0	1	1	1	0	×	×	×	×	0	1	1	0	1
0	1	1	1	1	0	×	×	×	1	0	0	0	1
0	1	1	1	1	1	0	×	×	1	0	1	0	1
0	1	1	1	1	1	1	0	×	1	1	0	0	1
0	1	1	1	1	1	1	1	0	1	1	1	0	1

74LS148的逻辑符号

图 3-28 74LS148 的逻辑符号及功能表

利用 74LS148 芯片可以搭建一些简单的电路系统,例如搭建一个监视 8 个化学罐液面的报警编码电路,如图 3-29 所示。

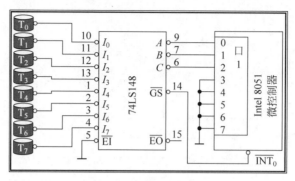

图 3-29　报警编码电路

可以看到,若 8 个化学罐中任何一个的液面超过预定高度,其液面检测传感器便输出一个 0 电平到编码器的输入端。通过编码器后,8 个化学罐的监测信号就可以转换为 3 位二进制码的输出到微控制器,从而微控制器仅需要 3 根输入线就可以监视 8 个独立的化学罐,本质上能够压缩信息的传输量。

3.6.2　译码器

译码(或解码)就是编码的逆过程,将一种用二进制码表示的信息转换成另一种形式。与编码器的命名类似,将 n 位输入解码为 2^n 种输出的译码器,通常命名为 n-2^n 线译码器。译码器可以近似理解为一个最小项发生器,比如输入是 001,输出为 $Y_7Y_6Y_5Y_4Y_3Y_2Y_1Y_0 = 00000010$,所以输出 Y_1 为 1,其实也就是输出了 001 对应的最小项。通常为了提高可扩展性,译码器会增加一个使能输入,以控制电路的工作状态,通过多个译码器的级联来处理更多比特的输入序列。图 3-30 是一个常见的 n-2^n 线译码器的逻辑框图。

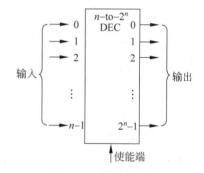

图 3-30　译码器框图

以一个 3-8 线译码器的设计为例,即将 3 位二进制代码的所有组合状态变换成 8 个输出的电路。若将输入的 3 位信号标记为 $A_2A_1A_0$,输出的 8 位信号标记为 $Y_7Y_6Y_5Y_4Y_3Y_2Y_1Y_0$。其模块示意图及功能真值表如图 3-31 所示。

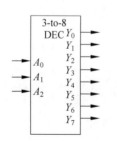

A_2	A_1	A_0	Y_7	Y_6	Y_5	Y_4	Y_3	Y_2	Y_1	Y_0
0	0	0	0	0	0	0	0	0	0	1
0	0	1	0	0	0	0	0	0	1	0
0	1	0	0	0	0	0	0	1	0	0
0	1	1	0	0	0	0	1	0	0	0
1	0	0	0	0	0	1	0	0	0	0
1	0	1	0	0	1	0	0	0	0	0
1	1	0	0	1	0	0	0	0	0	0
1	1	1	1	0	0	0	0	0	0	0

图 3-31　3-8 线译码器模块示意图与真值表

根据真值表,可以写出布尔表达式并画出相应的电路设计图如图 3-32 所示。

74HC138 是一个常用的 3-8 线译码器芯片,除了规定的三个编码输入信号外,还有三个使能信号,可以实现更多功能的扩展。

通过图 3-33 中的电路可以观察到,对于三个使能信号,当 $E_3=1$,$E_2'+E_1'=0$ 时,该芯片实现正常的 3-8 线译码器功能;当 $E_3=0$ 或 $E_2'+E_1'=1$ 时,不译码,输出都为高电平。分析输出与输入的关系,例如 $Y_0'=(A_2'A_1'A_0')'=m_0'$,$Y_1'=(A_2'A_1'A_0)'=m_1'$,$\cdots$,等同于一个最小项的反的发生器,即最大项发生器。详细功能表如表 3-11 所示。其中,当使能信号不为 100 时,输出将始终为高电平。

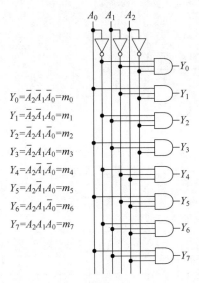

$$Y_0=\bar{A_2}\bar{A_1}\bar{A_0}=m_0$$
$$Y_1=\bar{A_2}\bar{A_1}A_0=m_1$$
$$Y_2=\bar{A_2}A_1\bar{A_0}=m_2$$
$$Y_3=\bar{A_2}A_1A_0=m_3$$
$$Y_4=A_2\bar{A_1}\bar{A_0}=m_4$$
$$Y_5=A_2\bar{A_1}A_0=m_5$$
$$Y_6=A_2A_1\bar{A_0}=m_6$$
$$Y_7=A_2A_1A_0=m_7$$

图 3-32 3-8 线译码器的电路图

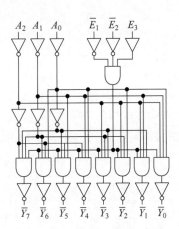

图 3-33 74HC138 的电路图

表 3-11 74HC138 的功能表

$E_3E_2'E_1'$	$A_2A_1A_0$	Y_7'	Y_6'	Y_5'	Y_4'	Y_3'	Y_2'	Y_1'	Y_0'
100	000	1	1	1	1	1	1	1	0
	001	1	1	1	1	1	1	0	1
	010	1	1	1	1	1	0	1	1
	011	1	1	1	1	0	1	1	1
	100	1	1	1	0	1	1	1	1
	101	1	1	0	1	1	1	1	1
	110	1	0	1	1	1	1	1	1
	111	0	1	1	1	1	1	1	1
$0\times\times,\times1\times\times1$	$\times\times\times$	1	1	1	1	1	1	1	1

有趣的是,译码器不仅可以用来实现译码功能,还可以用来实现多输出的组合逻辑函数。比如要实现一个组合逻辑,可以将其转换为最大项的与非形式,从而利用 74HC138 的"最大项发生器"的特性来实现这样的组合函数。例如,下列逻辑表达式可以转换为一系列最大项的与非形式,再在输出端口利用与非门连接即可。

$$Z = A\overline{C} + \overline{A}BC + AB\overline{C} = AB\overline{C} + A\overline{B}\,\overline{C} + \overline{A}BC + A\overline{B}C$$

$$= m_3 + m_4 + m_5 + m_6 = \overline{\overline{m}_3 \cdot \overline{m}_4 \cdot \overline{m}_5 \cdot \overline{m}_6}$$

图 3-34 展示了其电路示意图。

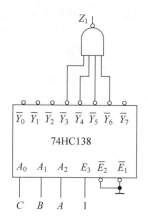

图 3-34　使用 74HC138 实现组合函数

　　另一方面,如果想实现更多比特输入的译码,也可以利用已有的 3-8 线 74HC138 译码器芯片来构造这样的一个扩展芯片。例如,构造一个 4-16 线的译码功能。

　　首先,将真值表列出如表 3-12 所示。

表 3-12　译码功能真值表

$D_3 D_2 D_1 D_0$	Y_{17}'	Y_{16}'	Y_{15}'	Y_{14}'	Y_{13}'	Y_{12}'	Y_{11}'	Y_{10}'	Y_{27}'	Y_{26}'	Y_{25}'	Y_{24}'	Y_{23}'	Y_{22}'	Y_{21}'	Y_{20}'
0000								0								
0001							0									
0010						0										
0011					0											
0100				0												
0101			0													
0110		0														
0111	0															
1000																0
1001															0	
1010														0		
1011													0			
1100												0				
1101											0					
1110										0						
1111									0							

　　其次,可以通过 D_3 这个输入信号来控制 74HC138 的使能端,这样可以通过两个 3-8 线译码器来分别输出其中的 8 个最大项,具体电路框图如图 3-35 所示。

　　当且仅当使能端输入为 $E_3 E_2 E_1 = 100$ 时该编码器的输出有效,所以当 D_3 为 0 时,左边译码器输出有效;当 D_3 为 1 时,右边译码器输出有效。

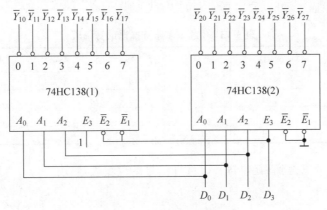

图 3-35　4-16 译码电路图

译码器的一个典型且重要的应用是处理器中的寻址模块,通常需要译码器来完成存储单元的寻址。将指令中的数据地址输入到译码器后拉起对应的存储单元,并将对应的数据读取或写入。一个典型的结构图如图 3-36 所示,在处理器章节会对图 3-36 进行更详细的介绍。

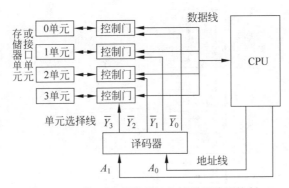

图 3-36　使用译码器进行存储单元读写控制

3.6.3　多路选择器

多路选择器,顾名思义,就是从多个输入数据中选择一个送往唯一通道输出,也称为数据选择器或多路开关,通常简写为 MUX。若一个多路选择器从 m 个输入数据中选择 1 个,通常记为 $m:1$ 多路选择器。若需要从 2^n 个数据输入中选择一个输出,则需要 n 位的选择信号。多路选择器的一个常见框图如图 3-37 所示。

【例 3-10】 请设计一个 8 选 1 多路选择器,其中 8 个数据输入记为 $D_7 D_6 D_5 D_4 D_3 D_2 D_1 D_0$,3 个选择信号记为 $A_2 A_1 A_0$,输出数据记为 Q;要求实现的功能是根据输入的取值,将 8 个数据输入中的一个送到 Q。

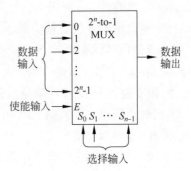

图 3-37　多路选择器框图

解：根据功能描述，可以列出真值表如表 3-13 所示。

表 3-13 8 选 1 多路选择器的真值表

A_2	A_1	A_0	Q	A_2	A_1	A_0	Q
0	0	0	D_0	1	0	0	D_4
0	0	1	D_1	1	0	1	D_5
0	1	0	D_2	1	1	0	D_6
0	1	1	D_3	1	1	1	D_7

根据真值表，可以得到输出与输入、选择信号的逻辑表达式：

$$Q = \overline{A}_2\overline{A}_1\overline{A}_0 D_0 + \overline{A}_2\overline{A}_1 A_0 D_1 + \overline{A}_2 A_1 \overline{A}_0 D_2 + \overline{A}_2 A_1 A_0 D_3 +$$

$$A_2\overline{A}_1\overline{A}_0 D_4 + A_2\overline{A}_1 A_0 D_5 + A_2 A_1 \overline{A}_0 D_6 + A_2 A_1 A_0 D_7$$

映射到对应的逻辑门后，可以设计电路如图 3-38 所示。

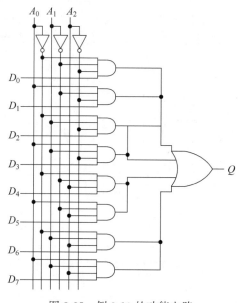

图 3-38 例 3-10 的功能电路

以上便完成了 8 选 1 多路选择器的设计。

多路选择器在实际应用中也很常见。例如利用 2：1 多路选择器来构造移位器。图 3-39 就是一个构造成的 8 位右移位器。通过选择输入信号来控制移动的位数。比如，要右移 4 位，则将选择信号设置为 $S_2S_1S_0 = 100$，两位则为 010。注意，最高位需要补充输入，若有符号位，则需补符号位；若无，则补零。同样可以观察到，对于一个 2^n 位的移位器，需要构建 n 级，比如实现一个 32 位的移位器，则需要 5 级。

多路选择器也在目前的 CPU 中应用广泛，图 3-40 是一个 CPU 的示意图（第 6、7 章将对此部分内容详细介绍），可以看到，CPU 中数据通路的控制就是通过多路选择器实现的（图 3-40 的 MUX 模块），指令译码的过程实际上就是产生各个多路选择器的控制信号的过程。

多路选择器还可以用于实现任意的逻辑函数，本质上多路选择就是对应通过地址来查

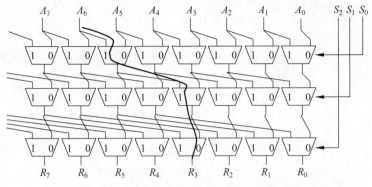

图 3-39　使用多路选择器构建移位器

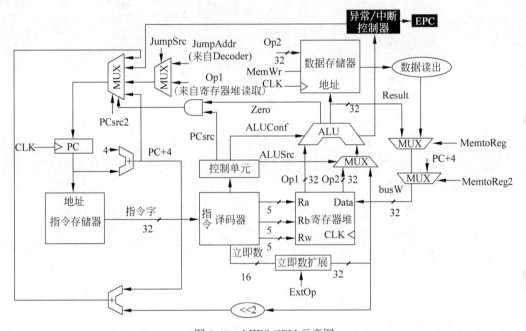

图 3-40　MIPS CPU 示意图

表的过程。若用具有 n 个地址端的多路选择器来实现 n 变量的逻辑函数,则直接将函数的输入变量加到多路选择器的选择信号上,并将多路选择器的数据输入端按照次序以函数 F 的输出值来赋值,可以看到这其实就是一个查表的过程,且实现逻辑函数不需要任何附加的逻辑门。比如,图 3-41 中使用 8 选 1 MUX 实现 3 变量逻辑函数。

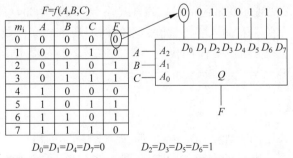

图 3-41　8 选 1 MUX 实现 3 变量逻辑函数

将输入送到选择信号端,将 F 的函数值依次赋值给输入端,即可实现如图 3-41 真值表所对应的逻辑函数。若用具有 n 个地址端的多路选择来实现 $m(m>n)$ 变量的逻辑函数,则应将函数的其中 n 个输入变量加到地址端,并将多路选择器的数据输入端按次序以函数 F 与另外 $m-n$ 个输入变量的逻辑关系来赋值,当 $m=n+1$ 时,不需要任何除非门外的附加逻辑门。例如图 3-42 中使用 8 选 1 MUX 实现 4 变量逻辑函数。

A	B	C	D	L
0	0	0	0	0
0	0	0	1	1
0	0	1	0	0
0	0	1	1	0
0	1	0	0	1
0	1	0	1	0
0	1	1	0	1
0	1	1	1	0
1	0	0	0	0
1	0	0	1	1
1	0	1	0	0
1	0	1	1	0
1	1	0	0	1
1	1	0	1	0
1	1	1	0	1
1	1	1	1	1

$L=f(A,B,C,D)=ABC+BC'D'+$
$AB'C'+AB'D+B'C'D$

CD \ AB	00	01	11	10
00	0	1	0	0
01	1	0	0	0
11	1	0	1	1
10	1	1	1	0

图 3-42   8 选 1 MUX 实现 4 变量逻辑函数

通过将 A、B、C 信号作为地址端,然后将 L 和 D 的逻辑关系对输入端进行赋值,对真值表做一个转换并设计成图 3-43 中的电路。

ABC	D	L
000	0 1	D
001	0 1	0
010	0 1	D'
011	0 1	0
100	0 1	1
101	0 1	D
110	0 1	D'
111	0 1	1

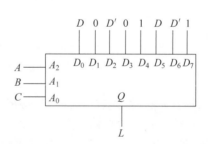

图 3-43   4 变量逻辑函数实现电路

使用 8 选 1 MUX 实现 4 变量逻辑函数的方式并不唯一。例如,可以将 B、C、D 作为地址端,将 L 和 A 的逻辑关系对输入进行赋值。不同的实现方式会涉及代价权衡的问题,因使用的逻辑门数量不同,从而使整体的代价不同。该问题在变量数目较多的情况下更为显著。

3.6.4　加法器

加法运算是计算机中的一种基础性运算,加、减、乘、除四则运算均可以通过某些方式转换为加法运算。加法器 Adder 主要分为两类,一种是半加器,不考虑来自低位的进位,也就是只有 2 个本位数相加；另一种是全加器，考虑来自低位的进位，也就是对 2 个本位数和 1 位来自低位的进位进行相加。以下分别介绍这两种类型的加法器。

1. 半加器

根据功能定义，半加器(half adder)的设计依然遵循组合逻辑电路设计的基本步骤。首先进行逻辑抽象，输入为待相加的两个本位数，即加数 A 和被加数 B，输出为两个数的和 S。从而可以根据加法运算的规则列出真值表如表 3-14 所示。

表 3-14　半加器的真值表

A	B	S	A	B	S
0	0	0	1	0	1
0	1	1	1	1	0

根据真值表，就可以得到 S 和 A、B 的逻辑表达式：

$$S = A'B + AB' = A \oplus B$$

于是可以设计出电路图如图 3-44 所示。

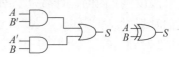

图 3-44　半加器的逻辑电路

2. 全加器

与半加器不同的是，全加器(full adder)需要考虑来自低位的进位，完成 2 个本位数＋1 位低位进位＝3 位数的相加，并输出一个和以及向高位的进位。首先进行逻辑抽象，输入为本位加数 A_i、本位被加数 B_i、来自低位的进位(Carry)C_i，输出为和(Sum)S_i 和向高位的进位 C_{i+1}。从而根据全加器的运算规则，列出真值表如表 3-15 所示。

表 3-15　全加器的真值表

A_i	B_i	C_i	S_i	C_{i+1}	A_i	B_i	C_i	S_i	C_{i+1}
0	0	0	0	0	1	0	0	1	0
0	0	1	1	0	1	0	1	0	1
0	1	0	1	0	1	1	0	0	1
0	1	1	0	1	1	1	1	1	1

根据真值表，可以写出和与进位的逻辑表达式：

$$S_i = A'_i B'_i C_i + A'_i B_i C'_i + A_i B'_i C'_i + A_i B_i C_i = A_i \oplus B_i \oplus C_i$$

$$C_{i+1} = B_i C_i + A_i B_i + A_i C_i$$

从而设计电路图如图 3-45 所示。

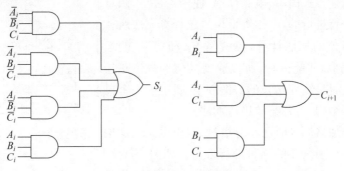

图 3-45　全加器的逻辑电路

对上述电路的一个化简电路形式,其信号延时分析如图 3-46 所示。

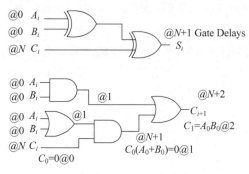

图 3-46 全加器信号延时分析

假设所有门的延时都为 1,对于一个全加器而言,若加数信号为零时刻,进位输入 C_i 到达的时刻为 N 时刻(假设 $N>1$),则根据逻辑电路图可以看到,得到该级进位输出的时刻为 $N+2$ 时刻,和位输出为 $N+1$ 时刻(因为所有 A 与 B 的运算都将在 1 时刻完成)。

1 位全加器又称为 $(3,2)$ adder,分别指代三个输入和两个输出,其符号表示一般画成图 3-47 所展示的形式。

3. 多位加法器

实际应用中,通常遇到的都是多位数相加的问题,所以需要构建多位加法器。然而,如果通过直接逻辑映射的方法去设计多位加法器,其真值表空间随位数指数级增长,所以需要对问题进行分解,通过多个 1 位全加器来构成多位的加法器。多位加法器实现的功能如图 3-48 所示。

图 3-47 全加器符号

图 3-48 多位加法器功能

构建多位加法器最直观的方法就是通过多个一位全加器的级联来实现,这种构建模式是串行加法器。串行加法器的优点是构建方式简单、电路简单、使用器件少,缺点是位间进位是串行进行的,必须等低位进位计算完成后才能进行当前比特位的加法计算,也就是 S_i 和 C_{i+1} 的运算必须等 C_i 来到后才能进行,所以速度与位的数量正相关。一般认为延时是线性增长的。图 3-49 展示了一个典型的串行加法器结构(也称行波进位加法器)。

对于单个全加器的延时已经分析过,这里以 4 位加法器作为示例对串行加法器的延时进行分析。如图 3-50 所示,已知从输入 C_i 到输出 C_{i+1} 的延时为 2 个门延时(依

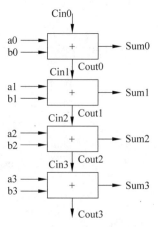

图 3-49 串行加法器结构

据电路设计)、到输出 S_i 为 1 个门延时;且假设从输入 A_i 到输出 C_{i+1} 的延时为 2 个门延时、到输出 S_i 的延时为 2 个门延时,以 A_0、B_0 的输入时刻为零时刻,则各个信号产生的时间如图 3-50 所示。可以看到最终实现完整的运算需要 8 个门延时。注意,各级的加数和被加数都是同时输入,且其中一部分门的运算都可以提前运算。

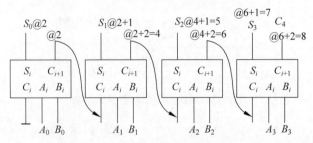

图 3-50　串行加法器延时分析

行波进位加法器虽然简单,但是每一位的计算都要在上一位进位输出计算完毕后才可以开始有效计算,所以延时会随加法器的级数线性增长。可以看到,不同级之间的依赖关系主要是级间传递的进位信号,所以若能把进位的依赖关系剥离,则不同级就可以同时进行运算,而不需要依赖于来自其他级的输出作为输入来源,显然能够大幅降低整体计算需要的延时。

这样的设计其实是一种并行加法器的设计思想,也称超前进位加法器[①]。它的基本计算流程是:①输入各比特位的加数 A_i 和被加数 B_i;②计算各比特位的进位输出 C_{i+1};③计算各比特位的和输出 S_i。超前进位加法器的设计思想是递推的思路。首先,列出进位输出的表达式如下所示:

$$C_1 = A_0C_0 + B_0C_0 + A_0B_0$$
$$C_2 = A_1C_1 + B_1C_1 + A_1B_1$$
$$\cdots$$
$$C_{i+1} = A_iC_i + B_iC_i + A_iB_i$$

将 C_i 的表达式逐级代入展开,将就可以得到

$$C_2 = A_1(A_0C_0 + B_0C_0 + A_0B_0) + B_1(A_0C_0 + B_0C_0 + A_0B_0) + A_1B_1$$

从而可以摆脱不同级之间的依赖关系,达到超前进位计算的目的。但是也可以观察到,这样逐级展开到更多级的情况,逻辑表达式会变得异常复杂,那么如何让这个递推关系式写得更清晰明了一些呢?

重新观察进位信号的表达式:

$$C_{i+1} = A_iC_i + B_iC_i + A_iB_i$$
$$C_{i+1} = A_iB_i'C_i + A_i'B_iC_i + A_iB_iC_i' + A_iB_iC_i$$
$$= (A_i'B_i + A_iB_i')C_i + A_iB_i(C_i' + C_i)$$
$$= P_iC_i + G_i$$

其中,$P_i = A_i \oplus B_i$,$G_i = A_iB_i$,根据等式的特性,称 P_i 为进位传播(propagation)信号, G_i 为进位产生(generation)信号。回顾求和 S_i 的逻辑表达式,也可以用 P_i 表示:

---

① Rosenberger G B. Simultaneous Carry Adder:U. S.,2966305[P],1960.

$$S_i = A_i \oplus B_i \oplus C_i = P_i \oplus C_i$$

图 3-51 分析了其中一个比特位的超前进位加法器的延时。可以看到,在输入信号 A_i、B_i 到达时刻后的 1 个门延时即可得到进位传播信号 P_i 和进位产生信号 G_i,而 S_i 也可以在获得 A_i、B_i、C_i 信号后的 2 个门延时得到。

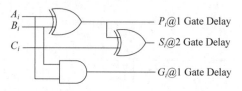

图 3-51　超前进位加法器延时分析

为了更快地得到 S_i 的计算结果,可以基于这个等式利用进位传播信号 P_i 和进位产生信号 G_i 两个信号来完成 C_i 的递推:

$$C_{i+1} = P_i C_i + G_i = P_i(P_{i-1}C_{i-1} + G_{i-1}) + G_i = P_i P_{i-1} C_{i-1} + P_i G_{i-1} + G_i$$
$$= \cdots = G_i + P_i G_{i-1} + P_i P_{i-1} G_{i-2} + \cdots + P_i P_{i-1} P_{i-2} \cdots P_1 G_0 +$$
$$P_i P_{i-1} P_{i-2} \cdots P_0 C_0$$

以下是一个 4 位进位的逻辑表达示例:

$$C_1 = G_0 + P_0 C_0$$
$$C_2 = G_1 + P_1 G_0 + P_1 P_0 C_0$$
$$C_3 = G_2 + P_2 G_1 + P_2 P_1 G_0 + P_2 P_1 P_0 C_0$$
$$C_4 = G_3 + P_3 G_2 + P_3 P_2 G_1 + P_3 P_2 P_1 G_0 + P_3 P_2 P_1 P_0 C_0$$

实现超前进位的目的是减少延时,因此对这样的逻辑实现方式进行延时的分析。以一个 4 位的加法逻辑为例,分析从输入到最后一级进位输出所经过的延时。如图 3-52 所示,其中红色标注为信号延时,未标注信号认为在零时刻到达。首先,进位信号 C_1、C_2、C_3、C_4 由 P_i、G_i 两级逻辑产生,相比 P_i、G_i 有两级门延时;其次,由上图可知,P_i、G_i 由 A_i、B_i 经过一级门延时后产生;因此,进位信号在三级门延时后产生。进一步,对于和位输出,S_1、S_2、S_3 在 C_1、C_2、C_3 产生一个门延时之后产生,而 S_0 在 P_0 产生一个门延时后产生。综上所述,S_0 在输入经过两个门延时后产生,S_1、S_2、S_3 在输入经过四个门延时产生。

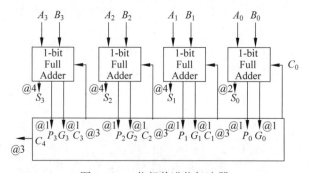

图 3-52　4 位超前进位加法器

但是依然可以发现,当加数与被加数的位数增多时,需要考虑一些实际电路的约束。随着级数增加,与门和或门的输入端数目也在线性增加,若依然使用两级逻辑,此时单个逻辑门的输入端数目迅速增多,一方面电路的输入端数目受限制,另一方面扇入增加时速度也会变慢;由于 P、G 都被多次调用,随着比特数增多,P、G 逻辑门的扇出也会增大,增加延时。所以为了缓解这样的现象,使加法器设计的可扩展性更好,可以引入层次化的设计思想,即组内并行、组间串行的进位加法器。如图 3-53 所示,对于一个 16 位的加法器,可以分为四组,其中各组都是一个 4 位的超前进位加法器,不同组之间采用串行进位的方式进行连接。

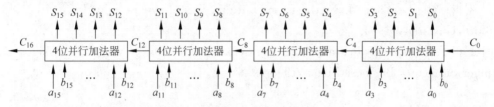

图 3-53 组内并行组间串行加法器

【思考】 图 3-54 是一个组内并行、组间串行的 8 位超前进位加法器,请问 S_7 和 C_8 会在输入完成后几级门延时产生?(假设 A_i、B_i、C_0 同时在 0 时刻输入)

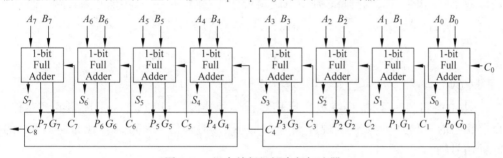

图 3-54 组内并行组间串行加法器

3.7 总结

阅读完本章,相信读者对组合逻辑的基础知识和设计方法都有了比较清晰的认识,下面总结一下本章的重要内容:

本章首先介绍组合逻辑电路的定义与表示方法,请读者牢记组合逻辑当前时刻的输出仅取决于当前时刻的输入,与历史输入或状态无关。然后介绍组合逻辑的分析与设计方法。其中,分析是指从电路推导出逻辑表达式,并建立真值表或卡诺图,再分析其功能;设计方面介绍一个通用的组合逻辑设计流程,包括逻辑抽象、列真值表、逻辑化简和电路结构映射等。然后介绍组合逻辑电路的评价方法,一般分为稳态因素和动态因素。稳态因素包括面积、扇入扇出系数、噪声容限等,动态因素包括延时、功耗等。这些因素共同构成评价组合电路优劣的参考性指标,能够帮助设计者更好地根据应用的约束和偏好调整电路设计。此外介绍组合逻辑电路的竞争与冒险现象,包括其产生原因以及如何消除组合电路中的冒险现象。最后以编码器、译码器、多路选择器和加法器为例,介绍典型组合逻辑电路的设计与实现方法,第 6、7、9 章将进一步介绍在 CPU 与存储器中这些基础模块的功能应用。

通过本章,希望读者能够掌握基本的数字逻辑设计思想,并能够延伸扩展到实际的应用算法问题中,思考从真实世界到数字世界的建模和实现过程。

3.8 拓展阅读

[逻辑化简] Quine W V O. The Problem of Simplifying Truth Functions[J]. The American Mathematical Monthly, 1952, 59(8): 521-531.

[逻辑综合] Damiani M. Synthesis and optimization of synchronous logic circuits[D]. Stanford University, 1994.

[逻辑综合] Iman S, Pedram M. Logic synthesis for low power VLSI designs[M]. Springer Science & Business Media, 1998.

3.9 习题

1. 根据下列布尔函数的定义,写出化简过程及最简两级与或表达式;利用或非门(输入端口数不限)和非门实现电路;判断电路是否存在冒险,若存在,实现其无冒险电路。

(1) $f(A,B,C,D) = \sum m(0,1,3,4,9,11) + \sum d(7,15)$

(2) $f(A,B,C,D) = \sum m(0,1,4,5,7,13,15) + \sum d(2,3)$

(3) $f(A,B,C,D) = \sum m(1,3,5,7,9) + \sum d(4,11)$

2. 考虑逻辑门的延时,将奇数个反相器首尾相连时,可以产生一定周期的振荡信号。假设反相器的延时为 t_d,如何实现周期为 $6t_d$ 的振荡时钟信号? 可以实现周期为 $8t_d$ 的振荡时钟信号吗?

3. 用一个 4:1 多路选择器和其他任意逻辑单元(但附加的逻辑要尽可能最少)实现函数: $f(A,B,C,D,E) = A + C'D + BD' + B'D + B'CE$,应当使用哪两个信号来控制多路选择器? 利用由下列输入信号组合控制的多路选择器实现上述函数。哪一种结果需要更少的逻辑? 为什么?

(1) 将 A 和 B 作为 4:1 多路选择器的控制输入。

(2) 将 B 和 C 作为 4:1 多路选择器的控制输入。

(3) 将 B 和 D 作为 4:1 多路选择器的控制输入。

(4) 将 C 和 D 作为 4:1 多路选择器的控制输入。

4. 设计一种优先编码器如图 3-55 所示,$I_3 I_2 I_1 I_0$ 为 4 位有权输入,$O_1 O_0$ 为编码输出,该编码器将同时输出结果有效位 V,$V=1$ 表示输出 $O_1 O_0$ 有效,输出 $O_1 O_0$ 为输入 $I_3 I_2 I_1 I_0$ 中权重最大的 1 出现的位置(例如,输入 1111 时输出 11,输入 0001 时输出 00);$V=0$ 表示输出 $O_1 O_0$ 无效,此时输入 $I_3 I_2 I_1 I_0$ 均为 0。请画出该编码器的卡诺图,并使用与非门和非门来实现该电路功能。

图 3-55 优先编码器

5. 考虑两位十进制数加法器设计:对两位十进制数进行 8421BCD 编码(仅需要考虑非负数),请使用如下电路模块设计一个基于 8421BCD 码的加法器,输入输出形式为

$$(A_{13} A_{12} A_{11} A_{10} A_{03} A_{02} A_{01} A_{00})_{BCD} + (B_{13} B_{12} B_{11} B_{10} B_{03} B_{02} B_{01} B_{00})_{BCD}$$
$$= (C_{20} C_{13} C_{12} C_{11} C_{10} C_{03} C_{02} C_{01} C_{00})_{BCD}$$

例如：$50_{10} + 50_{10} = (01010000)_{BCD} + (01010000)_{BCD} = (10000,0000)_{BCD}$

可供选择的电路模块为：4 位加法器（A、B 为 4 位输入，S 为 4 位结果输出，C_{in}、C_{out} 分别为进位输入、输出），二选一多路选择器（A、B 为两输入，Sel 为选择信号，OUT 为输出），具体如图 3-56 可供选择电路所示。（提示：注意考虑进位问题，如有需要，请思考如何利用多路选择器实现与、或运算。）

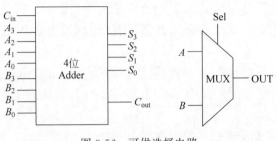

图 3-56 可供选择电路

6. 请设计一个特殊的编码器，将一个 4 位的 one-hot 向量按照格雷码顺序编码，具体为：将 0001 编码为 00，0010 编码为 01，0100 编码为 11，1000 编码为 10，并仅使用与非门和非门来实现电路设计。

7. 请设计一个特殊的解码器，将一个 2 位的二进制码解码为 4 位的 one-hot 向量，具体为：将 00 解码为 0001，将 01 解码为 0010，将 10 解码为 0100，将 11 解码为 1000。

8. 深度学习在近年来大幅推动了人工智能领域的发展，有一类神经网络称为二值神经网络，其中有一种方法称为 XNOR-Net。在 XNOR-Net 中，卷积层或全连接层的权重、输入和输出都是二值的形式，即仅能取 1 或 -1。因此，权重和输入的乘法遵循以下规则：

输入	权重	输出	输入	权重	输出
1	1	1	-1	1	-1
1	-1	-1	-1	-1	1

如果把 1 编码为 1，-1 编码为 0，可以看到等价于一个 XNOR 运算。现在考虑一个具有 5 维输入、5 维权重、1 维输出的全连接计算，全连接计算需要将所有的输出加和后再进行一次判断，取最终的符号位作为计算结果，即 $y = \text{sign}(\sum_{i=0}^{4} w_i x_i)$，即当内部累加和大于 0 时，输出为 1；当内部累加和小于 0 时，输出为 -1。请设计相应的组合逻辑电路来实现这一运算，并尽可能使电路简单高效。

9. 使用多个带有使能端的 2：4 译码器和逻辑门电路实现一个 4：16 译码器。

10. 请类比加法器，完成下述题目：

（1）一位全减器与一位全加器类似，其包含两个数据输入（1 位被减数 A 与减数 B），一个低位的借位输入（BL_{in}），一个高位的借位请求输出（BL_{out}）和一个 1 位差结果输出（D）。请列出一位全减器的真值表，并给出具体的电路实现。

（2）类比超前进位加法器，考虑 3 位超前借位减法器，输入信号为 $A_2A_1A_0$ 与 $B_2B_1B_0$，完成 $A - B$ 的运算后输出差 $D_2D_1D_0$，及借位输出信号 BL_{out}，请写出各级借位传播信号、借位产生信号的布尔表达式,并写出各级计算差输出与借位输出的布尔表达式。

（3）根据上面的分析结果,设计一个**模式可调、超前进/借位的 3 位加减法器**。要求:输入两个 3 位有符号 A 与 B（1 位符号位+2 位数据位,负数为 2 补码形式表示）,当模式控制信号 $M=0$ 时,该超前进/借位加减法器完成 $A+B$ 的计算,当模式控制信号 $M=1$ 时,该超前进/借位加减法器完成 $A-B$ 的计算,并在设计中添加一个 1 位溢出指示位 Overflow,Overflow$=1$ 时表示运算有溢出,Overflow$=0$ 时计算无溢出。可供使用的电路模块包括与门、或门、非门、异或门、2 选 1 多路选择器,请使用**尽可能少的电路模块**完成加减法器设计。

11. 设计一个 2 位有符号数（2-补码）乘法器,并与 2 位加法器进行比较,定性分析二者之间的能耗和面积差距。假设:仅使用与门、或门、非门,且认为所有的门具有相同的代价（无论扇入或扇出是多少）。

12. 图 3-57 是一位加法器的实现电路图,其中与门的延时为 a,或门的延时为 b,异或门的延时为 c,现在用这样的一位加法器构成 N 位行波进位（串行）加法器,如果最低位加法器的进位输入与各位加数同时到达,求完成一次 N 位加法运算时,产生最终所有"和"（$S_i,i=0,1,2,\cdots,N-1$）位所需的总时间以及产生最终进位输出（Cout_N）所需要的时间。

13. ALU（算术逻辑单元）是指能实现多组算术运算和逻辑运算的组合逻辑电路,是CPU 中的核心执行单元。考虑一个简单的 ALU,包含 2 个运算选择输入 S_1 和 S_0,对于两个输入数据 A 和 B（均为 2 位有符号数）,可以实现以下功能:

$S_1S_0=00$,实现 $F=A+B$

$S_1S_0=01$,实现 $F=A-B$

$S_1S_0=10$,实现 $F=A\ \text{OR}\ B$

$S_1S_0=11$,实现 $F=A\ \text{AND}\ B$

14. 实现一个"周末"判别器,其功能为:输入一个初始的时间设定,例如,该月的第 1 天为周三,并输入一个日期数,判定这一天是否是周末（周六或周日）,例如,若输入 5,即该月份的第五天是一个周日,即是一个周末,此时输出 1;若输入 7,则该天为周二,不是周末,此时输出 0。设计组合逻辑电路实现上述功能,注意一个月的最大天数为 31 天。

15. 查找表（LUT）是组合逻辑的一种经典实现方式,通过将各种情况下的计算结果存到一个随机访问存储（RAM）阵列中,根据输入直接取出存储阵列中对应的结果输出,这样在计算一些复杂运算时可以大幅提高运算速度。比如,要实现一个 A 和 B 的与运算,可以将 AB 作为地址索引信号,并存储到 4×1 RAM,可以利用图 3-58 中的查找表完成。

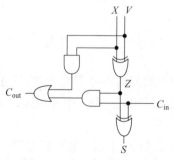

图 3-57　加法器实现电路

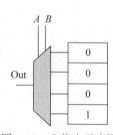

图 3-58　查找表示意图

现考虑逻辑函数 $F(A,B,C,D)=AB'+BCD$，输入为 A、B、C、D 四根地址线，按照二进制码顺序可以将依次取出对应行的存储数值，请问图 3-59 中的 16×1 RAM 中的存储数值该如何排列？

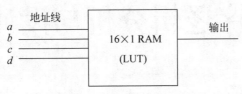

图 3-59　待实现功能电路框图

16. 除法器的设计：

设计一个 2 位除法器，输入为两个 2 位二进制数，输出为 A 除 B 的结果和余数。

第4章

时序逻辑分析与设计

　　第3章介绍的组合逻辑已经可以完成很多常用功能,包括加法器、多路选择器、译码器等。组合逻辑的局限在于只能处理当前输入决定当前输出的情况。如果当前输出除了与当前输入有关,还与之前的输入有关,换言之,如果电路需要存储(storage)、记忆(memory)或者状态元件(state element),该如何设计对应的数字电路?

　　回顾绪论中提到的两种典型的硬件实现思路:①对于没有过程的算法运算,即算法计算输出只与该时刻的输入相关,在其实现电路中不存在存储状态的相关单元,完全由无记忆器件和互连线组成,即**组合逻辑电路**;②对于有过程状态的算法运算,即算法计算输出不仅取决于当前输入,还与状态变量相关,在其实现电路中包括存储状态的存储单元、用于计算的硬件电路以及控制状态跳转的过程控制器,即**时序逻辑电路**。

　　除了绪论中提到的家庭总存款的计算实例,生活中还有很多类似的例子:计数器不仅需要记录当前增加的数字,还需要存储之前已经累加过的结果;路边常见的自动售货机,每次购买时都需要记录已投币和找零的数量;路口的人行道信号灯,需要计时功能来完成"绿灯通行"和"红灯停止"两个状态之间的转换。上述例子中的计数和计时功能都是组合逻辑电路所无法完成的,而时序逻辑电路则是实现这些功能的关键。

　　如图 4-1 所示,本章将首先介绍时序逻辑电路所涉及的基本概念。过程的离散化是时序逻辑电路设计的核心思想,其中的时钟和状态是时序逻辑电路区别于组合逻辑电路的核心概念。有限状态机是时序逻辑电路的基本实现模型,包含摩尔型和米利型两种典型实现。寄存器作为时序逻辑电路的基本单元,是实现过程离散化和有限状态机的核心组件,其基本实现机制包括锁存和触发两种方式,所涉及的基本时序参数(建立时间和保持时间)是分析数字逻辑电路与系统性能的核心指标。接下来将系统性地介绍同步时序电路的分析方法与设计方法。最后,本章将介绍典型的时序逻辑电路,包括计数器和移位寄存器。这些典型时序逻辑电路单元也是 CPU 和处理器的关键基础模块。

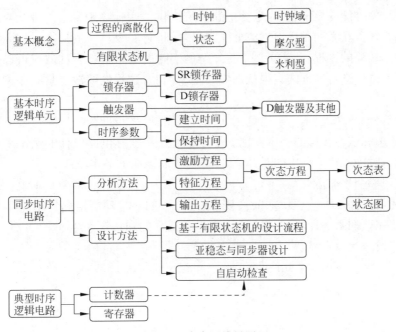

图 4-1 本章思维导图

历史：时序逻辑科学家伯努利

艾米尔·伯努利于 1941 年出生于以色列的 Nahalal，在以色列理工学院取得数学学士学位，1967 年在魏茨曼学院以一篇关于海洋潮汐计算的毕业论文取得应用数学博士学位，而后留校任教[4]。他是时序逻辑领域的开拓者之一。时序逻辑也叫时态逻辑（temporal logic），是计算机学科中一个很专业、很重要的领域。时序逻辑用来描述基于时间推理的符号化规则系统，主要用于形式验证。20 世纪 60 年代 Arthur Prior 提出基于模态逻辑的特殊时间逻辑系统，这一理论后来被伯努利等逻辑学家进一步发展。

后来，伯努利在斯坦福大学和 IBM Waston 研究中心从事博士后的研究工作，并将工作研究方向转移到计算机科学领域。1973 年，他创办了特拉维夫大学计算机科学系，并担任第一任系主任。1977 年，他开创性地把时态逻辑引入计算机科学，他的时态逻辑是非经典逻辑中的一种，研究如何处理含有时间信息的事件的命题和谓词。现在通常称为时序逻辑的计算机系统，就出现在这一年，他在子编程语言与系统验证方面做出的杰出贡献具有里程碑意义。"伯努利实现了这一逻辑，这是计算机科学的完美契合"，赖斯大学计算工程的摩西教授如是说。1996 年图灵奖颁奖典礼上，该奖项评价伯努利 1977 年的论文"引发了对系统的动态行为推理的基本模式转变"。

伯努利与中国的渊源甚深。他与我国著名逻辑和软件学家唐稚松（1925—2008）是至交，二人均是时态逻辑方面的领跑人。唐稚松提出了世界上第一个可执行时序逻辑语言 XYZ/E。如果说伯努利获 1996 年图灵奖的最大贡献，是开创性地将时序逻辑引入计算科学，那么唐稚松则是第一次将这种时序逻辑形式化理论与最新软件技术结合起来，应用该语言将状态转换的控制机制引入逻辑系统之中。伯努利赴美接受图灵奖前夕，在写给唐稚松的信中说："我完全相信，由于使时态逻辑成为具有'深远影响'的理念，你应该分享这一荣誉（指图灵奖）中一个很有意义的部分。"

4.1 基本概念

4.1.1 过程的离散化

在绪论部分介绍过本书解决问题的核心思想是**数值、时间和任务的离散化**。**数量的离**

散化是变量数值维度的离散化,为数字电路系统提供了实际物理变量的表征方式。**过程的离散化**是计算任务在时间维度上的离散化,具体是指将一个算法的运算过程离散化为一系列状态和状态转移的过程,其意义在于将复杂的实际问题求解过程抽象成可以在有限步内使用数字逻辑方法进行处理的有限状态机模型。因此,**过程的离散化**是时序逻辑电路设计的核心思想。

在绪论部分通过"人、羊、狼、白菜渡河"的"应用题"来帮助读者理解过程离散化的基本思想,以及状态和状态转移的基本概念。下面通过一个实际电路设计的例子来进一步理解过程离散化与时序逻辑电路中的时钟、状态和有限状态机的基本联系。

假设实现一个累加运算:$y = f(x) = 1 + 2 + 3 + \cdots + x$,且有多个基于组合逻辑的二输入加法器,还需要添加哪些模块才能实现 $y = f(x)$ 的累加功能电路? 第一步是过程离散化,也就是将完整的累加计算过程离散化成多个独立的加法操作 $\text{sum}_t = \text{sum}_{t-1} + \text{adder}_t$,如下所示(假设 $x = 4$):

$$\text{step1:} \ \text{sum}_1 = \text{sum}_0 + \text{adder}_1 = 0 + 1 = 1 \tag{4-1}$$

$$\text{step2:} \ \text{sum}_2 = \text{sum}_1 + \text{adder}_2 = 1 + 2 = 3 \tag{4-2}$$

$$\text{step3:} \ \text{sum}_3 = \text{sum}_2 + \text{adder}_3 = 3 + 3 = 6 \tag{4-3}$$

$$\text{step4:} \ y = \text{sum}_4 = \text{sum}_3 + \text{adder}_4 = 6 + 4 = 10 \tag{4-4}$$

第二步是设计组合逻辑电路,即每一步的基本计算模块。假设只使用两个二输入加法器(不考虑溢出的情况),如图 4-2 所示。其中加法器 1 用来生成每一步累加计算的加数 adder(即第一步的 2,第二步的 3,第三步的 4,……),这可以通过多次和 1 累加来实现(即 $\text{adder}_t = \text{adder}_{t-1} + 1$)。加法器 2 则用来执行每一步累加的加法操作 $\text{sum}_t = \text{sum}_{t-1} + \text{adder}_t$。

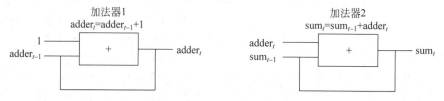

图 4-2　累加器的基本计算模块,两个基于组合逻辑的二输入加法器示意图

第三步是保存中间结果,也就是累加操作中每一步的中间结果 sum_t 和加数 adder_t。假设直接采用组合逻辑的方式将每个加法器的输出和对应的输入用互连线直接相连,会存在哪些问题(加法器的输入 adder_{t-1} 和 sum_{t-1} 都初始化为 0)? 理想情况下,两个加法器的延时应该是完全一致的,电路能正常工作(按照预期产生输出结果)。然而实际情况会更为复杂,假设加法器 1 的延时要慢于加法器 2,那么第一次累加的结果可能会变成 $1 + 1 = 2$,不符合预期的 $1 + 2 = 3$。虽然可以通过调节组合逻辑不同模块的延时来尽可能消除这种错误,但是其复杂性会随着数字系统中单元数量的增多而进一步增加,从而导致预测数字系统计算行为的设计成本过于高昂。

上述问题的主要原因之一在于电路器件和生产工艺所导致的延时不可靠性。为了消除延时不可靠性的影响,一种简单有效的方式就是在电路中引入节拍的概念。举例来说,男生和女生一起跳交际舞,若各自按照自己的节奏移动舞步,则很可能出现互相踩脚的不协调情形。因此,两人必须按照音乐的节奏一起移动舞步才能协同完成一支完美的舞曲。数字电路设计也需要一个固定的节拍来协调所有模块的操作,用确定性的时刻来消除电路本身的不可靠性。这里所提到的节拍其实就是时钟的概念,而基于时钟所设计的存储记忆模块就是寄存器。系统中的寄存器以时钟信号为节拍在每个固定的时刻一起更新或保存中间结果,避免各自为政的混乱,以简单、低成本的方式确保了数字电路系统的可预测性和高可靠性。如图 4-3 所示,通过在组合逻辑的反馈环路中插入时钟控制的寄存器,可以确保两个加法器以相同的节拍来更新数据。

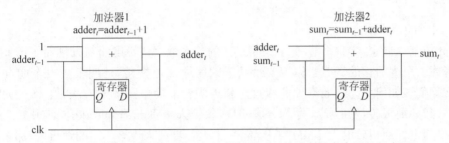

图 4-3　基于组合逻辑的二输入加法器与基于时钟控制的寄存器的示意图

最后一步是设计有限状态机,也就是有"哪些"状态以及状态"如何"转移。关于状态和有限状态机的基本概念会在本章后续小节详细介绍,这里仍以累加器来简单阐述。直观来说,状态描述了累加器在什么时刻应该做什么事情,如图 4-4 所示。举例来说,定义三个状态:"初始"状态需要初始化加法器的输入和寄存器的值并等待输入,"计算"状态需要根据输入 x 来完成多次累加计算 $f(x)$,"输出"状态则在累加完成后输出累加结果 y。状态转移则描述了这三个状态是根据什么条件进行切换的,比如"初始"状态在输入无效(为 0)时保持原状态不变,输入有效时就切换到"计算"状态,而"计算"状态在完成 $x-1$ 次累加后就切换到"输出"状态,最终"输出"状态完成结果输出后恢复到"初始"状态以等待下一次计算。

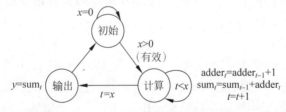

图 4-4　累加器的有限状态机示意图

通过累加器的例子可以看出,过程的离散化与时序逻辑电路的设计是紧密关联的。其中,过程离散化涉及时钟、状态和有限状态机等时序逻辑电路特有的基本概念,也引入了寄存器这类基本时序逻辑电路单元。接下来将对时钟、状态、时序逻辑电路、有限状态机和基本时序逻辑电路单元进行详细阐述。

胡世华在20世纪30年代建立了拓扑空间"非完整点"的概念和理论。40—50年代建立了将具有函数完全性的较少值逻辑嵌入较多值逻辑中的系统方法。60年代初在国际上首先建立了字(有穷基自由半群)上的递归函数和递归算法理论。70年代对算法语言的描述问题作了深入研究。80—90年代在递归算法的基础上研究了可计算函数在证明论中的应用。

4.1.2　时钟

1. 时钟的基本概念

在介绍基本概念之前,请思考一个问题:"为什么数字逻辑电路与处理器中需要时钟?"首先,考虑一个生活化的场景:你需要给新家的客厅铺地板砖,还叫上了三个朋友一起帮忙,那么你们该如何一起高效率地完成这个任务呢?最简单高效的方法是:你先去统一采购规格一致的地板砖,然后把客厅均分成四块,每个人负责一部分区域,同步开始工作。如果不事先规定好地板砖的大小和分工区域,每个人各自买来规格不一的地板砖,那么你在协调所有人干活时一定会遇到很多头疼的问题,导致工作效率大打折扣。

类似地,数字逻辑电路和处理器也是由多个模块或单元组成的,它们之间以协同工作的方式完成某个具体的任务。如果模块或单元之间没有一个固定的同步频率(即规格不一的地板砖),不一致的工作步调会导致沟通效率打折扣,并且使得整体设计复杂度提高。因此,为了简化数字电路设计,需要引入一个统一的、周期性的、固定频率的协同步调(即规格一致的地板砖),所有模块和单元都在固定的时刻去进行协同交互,这个重要的信号就是**时钟**(clock)。

时钟信号是时序逻辑电路的基础,它用于决定逻辑单元中的状态何时更新,是有固定周期并与运行过程、状态无关的信号量。时钟信号是一种特殊的周期信号,处于振荡的高和低的状态之间,通过时钟的节拍可以协调数字电路中各个模块和单元同步执行。时钟信号保证所有的元件都能在同一时刻改变状态,这样的数字电路称为**同步时序电路**。

2. 时钟的特性参数

时钟的**周期**(period)是指从时钟的一个上升沿(从低电平到高电平)到下一个上升沿的时间间隔,时钟的周期等于**时钟频率**(frequency)的倒数。最常见的时钟信号为方波信号,其中方波是一种特殊的矩形波。矩形波信号中高电平在一个周期内所占的时间比例称为**占空比**(duty-cycle),而方波信号的占空比为50%,即高电平和低电平在一个周期内的时间比例相等。

电路中存在的电容充放电效应使得实际的时钟信号不是理想方波(理想情况下高低电平的转换是瞬间完成的),因此需要考虑时钟信号中高低电平的转换时间。如图4-5所示,时钟信号的上升时间 t_r 为低电平到高电平的转换时间,对应着时钟信号的**上升沿**(leading)的电压幅度从最高电压幅度 V_{IH} 的 10%(V_{ILmax})转换到 90%(V_{IHmin})所需要的时间。时钟信号的下降时间 t_f 为高电平到低电平的转换时间,对应着时钟信号的**下降沿**(trailing)的电压幅度从最高电压幅度 V_{IH} 的 90%(V_{IHmin})转换到 10%(V_{ILmax})所需要的时间。实际上,任何信号都有**摆率**(slew rate),定义为单位时间内电压升高/下降的幅度。注意,本章的上升时间 t_r 和下降时间 t_f 的定义中所规定的电压幅度范围($10\%\sim90\%$)是一种常见定义,也有定义规定为 $20\%\sim80\%$,请以实际手册为准。

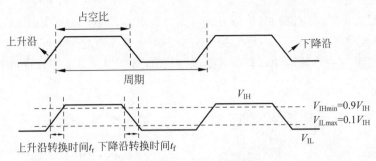

图 4-5　时钟信号的特性参数

3. 时钟信号的产生

可以利用电路中的延时特性,采用反相器或者环形振荡器来产生方波信号作为时钟信号。目前的大规模数字集成电路采用晶振加锁相环(PLL)的方式来生成高频稳定的时钟信号。本节利用反相器产生时钟信号,其原理如图 4-6 所示,其中 5 个反相器的延时都是 t_{pd}(传播延时 propagation delay 的缩写)。由于延时的存在,信号 B 会比信号 A 慢一个延时节拍。信号 C 会比信号 B 慢一个延时节拍,比信号 A 慢两个延时节拍,以此类推,信号 F 比信号 A 慢五个延时节拍,同时反向输出与 A 的输入相连。当输入信号在最后一级出现时,它将作为互补值反馈回第一级,且这个传递过程将重复下去,以此产生周期为 10 个延时节拍,占空比为 50% 的矩形波信号。按此原理,只要是奇数个反相器相连(至少 3 个),都可以产生不同长度的方波时钟信号。

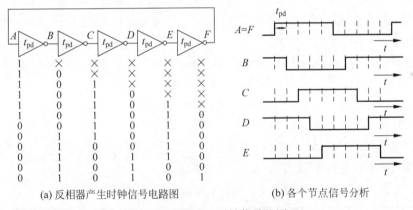

(a) 反相器产生时钟信号电路图　　　　　　(b) 各个节点信号分析

图 4-6　反相器产生时钟信号的原理

同步数字电路的关键在于对信号事件顺序的决定和处理,即处理数据与各种时钟信号之间的同步问题。当数据与采样时钟异步时,就需要进行同步处理。当数据同步于一个时钟源,而又要传送到另一个时钟源(不同频率/相位)进行处理时,也需要进行同步处理。在这种情况下,信号跨越了时钟域,它必须同步于新的时钟域。一个**时钟域**(clock domain)就是所有同步于同一个时钟信号的信号集合。同一个时钟域中的信号只能由同一个时钟的时钟沿(上升沿或下降沿)来触发,在时隙内,所有的信号不会发生变化。如图 4-7 所示,时钟域 1 和时钟域 2 分别是两个互相独立的时钟域,它们各自有一个独立的时钟源信号。同一个时钟源内部的所有信号都同步于其内部的同一个时钟源信号。若在两个不同的时钟域之间传递数据,则存在**跨时钟域**(clock domain crossing,CDC)**问题**。跨时钟域可能导致的问题主要是**亚稳态**,是指本应该被时钟信号正确采样的数据出现不稳定或不确定的情形。为了消除跨时钟域的亚稳态问题,一种解决方案是在两个时钟源之间引入同步器,即两个串联的触发器,实现跨时钟源的时钟对齐与数据交互,如图 4-7 所示。4.5 节将对亚稳态和同步错误进行详细介绍。

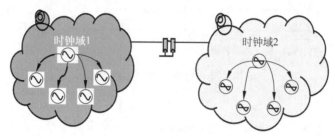

图 4-7　跨时钟域示意图

表 4-1 根据信号与时钟的同步关系总结分类出六种不同的数字电路类型。同步时序电路的特征在于信号与时钟是同频同相位,信号也具备周期性变化的特征,因此可以直接用时钟信号对信号进行采样。

当频率和相位存在差异时,无法实现时钟和信号的完全同步。根据频率和相位的差异类型,可以定义出亚同步时序电路和准同步时序电路。亚同步时序电路的特点在于信号与时钟仍是同频的,但是存在着任意的相位差。这种情况是相对容易修正的,只需要信号或时钟延时固定的相位之后,即可实现与同步时序电路一样准确的信号采样。另一种情况是频率接近且相位差异变化缓慢,这时需要设计延时可变的相位同步器,相比亚同步下延时固定相位的情况更为复杂。

与同步时序电路相对的电路是异步时序电路,这种情况下信号不具备周期性,信号可能在任意时刻发生改变,因此需要完全的同步器或缓冲器设计。

除了同步时序电路和异步时序电路之外,两种特殊的数字逻辑电路为周期性电路和无时钟电路。后者的系统中没有全局的绝对时钟,整个系统只有事件传递的先后顺序,与组合逻辑电路的基本概念相一致。前者中的周期性主要侧重于信号本身,主要可以利用信号的周期性来预测何时在时钟信号的"不安全"部分发生变化。

表 4-1　信号与时钟同步分类

分类	周期性	$\Delta\phi$	Δf	描　述
同步	是	0	0	信号与时钟同频同相位,可以用时钟信号直接对信号采样
亚同步	是	ϕ_c	0	信号与时钟同频,但是有任意的相位差异,信号或者时钟延时固定的相位之后,可以准确地利用时钟对信号进行采样
准同步	是	可变	$f_d < \varepsilon$	信号与时钟频率接近,相位差异缓慢变化。信号或者时钟延时可变的相位之后,可以准确地利用时钟对信号进行采样
周期性	是		$f_d > \varepsilon$	信号是具有任意频率的周期性信号,信号的周期性可以用来预测何时在时钟信号的"不安全"部分发生变化
异步	无			信号在任意时刻出现。需要完全的同步器
无时钟	无			系统没有全局的绝对时钟,整个系统只有事件传递的先后顺序

4.1.3 时序逻辑电路分类

回顾一下组合逻辑电路的定义：组合电路产生的输出仅取决于其当前的输入，并且组合逻辑电路必须是非闭环的(即没有反馈)。本章开头介绍过，时序逻辑电路的输出不仅取决于其当前输入，还取决于先前输入的历史信息。因此，将组合逻辑电路变成时序逻辑电路的一种方式便是将反馈添加到组合逻辑电路中，以形成如图 4-8 所示的闭环电路。反馈构成的闭环允许电路将输入的历史信息以状态的形式存储起来，并对当前的输出和下一个状态的变化产生作用。因此，时序逻辑电路具有如下特点：**时序逻辑电路的输出是输入和当前状态的函数，并且它的下一个状态也是输入和当前状态的函数。**以

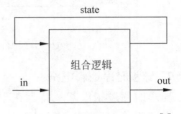

图 4-8 时序逻辑电路示意图[1]

接下来将要介绍的双稳态单元为例，上方反相器的输出 Q 既是输出又是状态，并且作为状态变量反馈到下方反相器的输入端。后续介绍的各种锁存器和触发器可以进一步说明状态 Q 的输出端到输入端的反馈流程对状态转移和输出结果的影响。

1. 同步时序逻辑电路

同步时序逻辑电路使用触发器(一种基本时序逻辑单元)来确保所有状态变量同时更改状态，即同步到时钟信号。同步时序逻辑电路示意图如图 4-9 所示，该电路的状态反馈环路被一个 D 触发器断开。下面介绍该 D 触发器的功能，简单来说，D 触发器是在时钟信号的上升沿(或下降沿)用输入来更新输出，并且在所有其他时间(如时钟的高/低电平或相反的时钟边沿)其输出保持稳定。将 D 触发器插入反馈环路能确保状态变化与时钟相同步。实际的同步时序电路中可能采用多个触发器，这时要求电路中的所有触发器使用同一个时钟，从而约束所有状态都在同一个时刻发生变化。

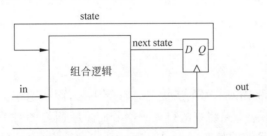

图 4-9 同步时序逻辑电路示意图，该例子中 D 触发器作为时钟存储单元[1]

图 4-10 的时序图说明了同步时序逻辑电路的基本操作流程。在每个时钟周期内，一个由输入和当前状态构成的组合逻辑函数所定义的组合逻辑电路模块负责计算下一个状态和输出(时序图中未显示)。在时钟的每个上升沿，当前状态将用在前一个时钟周期内计算出的下一个状态进行更新。例如，在图 4-10 的第一个时钟周期内，当前状态为 S_1，输入在时钟周期结束前变为 B。然后，组合逻辑计算下一个状态 $S_2 = f(B, S_1)$。在该时钟周期结束时，时钟沿再次上升，将当前状态更新为 S_2。状态将一直保持为 S_2，直到时钟到达下一次上升沿。因此，可以通过逐个周期的方式来分析同步时序逻辑电路。某一个时钟周期内的下一个状态和输出只依赖于当前周期的状态和输入，并且在每个时钟的上升沿，当前状态会

转移到下一个状态。

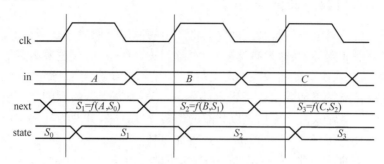

图 4-10　同步时序电路的时序图,状态在每一个时钟上升沿发生变化[1]

2. 异步时序逻辑电路

异步时序逻辑电路的特点在于电路改变状态是异步的,比如没有时钟的时序逻辑电路或者电路中触发器不一定使用同一个时钟。图 4-11 给出了由 3 个 JK 触发器相联的异步时序逻辑电路的简单示例。第一个触发器 FF_0 的时钟输入为时钟信号 CP_0,而后两个 JK 触发器的时钟信号输入分别是前一个 JK 触发器的输出,这使得每个触发器不一定在同一时刻发生状态的改变,因而每个触发器的状态变化是异步的。

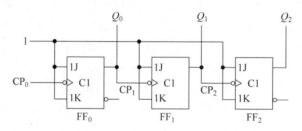

图 4-11　异步时序逻辑电路的例子,3 个 JK 触发器相联

4.1.4　有限状态机

1. 状态的基本概念

时序逻辑电路需要将输入信号的历史信息存储下来,而状态变量的取值就是用来记录电路过去的信息,从而影响电路将来的行为。信号与系统研究中对于状态的定义与数字电路是一致的:一个动态系统的**状态**(state)是表示系统的一组最少变量(称为状态变量),只要知道时间 $t=t_0$ 时的这组变量和 $t \geqslant t_0$ 时的输入,就能完全确定系统在任何时间 $t \geqslant t_0$ 时的行为。

一般而言,计算机中的状态通常是用二进制表示的,二进制的基本状态有两个:0 状态(又称复位):$Q=0$;1 状态(又称置位):$Q=1$。实际的数字电路系统中的总状态数远大于两个,这时需要一组数字序列的编码来表示不同的状态,4.4 节将介绍状态的分配和编码。

实际电路中通常使用二进制,是因为基本电路单元可以方便地表示二进制变量。如图 4-12 所示的**双稳态单元**电路即表示状态的基本单元。当 $x=0$ 且 $y=1$ 时,两个反相器的输出分别为 $\bar{x}=1,Q=1$ 和 $\bar{y}=0,\bar{Q}=0$。注意,下方反相器的输出 $\bar{y}$ 和上方反相器的输入 x 相连,上方反相器的输出 $\bar{x}$ 和下方反相器的输入 y 相连,并且 $\bar{y}=x=0$,意味着形成了一个稳定的反馈,将状态 $\bar{Q}=0$"锁"存住了;类似地,上方反相器的输出 $\bar{x}$ 和下方反相器的输入 y 相连,并且 $\bar{x}=y=1$,同样将状态 Q 稳定地"锁"存住了,从而形成了两个稳定的状态 Q 和 $\bar{Q}$,这便是双稳态单元名称的由来。值得一提的是,该双稳态单元正是 SRAM 的基本存储单元,后面要介绍的锁存器和寄存器都是基于双稳态单元的思想进行设计的。注意,x 和 y 不能同时为 1 或 0,否则当反相器的输出反馈

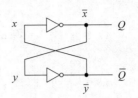

图 4-12　双稳态单元电路

回另一个反相器的输入时,会产生竞争现象而导致电路不稳定,因此这是双稳态单元所不允许的输入情况。

2. 基础数学概念

状态机是一个离散数学模型,给定一个输入集合,根据对输入的接收次序来决定一个输出集合,这与时序逻辑电路的特点相符。在计算机科学与工程中,有限状态机是常用的设计模型。有限状态机的输入集合和输出集合都是有限的,且状态数目也是有限的。其包含的设计模型包括状态集合、状态转移集合、关联于状态的操作集合、关联于转移的操作集合、同时关联于状态和转移的操作集合。

有限状态机可以表达为六元组 $<S,I,O,s_0,f,h>$。有限状态集合 S 描述系统所处的状态,有限输入符号集合 I 描述系统接收的输入信息,有限输出符号集合 O 描述系统的输出信息。初始状态 s_0 是系统的初始状态,s_0 是 S 的一个元素。状态转移规则 f 描述系统从一个状态转移到另一个状态的规则,输出规则 h 描述系统根据当前状态(和输入)决定输出的规则。

考虑一个简单例子来说明如何利用有限状态机的六元组进行分析。闹钟的主要功能是在目标时间实现响铃,允许使用者设置闹铃时间并且能够重置时钟的时间。基于这些功能的需求分析,可以定义状态集合 $S(t,d)$,t 是当前时间,d 是目标闹铃时间;输入符号集合 I:⟨set(t),reset⟩,set(t)实现输入某一个时间作为目标时间的功能,reset 实现时钟的重置功能;输出符号集合 O:⟨ring,silent⟩,对应响铃或不响;状态转移函数 S.t=reset? 0:(S.t+1),S.d=set? I.t:S.d,前一个函数代表闹钟正常的计时和复位功能,后一个函数代表闹钟的定时闹铃功能;操作集合 h:O=(S.t==S.d)? ring:silent,即当闹钟时间等于目标闹铃时间时,进行响铃操作,否则不响;最后是定义初始状态 s_0:S.t=0,S.d=1000。

3. 有限状态机的分类

有限状态机通常分为两类:米利(Mealy)机和摩尔(Moore)机。

米利机的概念最早由 G. H. Mealy 在 1951 年的论文《一种综合时序逻辑电路的方法》[2]中提出。如图 4-13 所示,米利机的次态由当前的状态和输入共同决定,状态转移规则可以定义为 $f:S\times I\rightarrow S$。米利机的输出依赖于当前的状态和输入,其输出规则可以定义为 $h:S\times I\rightarrow O$。

摩尔机的概念是由 E. F. Moore 在 1956 年的论文《Gedanken-在时序逻辑机器上进行实验》[3]中提出的。如图 4-14 所示,摩尔机的状态转移规则与米利机一致,即次态由当前的状态和输入共同决定,状态转移规则可以定义为 $f:S\times I\rightarrow S$。摩尔机的输出只依赖于电路当前的状态,与当前的输入无关,其输出规则可以定义为 $h:S\rightarrow O$。

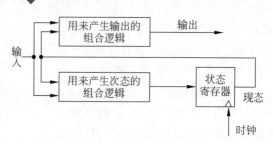

图 4-13 米利机示意图,输出依赖于当前的状态和输入

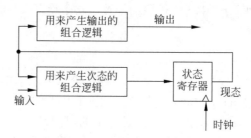

图 4-14 摩尔机示意图,输出只依赖于电路当前的状态,与当前输入无关

4. 有限状态机的描述方法

状态转移表包括一维状态转移表和二维状态转移表。一维状态转移表的每一行通常包括输入、当前状态、下一个状态(次态)和输出,每一行代表一种输入和当前状态组合下的状态转移模式。二维状态转移表是一个更加直观的表现形式,通过将输入和当前状态分别作为行和列,可以得到如表 4-2 所示的二维表格。第一行 I 代表输入条件,最左列 S 代表当前状态。表的内容 S/O 代表对应输入和当前状态组合下的下一个状态(次态)/输出。

表 4-2 二维状态转移表

当前状态	输 入			
	I_1	I_2	$\cdots$	I_n
S_1	—	S_j/O_y	$\cdots$	—
S_2	—	—	$\cdots$	S_i/O_x
$\cdots$	$\cdots$	$\cdots$	$\cdots$	$\cdots$
S_m	S_k/O_z	—	$\cdots$	—

状态转移图通过圆圈以及圆圈中的符号表示不同的状态,用箭头以及箭头上的输入符号表示状态转移的方式。摩尔机和米利机在状态转移图上的主要区别在于,摩尔机将输出和状态一起标在圆圈内,说明摩尔机的输出仅依赖于当前状态;米利机则将输出标在状态转移的箭头上,说明米利机的输出不仅依赖于当前状态,还依赖于输入,如图 4-15 所示。

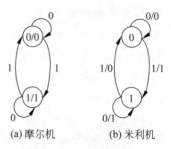

(a)摩尔机   (b)米利机

图 4-15 状态转移图对比

5. Verilog 示例——米利机

图 4-15 中米利机的行为级 Verilog 代码如图 4-16 所示。这里采用经典的三段式 always 块描述有限状态机的行为级 RTL 实现。第一个 always 块主要用于描述次态转移关

系,通过 always 的触发条件可以知道,这部分是基于组合逻辑来实现的。采用 case 语句判断当前状态,再根据输入信号决定下一个状态的转移情况。第二个 always 块主要通过时序逻辑描述状态寄存器的变化,并且通过同步复位的方式将初始状态设置为 0。第三个 always 块则通过组合逻辑描述输出规则,同样是先通过 case 语句判断当前状态,再基于 if 条件语句判断不同输入信号情况下的输出情况。

6. Verilog 示例——摩尔机

图 4-15 中摩尔机的行为级 Verilog 代码如图 4-17 所示。同样采用经典的三段式 always 块描述有限状态机的行为级 RTL 实现。可以发现,摩尔机与米利机的差异主要体现在第三个 always 块上。因为摩尔机的输出只与当前状态有关,因此仅需 case 语句判断当前状态即可得到对应的输出情况,无需再通过 if 条件语句判断输入信号对输出的影响。

```verilog
// 米利机
module MEALY_STATE_MACHINE(clk, rst_n, in, out);
  input clk, rst_n; //时钟、复位信号
  input in; //输入
  output reg out; //输出

  reg current_state, next_state; //现态寄存器,次态寄存器
  parameter s0 = 0, s1 = 1; //状态编码

  //用组合逻辑描述次态转移关系
  always @(current_state or in) begin
    case (current_state)
      s0: if (in) next_state <= s1;
          else if (!in) next_state <= s0;
      s1: if (in) next_state <= s0;
          else if (!in) next_state <= s1;
      default: next_state<=s0;
    endcase
  end

  //用时序逻辑描述现态到次态的变化
  always @(posedge clk) begin
    if (rst_n) current_state <= s0;
    else current_state <= next_state;
  end

  //用组合逻辑描述米利机的输出（与输入和状态有关）
  always @(current_state or in) begin
    case (current_state)
      s0: if (in) out <= 1;
          else if (!in) out <= 0;
      s1: if (in) out <= 0;
          else if (!in) out <= 1;
      default: out <= x;
    endcase
  end
endmodule
```

图 4-16 米利有限状态机的 Verilog 代码

```verilog
// 摩尔机
module MOORE_STATE_MACHINE(clk, rst_n, in, out);
  input clk, rst_n; //时钟、复位信号
  input in; //输入
  output reg out; //输出

  reg current_state, next_state; //现态寄存器,次态寄存器
  parameter s0 = 0, s1 = 1; //状态编码

  //用组合逻辑描述次态转移关系
  always @(current_state or in) begin
    case (current_state)
      s0: if (in) next_state <= s1;
          else if (!in) next_state <= s0;
      s1: if (in) next_state <= s0;
          else if (!in) next_state <= s1;
      default: next_state<=s0;
    endcase
  end

  //用时序逻辑描述现态到次态的变化
  always @(posedge clk) begin
    if (rst_n) current_state <= s0;
    else current_state <= next_state;
  end

  //用组合逻辑描述摩尔机的输出（仅与状态有关）
  always @(current_state) begin
    case (current_state)
      s0: out <= 0;
      s1: out <= 1;
      default: out <= x;
    endcase
  end
endmodule
```

图 4-17 摩尔有限状态机的 Verilog 代码

4.2 基本时序逻辑单元

时序逻辑的基本单元能完成状态的受控更新与保存,用这种基本功能构成各种纷繁复杂的时序逻辑电路,是数字化时代的基础。而最基本的时序逻辑单元——触发器的发明还得回溯到 100 多年前。1918 年 6 月,威廉姆·埃克尔斯(William Eccles)和 F. W. 乔丹(F. W. Jordan)申请了触发器专利,成为时序逻辑电路发展的里程碑。

本节中,将首先介绍基本的时序逻辑单元——锁存器和触发器。然后,将说明时序逻辑单元的基本时序参数和它们对电路设计所带来的影响。为了避免概念的混淆,统一定义**锁存器是基于时钟电平控制的基本时序逻辑单元**,**触发器是基于时钟边沿控制的基本时序逻辑单元**。

4.2.1 锁存器

1. 定义

一般的锁存器在任意时刻都连续监测其输入,并改变其输出状态,与有无时钟信号无关。但是,锁存器中也可以有时钟信号作为控制端,在时钟信号有效期间检测输入取值,并且输出随输入变化,称为信号的**透明性**。因此锁存器是基于时钟电平(脉宽)对输出状态进行控制的基本时序逻辑单元。在实际生活中,锁存器广泛应用于计算机或数字系统的输入缓冲电路,将输入信号暂时寄存以等待处理。一方面是因为计算机或数字系统的操作都是有序进行的,通常不可能信号一到即刻处理。另一方面,使用锁存器可防止输入信号的各个比特位到达时间不一致造成竞争与冒险的现象。下面将对一种最常见且最基本的锁存器,**复位-置位锁存器**(reset-set latch,RS Latch)进行介绍。

2. RS 锁存器

锁存器和后面要介绍的触发器的实现方式通常有两种,分别是逻辑门实现和传输门实现。前者是最早的传统时序逻辑单元的实现方式,而后者则是现代化大规模数字集成电路最常用的实现方式。这里首先给出一个基于逻辑门的锁存器实例,随后给出典型的基于传输门的锁存器和触发器实例。读者可以参考本章的拓展阅读部分来了解其他传统的锁存器和触发器实例。

基于逻辑门的锁存器和触发器的基本单元通常是或非门或者与非门,这里将对基于或非门的 RS 锁存器的电路进行介绍,如图 4-18 所示。其中 S 是置位端,R 是复位端。相应的功能表如表 4-3 所示。回顾或非门的二输入特性,当其中一个输入为 1 时,或非门的输出一定为 0。因此,当 $S=0$ 且 $R=1$ 时,输出状态 Q 会被**复位**成 0,下方的或非门的两输入都为 0,因此输出状态 $\bar{Q}$ 为 1;当 $S=1$ 且 $R=0$ 时,输出状态 $\bar{Q}$ 被复位为 0,上方的或非门的两输入都为 0,因此输出状态 Q 会被**置位**为 1;当 $S=R=0$ 时,此时的或非门可以视为一个单输入的非门,从而构成了一个双稳态单元,输出状态 Q 和 $\bar{Q}$ 保持不变;当 $S=1$ 且 $R=1$ 时,两个或非门的输出都被复位成 0,可以知道此时 Q 和 $\bar{Q}$ 都是 0。

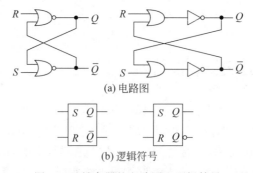

(a) 电路图

(b) 逻辑符号

图 4-18　锁存器的电路图和逻辑符号

表 4-3　RS 锁存器的功能表

R	S	Q^+	$\bar{Q}^+$
1	0	0	1
0	1	1	0

续表

R	S	Q^+	$\bar{Q}^+$
0	0	Q	$\bar{Q}$
1	1	0	0

这样看上去似乎没问题,实际上当 R 和 S 从 1 同时变为 0 时会产生不稳定的现象。因为两个或非门的输出会从 0 变为 1,并且反馈回两个或非门的输入,使得输出又从 1 变 0,从而产生了类似振荡的不稳定情况。而在实际电路中,RS 锁存器并不会无限地在状态 00 和 11 之间振荡下去,而是有时停留在状态 01,有时停留在状态 10。这主要是由于时序逻辑电路存在竞争的现象所导致的。而竞争是不可预测的,它与最终电路产生的状态和时间相关。可以通过约束输入来避免竞争条件的产生,因此必须保证 $SR=0$,次态方程满足 $Q^+=S+\bar{R}Q$,才能避免竞争条件出现。相应的状态转移图如图 4-19 所示。

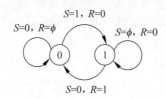

图 4-19 RS 锁存器的状态转移图(输入约束 $RS=0$)

时序电路的行为通常可以用时序图进行阐述,图 4-20 给出了 RS 锁存器的时序图。时序图中的波形显示了不同信号随着时间的变化情况。时间从左到右推进,同时每个箭头体现了在某一个时刻或某一段时间一个信号的变化对另一个信号的变化所产生的影响和结果。

初始状态下,Q 是一个未知状态,可能为高或者低,因此同时用高低两种线条进行表示。在 t_1 时刻,复位信号 R 有效使得 Q 拉低,即触发了锁存器的复位操作。在 t_2 时刻,置位信号 S 有效使得 Q 拉高,即触发了锁存器的置位操作。

类似地,t_3 时刻又触发了复位操作使得 Q 被拉低。在其他 $R=S=0$ 的时刻,Q 没有发生变化,体现了 RS 锁存器的状态锁存功能。注意,时序图中不存在 $R=S=1$ 的情况,这说明是输入满足 $SR=0$ 约束的。RS 锁存器本质也是电平控制的,即在满足输入约束 $SR=0$ 的情况下,输入 S 或 R 的电平有效期间才可以实现对输出 Q 的控制。

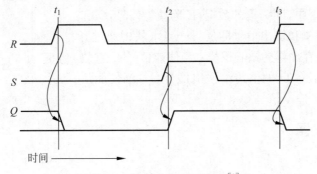

图 4-20 RS 锁存器的时序图[1]

3. 门控 D 锁存器

回顾第 3 章介绍的**传输门逻辑电路**，CMOS 传输门通常是由一个 NMOS 管和一个 PMOS 管并联成的可控的开关电路，基于传输门可以实现锁存器和触发器。图 4-21 是一种常见的基于传输门实现的门控 D 锁存器电路。以图 4-21(a)为例说明其电路结构，包含两个分别由时钟信号 CLK 和 $\overline{\text{CLK}}$ 控制的传输门和三个反相器。输入 D 经过一个反相器连接到下方的第一个传输门，两个传输门的右侧输出 B 经过一个反相器后的节点为输出 Q，输出 Q 经过一个反相器连接到上方反相器的左侧输入 A。

以图 4-21(b)为例说明该门控 D 锁存器的工作原理，这里以 CLK 作为门控信号。当 CLK 为高时，上方的传输门打开，输入信号 D 经过两次非门传到 Q，实现对状态 Q 的改变；同时，下方的传输门处于关闭状态，因此 A 处的信号无法传输至 B 处。

当 CLK 为低时，上方的传输门关闭，下方的传输门打开，因此输入信号 D 无法影响到输出 Q，而状态 Q 可以通过"A—B—反相器—Q—反相器—A"的环路实现对信号的锁存操作。

简单来说，当时钟信号 CLK 为高电平时，输入信号 D 可以改变输出状态 Q，当时钟信号 CLK 为低电平时，输出状态 Q 保持不变且维持稳定。因此，时钟信号 CLK 以门控信号的形式实现对输出状态 Q 的控制。这符合锁存器的电平控制机制，即在时钟信号 CLK 的高电平期间，门控 D 锁存器的输入可以"透明"地传输至输出，而实际的锁存操作发生在时钟信号 CLK 的下降沿处。

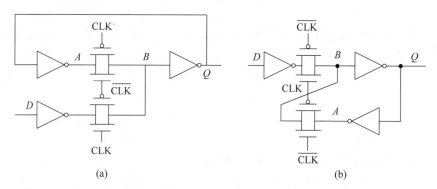

(a)   (b)

图 4-21　门控 D 锁存器的传输门实现，图(a)和图(b)是两种等价的电路图画法

4. Verilog 示例——D 锁存器

D 锁存器的行为级 Verilog 代码实现如图 4-22 所示。该行为级 RTL 实现中，D 为输入数据，E 为使能信号，Q 和 Q_n 分别为输出信号和输出信号的反。always 块中通过 if 条件判断来实现锁存操作的核心逻辑：当使能信号 E 有效时(高电平)，输入信号 D 的值传给输出信号 Q。当使能信号无效时(低电平)，输出信号 Q 即保持不变。

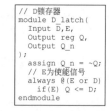

```
// D锁存器
module D_latch(
  Input D,E,
  Output reg Q,
  Output Q_n
);
  assign Q_n = ~Q;
  // E为使能信号
  always @(E or D)
    if(E) Q <= D;
endmodule
```

图 4-22　D 锁存器的 Verilog 代码

4.2.2　触发器

1. 定义

锁存器的基本特性在于，即使有时钟信号作为控制端，在时钟电平信号有效(高/低电

平)期间,锁存器将时刻监测输入值并暂存,具有透明性。但有时,这种透明性也会带来一定的困扰,并不被需要。例如,由于输入信号的不稳定,可能有不需要的信号波动或毛刺等,这时用锁存器可能导致整个系统的不稳定和不可靠。本节将介绍另一种重要的基本时序逻辑单元——**触发器**。触发器仅在时钟信号边沿采样输入,并改变其输出状态,即基于时钟信号边沿触发实现对输出状态的控制。由于时钟信号的边沿持续时间远小于电平持续时间,触发器可以避免锁存器的透明性。常见的触发器主要是基于主从结构实现的,也存在非主从结构的触发器实现,本节介绍基于主从结构的 D 触发器。4.7.1 节展示了主从 RS 触发器的实现细节,感兴趣的读者可以进一步地学习。

2. D 触发器

D 触发器是数字逻辑电路中最常用的触发器。D 触发器的实现包括基于逻辑门和传输门的两种方式,目前大规模数字集成电路基本都采用基于传输门的 D 触发器实现,因此接下来将重点介绍基于传输门实现的 D 触发器。对于基于逻辑门实现的 D 触发器,感兴趣的读者可以参考 4.7.1 节进行学习。

基于传输门实现的边沿 D 触发器电路如图 4-23 所示,两个基于传输门实现的门控 D 锁存器分别作为主触发器和从触发器,主触发器的中间输出状态 Q_M 连接到从触发器的输入反相器 I_4,最终输出状态为从触发器的输出 Q,两者共同组合成一个主从结构的上升沿触发的 D 触发器。

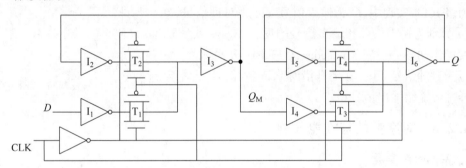

图 4-23　基于传输门实现的主从 D 触发器电路图

如前所述,每个门控 D 锁存器包含两个传输门和三个反相器。除此之外,时钟信号的输入部分还需要一个反相器,来实现主触发器和从触发器之间相反的时钟输入。因此,主触发器的门控信号为 $\overline{CLK}$(低电平有效),从触发器的门控信号为 CLK(高电平有效)。总结来说,基于传输门实现的主从 D 触发器总共包含 4 个传输门单元和 7 个反相器单元。

由于主触发器与从触发器都是门控 D 锁存器,因此单个主/从触发器的电路功能仍满足锁存器的电平控制原理。当时钟信号为低电平时,主触发器透明,输入 D 可以传输至中间状态 Q_M,而从触发器的输出状态 Q 保持不变。

当时钟信号从低电平变为高电平时,主触发器变为维持状态,而从触发器变成透明状态,时钟上升沿时刻的输入 D 从中间状态 Q_M 传输至从触发器的输出 Q。

当时钟信号为高电平时,由于主触发器非透明,此时的输入 D 无法作用于输出 Q。同时,主触发器将时钟上升沿之前的输入 D 锁存于中间输出状态 Q_M,使得处于透明状态的从触发器输出 Q 与时钟上升沿之前的主触发器输入 D 保持一致。因此,主从结构门控 D 锁存器的整体效果等同于"正沿触发"的 D 触发器。

当时钟信号从高电平变为低电平时，从锁存器变成非透明状态，使得输出 Q 被锁存并保持稳定。同时，主锁存器恢复透明状态，输入 D 开始作用于中间状态 Q_M。此时 D 触发器行为与时钟低电平期间的行为保持一致，即输出 Q 保持不变。

如图 4-24 所示，图 4-24(a)是 D 触发器的逻辑符号，中间的三角形代表该 D 触发器是上升沿触发的。图 4-24(b)是 D 触发器的功能表，上升的箭头同样说明了上升沿触发的功能行为，此时输出 Q 由输入 D 决定。其他情况(高/低电平和下降沿)的输出 Q 保持不变。图 4-24(c)展示了 D 触发器的状态转移图，除了输入 D 的变化之外，图中还隐含了另一个转移条件，即只在时钟上升沿时刻发生转移。

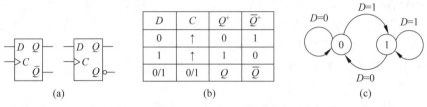

图 4-24　D 触发器的逻辑符号、功能表和状态转移图

3. Verilog 示例——D 触发器

D 触发器的行为级 Verilog 代码实现如图 4-25 所示。该行为级 RTL 实现中，D 为输入信号，clk 为时钟信号，Q 和 Q_n 分别为输出信号和输出信号的反。always 块实现了触发操作和核心逻辑。posedge 对应着上升沿触发，触发信号为时钟信号 clk。在上升沿时刻，输入信号 D 才会被采样并传输给输出信号 Q。

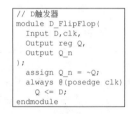

图 4-25　D 触发器的 Verilog 代码

```
// D触发器
module D_FlipFlop(
  Input D,clk,
  Output reg Q,
  Output Q_n
);
  assign Q_n = ~Q;
  always @(posedge clk)
    Q <= D;
endmodule
```

4.2.3　时序参数与性能分析

1. 基本时序参数

介绍 RS 锁存器所用的时序图 4-20 其实是一种理想情况，即输入的影响能瞬间反映到输出上。实际上，任何电路的信号传播都是需要时间的，输入的变化需要经过一段时间的延时才能反馈到输出上。在设计时序逻辑电路时，必须考虑一些时序参数对电路的功能正确性和性能的影响。

锁存器/触发器的时序参数主要有：

(1) **最小脉宽** $t_{w(min)}$(**minimum pulse width**)是指为了得到希望的输出结果，该输入信号有效的最短持续时间。

(2) **延时** t_p(**latency**)是指输入信号发生变化，导致输出信号发生相应变化的时间。

(3) **输入至输出延时** t_{d-q}(**D-to-Q latency**)是指输入信号 D 发生变化，导致输出信号 Q 发生相应变化的时间。t_{d-q} 的最大值称为输入至输出的**传播延时**(最长延时)，最小值称为输入至输出的**污染延时**。

(4) **时钟至输出延时** t_{clk-q}(**CLK-to-Q latency**)是指时钟信号发生变化(上升沿或下降沿)，导致输出信号发生相应变化的时间。t_{clk-q} 的最大值称为时钟至输出的**传播延时**(最长延时)，最小值称为时钟至输出的**污染延时**。

（5）**建立时间** t_{su}（**setup time**）是指锁存操作开始之前，输入信号应保持不变的最短时间。

（6）**保持时间** t_h（**hold time**）是指锁存操作之后，输入信号应该保持不变的最短时间。

2. 最小脉宽和延时

以 RS 锁存器为例来说明最小脉宽和延时的含义。如图 4-26 所示，$t_{w(min)}$ 是 RS 锁存器所要求的最小脉宽，S 和 R 各自的第一个脉冲输入满足最小脉宽的要求，因此最终能反映到输出 Q 上。而 S 的第二个脉冲输入不满足最小脉宽的要求，使得输出 Q 处于不确定的状态（阴影部分）。因此，为了确保时序逻辑电路的功能正确性，设计人员应该确保所有锁存器/触发器的输入信号满足最小脉宽的要求，否则可能出现不可预料的电路行为。

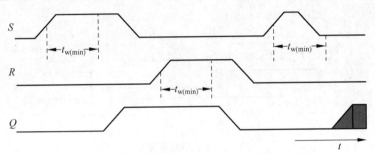

图 4-26　RS 锁存器最小脉宽的时序示意图

延时是另一个非常重要的时序参数，它在很大程度上决定了整个电路的性能和频率。如图 4-27 所示的 RS 锁存器延时的时序示意图，当 S 从 0 变为 1 时，输出 Q 发生相应变化，但相对滞后于 S 的变化，这主要是由于逻辑门的延时所导致的。通常定义从输入超过高电平一半到输出 Q 超过高电平一半的时间为 t_{pLH}，从输入超过高电平一半到输出 Q 的反 $\overline{Q}$ 低于高电平一半的时间为 t_{pHL}。通常来说，输出 Q 和 $\overline{Q}$ 的延时参数并不一定一致，因为 RS 锁存器中的两个 NOR 门不一定是完全一致的。并且对于其他的锁存器/触发器来说，电路内部的各个逻辑门的时序参数也并不是完全一致的。

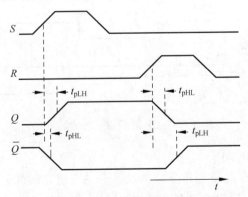

图 4-27　RS 锁存器延时的时序示意图

RS 锁存器只通过 R 和 S 两个输入端来实现锁存和复位的操作，与时钟信号无关，因此 RS 锁存器延时 t_p 通常是输入至输出延时 t_{d-q}。下面基于常用的正电平 D 锁存器和上升沿 D 触发器来介绍输入至输出延时 t_{d-q} 和时钟至输出延时 t_{clk-q}，请读者体会并比较这两个时序参数之间的联系和差异。

如图 4-28 所示,正电平 D 锁存器在第一个时钟高电平内是"导通"状态,因此输入 D 的值能传输到输出 Q 上。需要注意的是,这里看起来是输入 D 为高而导致输出 Q 的变化,但事实上输出 Q 的变化是由于时钟信号 CLK 的变化(上升沿)所导致的,否则输出 Q 将保持不变。因此图中标记的第一个延时为时钟至输出延时 $t_{\text{clk-q}}$(简记为 $t_{\text{c-q}}$)。在第二个时钟高电平内,输入 D 的变化(上升沿)在一定延时后传输到了输出 Q(上升沿)。这个变化不是由于时钟变化所导致的(时钟信号一直为高),因此这个延时为输入到输出延时 $t_{\text{d-q}}$。

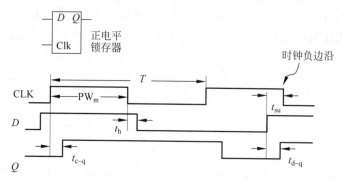

图 4-28   正电平 D 锁存器的时序图

对于上升沿 D 触发器来说,输出 Q 只会在时钟上升沿对输入 D 的信号进行锁存,因此所有输出 Q 的变化都是由于时钟变化所导致的。如图 4-29 所示,在输入 D 产生高电平脉冲的时间内,时钟信号 CLK 拉高,D 触发器将对时钟信号上升沿时刻的输入 D 信号进行锁存,只要输入 D 信号在建立时间和保持时间内保持不变(后续会介绍),输出 Q 就能在一定的延时之后反映出上升沿时刻的输入 D 信号,此时的延时为时钟至输出延时 $t_{\text{c-q}}$。类似地,输出 Q 的下降沿变化是由于时钟的第二个上升沿导致的。此时 D 触发器对处于低电平的输入 D 进行锁存操作,并且在延时 $t_{\text{c-q}}$ 之后传输到输出 Q 上,使得输出 Q 从原先的高电平变成低电平。

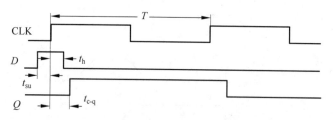

图 4-29   上升沿 D 触发器的时序图

3. 建立时间和保持时间

这里通过门控 D 锁存器和上升沿 D 触发器来说明**建立时间 t_{su} 和保持时间 t_{h}** 的基本含义。如图 4-30 所示,对于门控 D 锁存器来说,锁存操作发生在时钟信号的下降沿。在下降沿之前,输入 D 需要维持至少建立时间 t_{su} 保持不变;在下降沿之后,输入 D 需要维持至少保持时间 t_{h} 保持不变。图中时钟信号 C 的第一个下降沿 t_4 和第二个下降沿 t_7,输入 D 均在建立时间和保持时间的阴影范围内保持不变,此时输入能正确地反映到输出 Q。但是在时钟信号 C 的第三个下降沿 t_{12},输入 D 在建立时间 t_{su} 内发生了变化,产生的直接影响是之后的输出 Q 变成了不确定状态,即图中的阴影区域。

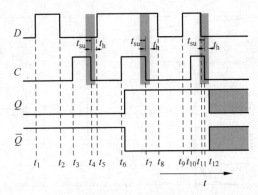

图 4-30 门控 D 锁存器的建立/保持时间的时序示意图

如图 4-31 所示,上升沿 D 触发器的锁存操作发生在时钟信号 C 的上升沿。只要输入 D 在时钟上升沿附近的建立时间和保持时间范围内保持不变,即可得到正确的输出 Q。锁存器/触发器的建立时间和保持时间是确保电路功能正确性的一组重要的时序参数,只有满足了这组时序参数的约束才能得到预期的电路行为。后续介绍同步时序电路的性能分析时,将进一步分析建立时间和保持时间对同步时序电路性能与频率的影响。

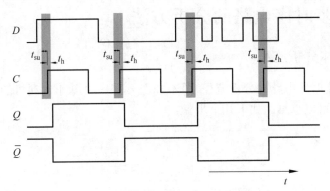

图 4-31 上升沿 D 触发器的建立/保持时间的时序示意图

4. 时序参数的电路机理

下面通过基于传输门实现的边沿 D 触发器的电路图来说明建立时间 t_{su}、保持时间 t_h 和时钟至输出延时 t_{clk-q} 的电路机理。

对于建立时间 t_{su},如图 4-32 所示,在时钟信号 CLK 上升(导通)之前,输入信号 D 的数据必须经过红色箭头的路线(D-I_1-T_1-I_3-I_2)传递到传输门 T_2 的两端,否则在传输门 T_2 左侧原先锁存的信号会和右侧未传输完成的输入信号 D 产生竞争,导致结果不稳定。因此,边沿 D 触发器的建立时间主要是由主锁存器的输入 D 经过红色箭头传播至传输门 T_2 左侧的延时所决定的,即等于三个反相器和一个传输门的传输延时之和。

对于保持时间 t_h,如图 4-32 的蓝色箭头所示,输入端 D 的数据必须维持到时钟信号 CLK 把传输门 T_1 完全关闭后,否则会写入错误的值,即最少维持时钟信号 CLK 输入到 T_1 的传播时间。对于图示的情况,输入端 D 和时钟信号 CLK 到达传输门 T_1 的传输时间相等,因此该边沿 D 触发器的保持时间为 0(假设电路中反相器的传输延时都一致)。

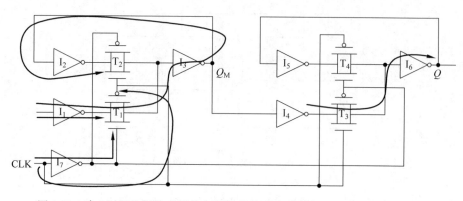

图 4-32　建立时间和保持时间的电路机理，以基于传输门的边沿 D 触发器为例

对于时钟至输出延时 $t_{\text{clk-q}}$，如图 4-32 的绿色箭头所示，在时钟上升沿的时刻，满足建立时间 t_{su} 要求的输入 D 的数据已经传播至传输门 T_3 的左侧，仍需要经过 $T_3\text{-}I_6$ 的延时才能到达输出 Q。因此绿色箭头所对应的一个传输门和一个反相器的延时之和为边沿 D 触发器的时钟至输出延时 $t_{\text{clk-q}}$。

4.3　同步时序电路的分析方法

4.3.1　整体分析流程

本节说明同步时序电路的分析流程，图 4-33 给出了一个基于米利机的同步时序电路分析方法，具体来说可以总结为如下几个步骤：

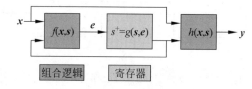

图 4-33　同步时序电路的分析方法，以米利机为例

（1）写出各触发器的激励方程（驱动方程）$e=f(x,s)$。

（2）把得到的驱动方程 $e=f(x,s)$ 代入触发器的特性方程 $s^{+}=g(s,e)$，得到次态方程 $s^{+}=g(s,f(x,s))$。

（3）按照电路图得到输出方程 $y=h(x,s)$（米利机）或 $y=h(s)$（摩尔机）。

（4）根据次态方程和输出方程得到状态表。

（5）得到时序电路的状态图。

（6）画出时序图。

（7）确定电路行为。

接下来结合一个米利型同步时序电路的分析实例来说明同步时序电路的分析流程，该米利机设计实例的电路图如图 4-34 所示。

第一步，根据电路图写出各触发器的激励方程（驱动方程），如图 4-35 所示。

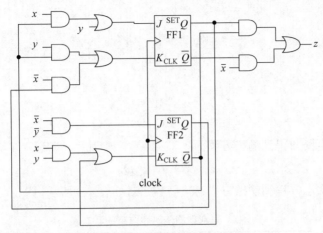

图 4-34 米利型同步时序电路图

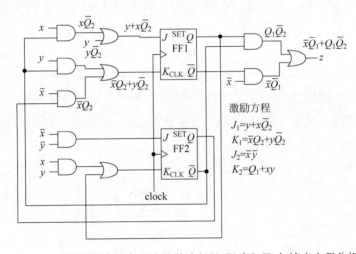

图 4-35 米利型同步时序电路的激励方程(驱动方程)与输出方程分析

对于两个 JK 触发器的激励方程(驱动方程),通过分析输入信号 x、y 和输出状态 Q_1、Q_2 对触发器的输入 J 和 K 的作用,可以列出如下的激励方程(驱动方程):

$$J_1 = y + x\bar{Q}_2, \quad K_1 = \bar{x}\,Q_2 + y\bar{Q}_2 \tag{4-5}$$

$$J_2 = \bar{x}\bar{y}, \quad K_2 = Q_1 + xy \tag{4-6}$$

第二步,将驱动方程代入 JK 触发器的特性方程,得到次态方程。已知 JK 触发器的特性方程为 $Q^+ = J\bar{Q} + \bar{K}Q$,可得次态方程 Q_1^+ 和 Q_2^+ 如下:

$$
\begin{aligned}
Q_1^+ &= J_1\bar{Q}_1 + \bar{K}_1 Q_1 \\
&= (y + x\bar{Q}_2)\bar{Q}_1 + \overline{(\bar{x}\,Q_2 + y\bar{Q}_2)}Q_1 \\
&= y\bar{Q}_1 + x\bar{Q}_2\bar{Q}_1 + \overline{\bar{x}\,Q_2}\ \overline{y\bar{Q}_2}Q_1 \\
&= y\bar{Q}_1 + x\bar{Q}_2\bar{Q}_1 + (x + \bar{Q}_2)(\bar{y} + Q_2)Q_1 \\
&= y\bar{Q}_1 + x\bar{Q}_2\bar{Q}_1 + x\bar{y}\,Q_1 + xQ_2Q_1 + \bar{y}\,\bar{Q}_2Q_1
\end{aligned}
\tag{4-7}
$$

$$Q_2^+ = J_2\overline{Q}_2 + \overline{K}_2 Q_2$$
$$= \overline{x}\,\overline{y}\,\overline{Q}_2 + \overline{Q_1 + xy}\,Q_2$$
$$= \overline{x}\,\overline{y}\,\overline{Q}_2 + \overline{Q}_1\,\overline{xy}\,Q_2$$
$$= \overline{x}\,\overline{y}\,\overline{Q}_2 + \overline{Q}_1(\overline{x} + \overline{y})Q_2$$
$$= \overline{x}\,\overline{y}\,\overline{Q}_2 + \overline{x}\,\overline{Q}_1 Q_2 + \overline{y}\,\overline{Q}_1 Q_2 \tag{4-8}$$

第三步,根据电路图得到输出方程为

$$z = \overline{x}\,\overline{Q}_1 + Q_1\overline{Q}_2 \tag{4-9}$$

第四步,根据次态方程和输出方程,得到状态表,如表 4-4 所示。

表 4-4　米利型同步时序电路的状态表

现态 Q_1Q_2	次态 $Q_1^+ Q_2^+$				输出 Z	
	$xy=00$	01	10	11	$x=0$	$x=1$
00	01	10	10	10	1	0
01	01	11	01	10	1	0
10	11	00	10	00	1	1
11	00	00	10	10	0	0

第五步,为了得到时序电路的状态图,假设状态编码为 $A=00, B=01, C=10, D=11$,则可以画出状态转移图,如图 4-36 所示。

第六步,画出时序图,如图 4-37 所示。

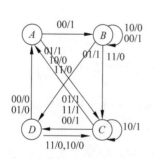

图 4-36　米利型同步时序电路的状态转移图

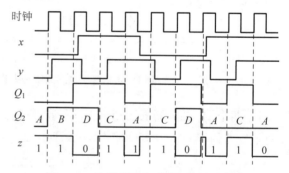

图 4-37　米利型同步时序电路的时序图

最后一步,根据时序图去确认该电路的行为,可以分析出这是一个基于米利机的序列检测器。需要注意的是,输出部分可能存在毛刺,这个问题将在接下来予以讨论。

在前述的时序图中可以看出,某些时刻米利机的输出存在毛刺,这是因为米利机的输出是与时钟异步的。只要输入发生变化,输出就立即发生相应的改变。对于摩尔机来说,因为它的输出只与当前状态有关,而状态的改变与时钟是同步的。因此,摩尔机的输出与时钟是同步的,不存在毛刺问题。相较之下,米利机可以通过在输出添加触发器来消除毛刺,如图 4-38 所示。

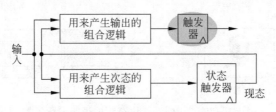

图 4-38 米利型同步时序电路的毛刺消除

4.3.2 时序约束与性能分析

1. 传播延时和污染延时

在同步时序电路系统中,逻辑信号从一个时钟周期结束时的稳定状态前进到下一时钟周期结束时的新稳定状态,在这两个稳定状态之间,它们可能会经历任意数量的状态转变。在分析数字逻辑电路的时序时,主要考虑两种时序参数。输入第一次变化后(在新的时钟周期内)输出保持初始稳定值的时间(从最后一个时钟周期开始)称为逻辑块的**污染延时 t_{cab}**(contamination delay),即旧的稳定值被输入变化而污染所花费的时间。注意,输出值的第一次更改通常不会使输出进入新的稳定状态。

第二个时序参数是输入停止变化后,输出达到新的稳定状态所需的时间称为逻辑块的**传播延时 t_{pab}**(propagation delay),即输入的稳定值传播到输出处的稳定值所花费的时间。需要注意的是,这两个延时的下标中,第一个字母 c/p 对应污染和传播的英文简写。而 a 和 b 则分别代表信号传播的源头和目的地。比如,t_{pxy} 代表从信号 x 到信号 y 的传播延时。

图 4-39(a)给出了一个输入为 a、输出为 b 的组合逻辑块示意图,图 4-39(b)是对应逻辑块的时序图,给出了输出 b 随着输入 a 变化的响应情况。直到时刻 t_1,从最后一个时钟周期开始,输入 a 和输出 b 均处于稳定状态。在时刻 t_1 输入 a 发生第一次变化。若 a 是多位信号,则这是信号 a 的最低位发生翻转的时刻,且其他位可能在以后发生改变。无论输入 a 是单位还是多位,t_1 都是信号 a 发生第一次变化的时刻。信号 a 的某一位可能在达到其新的稳定状态之前发生不止一次的翻转。

在时刻 t_2 处,即经过由于信号 a 的第一次变化所产生的污染延时 t_{cab} 之后,信号 a 的第一次变化可能会影响输出 b,并且输出 b 可能会改变状态。直到 t_2 为止,输出 b 才能确定具有前一个时钟周期的稳态值。输出 b 的最低位在时刻 t_2 首次触发翻转,与时刻 t_1 的输入 a 发生的首次翻转保持一致,输出 b 的最低位可以在达到稳态之前再次触发翻转,b 的其他位之后也可能发生状态变化。

在时刻 t_3 输入 a 停止状态变化。从时刻 t_3 到至少当前时钟周期结束,可以保证信号 a 在此时钟周期处于稳定状态。时刻 t_3 表示处于变化期间的输入 a 的最后一位发生最后一次翻转的时间。在时刻 t_4,即 t_3 经过传播延迟 t_{pab} 之后,输入 a 的最后变化对输出 b 产生最终影响。从这一时间点到至少时钟周期结束,可以保证输出 b 在此时钟周期处于稳定状态。

总结来说,逻辑块的**污染延时 t_{cab}** 是第一个输入信号发生第一次变化到第一个输出信

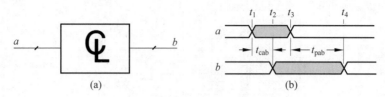

图 4-39   传播延时和污染延时的说明示意图[1]

号发生第一次变化所需要的时间；逻辑块的**传播延时** t_{pab} 是最后一个输入信号发生最后一次变化到最后一个输出信号发生最后一次变化所需要的时间。

2. 建立时间和保持时间约束

如图 4-40 所示，首先考察在不同时刻下的同步时序电路的时序行为对最高时钟频率的影响，即在 t_1 时刻的输入数据经过第一个触发器 FF1 和组合逻辑电路之后，在第二个触发器 FF2 处应该保持稳定以满足建立时间约束。为了确保时钟周期 T 对于关键路径是足够长的，如图 4-41 的时序图所示，需要满足 D 触发器的建立时间约束：

$$t_{clk\text{-}Q} + t_{p,comb}(\max) + t_{setup} \leqslant T \tag{4-10}$$

$$t_{setup} \leqslant T - t_{clk\text{-}Q} - t_{p,comb}(\max) \tag{4-11}$$

式中，$t_{clk\text{-}Q}$ 是 D 触发器的时钟 CLK 发生变化至输出状态 Q 发生变化的延时。$t_{p,comb}(\max)$ 是组合逻辑电路的最大传播延时，即第一个 D 触发器的输出 Q 发生变化到第二个 D 触发器的输入 D 发生变化所需要的延时。t_{setup} 是 D 触发器的建立时间。由于式(4-11)决定了同步时序逻辑电路的最短时钟周期，可以通过该公式计算同步时序电路可实现的最高时钟频率。

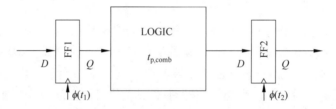

图 4-40   同步时序逻辑电路，研究在不同时刻 t_1、t_2 电路时序行为对最高时钟频率的影响

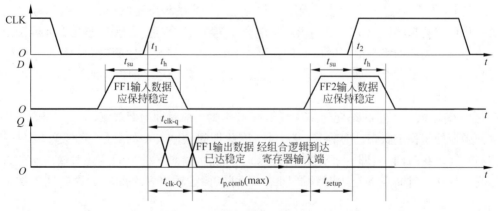

图 4-41   建立时间约束的时序示意图

同时,必须确保在同一时刻避免由于信号竞争而导致保持时间约束被破坏。如图 4-42 的电路图和图 4-43 的时序图所示,t_1 时刻的触发器 FF1 和 FF2 有各自的输入数据。其中第一个触发器在 t_1 时刻之后的输出数据在经过组合逻辑之后可能对第二个触发器在 t_1 时刻的输入数据产生竞争,若不满足保持时间约束,则会破坏本应该保持的第二个触发器在 t_1 时刻的输入数据。因此要求满足:

$$t_{\text{cdreg}} + t_{\text{cdlogic}} \geqslant t_{\text{h}} \qquad (4\text{-}12)$$

$$t_{\text{h}} \leqslant t_{\text{cdreg}} + t_{\text{cdlogic}} \qquad (4\text{-}13)$$

式中,t_{cdreg} 是触发器的最小污染延时,t_{cdlogic} 则是组合逻辑电路的最小污染延时,t_{h} 为触发器的保持时间。综合来看,建立时间约束是一个性能约束,它决定了电路所能运行的最高时钟频率。保持时间约束是一个正确性约束,一旦违背了该约束,即使建立时间约束得以满足也无法得到正确的电路行为。

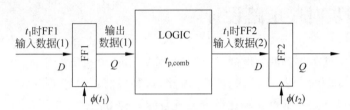

图 4-42 同步时序逻辑电路,研究在同一时刻下如何避免信号竞争的产生

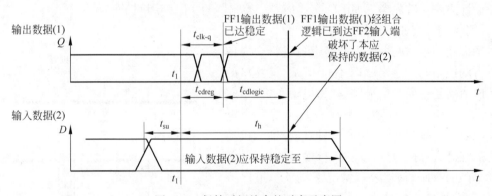

图 4-43 保持时间约束的时序示意图

3. 时钟偏差和时钟抖动

在理想的芯片上,时钟信号将在所有触发器的输入端同时改变。实际上,时钟分配网络中的设备变化和线路延时会导致时钟信号的时序在触发器之间略有不同。时钟时序中的这种空间变化称为**时钟偏差 t_{k}**(clock skew),它主要是由时钟路径上的失配及时钟负载上的差别引起的;因数据与时钟布线的相对方向,时钟偏差可正可负;时钟偏差不会引起周期变化,只会引起相位偏移,因此它具有确定性。时钟偏差会对建立时间和保持时间约束产生不利影响。相应地,建立时间约束变为

$$t_{\text{clk-Q}} + t_{\text{p,comb}}(\max) + t_{\text{setup}} \leqslant T + t_{\text{k}} \qquad (4\text{-}14)$$

对于建立时间约束来说,最坏情况是负时钟偏差,这将导致最小时钟周期变大,电路的最高时钟频率降低。类似地,保持时间约束变为

$$t_{\text{cdreg}} + t_{\text{cdlogic}} \geqslant t_{\text{h}} + t_{\text{k}} \qquad (4\text{-}15)$$

对于保持时间约束来说,最坏情况是正时钟偏差,对组合逻辑电路设计提出了更高的要求。需要指出的是,一般电路中正时钟偏差和负时钟偏差通常同时存在,因此,时钟偏差对性能和竞争余量均有影响,所以要尽量减小时钟偏差。

时钟抖动 t_j(clock jitter)是指空间上同一个点处时钟周期随时间的变化,通常是一个平均值为零的随机变量。时钟抖动主要由供电变化、时钟源噪声、IR drop 和串扰等因素导致。某点处一个时钟边沿相对于理想参照时钟边沿在最坏情况下偏差的绝对值定义为绝对抖动 t_j。时钟抖动同样会对建立时间和保持时间约束产生不利影响,与时钟偏差不同之处在于,时钟抖动总会降低电路性能:

$$t_{clk\text{-}Q} + t_{p,comb}(\max) + t_{setup} \leqslant T + t_k - 2t_j \tag{4-16}$$

$$t_{cdreg} + t_{cdlogic} \geqslant t_h + t_k + 2t_j \tag{4-17}$$

4.4 同步时序电路设计

在解决日常生活中遇到的问题时,自然而然地要用到状态和状态的变化,为了用数字电路实现这些解决问题的方法,需要设计时序电路,在各种时序电路的设计中,基于有限状态机进行时序电路设计是非常重要和比较容易理解的一种方法。4.3 节介绍了同步时序电路基于有限状态机的**分析方法**。本节将结合具体应用例子来介绍基于有限状态机的同步时序电路**设计方法**。首先考虑如下的交通信号灯控制器的实际应用例子。

【**例 4-1**】 交通信号灯控制器。

考虑在一条道路上的人行横道口进行交通信号灯自动控制的问题。如图 4-44 所示,该路口的东西向道路是一条行车道路,称为机动车道,中间南北向有一条人行横道。现在需要实现一个电路,功能是自动控制六个交通信号灯(分别为机动车道的红灯、黄灯、绿灯,以及人行横道的红灯、黄灯、绿灯)的亮暗,使得一般情况下机动车道保持亮绿灯,人行横道保持亮红灯。人行横道处的路边装有按钮,当任意一边有行人要过道路,按下按钮后将发出信号 $C=1$,此时需要机动车道信号灯由绿灯亮变为黄灯亮,黄灯保持 TS 时间后再变为

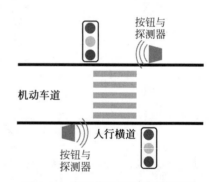

图 4-44   交通信号灯控制器使用的路口示意图

红灯亮,同时人行横道信号灯由红灯亮变为绿灯亮。该状态在人行横道不断有人过道路(C 一直等于 1)的情况下保持最多 TL 时间后,或者无人经过时($C=0$),经过类似的操作变回原来机动车道为绿灯亮,人行横道为红灯亮的状态,该状态至少保持 TL 时间,才会再次被输入信号 $C=1$ 影响。

可以看到,这个问题有一定的复杂度,并不容易直观地看出如何设计电路。为了讲解基于有限状态机进行时序逻辑电路设计流程和具体方法,接下来先分析一些小例子,等全部介绍完之后再来解决交通信号灯控制器这一问题。结果见【例 4-1 续】交通信号灯控制器。

4.4.1 设计流程

同步时序电路的设计方法也需要借助 4.3 节中介绍的状态转移图、状态转移表、激励方程和输出方程等时序电路表示方法,对特定问题的设计流程如下:

(1) 根据问题确定输入输出的定义和规则,抽象出有限状态机;

(2) 状态化简;

(3) 状态分配;

(4) 确定激励方程和输出方程;

(5) 根据激励方程和输出方程,进行两级或者多级逻辑电路实现。

4.4.2 状态机抽象方法

进行时序逻辑电路设计,首先要确定输入输出的定义和输出变化规则。通过分析需求,即可得到输入输出信号的自然定义和输出规则。据此可以进行状态机抽象。这一步要根据文字描述来进行,可以借助状态表或状态图方便分析,没有统一的方法。具体操作时,可以首先确定一个初始状态(一般采用复位状态),然后分析不同的输入变化情况,确定该初始状态在不同输入情况下状态如何转换,以及如何输出,并由此衍生出新的状态,再对新的状态按同样思路分析。

【例 4-2】 序列检测器设计(状态机抽象)。

考虑一个序列检测的问题,当前有一个与时钟周期同步的二进制序列 X 从外部输入,当且仅当其当前输入以及之前的 3 个输入构成 0110 或 1010 这种模式时,检测成功,输出成功标志($Z=1$),其他情况下,没有反应,输出失败标志($Z=0$)。每接收到 4 位输入序列后,这个状态机回到复位状态,即输入不可重复使用。图 4-45 展示了一个序列检测器的整体模型和输入输出序列的例子,X 序列的第 5~8 个输入会检测成功,8~11 的 0110 并不会检测成功。

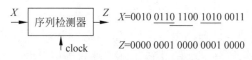

图 4-45 序列检测器的功能示意图

在这个问题中输出 Z 在输入满足目标序列同时即输出成功标志,所以应采用米利机的思路分析状态转移图。首先**确定一个容易定义的初始状态**,用字母标识,在这个问题中很自然想到的初始状态是没有接收到任何信号的复位态,定义为 A,如图 4-46(a)所示;在该状态下,输入序列有 0、1 两种情况,因为只检测到一个数字,所以输出都是 0,此时衍生出两个状态 B 和 C,分别表示接收到一个 0 和一个 1,如图 4-46(b)所示;进一步按同样的思路分析 B 和 C,派生出 D、E、F、G 等状态,并确定相应输出,最终可以得到 15 个状态,以及如图 4-46(c)所示的状态转移图,最下面一层的 8 个状态在接收到任意的输入时,都将转换回复位态,形成闭环。输出则根据不同组合而有所不同,其中 K 和 M 状态输入 0 时,输出 1,从 A 开始,能够输出 1 的两条路径对应待检测的两种序列。

上面是采用米利机的思路分析,即输出随着输入即时变化,这是因为在设计需求中,要求检测成功的信号输出与输入 4 个数字中的最后一个同时得到,符合米利机的定义;而摩尔机分析方法在现有同步时序电路的设计框架中,要在接收到输入信号后的时钟上升沿做

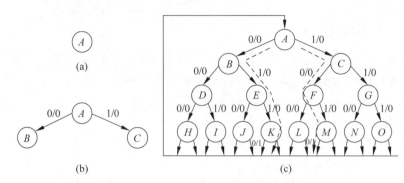

图 4-46　序列检测器状态转移图的构建过程

状态转换,输出随着新状态得到,所以只能在后一个周期输出检测结果,不符合要求。若任务需求是在 4 个符合模式序列的数字输入完成的后一个周期输出成功信号即可,则两种有限状态机都可以采用,对于按米利机思路设计出的结果,只需要在输出信号上加一个寄存器,就可延迟到下一周期同步输出;而若按摩尔机思路设计,因为输出信号只取决于状态,则从状态转移图构建时就不同。

一种方法是将复位态 A 分为两个:A_1 和 A_2,分别表示"检测成功并复位""检测失败并复位或手动复位",对应输出分别为 1 和 0。这两个 A_1 和 A_2 态与之前的 A 状态转移逻辑相同,都是按照输入为 0 或 1 转移到 B 或 C。其他状态之间的转移逻辑也都不需要改变,且其他状态输出都为 0。另一种更为直观的方式则是保留 A 状态为"手动复位",同时再增加 16 个状态,对应接收到 16 种长度为 4 的序列,其中两种输出为 1,其他输出为 0,这 16 个状态在输入为 0 或 1 的情况下转移到 B 或 C,而不是转移回 A。不过显然这 16 个状态之间没有本质差别,还是可以合并为 A_1、A_2,称为状态化简,具体的方法将在 4.4.3 节详细介绍。按上述两种思路构造出的摩尔机的状态转移图,请读者思考。

总结一下,从有限状态机这一概念模型角度看,米利机和摩尔机都可以完成相应功能,但是在过程离散化的概念下,状态不是连续变化的,在同步时序电路的场景下,状态仅在时钟周期特定时刻更新,摩尔机终究无法让输出随着输入即时变化,而是在下一个周期状态更新后输出才会更新,这导致了两者电路信号时序图上的差别。另一方面,面对同样的任务,摩尔机的状态数目一般更多。可以这样理解,由于摩尔机的输出与输入隔离,逻辑分为两步,先根据输入和当前状态进行编码,得到下一个状态,然后根据新状态解码出输出,相比于米利机根据输入和状态结合得到输出,信息只由状态承载,所需要的编码状态自然多一些,这种编解码的角度可以帮助读者定性地理解两种状态机的不同。

米利机:在状态还没完成变化前,输出即因输入变化而变化;状态图中的输出标注在边(状态的转移)上;输出由状态和输入共同决定;有限状态机中需要的状态数目少。

摩尔机:输入变化不能直接引起输出变化,首先要改变状态;状态图中的输出标注在节点(状态)上;输出只由状态决定;有限状态机中需要的状态数目更多。

4.4.3　状态化简方法

4.4.2 节中,对同一问题按相同的状态机模型进行设计,也可能得到不同的状态设计方案。而无论采用什么思路,从问题直接抽象而定义的状态很可能存在冗余。状态机的状态越多,在状态编码、状态转移逻辑设计时都会造成越多的开销。对直接抽象定义出的状态机进行优化的一个朴素的方案,就是进行**状态化简**,得到状态较少的状态机设计,从而减少状态机实现时的开销。在实际生产中,状态化简通常由计算机实现,所以化简方法应该是方便计算机执行的一些原则,通过这些原则找出等价的状态,将其合并,即可减少状态数。下面介绍**行匹配**(row matching)和**蕴含表**(implication chart)这两种用于状态化简的方法。

1. 行匹配技术

行匹配技术的思路很简单,在上一步抽象有限状态机,得到状态转移图后,自然也得到了状态转移表,借助该表,可以方便地找出**具有相同次态和输出的行**,这样的行表示的状态即为**等价状态**,将其合并,用新的一行代替这些行,即用一个新的状态代替这些状态,减少状态总数,就是行匹配。对于一个状态表,重复行匹配过程(row-matching iteration),直到没有行可以合并,即可得到相对化简的状态表。

【例 4-2 续】 序列检测器设计(状态化简)。

在序列检测器这个例子的状态机抽象中,直观构造出了 15 个状态的状态转移图,对应的状态转移表如图 4-47(a)所示(已输入序列一列并非状态转移表必须内容,记录的目的是帮助理解每个状态的实际含义)。经过行匹配技术的化简,15 个状态被逐步合并减少为 7 个。值得注意的是,由于先进行的状态合并可能将原本次态不同的行变成相同的(比如图 4-47(c)中的 D 和 G 在初始表(图 4-47(a))中次态并不相同)所以迭代重复行匹配过程是有必要的。

输入序列	现态	次态		输出	
		x=0	x=1	x=0	x=1
复位	A	B	C	0	0
0	B	D	E	0	0
1	C	F	G	0	0
00	D	H	I	0	0
01	E	J	K	0	0
10	F	L	M	0	0
11	G	N	O	0	0
000	H	A	A	0	0
001	I	A	A	0	0
010	J	A	A	0	0
011	K	A	A	1	0
100	L	A	A	0	0
101	M	A	A	1	0
110	N	A	A	0	0
111	O	A	A	0	0

(a)

输入序列	现态	次态		输出	
		x=0	x=1	x=0	x=1
复位	A	B	C	0	0
0	B	D	E	0	0
1	C	F	G	0	0
00	D	H	I	0	0
01	E	J	K'	0	0
10	F	L	K'	0	0
11	G	N	O	0	0
000	H	A	A	0	0
001	I	A	A	0	0
010	J	A	A	0	0
011,101	K'	A	A	1	0
100	L	A	A	0	0
110	N	A	A	0	0
111	O	A	A	0	0

(b)

输入序列	现态	次态		输出	
		x=0	x=1	x=0	x=1
复位	A	B	C	0	0
0	B	D	E	0	0
1	C	F	G	0	0
00	D	H'	H'	0	0
01	E	H'	K'	0	0
10	F	H'	K'	0	0
11	G	H'	H'	0	0
not 011,101	H'	A	A	0	0
011,101	K'	A	A	1	0

(c)

输入序列	现态	次态		输出	
		x=0	x=1	x=0	x=1
复位	A	B	C	0	0
0	B	D'	E'	0	0
1	C	E'	D'	0	0
00,11	D'	H'	H'	0	0
01,10	E'	H'	K'	0	0
not 011,101	H'	A	A	0	0
011,101	K'	A	A	1	0

(d)

图 4-47　序列检测器设计问题状态化简过程

2. 蕴含表技术

行匹配的化简结果相比于直接抽象的结果已经简化了很多,但行匹配技术并不能保证找到最优结果,所以需要蕴含表技术。下面的例子就是用行匹配不能继续化简但用蕴含表技术可以继续化简。

【例 4-3】 对一个四状态的状态转移表用蕴含表技术进行状态化简。

表 4-5 是一个只有四个状态的简单的状态转移表,采用行匹配技术已经不能再化简,但考察状态 A、C 和 D,若将这三个状态合并,该状态机的输入输出逻辑并不会发生错误,这说明该状态机仍然可以化简但行匹配技术不能发现化简方式。所以需要蕴含表技术来找到进一步优化的空间。

表 4-5 一个四状态的有限状态机的状态转移表

现态	次态		输出	
	$x=0$	$x=1$	$x=0$	$x=1$
A	D	C	0	1
B	A	B	0	0
C	A	D	0	1
D	D	A	0	1

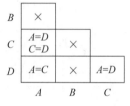

图 4-48 采用蕴含表技术进行化简的示例

第一步,根据状态表可以构造一个蕴含表,蕴含表的样子如图 4-48 所示,每两个不同状态都有一个交叉单元来表示其是否可以等价化简,若两个状态的输出不相同,直接在这个交叉单元中写入"×",表明这两个状态是必然不等价的;若两个状态的输出相同且次态都一样,直接在这个交叉单元中写入"√",表明这两个状态是等价的(对于经过行匹配化简得到的状态转移表,直接构建出来的蕴含表中应该不存在这种状态对);对于输出相同但次态暂时不同的状态,将"其不同输入情况下的次态等价"的表达式作为假设条件写入交叉单元。如表 4-5 的例子中,不同的状态组合构成了 6 个交叉单元,其中没有直接判断为等价的状态对,而 AB、BC、BD 组合由于输出不同,可以直接判断为不等价,写入"×",对于 AC、AD 和 CD 组合,输出相同,但次态不同,将其不同输入情况下的次态等价的表达式作为假设条件写入交叉单元,分别是"$A=D,C=D$"(A、C 在输入为 0 或 1 时次态分别等价的表达式),"$A=C$"(A、D 在输入为 1 时次态等价的表达式,输入为 0 时次态已经相同)和"$A=D$"(C、D 在输入为 0 或 1 时次态等价的表达式,两种情况下次态等价条件一样)。

第二步,检查蕴含表中所有假设条件,若对于表中某个交叉单元来说,等价条件都成立(蕴含表中表示该条件的交叉单元已经写入"√"),则这个交叉单元所指向的两个状态是**确定等价**的,可以将交叉单元中的条件删去,改为"√"填入;若不同输入情况下的次态有一对**确定不等价**(蕴含表中表示该条件的交叉单元已经写入"×"),则假设错误,这个交叉单元所指向的两个状态**确定不等价**,可以将其改为"×"。这一过程一直进行到所有的交叉单元都被判断出来,或几个交叉单元的假设条件出现循环依赖。检查这些循环依赖条件都成立的情况是否与现有结果冲突,若不冲突则都可以标记为"√"。对于图 4-48 中的简单例子,蕴含表中三个还没有判断出的交叉单元的假设条件出现循环依赖,经过检查,循环依赖全部满足的情况不会造成冲突，所以 A、C、D 状态等价，可以写入"√"。

　　用蕴含表技术化简例 4-2 续中用行匹配技术得到的状态转移表，可以发现该表已经是最简状态，用蕴含表技术也无法继续化简，可以进行后续设计步骤了。下面再来看一个将蕴含表技术应用于一个较为复杂的状态转移表上的例子，以加深理解。

【例 4-4】 对一个七状态的状态转移表用蕴含表技术进行状态化简。

　　如图 4-49(a)所示是一个七状态的状态转移表，用按蕴含表化简方法第一步构造出的初始蕴含表如图 4-49(b)所示。

图(a) 状态转移表：

现态	次态 $x=0$	$x=1$	输出z $x=0$	$x=1$
A^*	A	B	0	0
B	D	C	0	1
C	F	E	0	0
D	D	F	0	0
E	B	G	0	0
F	G	C	0	1
G	A	F	0	0

图(b) 初始蕴含表：

	A	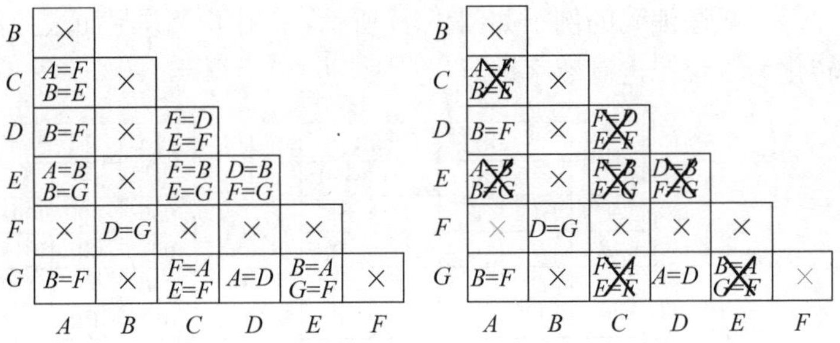 B	C	D	E	F
B	×					
C	$A{=}F$ $B{=}E$					
D	$B{=}F$	×	$F{=}D$ $E{=}F$			
E	$A{=}B$ $B{=}G$	×	$F{=}B$ $E{=}G$	$D{=}B$ $F{=}G$		
F	×	$D{=}G$	×	×	×	
G	$B{=}F$	×	$F{=}A$ $E{=}F$	$A{=}D$	$B{=}A$ $G{=}F$	×

图(c) 迭代判断后的蕴含表：

	A	B	C	D	E	F
B	×					
C	✗					
D	$B{=}F$	×	✗			
E	✗	×	✗	✗		
F	×	$D{=}G$	×	×	×	
G	$B{=}F$	×	✗	$A{=}D$	✗	×

图 4-49　七状态的状态转移表及其蕴含表技术状态化简过程

　　然后进行第二步的迭代判断，如图 4-49(c)所示，根据已有的不等价状态对，可以排除更多的组合等价的可能：由 AF 不等价可以排除 AC、CG，由 BG 不等价可以排除 AE，由 BD 不等价可以排除 DE，由 DF 不等价可以排除 CD，由 FG 不等价可以排除 EG，进而排除 CE。最后，剩下 $AD{\rightarrow}BF{\rightarrow}DG{\rightarrow}AD$ 的循环依赖以及 $AG{\rightarrow}BF$ 的依赖。经过检查验证，这几个状态等价条件可以一起成立，不造成新的冲突，即 $B{=}F$，$A{=}D{=}G$，分别简化为 B 和 A，结合不等价的 C 和 E，最后得到四个状态的状态机，其状态转移表如表 4-6 所示。

表 4-6　化简后的状态转移表

现态	次态 $x=0$	$x=1$	输出 $x=0$	$x=1$
A^*	A	B	0	0
B	A	C	0	1
C	B	E	0	0
E	B	A	0	0

4.4.4　状态分配与编码

　　基于有限状态机进行时序电路设计的第三个步骤是状态分配与编码，即将最简状态表中的状态用一些二进制编码表示。在这一步中有限状态机与时序逻辑电路发生实质关联。在状态化简这个步骤中，状态机的状态数目尽可能减少了，这有利于减少实际实现的开销；而对于同样的化简后的状态机，不同的状态分配方案和编码方式，也会带来实际实现时的开销差别。一般来说，同步时序电路采用触发器存储二进制的状态表示编码，状态分配的方法不同，需要的触发器数目也不同，但状态编码需要的触发器数有下限。具体来说 P 个状态，需要 K 位二进制码表示，即需要 K 个触发器，表示为 $P{\leqslant}2^K$。此外，不同的状态分配也影响电路设计的第四步,即**确定激励方程和输出方程**。在实际应用中,存在多种方法进行状态分配,下面介绍几种常见状态分配方法及其对应的激励方程和输出方程。

1. 顺序编码

顺序编码(sequential encoding)是指将状态排序,然后按照固定的二进制数序列进行编码。常用的二进制数序列有**二进制加法计数顺序**(binary up-counting order)即**自然二进制数顺序**、**格雷码顺序**(Gray order),可参考第 2 章中相关介绍。

【例 4-5】 一个八状态的有限状态机的顺序编码。

一个顺序编码的例子如图 4-50 所示,采用了二进制加法计数顺序编码将字母表示的状态转化为 3 位二进制数字。

现态	次态		输出	
	$x=0$	$x=1$	$x=0$	$x=1$
A^*	A	B	0	0
B	B	C	0	0
C	D	E	0	0
D	F	G	1	0
E	C	B	0	1
F	D	H	0	0
G	B	C	0	1
H	F	G	0	0

现态	次态		输出	
	$x=0$	$x=1$	$x=0$	$x=1$
000	000	001	0	0
001	001	010	0	0
010	011	100	0	0
011	101	110	1	0
100	010	001	0	1
101	011	111	1	0
110	001	010	0	1
111	101	110	0	0

图 4-50 一个八状态的有限状态机的状态转移表及其顺序编码

在这种编码方式下,采用组合逻辑电路设计的方法分别确定每个激励方程和输出方程。如图 4-51 所示,以 Q_1、Q_2、Q_3 和 x 为输入变量,以 Q_1^+ 为输出结果的组合逻辑函数对应的卡诺图化简,可以得出 Q_1^+ 的逻辑表达式,即 $Q_1^+ = Q_2Q_3 + Q_1'Q_2x + Q_1Q_3x$。同理,采用同样的方法也可以得到 Q_2^+、Q_3^+、z 的逻辑表达式,分别是 $Q_2^+ = Q_3x + Q_1Q_2x + Q_1Q_2'x' + Q_1'Q_2Q_3'x'$,$Q_3^+ = Q_3x' + Q_2x' + Q_2'Q_3'x + Q_1Q_2'x$、$z = Q_1Q_3'x + Q_1'Q_2Q_3x' + Q_1Q_2'Q_3x'$。如果采用格雷码顺序进行编码,激励方程和输出方程的表达式是什么样的,留给读者思考。

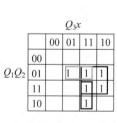

$$Q_1^+ = Q_2Q_3 + Q_1'Q_2x + Q_1Q_3x$$

现态 $Q_1Q_2Q_3$	次态 $Q_1^+Q_2^+Q_3^+$		输出 z	
	$x=0$	$x=1$	$x=0$	$x=1$
000	000	001	0	0
001	001	010	0	0
010	011	100	0	0
011	101	110	1	0
100	010	001	0	1
101	011	111	1	0
110	001	010	0	1
111	101	110	0	0

图 4-51 一个八状态的状态转移表顺序编码方案的其中一个激励方程的卡诺图化简

2. 随机编码

随机编码(random encoding)通常用于状态很多的情况下的自动设计,采用随机的方法进行多种编码尝试,找到相对较优的方案。

3. 独热编码

顺序编码和启发式方法一般都是追求用尽可能少的位对状态进行编码,称为**紧凑型编码**。独热编码的思路与此不同,独热编码(one-hot encoding)对除了复位态以外有 n 个状态的状态机正好用 n 位二进制码进行编码,复位态编码为全 0,其他态的编码中只有 1 位为 1,其他位为 0。独热编码引入更多触发器,目的是提高编码的识别度,也能简化次态方程和输出方程的逻辑函数。

4. 面向输出的编码

对于摩尔型状态机,输出直接与状态位有关,则有时可以直接采用输出作为状态编码,即存储状态的触发器的值就是状态机的输出,但这要求所有状态能够用输出区分开,称为面向输出的编码(output-oriented encoding)。一个很典型的例子是后面将介绍的计数器。

5. 启发式方法

启发式方法(heuristic methods)即引入一定的人为先验知识,通过设计一些规则尽可能优化状态编码方案。常见的启发式方法有**最少位变化方法**和**基于次态和输入输出准则**的方法,下面分别进行介绍。

最少位变化方法:最少位变化思想很简单,即若状态 A 能转移到状态 B,则表示 A 和 B 的二进制码之间不一样的位数(01 序列的汉明距离)要尽可能小,即发生状态转移时,尽可能少的位发生变化。具体按照这一准则进行状态分配时,对照状态转移图进行比较直观,当然状态转移表和状态转移图是等价的,对照状态转移表进行分析也可以。同时,比特数较少时还可以借助**状态分配表**来直观地分析状态分配的相邻性。

【**例 4-6**】 一个五状态的有限状态机基于最少位变化方法的编码。

图 4-52(a)所示是一个五状态的有限状态机省略了输入和输出标识的状态转移表,图 4-52(b)是用最少位变化方法进行状态分配时借助的状态分配表。

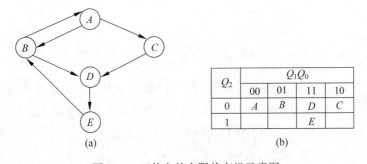

图 4-52 五状态的有限状态机示意图

状态分配表类似于卡诺图,只不过表中不填写 0 和 1,而是填入分配为该种编码的状态。由于卡诺图的性质,图中相近的两个编码状态变化位数小。在本例中,按惯例将复位态 A 编码为全 0,有状态转移关系的 B 和 C 放在它旁边,然后继续放入 D,对于 E 已经没办法同时满足与 D 和 B 相邻,故选一个位置放即可。使用这种方法编码的目标是使状态机状态转换的逻辑函数尽可能简单,但实际操作有一定的随机性,结果不唯一,且没有考虑到输入和输出的逻辑函数复杂度,所以接下来再介绍一个基于次态和输入输出准则的方法。

基于次态和输入输出准则的方法,该方法定义了三个具有优先级的准则:

(1) 最高优先级准则:在给定的输入下,具有相同次态的状态应该具有相邻的状态编码。

(2) 中等优先级准则:同一状态的次态应该具有相邻的状态编码。

(3) 最低优先级准则:在给定的输入下,具有相同输出的状态应具有相邻的状态编码。

其中初始状态分配为全零,相邻的状态是指编码仅相差一位的编码,即在状态分配表中的相邻单元。在实际进行状态分配与编码时,根据优先级从高到低尽可能多地满足上述准则。

【例 4-5 续】　一个八状态的有限状态机基于次态和输入输出准则的编码。

如图 4-53 所示是顺序编码的 8 个状态的有限状态机的例子。其中,B 和 G 在两种输入下都具有相同的次态,D 和 H 也是如此,满足最高优先级,且满足最高优先级的情况次数为两次,最多。其次是 C 和 F,A 和 E,分别在一种输入下次态相同,也是最高优先级。满足中等优先级,即是同一状态的次态的有 BC、FG、AB、DE、DH,其中 BC 满足三次,FG 满足两次,其余满足一次。DF 和 EG 分别具有相同的输出,属于最低优先级,在此例中,仅在一种输入条件下输出相同的次态较多,且属于最低优先级,在更高优先级准则都无法完全满足的情况下,一般不用考虑。

现态	次态		输出z	
	$x=0$	$x=1$	$x=0$	$x=1$
A^*	A	B	0	0
B	B	C	0	0
C	D	E	0	0
D	F	G	1	0
E	C	B	0	1
F	D	H	1	0
G	B	C	0	1
H	F	G	0	0

(a)

Q_1	Q_2Q_3			
	00	01	11	10
0	A	B	C	H
1	E	G	F	D

(b)

图 4-53　对一个八状态的状态转移表进行基于准则的状态编码示例

据此安排 8 个状态到三变量的卡诺图中,尽可能满足上述高优先级准则,得到的一种结果如表 4-7 所示。根据这种编码方式,利用卡诺图化简次态方程和输出方程,结果如下:

$$Q_1^+ = Q_2Q_3' + Q_1'Q_2 + Q_2x' \tag{4-18}$$

$$Q_2^+ = Q_2x' + Q_1Q_3'x' + Q_2'Q_3x + Q_1Q_2Q_3 \tag{4-19}$$

$$Q_3^+ = Q_3'x + Q_2'Q_3 + Q_1Q_2' + Q_2Q_3' \tag{4-20}$$

$$z = Q_1Q_2x' + Q_1Q_2'x \tag{4-21}$$

对比采用顺序编码的结果,可以发现采用基于准则的状态划分预编码方式得到的组合逻辑更简单:激励方程中 Q_1^+ 和 Q_3^+ 的组合逻辑函数减少了两个与门的输入,Q_2^+ 的组合逻辑函数减少了一个与门的输入,输出方程减少了一个 4 输入的与门,减少了一个与门的输入和一个或门的输入。

表 4-7　一个八状态的状态转移表采用基于输入输出准则的编码方案

现态	次态		输出	
	$x=0$	$x=1$	$x=0$	$x=1$
000	000	001	0	0
001	001	011	0	0
011	110	100	0	0
110	111	101	1	0
100	011	001	0	1
111	110	010	1	0
101	001	011	0	1
010	111	101	0	0

4.4.5　自启动检查

确定激励方程和输出方程后,基于有限状态机进行时序电路设计的最后一步是将设计好的有限状态机用电路实现,其中编码采用相应个数的触发器存储,触发器输出信号与输入信号通过组合逻辑函数转化为次态信号即 Q^+,输入到对应触发器的输入端,在时钟上升沿到来时就会被触发器采集成为下一个状态;或转化为输出信号 z。上述例子采用基于次态和输入输出准则的状态编码方式,最终得到的时序逻辑电路如图 4-54 所示。

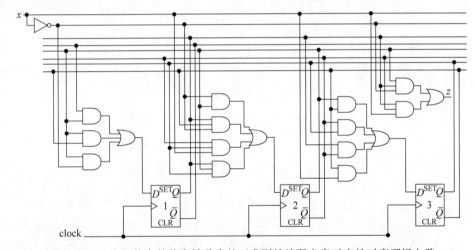

图 4-54　一个八状态的状态转移表基于准则的编码方案对应的时序逻辑电路

值得注意的是,这一例子中状态机有 8 个状态,用满了 3 位二进制数所能表示的状态,不存在不能自启动的风险。而对于有些状态机,无法用满二进制数所能表示的所有状态,实际电路启动时,可能会处于不在状态转移表中的非法状态,所以在化简好组合逻辑后还需要检查状态机能否**自启动**。**自启动**的定义是:一个有限状态机处在非正常工作的状态时,若能够无需其他干预,经过有限次状态转换,自动进入正常工作状态,则称该状态机可以自启动。具体如何检查和进行**自启动设计**,将在 4.6.2 节中以计数器设计为例详细介绍。

【例 4-1 续】　交通信号控制器。

此时再来看交通信号控制器的设计问题,按照上述步骤完成有限状态机的设计。首先定义有限状态机的输入输出,输入信号有三个,分别是 C 信号:标识人行横道是否有行人;TS 信号:是否到达 TS 时间间隔;TL 信号:是否到达 TL 时间间隔。输出信号有五个,分别是 ST:复位定时器(计数器)开始长时间间隔或短时间间隔地计数;V1V0:机动车道上的交通灯显示控制信号(00 绿,01 黄,10 红);P1P0:人行横道的交通灯显示控制信号(00 绿,01 黄,10 红)。

根据这样的输入输出定义,尝试画出米利机形式的状态转移图,如图 4-55 所示。首先设置初始态为机动车道亮绿灯,表示为 VG(vehicle green),此时人行横道亮红灯。在行人按下按钮导致 $C=1$ 且 VG 态保持时间达到了 TL 的输入条件下,VG 态转变为 VY(vehicle yellow)态,同时输出 ST 信号复位计数器,否则 VG 态保持。VY 态机动车道亮黄灯,在时间没有达到 TS 的情况下保持,直到保持了 TS 时间,转变为 PG(pedestrian green)态,同时输出 ST 信号复位计数器,PG 态人行横道亮绿灯,机动车道亮红灯。PG 态在 $C=0$ 后或保持时间达到 TL 时,转变为 PY(pedestrian yellow)态,同时输出 ST 信号复位计数器,PY 态人行横道亮黄灯,机动车道亮红灯。PY 态在保持 TS 时间后,转变为 VG 态,同时输出 ST。有了上述状态转移图,可以同时得到状态转移表,由于输入数据较多,状态较少,可以换一种方式表示状态转移表。该设计状态数较少,跳过状态化简的步骤,直接进行状态编码,同样考虑到状态数较少,为了逻辑简单,采用独热编码,VG: $Q_3Q_2Q_1Q_0=0001$;VY: $Q_3Q_2Q_1Q_0=0010$;PG: $Q_3Q_2Q_1Q_0=0100$;PY: $Q_3Q_2Q_1Q_0=1000$。根据状态分配,可以得到次态和输出方程如下:

$$Q_3^+ = C' \cdot Q_2 + TL \cdot Q_2 + TS' \cdot Q_3 \tag{4-22}$$

$$Q_2^+ = C \cdot TL' \cdot Q_2 + TS \cdot Q_1 \tag{4-23}$$

$$Q_1^+ = C \cdot TL \cdot Q_0 + TS' \cdot Q_1 \tag{4-24}$$

$$Q_0^+ = C' \cdot Q_0 + TL' \cdot Q_0 + TS \cdot Q_3 \tag{4-25}$$

$$ST = C \cdot TL \cdot Q_0 + C' \cdot Q_2 + TS \cdot Q_1 + TL \cdot Q_2 + TS \cdot Q_3 \tag{4-26}$$

$$V_1 = Q_3 + Q_2 \tag{4-27}$$

$$V_0 = Q_1 \tag{4-28}$$

$$P_1 = Q_1 + Q_0 \tag{4-29}$$

$$P_0 = Q_3 \tag{4-30}$$

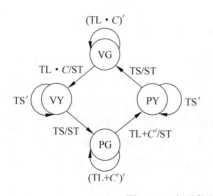

输入			现态	次态	输出		
C	TL	TS			ST	V_1V_0	P_1P_0
0	×	×	VG	VG	0	00	10
×	0	×	VG	VG	0	00	10
1	1	×	VG	VY	1	00	10
×	×	0	VY	VY	0	01	10
×	×	1	VY	PG	1	01	10
1	0	×	PG	PG	0	10	00
0	×	×	PG	PY	1	10	00
×	1	×	PG	PY	1	10	00
×	×	0	PY	PY	0	10	01
×	×	1	PY	VG	1	10	01

图 4-55　交通信号控制器的状态转移图和状态转移表

　　根据上述分析,可以给出该交通信号灯控制器的 Verilog 实现示例。根据人工化简的程度不同,可以给出两种实现方案,方案一是人工进行上述优化,推导出次态和输出方程,使用 Verilog 语言编写,如图 4-56 所示。方案二则是进行状态分配编码后,用 Verilog 语言描述状态转移图,由工具自动综合生成逻辑函数,如图 4-57 所示。

```verilog
// 交通信号灯控制器米利机实现  方案一：基于人工化简的逻辑函数
module TRAFFIC_LIGHT_CONTROL(
    input clk, rst_n,          // 时钟、复位信号
    input C_i, TS_i, TL_i,     // 输入信号
    output ST_o,               // 输出信号
    output [1:0] V_o, P_o      // 输出信号
);

    reg [3:0] Q;               //现态寄存器
    wire [3:0] QQ;             //次态

    // 状态寄存器每周期都更新为次态
    always @(posedge clk or negedge rst_n) begin
        if (~rst_n) begin
            Q <= 4'b0001;
        end else begin
            Q <= QQ;
        end
    end

    // 次态方程
    assign QQ[3] = (~C_i & Q[2]) | ( TL_i & Q[2]) | (~TS_i & Q[3]);
    assign QQ[2] = (C_i & ~TL_i & Q[2]) | ( TS_i & Q[1]);
    assign QQ[3] = (C_i & TL_i & Q[0]) | (~TS_i & Q[1]);
    assign QQ[0] = (~C_i & Q[0]) | (~TL_i & Q[0]) | ( TS_i & Q[3]);

    // 输出方程
    assign ST_o = (C_i & TL_i & Q[0]) | (~C_i & Q[2]) | (TS_i & Q[1]) | (TL_i & Q[2]) | (TS_i & Q[3]);
    assign V_o[1] = Q[3] | Q[2];
    assign V_o[0] = Q[1];
    assign P_o[1] = Q[1] | Q[0];
    assign P_o[0] = Q[3];

endmodule
```

图 4-56　交通信号灯控制器米利机实现方案一的 Verilog 代码

```verilog
// 交通信号灯控制器米利机实现  方案二：基于状态转移图自动综合
module TRAFFIC_LIGHT_CONTROL(
    input clk, rst_n,          // 时钟、复位信号
    input C_i, TS_i, TL_i,     // 输入信号
    output reg ST_o,           // 输出信号
    output reg [1:0] V_o, P_o  // 输出信号
);
    reg [3:0] Q;               //现态寄存器
    reg [3:0] QQ;              //次态
    parameter VG = 4'b0001, VY = 4'b0010, PG = 4'b0100, PY = 4'b1000;

    // 状态寄存器每周期都更新为次态
    always @(posedge clk or negedge rst_n) begin
        if (~rst_n) begin
            Q <= 4'b0001;
        end else begin
            Q <= QQ;
        end
    end
```

图 4-57　交通信号灯控制器米利机实现方案二的 Verilog 代码

```
    // 次态和输出方程
    always @(*) begin
        case (Q)
            VG:
                if (~C_i | ~TL_i) begin
                    QQ  <= VG;
                    ST_o <= 1'b0;
                    V_o <= 2'b00;
                    P_o <= 2'b10;
                end else begin
                    QQ  <= VY;
                    ST_o <= 1'b1;
                    V_o <= 2'b00;
                    P_o <= 2'b10;
                end
            VY:
                if (~TS_i) begin
                    QQ  <= VY;
                    ST_o <= 1'b0;
                    V_o <= 2'b01;
                    P_o <= 2'b10;
                end else begin
                    QQ  <= PG;
                    ST_o <= 1'b1;
                    V_o <= 2'b01;
                    P_o <= 2'b10;
                end
            CG:
                if (C_i & ~TL_i) begin
                    QQ  <= PG;
                    ST_o <= 1'b0;
                    V_o <= 2'b10;
                    P_o <= 2'b00;
                end else begin
                    QQ  <= PY;
                    ST_o <= 1'b1;
                    V_o <= 2'b10;
                    P_o <= 2'b00;
                end
            CY:
                if (~TS_i) begin
                    QQ  <= PY;
                    ST_o <= 1'b0;
                    V_o <= 2'b10;
                    P_o <= 2'b01;
                end else begin
                    QQ  <= PG;
                    ST_o <= 1'b1;
                    V_o <= 2'b10;
                    P_o <= 2'b01;
                end
        endcase
    end

endmodule
```

图 4-57 （续）

4.5 亚稳态和同步

4.5.1 亚稳态

若信号变化时间与时钟上升沿的关系不满足建立时间与保持时间约束,在时钟的上升沿采样了正在变化的不稳定数据,则对应的输出是**亚稳态**(metastability)的,其值可能是 0 也可能是 1。亚稳态对于数字电路来说是不可避免的,一方面,对于同步时序电路来说,时钟偏差的普遍存在使得亚稳态在理论上总是可能出现;另一方面,在实际设计中还常遇到整个电路系统的不同模块采用不同时钟信号的情况。使用同一个时钟来源信号的电路称为一个时钟域,不同时钟域的电路相互连接,信号跨时钟域传递时,若不加处理也很容易造成亚稳态。

可以通过合理的设计容忍亚稳态。对于时钟偏差导致的亚稳态的情况,设计时就要使得被采样信号满足建立时间与保持时间约束并留出一定的裕度,这一点已经在 4.1 节介绍过。对于时钟域差异导致的亚稳态可以通过合理的**同步器**设计或者异步 FIFO 来避免,下面将介绍同步器的设计。此外,复位信号中的异步复位,也是一种常见的异步信号,下面将介绍同步复位和异步复位的概念。

4.5.2　同步器设计

在数字电路设计中,大部分设计都是同步时序设计,所有的触发器都是在同一时钟节拍下进行变化,这样就简化了整个设计,逻辑综合、布局布线的分析也会更加简单。但是电路单元总要涉及与外部设备的信号传递,大部分外部输入的信号与本地时钟是异步的,设计与这些外部设备的接口时就需要考虑同步器设计避免亚稳态。在用于实际场景的整个数字电路系统中,很可能同时存在几个时钟域,不同时钟域的信号传递也需要避免亚稳态。

本质上来讲,亚稳态产生是因为触发器的建立时间和保持时间要求没有得到满足,触发器输出端因此进入一个介于逻辑 0 和 1 之间的不确定状态。理想的触发器是在时钟边沿的那个瞬间时刻采样数据,但是在实际电路中,时钟跳变不是瞬间的,电路采样信号翻转变化需要一定时间,如果在数据不稳定阶段进行采样就会导致亚稳态的发生,这就是为什么要分析建立时间和保持时间。

在跨时钟域同步场景下,输入寄存器在本地时钟域的驱动下对来自其他时钟域的输入信号进行采样。因为该输入信号不是由本地时钟控制,可能随时发生变化,无法通过设计保证信号变化时刻与时钟上升沿时刻间隔满足建立时间和保持时间约束,也没法保证信号采样的时间关系,这就会造成**同步错误**。如图 4-58(a)所示,信号 A 从时钟域 A 传递到时钟域 B 中的触发器,当信号 A 的变化时间与 B 中触发器的时钟边沿非常接近时,B 中的触发器就会工作在不确定的亚稳态,输出不确定状态的信号。该亚稳态信号经过 B 中的组合逻辑向后传递,并且若在到达下一个触发器输入端进行下一次时钟采样前没有稳定,就会影响下一个触发器,最终产生连锁反应,影响整个电路,这就是一种同步错误。

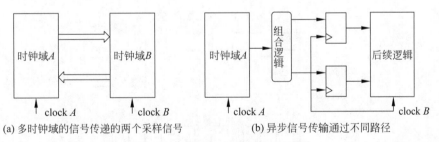

(a) 多时钟域的信号传递的两个采样信号　　　　(b) 异步信号传输通过不同路径

图 4-58　两种可能出现的同步错误

另一种可能出现的同步错误现象如图 4-58(b)所示,由同一外部信号驱动的触发器,因为信号正在变化,而组合逻辑中的路径延时不同,导致两个触发器分别采样得到输入信号变化前和变化后两种激励下的结果,虽然不一定出现亚稳态,但也会使得后续逻辑发生错误。

针对同步错误,可以采用同步器进行解决,同步器的功能是采样异步输入信号,并使产生输出信号满足本地时钟域同步电路的建立时间和保持时间的要求。简单的同步器一般由D 触发器构成,D 触发器的每一个时钟沿采样异步输入信号,要构建更好的同步器就要采用更快的触发器,减少采样的建立时间和保持时间,如图 4-59 就是采用一级同步器的方案,这种方式不够稳定。更好的方法是采用二级采样同步器,通过延时稳定后再采样的方式。如图 4-60 所示,是两级采样的同步器,采用这种方式,在第一级采样发生同步错误后,允许该亚稳态存在,因为还有第二级采样来处理,两级采样之间没有组合逻辑,保证信号传递最快,这样第二级采样就是在亚稳态经过一个时钟周期的稳定后再次进行的,一般该亚稳态都会趋于稳定,所以有较大的概率采样得到稳定的信号,或者稳定到输入信号变化之后的状态,即采样到信号变化,或者稳定到输入信号变化时的状态,即这个周期没有采样到信号变化,图中例子就是没有采样到信号变化,这也提示我们对于信号跨时钟域传递,从高速域向低速域传递时,要注意只持续快时钟一个周期的信号可能不会被慢时钟域采样到的情况,可以特殊设计信号逻辑,使得持续时间长于慢时钟一个周期,确保能采样到。采用两级采样还是获得亚稳态的概率非常小,再增加第三级采样,一、二级之间与二、三级之间的情况是一样的,不会带来太多提升,所以二级采样同步器是常用的设计。

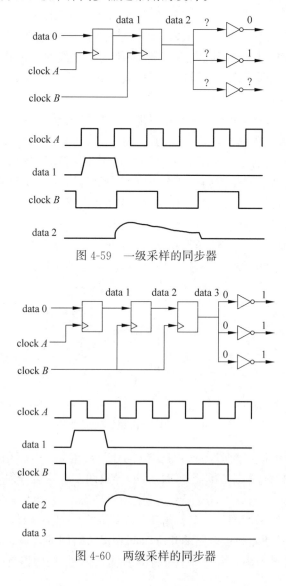

图 4-59　一级采样的同步器

图 4-60　两级采样的同步器

4.5.3 同步复位和异步复位

时序电路引入了电路状态的概念,值得注意的是,在实际应用中状态的转移逻辑很重要,状态的初始状态也非常重要。为了保证初始状态的正确性,以及在系统出错时有办法清除错误重来,复位信号就非常必要了。复位信号也分为同步和异步,同步复位信号是随着时钟给出的复位信号,异步复位信号则是不随着时钟给出的复位信号。来自系统外部的复位信号一般都是异步复位信号,但是在系统设计时一般会利用同步器将异步复位信号同步化,内部进行复位处理时就都是同步复位信号,利用状态转移的组合逻辑函数对状态进行复位,即转移到状态中的复位态。问题是在基于边沿触发器的时序电路中需要等待时钟沿才会完成复位,即在复位时需要有一个运行的时钟,且有一定的延时。

对于时序电路中最基本的状态表示单元——触发器来说,复位信号总是可以异步工作的,这是由触发器的结构决定的。异步复位信号可以直接作用于触发器的复位端,不需要时钟,不需要状态转移逻辑来处理。但是这样的异步复位信号是一个类似于时钟信号的高扇出全局信号,需要综合软件进行特殊处理,对于时序分析、测试、仿真等情况也不方便。对于较大的系统来说,存在很多层级和模块,相比于复位信号全局传递,直达所有触发器,还是倾向于采用同步复位信号,方便信号在模块间和层次间的传递和内部状态机的逻辑计算。在实际设计中,ASIC 设计因为经过了较长时间的优化设计和综合软件的特殊处理,倾向于采用性能更高的异步复位,FPGA 平台的设计则通常自动采用同步复位。究竟采用高电平还是低电平表示复位,则可以根据设计具体选择。

4.6 典型时序逻辑电路

4.3 节和 4.4 节介绍了基于有限状态机进行时序逻辑电路分析和设计的通用方法,在实际应用中有一些功能基础、常用的典型时序逻辑电路模块,存在通用和成熟的设计方案,不用从头设计。时序逻辑电路最核心的两个功能是状态和状态的转移,其中状态的转移逻辑本身就是组合逻辑电路;状态的存储以及在节拍(时钟)控制下进行状态更新,则是时序逻辑电路所特有的特性。本节将对**寄存器**和**计数器**这两种典型的时序电路进行介绍,其中寄存器是进行状态存储的通用模块,计数器则是进行节拍控制的常用单元。在第 6、7 章中,这两个模块也会作为 CPU 的基本组成部分。

4.6.1 寄存器

4.1 节介绍了几种触发器,每个触发器存放二进制数的一位或一个逻辑变量。在 4.4.4 节最后给出的电路图中就使用了三个触发器记录状态。在更广泛的实际电路应用中,一般将多个触发器组合,实现对较多信息的存储功能,即寄存器。

寄存器(register)是数字系统的关键存储单元。寄存器是由一组具有相同时钟和控制信号的 n 个触发器构成的,可存放 n 位二进制数或 n 个逻辑变量的值。如图 4-61 所示是一个最基本的并行输入并行输出的 4 位寄存器,有三个输入信号,分别是 4 位输入数据、采用门控时钟方式控制的写使能信号、时钟信号,有一个输出,即 4 位输出数据。在实际运用中常常需要寄存器不仅能实现所有信息的同时读取和存入,还需要对寄存器中的信息进行移位、串行的输入输出等操作,也就衍生出了移位寄存器,会在后面介绍。

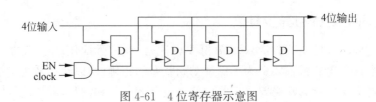

图 4-61 4 位寄存器示意图

此外,实际应用中还会将多个寄存器组合起来,共享相同的时钟和输入输出端口,构成**寄存器堆**(register file),从而在输入输出能力相同的情况下,实现更多数据的保存。如图 4-62 所示,是将 4 个 8 位寄存器组合起来构成的一读一写寄存器堆,由于输入输出端口公用,只有一个 8 位输入信号,一个 8 位输出信号,一次只能读写一个寄存器,所以需要读地址和写地址两个信号指示从哪个寄存器读写。写地址经过解码器解码为写使能信号,使得只有对应的寄存器被使能,将输入数据存入,其他寄存器不使能,内部数据不变;读地址控制多路选择器从多个寄存器的输出中选择想读取的,从而读出数据。寄存器堆这一模块将在第 6、7 章中用到。

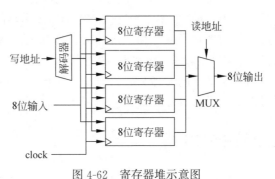

图 4-62 寄存器堆示意图

移位寄存器是在数字系统中寄存二进制信息,并能够进行移位的逻辑元件。按照移位方向,分为左移寄存器、右移寄存器、双向移位寄存器这三种。按照输入输出方式,分为并行输入,并行输出;串行输入,串行输出;并行输入,串行输出;串行输入,并行输出这四种寄存器。

【**例 4-7**】 通用 4 位移位寄存器(双向,串并输入,串并输出)。

左移和右移在二进制中可以分别实现另一个乘数为 2 的幂次的乘法和除法,是非常重要的功能。如二进制数 1110 右移一位,得到 0111,转化为十进制即 $14 \div 2 = 7$,同理 00110 左移两位得到 11000,转化为十进制即 $6 \times 4 = 24$。实际应用中,移位前后的数据需要并行写入读出,移位过程中需要串行输入保证补位逻辑的正确、串行输出标记溢出和舍入。综合上述功能,分析一个通用的 4 位寄存器的设计,实现寄存器基本功能和双向移位、串行和并行输入输出功能,则整体框图如图 4-63(a)所示。

除了并行输入和输出,还有双向的串行输入输出信号,除了时钟信号,还有 Clear 和 S_0、S_1 控制信号,控制寄存器的行为。在实际电路设计中通常采用边沿触发器(D 触发器),即寄存器的行为主要体现在数据的输入时刻,即时钟边沿时的行为。对于边沿时刻寄存器的值的变化来说,除全部清零(clear)操作外,还有并行输入、左移、右移、不变化这四种,所以控制信号至少需要两个信号、四种状态(S_0, S_1),该例中控制信号的逻辑如图 4-63(b)所示。需要指出的是,在实际中控制信号的逻辑设计可以根据需要变化,不一定与本例完全一致。

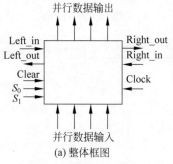

图 4-63　通用移位寄存器框图和控制逻辑

Clear	S_0	S_1	Function
0	×	×	清零
1	0	0	保持
1	0	1	右移
1	1	0	左移
1	1	1	并行加载新输入

根据上述分析,不难发现整个移位寄存器的行为由多个行为类似的子模块单元组成,所以首先将整体框图分解为子模块单元连接的形式,如图 4-64 所示。每个单元处理其中 1 位数据,每一位的正确行为组成寄存器整体行为。在子模块互联层次,只需将每个单元的输入输出互相连接起来,并连接相应的输入输出信号。对于一个子模块内部来说,需要一个触发器存储状态,还需要控制逻辑来控制触发器的输入信号选择:即在左移时每个触发器选择来自右侧的信号(右侧触发器存储的信息或右侧串行输入),在右移时每个触发器选择来自左侧的信号(左侧触发器存储的信息或左侧串行输入),在并行输入时选择并行输入信号,在保持时选择自身存储的信号不做更新。实现这种功能的典型电路在第 3 章进行了介绍,即多路选择器。如图 4-65 所示是一个单元内部的设计,将 S_0、S_1 作为多路选择器控制信号,按照相应的逻辑从 4 路输入信号中选择所需要的。由此也可见多路选择器作为一种典型组合逻辑电路的重要性。

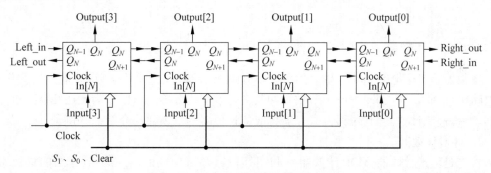

图 4-64　移位寄存器子模块单元互连方式

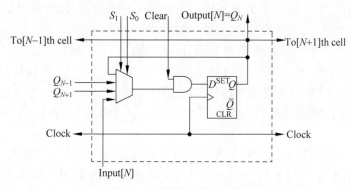

图 4-65　通用移位寄存器子模块单元内部设计

最后,根据上述分析和设计,可以给出该通用 4 位移位寄存器的 Verilog 实现例子,如图 4-66 所示。

```verilog
// 通用移位寄存器
module SHIFT_REGISTER (
    input clk, rst_n,              // 时钟、复位信号
    input clear, S1, S0,           // 控制信号
    input left_in, right_in,       // 串行输入
    input [3:0] p_in,              // 并行输入
    output left_out, right_out     // 串行输出
    output [3:0] p_out,            // 并行输出
);

    // 寄存器定义
    reg [3 :0] data;

    // 状态转移逻辑
    always @(posedge clk or negedge rst_n) begin
        if (~rst_n) begin
            data <= 4'b0000;
        end else if (~clear) begin
            data <= 4'b0000;
        end else begin
            case ({S0,S1})
                2'b00: data <= data;
                2'b01: data <= {left_in, data[3:1]};
                2'b10: data <= {data[2:0], right_in]};
                2'b11: data <= p_in;
            endcase
        end
    end

    // 输出信号
    assign left_out = data[3];
    assign right_out = data[0];
    assign p_out = data;

endmodule
```

图 4-66　通用移位寄存器的 Verilog 代码

4.6.2　计数器

计数器是时序电路中非常重要的单元,功能是记录输入脉冲的个数,其最大值称作模。在电路中可用于定时、分频、产生节拍脉冲及进行数字运算等。可以分为加法、减法、可逆计数器,特殊进制计数器,利用移位寄存器构成的计数器等。下面将介绍一些例子。

1. 环形计数器

首先是环形计数器,环形计数器是利用移位寄存器构成的,4.6.1 节介绍的移位寄存器,天然能够记录状态循环变化,一个简单的例子是如图 4-67(a)所示的 4 位移位寄存器构成的环形计数器,其中一位存入 1,其他位存入 0,向一个方向循环,将输出接回到输入,以被计数脉冲为时钟信号,每个脉冲移位一次,达到计数目的。

上述环形计数器是一种非常简单的设计,其状态转移图如图 4-67(b)所示,共 4 个状态,即计数器的计数模为 4。环形计数器虽然设计简单,但是实质上浪费了很多资源,并不能利用 4 位寄存器原本的表达能力,只能够利用寄存器全部 16 个状态中的 4 个状态。这不仅带来利用率问题,还使得当电路初始状态在这 4 个状态之外时,需要额外的**自启动设计**。

电路能否自启动可以通过假设的方式进行检查验证,对于上述 4 位环形计数器来说,当电路的初始状态起始于其他 12 个态时,根据电路状态转移方程绘制出其状态转移图如图 4-68 所示。可以看到形成了非法状态的循环,无法自启动。对于这样的电路,需要添加

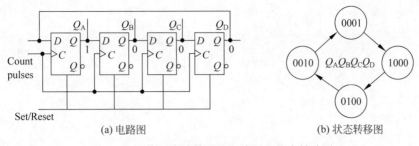

(a) 电路图   (b) 状态转移图

图 4-67   4 位环形计数器的电路图和状态转移图

额外的组合逻辑电路,使得状态机可以自启动,一种原理上简单的方法是利用组合逻辑判断电路此刻状态是否处于非法状态,若是,则利用触发器的预置位和复位端将所有触发器复位,而复位态一般都是合法状态,即可自启动;另一种方法是手动在状态转移表中添加若干条由非法状态跳转到合法状态的条目,使得化简出来的次态方程能够将非法状态转换回某一个合法状态,这样就可以打破非法循环,使状态回到合法状态的循环。一般来说,不必给每个非法状态添加转移规则,所有非法状态形成了多少个循环,则至少需要添加多少条状态转移条目。

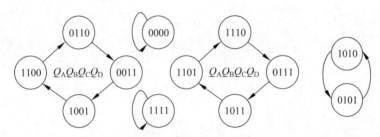

图 4-68   4 位环形计数器非正常工作状态的状态转移图

对于上述模 4 环形计数器,可以发现图中所示的复位信号实际上无法发挥作用,因为复位状态 0000 是非法状态。所以无法直接利用 Reset 信号进行自启动,实现自启动必须在每个触发器的输入端添加组合逻辑。可以添加四个多路选择器,从现有循环信号和并行输入0001 之间选择,在非法状态信号控制下选择并行输入 0001 回到合法的初始状态。此外,可以用第二种方式,列出状态转移表,添加新的状态转移条目打破每个非法状态循环,然后按照有限状态机的设计方法进行设计,如图 4-69 所示(注意自启动设计中添加新的状态转移条目的具体方法不唯一)。读者可以将这一问题作为有限状态机设计的练习。不过这样就脱离了环形计数器简单的逻辑和电路实现,而是变成了借助环形计数器逻辑进行状态编码的普通有限状态机设计。无论采用哪种方法,都会大大增加环形计数器的复杂度。

2. 扭环形计数器

环形计数器的一种变体是扭环形计数器,其结构如图 4-70 所示。可见扭环形计数器的电路也非常简单,与环形计数器的不同在于不是将串行输出直接回接到输入,而是将输出的反,即 $\bar{Q}$ 向接回到输入。

经过这样的修改后电路状态转移图如图 4-70(b)所示,共 8 个状态。扭环形计数器用 N 个触发器表示 $2N$ 个不同状态,模为 $2N$,比环形计数器的模增加一倍,但利用效率仍然

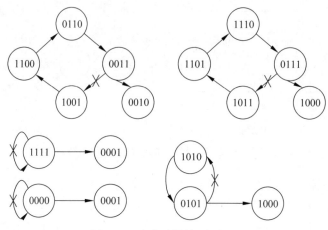

图 4-69 自启动设计(方法二)

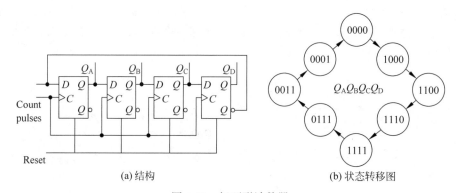

(a) 结构   (b) 状态转移图

图 4-70 扭环形计数器

不高,仍然需要自启动设计。

3. 加法与减法计数器

计数器作为典型时序电路,本质上也是有限状态机,可以很容易发现,上述环形计数器按有限状态机的设计方法来分析是采用了 one-hot 编码的格式,电路逻辑简单但状态利用效率低,且并不能直接输出计数的二进制数值。加法与减法计数器也是很自然的一种想法。图 4-71 是省略了复位逻辑的模为 4 的加法计数器的状态转移表和状态图,可以看到模 4 加法计数器采用两个寄存器即可实现,状态利用效率高。对于可以将待计数脉冲信号接到计数器时钟输入端的设计来说,状态转移图中的 inc 信号是计数使能信号,采用类似寄存器的时钟门控即可控制是否进行计数;对于使用系统时钟的计数器来说,inc 就是待计数信号,只不过计数数目在 inc 信号的脉冲高电平才被更新,而不是脉冲上升沿。

4. 异步与同步计数器

最简单的计数器就是一个将反向输出反馈给输入的 D 触发器。该电路可以存储 1 位,进行模 2 计数,该计数器每个时钟周期会递增一次,两个时钟周期会溢出,故每个周期会从 0 转换到 1,再从 1 转换到 0。可以发现此时该计数器的输出信号 Q 相当于产生一个新的时钟,频率是输入时钟 clk 频率的一半,占空比为 50%。

如果将这个输出信号作为时钟再接到另一个输出反向接到输入端的 D 触发器的时钟

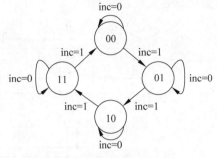

现态	次态	
	inc=0	inc=1
00	00	01
01	01	10
10	10	11
11	11	00

图 4-71　4 位加法计数器的状态转移表和状态转移图

端,将会得到计数速度为其一半的另一个 1 位计数器。把它们合并到一起来看待,就得到了两位计数器(模 4),这种连接方式下,多个触发器的时钟信号不同,称为**异步计数器**。以 D 触发器的 Q 输出作为状态表示时,将 Q 信号接到下一个 D 触发器时钟输入得到的是**异步减法计数器**,将 $\overline{Q}$ 接到下一个 D 触发器时钟输入得到的是**异步加法计数器**,若以 D 触发器的 $\overline{Q}$ 输出作为状态表示,则正相反,感兴趣的读者可以自行画出时序图验证。

通过继续添加这种反向输出作为自身输入的 D 触发器,并使用前一个触发器的输出作为时钟信号,可以构造模 2 的任意幂次的计数器,也相当于将时钟信号不断分频。一位的异步计数器可以输入一个时钟信号,输出一个频率为一半的时钟信号,二位的异步计数器则可以输出一个频率为输入的四分之一的时钟信号。但是异步计数器因为使用触发器的输出作为时钟,时钟特性较差,且计数位之间会有偏移,而且异步计数器的电路连接方式无法和标准的同步电路设计兼容,所以并不常用。图 4-72 是一个用 T 触发器而不是 D 触发器构造的 4 位加法计数器,由于 T 触发器的状态转移方程是 $Q^+ = T \oplus Q$,所以构造的逻辑与 D 触发器不同,请感兴趣的读者自行画出时序图验证其功能。

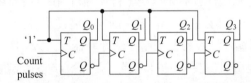

图 4-72　一种直观的基于 T 触发器的 4 位异步加法计数器电路图

相比之下,**同步计数器**的特点是,所有触发器的时钟输入端都由同一个时钟触发,各触发器状态更新同时进行(并行)。这种连接方法是有限状态机的自然实现,多个触发器表示状态,次态由现态决定,但是这种方式比异步计数器电路结构复杂,需要组合逻辑电路配合。最直观的实现**同步加法计数器**的逻辑就是让每一个触发器在编号比它更小的所有触发器全部为高电位时,次态反相。例如位 1 在位 0 为高电位时次态反相,位 2 在位 0 和 1 均为高电位时次态反相,位 3 在位 0,1,2 均为高电位时次态反相。同步计数器的组合逻辑更复杂,但是工作速度较异步更快,可以进行更平滑,更稳定的转态。

图 4-73 所示是一个 4 位同步计数器的例子,三个与门分别处理低一位(Q_0),低两位($Q_0 Q_1$),低三位($Q_0 Q_1 Q_2$)以及使能信号,输入端数目依次增加。如图 4-74 所示采用级联的方式可以减少与门的复杂度,在计数器位数较多时效果尤其明显,但是级联的方式会使得组合逻辑电路的延时增加。这一现象类似于穿行行波进位加法器和超前进位加法器的区

别,延时与复杂度总是需要权衡的。

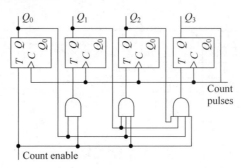

图 4-73   一种直观的基于 T 触发器的 4 位同步加法计数器电路图

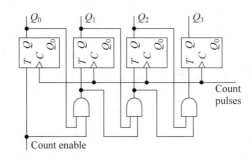

图 4-74   用级联方式实现组合逻辑的基于 T 触发器的 4 位同步加法计数器电路图

5. 任意进制计数器

上述环形计数器可以通过 N 个触发器实现模 N 计数,扭环形计数器则通过 N 个触发器实现模 $2N$ 计数,加法、减法计数器无论是串行还并行,在不增加额外逻辑的情况下,都可以用 N 个触发器实现模 2^N 计数。在实际应用中,可能需要任意进制的加减法计数器,比如在 $0,1,2,3,4,0\cdots$ 之间循环计数的五进制加法计数器。此外,对于常用的加法计数器,输出信号除了计数状态本身外,还有一个进位信号,在计数状态达到最大值的同时输出 1,表示即将进位。这种任意进制计数器可以按照前面介绍的基于有限状态机的时序电路设计方法来设计实现,从构造状态转移图开始,进行状态化简,采用二进制加法顺序编码,化简逻辑函数后进行电路实现,如何用这种方法完成一个五进制计数器的设计,留给读者练习。

对于较大的进制,也可以借助已有的功能较为完整的 2^N 计数器,添加判断输出计数值是否达到了想要的进制的额外的电路,控制单个计数器的**同步复位**,使得状态转换不会进入超出模的状态。

如图 4-75 是一个借助模 16 加法计数器实现的模 12 同步加法计数器设计。该方案使用模 16 加法计数器的计数脉冲信号输入、同步复位输入(即计数信号上升沿时有效)、4 位计数状态输出。通过额外的组合逻辑电路判断 4 位计数输出是否为 11,即模 12 计数器的最大值,得到溢出信号输出,该溢出信号同时控制模 16 计数器的同步复位,即下一周期不再继续增加而是跳回 0。使用模 12 的加法计数器单元,可以进一步构造任意位十二进制数计数器。如图 4-75 所示即是将两个模 12 计数单元用异步的方式连接,得到的一个两位十二进制数的计数器。

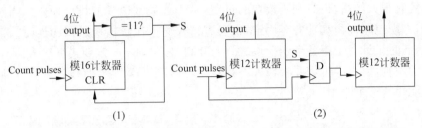

图 4-75　借助模 16 加法计数器实现模 12 加法计数器并将模 12 计数器级联

机械计数器

　　在发明电子设备之前,人们就已经用机械的方式实现了计数器,最典型的例子就是机械手表以及手摇号码计数器等。机械计数器一般由几个接在同一个轴上的转盘组成,转盘上有一系列数字,每发生一个事件,频率最高的转盘都会转动一格,在如图 4-76 所示的例子上,是最右侧的转盘,左侧的其他转盘侧面都有突起处,右侧的转盘每旋转一圈,会让左侧的转盘转动一格,这种思路其实与异步计数器一致。自行车或汽车上的里程表用过这类计数器,磁带录音机、加油机、机械水表中也有。

图 4-76　机械计数器示意图

4.6.3　模块与接口

　　实际生活中常常会面对比较复杂的任务,通常很难直接基于一个有限状态机进行设计,一种方法是将完整模块设计成功能相对简单的子模块的组合。比如前面提到的交通信号灯控制器的例子,在假设 TS 和 TL 信号为外部输入的情况下完成了一个基于有限状态机的设计,但 TS 和 TL 信号从何而来,ST 信号又用于何处还没有讨论。实际上,可以将 4.4 节中基于有限状态机设计完成的时序逻辑电路与 4.6.2 节介绍的两个计数器模块相结合,实现完整的交通信号控制器功能电路。两个计数器模块分别进行 0 到 TS 和 0 到 TL 的计数,并输出有限状态机部分需要的 TS 和 TL 信号;有限状态机部分则需要输出计数复位信号 ST,用于两个计数器模块的初始化。整体设计方案如图 4-77 所示,省略了模块内部的细节,至于在 4.4 节已经设计完成有限状态机部分的逻辑的前提下,TS 计数器和 TL 计数器两个模块应该有怎样的时序特性,如何进行设计实现,读者可以自行尝试,在此处直接给出一个 TS 计数器的 Verilog 实现作为参考,如图 4-78 所示。

　　模块接口是最容易产生问题的地方,模块之间的连线延时有很大的不确定性,甚至可能长达一个时钟周期。所以标准的设计模块的输入输出都应有寄存器,这种保守的设计风格对大的系统有很大作用,也有利于模块的重用,是一种通常遵守的设计原则。当然,在特定的设计中,考虑电路面积和功耗等因素,也会进行权衡。在子模块进行相连时,若模块之间比较靠近,同时设计者了解各个子模块之间的互联关系,则不一定要遵循输入输出都应有寄存器缓冲的规则,但也至少需要将输入寄存器化,只有当绝对需要且设计者充分理解时序和布局时才能违背这个原则。

```verilog
// TS 计数器 (假设TS=5为默认输入参数)
module TIMER_SHORT #(
    parameter TS = 5,

    input clk, rst_n,    // 时钟、复位信号
    input ST_i,          // 输入信号
    output reg TS_o      // 输出信号
);

// 位宽参数计算
    parameter BW = $clog2(TS);

// 计数寄存器定义
    reg [BW -1 :0] counter;

// 状态转移逻辑
    always @(posedge clk or negedge rst_n) begin
        if (~rst_n) begin
            counter <= {BW{1'b0}};
        end else if (ST_i) begin
            counter <= {BW{1'b0}};
        end else begin
            counter <= counter + 1;
        end
    end

// 输出信号
    assign TS_o = (counter == TS-1);

endmodule
```

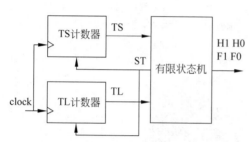

图 4-77　交通信号灯控制器完整电路框图

图 4-78　计数器示例 Verilog 代码

4.7　拓展知识

4.7.1　传统的锁存器/触发器实现方法

1. 基于逻辑门的门控锁存器

基于与非门的门控 RS 锁存器的电路图和逻辑符号如图 4-79 所示,由 4 个 NAND 门构成。门控 RS 锁存器主要是在 RS 锁存器的基础上添加了一个使能端 C,使得只有在 C 为高时才能改变 RS 锁存器的状态,相应的功能表如表 4-8 所示。

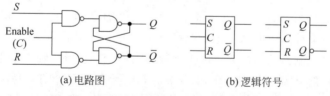

(a) 电路图　　　　　　　　　(b) 逻辑符号

图 4-79　门控 RS 锁存器的电路图和逻辑符号

表 4-8　门控 RS 锁存器的功能表

S	R	C	Q^+	$\bar{Q}^+$
1	0	1	1	0

续表

S	R	C	Q^+	$\overline{Q}^+$
0	1	1	0	1
0	0	1	Q	$\overline{Q}$
1	1	1	×	×
×	×	0	Q	$\overline{Q}$

门控 D 锁存器则进一步将门控 RS 锁存器的输入端 R 和 S 分别变成一个输入端 D 和它的反,从而避免了 R 和 S 同时为 1 的情况,其电路图和逻辑符号如图 4-80 所示。门控 D 锁存器通过控制信号 C 来实现状态的保持,其功能表如表 4-9 所示。当控制信号 C 为 0 时,状态保持不变。当控制信号 C 为 1 时,状态 Q 随着输入 D 变化。

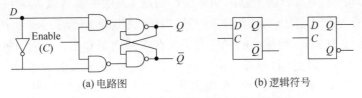

(a) 电路图   (b) 逻辑符号

图 4-80 门控 D 锁存器的电路图和逻辑符号

表 4-9 门控 D 锁存器的功能表

D	C	Q^+	$\overline{Q}^+$
0	1	0	1
1	1	1	0
×	0	Q	$\overline{Q}$

2. 主从 RS 触发器

主从 RS 触发器由一个主触发器和一个从触发器构成,主从 RS 触发器的电路图和逻辑符号如图 4-81 所示。左边的门控 RS 锁存器是主触发器,采用高电平时钟信号作为门控信号。右边的门控 RS 锁存器是从触发器,采用低电平时钟信号作为门控信号。门控 RS 锁存器与门控 D 锁存器一样,输入信号 R 和 S 仅可以在门控信号有效期间(高/低电平)实现对输出状态 Q 的控制,在其他情况下输出状态 Q 维持不变。

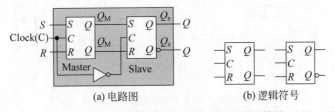

(a) 电路图   (b) 逻辑符号

图 4-81 主从 RS 触发器的电路图和逻辑符号

通过图 4-82 的时序图来分析主从 RS 触发器的电平(脉宽)触发工作原理。在时钟信号 C 的第一个高电平周期内,主触发器为使能状态,S 信号拉高后在 t_1 时刻主触发器的输出 Q_M 置位为 1,同时从触发器的状态输出保持不变。随着时钟信号 C 拉低,主触发器的状态输出保持不变,从触发器进入使能状态。此时从触发器的 S 输入等于 Q_M(为 1),R 输入等

于 $\overline{Q}_M$(为 0),因此在 t_2 时刻从触发器的输出 Q 置位为 1。从时序图上来看,在第一个高电平时钟脉宽期间,主从触发器的输入 S 的置位操作首先作用到中间状态 Q_M,然后在第一个时钟下降沿到来的时刻中间状态 Q_M 的变化才最终反映到输出状态 Q 上。

类似地,在时钟信号 C 的第二个高电平周期内,主触发器为使能状态,R 信号拉高后在 t_3 时刻主触发器的输出 Q_M 复位为 0,同时从触发器的状态输出保持不变。随着时钟信号 C 拉低,主触发器的状态输出 Q_M 保持不变,从触发器进入使能状态。此时从触发器的 S 输入等于 Q_M(为 0),R 输入等于 $\overline{Q}_M$(为 1),因此在 t_4 时刻从触发器的输出 Q 复位为 0。同样地,在经过第二个高电平时钟脉宽期间,主从触发器的输入 R 的复位操作先作用到中间状态 Q_M,然后在第一个时钟下降沿到来时刻中间状态 Q_M 的变化才最终反映到输出状态 Q 上。

进一步分析可以发现,由于从触发器的 S 和 R 输入分别连接在主触发器的状态输出和状态输出的反,根据前述 RS 触发器的功能表可知从 RS 触发器可以视为一个门控 D 触发器。当时钟信号为高时,主触发器为透明状态,中间状态 Q_M 随输入信号 R 和 S 而变化。但是从触发器没有使能,因此输入的变化只反映在中间状态 Q_M 上。当时钟信号由高变低时,主触发器不再使能,中间状态 Q_M 被暂存下来。同时,从触发器被使能,根据 D 触发器的特性,中间状态 Q_M 的值直接反映在输出状态 Q 上。因此主从触发器的行为可以总结为,在时钟高电平(低电平)期间的输入决定了最终的输出值(但还没反映到输出端),在时钟下降沿(上升沿)时更新输出状态。因此,可以总结出主从 RS 触发器的功能表,如表 4-10 所示。在低电平期间,主从触发器保持状态输出不变;在高电平期间,主从 RS 触发器的行为与 RS 触发器一致,并且在时钟下降沿更新输出值,即时钟下降沿触发的 RS 触发器。

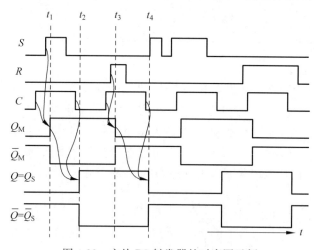

图 4-82 主从 RS 触发器的时序图示例

表 4-10 主从 RS 触发器的功能表

R	S	C	Q^+	$\overline{Q}^+$
1	0	⊓	0	1
0	1	⊓	1	0
0	0	⊓	Q	$\overline{Q}$

续表

R	S	C	Q^+	$\bar{Q}^+$
1	1	⊓	Undefined	Undefined
×	×	0	Q	$\bar{Q}$

3. 基于与非门的边沿 D 触发器

基于与非门的上升沿 D 触发器的电路图和逻辑符号如图 4-83 所示,主要由 6 个 NAND 门构成。仔细观察,可以发现边沿 D 触发器是在门控 D 触发器的 4 个 NAND 门的基础上,添加了 G_1、G_4 两个 NAND 门分别和 G_2、G_3 进行交叉耦合构成的。当时钟信号为 0 时,根据门控 D 触发器的特性,输出 Q 保持不变,并且 G_2 和 G_3 的输出都为 1。当时钟信号从 0 变成 1 时,若 D 为 1,则 G_1 输出为 0,G_4 输出为 1,从而 G_3 的输出从 1 变为 0,接着有 G_2 的输出仍为 1,最终可以得到输出 Q 被置位为 1(输入 D 的 1 值作用到了输出 Q 上)。类似地,当时钟信号从 0 变成 1,D 为 0 时,G_1 的输出为 1,G_4 的输出为 0,G_3 的输出依旧为 1,G_2 的输出从 1 变为 0,从而输出 Q 被复位成 0(输入 D 的 0 值作用到了输出 Q 上)。即 D 的输入在时钟信号从 0 变成 1 的上升沿期间透明地传递到输出 Q 处。当时钟信号为 1 时,G_1 和 G_2 始终有一个是封闭的。这是因为若 D 为 1,G_3 输出为 0,导致 G_2 的输出被锁定在 1(G_2 封闭);若 D 为 0,G_2 的输出为 0,导致 G_1 的输出被锁定为 1(G_1 封闭)。因此,输入 D 的影响始终无法传播到输出 Q,可以认为输出 Q 保持不变。可以总结出来,上升沿 D 触发器的功能表如表 4-11 所示。如果需要设计一个下降沿 D 触发器,只需要给门控信号的时钟输入添加一个反相器即可。

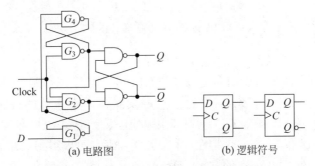

图 4-83 上升沿 D 触发器的电路图和逻辑符号

表 4-11 上升沿 D 触发器的功能表

D	C	Q^+	$\bar{Q}^+$
0	↑	0	1
1	↑	1	0
×	0	Q	$\bar{Q}$
×	1	Q	$\bar{Q}$

4.7.2 四种逻辑功能的触发器

对于边沿触发器,除了前述介绍的 RS 触发器和 D 触发器,还有 T 触发器和 JK 触发器,共同构成了四种不同类型的触发器。T 触发器和 JK 触发器的状态转移图和功能表分别如图 4-84 和图 4-85 所示。基于四种触发器的状态转移图和功能表进行卡诺图化简,可以得出四种触发器的特性方程:

(1) D 触发器,$Q^+ = D$;

(2) T 触发器,$Q^+ = T\bar{Q} + \bar{T}Q$;

(3) RS 触发器,$Q^+ = S + \bar{R}Q$,$SR = 0$;

(4) JK 触发器,$Q^+ = J\bar{Q} + \bar{K}Q$。

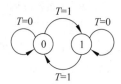

T	Q	Q^+
0	0	0
0	1	1
1	0	1
1	1	0

图 4-84　T 触发器的状态转移图和功能表

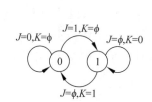

J	K	Q	Q^+
0	0	0	0
0	0	1	1
0	1	0	0
0	1	1	0
1	0	0	1
1	0	1	1
1	1	0	1
1	1	1	0

图 4-85　JK 触发器的状态转移图和功能表

本章只给出了边沿 D 触发器的电路实现,而没有给出其他三种边沿触发器的具体电路设计。其实,这些触发器都可以用 D 触发器进行"改装"实现。这里给出用 D 触发器实现 T 触发器的分析和设计方法。首先,需要列出 D 触发器和 T 触发器的特性方程:D 触发器,

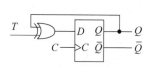

图 4-86　基于 D 触发器实现
T 触发器的电路图

$Q^+ = D$;T 触发器,$Q^+ = \bar{T}Q + \bar{Q}T = T \oplus Q$。通过分析两个特性方程,令 Q^+ 相等,可以得到 D 触发器的输入关于 T 的逻辑:$D = T \oplus Q$。根据这个方程,可以画出 T 触发器基于 D 触发器实现的电路图,如图 4-86 所示,这里采用了一个 D 触发器和一个异或门实现。基于 T 触发器的功能表对该电路设计进行验证,请读者自行完成,并用 D 触发器完成 RS 触发器和 JK 触发器的设计。

4.7.3　分解有限状态机

分解状态机是将有限状态机拆分为两个或更多个简单状态机的过程。分解可以采用正交方式分成单独的有限状态机来极大地简化每个状态机的设计。单独的状态机之间通过输入输出的信号进行通信和协作。这样的分解如果处理得当可以使整体设计更简单,并且可以通过分离问题来使电路设计更易于理解和维护,这一点与软件设计中模块化的思维也相

同。在交通信号灯控制器的例子中,该问题被分解为一个有限状态机和两个计数器(本质上也是有限状态机),就体现了这种思想。

在现代数字电路中,最典型的分解形式就是将数据路径和控制路径的状态机拆分,将机器的总体状态分解为数据路径上的数据状态和控制路径上的控制状态(这就是第5章将介绍的指令的概念)。如果从整体上来分析,尤其是从图灵机的模型的视角,电路中所有存储计算数据的寄存器,以及控制逻辑中用于计数或其他控制操作的寄存器都是电路的状态,都是一个大的"有限状态机"状态表示的一部分,但实际设计中显然不会采取这种一个有限状态机完成全部功能的设计思路,大多数实际的分解状态机设计都是自然的功能拆分的结果。

4.8 总结

阅读完本章,相信读者对时序逻辑的基础知识、功能分析、设计方法、典型电路都已经有了一定的认识,下面总结本章的重要内容:

时序逻辑电路的定义,需要理解过程的离散化是时序逻辑电路的核心思想,其中,时钟和状态是时序逻辑电路区别于组合逻辑电路的核心基本概念。

时序逻辑电路的基本单元,包括周期性的时钟信号和能保持状态的寄存器,如电平控制的锁存器和边沿控制的触发器,介绍其原理和时序参数。

同步时序逻辑电路的表示,一般以有限状态机为基本形式,本章介绍摩尔型和米利型两种有限状态机的典型实现,两种实现都可以用对应的状态转移表和状态转移图表示。

同步时序逻辑电路的分析,包括功能分析和性能分析。功能分析通过激励方程、特征方程、输出方程,分析次态的转移关系和输出的逻辑;性能分析基于触发器的建立时间、保持时间等时序参数,分析时钟周期的约束条件。

同步时序逻辑电路的设计,主要方式是基于有限状态机的设计流程,包括状态抽象、状态化简、状态编码、电路实现。此外,还需要进行自启动检查。

时序逻辑电路包含时钟域的概念,跨时钟域信号传递可能会发生亚稳态和同步错误。与时钟变化不统一的信号称为异步信号,时序逻辑电路中的复位信号也有同步和异步之分。

典型的时序逻辑电路部分介绍寄存器和计数器,包括环形计数器、扭环形计数器、加减法计数器、同步计数器、异步计数器、任意进制计数器,这些时序逻辑电路是构成 CPU 的重要部件,将在第 6、7 章展开介绍。

4.9 拓展阅读

[时钟域,同步器] 张渠,李平. 多时钟域下同步器的设计与分析[J]. 电子设计应用,2005(11): 85-88.

[时钟域,同步器] 徐翼,郑建宏. 异步时钟域的亚稳态问题和同步器[J]. 微计算机信息,2008,24(5): 271-272.

[时钟树] 千路,林平分. ASIC 后端设计中的时钟偏移以及时钟树综合[J]. 半导体技术,2008(6): 527-529.

[有限状态机]刘小平,何云斌,董怀国. 基于 Verilog HDL 的有限状态机设计与描述[J].计算机工程与设计,2008(4):958-960.

[有限状态机]Wagner F. Modeling Software with Finite State Machines:A Practical Approach[M]. Auerbach Publications,2006.

[静态时序分析]简贵胄,葛宁,冯重熙. 静态时序分析方法的基本原理和应用[J].计算机工程与应用,2002(14):115-116,221.

[静态时序分析]周海斌. 静态时序分析在高速 FPGA 设计中的应用[J]. 信息化研究,2005,31(11):41-44.

[摩尔机与米利机] http://www. stateworks. com/technology/TN10-Moore-Or-Mealy-Model/.

[汉明距离] https://baike. baidu. com/item/％E6％B1％89％E6％98％8E％E8％B7％9D／E7％A6％BB/475174? fr＝aladdin.

4.10　思考题

[1-时钟]门控时钟的时钟信号受到使能信号的控制,请问门控时钟控制的电路是同步电路还是异步电路?

[2-状态]双稳态单元的电路原理是什么?

[3-时序逻辑电路]什么是同步时序逻辑电路和异步时序逻辑电路? 同步逻辑电路和异步逻辑电路的区别是什么?

[4-时序逻辑单元]锁存器(latch)和触发器(flip-flop)的区别是什么?

[5-时序参数]为什么触发器要满足建立时间和保持时间?

[6-有限状态机]有限状态机的优点有哪些? 请从计算时间复杂度、存储复杂度和错误率三个角度分析。

[7-同步时序电路设计]如何快速判断一个同步时序电路属于摩尔机还是米利机?

[8-时序约束与性能分析]如何降低时钟偏差和时钟抖动对同步时序电路带来的影响?

[9-状态抽象]如果例 4-2 **序列检测器**中的需求是在 4 个符合模式序列的数字输入完成的后一个周期输出成功信号,按摩尔机思路设计得到的状态机状态转移图是怎样的?

[10-状态化简]状态化简的好处是什么? 为什么需要蕴含表技术进行状态化简?

[11-状态编码]最少位变化和基于次态和输入输出准则这两种状态分配方法有什么异同?

[12-计数器]一个环形计数器如何进行自启动设计?

[13-计数器]环形计数器和扭环形计数器有什么区别?

4.11　习题

1. 一个 4 位的扭环型计数器(初值全为 0),一共有多少个状态?

2. 若将 D 触发器的 D 端与其 $\bar{Q}$ 相连,经过 2021 个时钟周期后它的状态为 0,则 D 触发器原来的状态是什么?

3. 图 4-87 是由或非门组成的 RS 锁存器的时序图，请根据输入 R、S 的波形画出相应的输出 Q 和 $\bar{Q}$ 的波形。

4. 一个时序逻辑电路如图 4-88 所示，t_{1d}（门 G_1、G_2 的延时）$> 2t_{2d}$（门 G_5、G_6 的延时），G_3、G_4 的延时为 0。请分析该电路的逻辑功能。

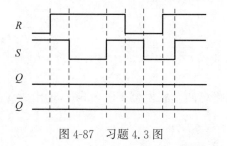

图 4-87　习题 4.3 图

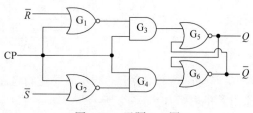

图 4-88　习题 4.4 图

5. 图 4-89 是基于传输门实现的上升沿 D 触发器电路图。假设每个传输门输入到输出的延时为 $2t_d$（无需考虑传输门时钟到输出的延时，假设传输门有一侧晶体管打开即可传输信号，仅当两侧晶体管均关断时才停止信号的传输），每个反相器的延时为 t_d。请分析并给出该上升沿 D 触发器的建立时间 t_{su}、保持时间 t_h 和时钟到输出延时 $t_{clk\text{-}Q}$。（认为时钟信号到来时传输门晶体管立刻打开/关断）

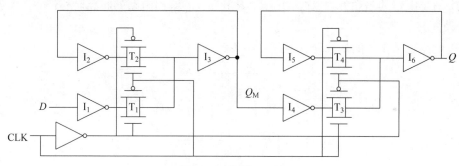

图 4-89　习题 4.5 图

6. 请用一个 D 触发器实现一个 JK 触发器，写出分析过程并画出电路图。

7. 请用一个 RS 触发器实现一个 T 触发器，写出分析过程并画出电路图。

8. 一个时序逻辑电路如图 4-90 所示，请写出电路的驱动方程、状态方程和输出方程，画出状态图并说明电路的功能。

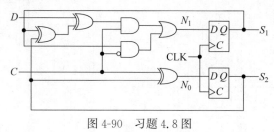

图 4-90　习题 4.8 图

9. 一个时序逻辑电路如图 4-91 所示，请写出电路的驱动方程、状态方程，画出状态图并说明电路的功能。

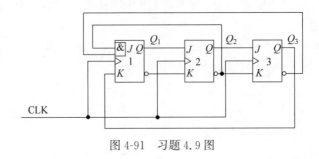

图 4-91　习题 4.9 图

10. 分析图 4-92 给出的同步时序逻辑电路。电路有两个触发器 $FF_0 \sim FF_1$，输出为 Y。整个电路的参数如表 4-12 所示。

表 4-12　习题 4.10

参数	门延时 t_d	触发器时钟到输出 Q 的延时 t_{co}	触发器建立时间 t_{su}	触发器保持时间 t_h
数值/ns	1.5	1	2	0

触发器都连接在理想时钟 CLK 上。考虑电路工作时忽略置位、清零端,忽略连线间延时。回答下列问题:

(1) 写出电路的驱动方程、次态方程和输出方程。画出电路的状态转移图,指出电路能否自启动。

(2) 电路正常工作的最高时钟频率是多少?

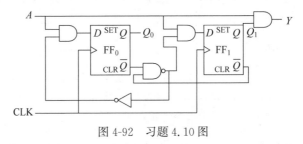

图 4-92　习题 4.10 图

11. 分析图 4-93 给出的同步时序逻辑电路。电路有两个触发器 $FF_0 \sim FF_1$,输入为 X,输出为 Z。

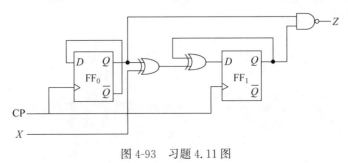

图 4-93　习题 4.11 图

考虑电路工作时忽略置位、清零端,忽略连线间延时。电路的参数如表 4-13 所示。

表 4-13 习题 4.11

参数	门延时 T_d	触发器时钟到输出 Q 的延时 T_{co}	触发器建立时间 T_{su}	触发器保持时间 T_h
数值/ns	1.5	1	2	0

(1) 该电路是摩尔型还是米利型时序电路?

(2) 写出该电路的次态方程和输出方程。

(3) 画出该电路的状态转移图。

(4) 说明该电路的功能。

(5) 电路正常工作的最高时钟频率是多少?

12. 将例 4-5 中的八状态的有限状态机采用格雷码编码,化简次态方程和输出方程。

13. 接着例 4-2 序列检测器已经进行的状态转移图绘制和状态转移表化简结果,完成状态编码,化简次态方程和输出方程,利用上升沿触发的 D 触发器和与非门给出实现电路图,允许 X 反变量输入。

14. 题 4.13 中,输入改为可以复用,即任意周期,只要当前输入与之前的三个连续输入共同构成了 0110 或 1010 序列,即在该周期输出 1,其他周期输出 0,按相似流程绘制状态转移图、化简状态转移表、状态编码并化简次态和输出方程,利用上升沿触发的 D 触发器和与非门给出实现电路图,允许 X 反变量输入。

15. 一个 6 位的扭环型计数器(初值为 101010),有多少个合法的计数状态? 分别是?

16. 使用 3 个 D 触发器的 Q 输出作为状态表示,采用异步方式连接,以前一个触发器的 Q 输出作为后一个触发器的时钟输入,构成异步减法模 8 计数器,画出类似图 4-73 的电路图,任选一种状态为初始态,画出输入待计数脉冲信号为占空比 50% 的时钟信号时,经过 9 个上升沿的时序图,验证其减法计数器功能。同理,画出同样情况下,若以前一个触发器的 $\overline{Q}$ 输出作为后一个触发器的时钟输入的时序图,验证其加法计数器功能。

17. 设计一个模 5 同步加法计数器,输入信号为待计数脉冲信号 CP,没有其他输入信号,输出采用摩尔机的逻辑实现,在计数值为 4 的周期输出进位信号为 1,其他周期为 0。

(1) 绘制状态转移图开始,给出状态转移表,采用二进制加法计数编码,即有限状态机状态即为计数值的二进制表示。

(2) 化简次态方程和输出方程,检查是否可以自启动。

(3) 用 D 触发器(输出为 Q 与 $\overline{Q}$)和与非门给出电路实现。

18. 设计一个六进制同步加法计数器,在 0,1,2,3,4,5 内循环计数,采用二进制加法计数顺序编码。该计数器包含一个控制输入 M,完成如下功能:

(1) 当 $M=0$ 时,计数器每次加 1,即 count=(count+1) mod 6。

(2) 当 $M=1$ 时,计数器每次加 2,即 count=(count+2) mod 6。

(3) M 将可能在任意时刻改变,而不是仅在计数开始前设定一次。例如:M 开始是 0,计数器计数 0、1、2、3。此时 M 变为 1,则下一个周期计数器变为 5。

请根据上述要求:

(1) 画出状态机的状态转移图及次态表。

(2) 用 D 触发器和与门、或门、非门实现该电路(门电路输入数目不限);要求组合逻辑尽可能化简。

(3) 说明该电路是否可以自启动(任意初始状态经过一段时间都可以进入正常计数)。如果不能启动,应该做什么修改使其能够自启动?

19. 采用 D 触发器(输出为 Q 与 Q')和最简与非门设计一个可控同步计数器,计数器输出端为 Z,当控制端 $M=0$ 时为模 5 计数,此时计数至 4 后输出 1;当 $M=1$ 时为模 7 计数,此时计数至 6 后输出 1。注意 M 可能在任意时刻改变,在计数超过 4 后 M 从 1 变为 0,则下一状态回到复位态,且输出为 0。状态编解码采用二进制加法顺序编码。

(1) 画出状态图。

(2) 化简状态表,写出状态方程并化简。

(3) 分析电路能否自启动。

(4) 画出电路图。

20. 设计一个简单的自动售货机:该售货机在收到 3.5 元之后就会给出一件商品。该机器具有能够接收 5 角和 1 元的单个投币口,每次投入 1 枚硬币。其中的机械传感器能够产生一个信号指示插入投币口的是 5 角还是 1 元硬币。控制器产生的输出为 1 则控制一件商品的滑出。实现如下功能:①该售货机不找零,支付 4 枚 1 元硬币则顾客会损失 5 角;②每次给出商品后需要自动进行一次复位。

请按照如下步骤对该问题进行分析:

(1) 对问题进行抽象建模并画出状态转移图。

(2) 给出状态转移表,进行化简。

(3) 按照基于次态和输入输出准则的方法进行状态编码,化简次态和输出方程利用 D 触发器(输出为 Q 与 Q')及与门、或门、非门设计电路实现该自动售货机功能。

21. 请设计一个"1011"的序列检测器,假设输入 X 是由 0,1 比特构成的任意串行序列,该检测器发现"1011"比特序列的后一个周期输出 Y 为 1,其他时刻为 0,每输入 4 个比特复位一次,即输入不可复用。该检测器输入信号为 X 和时钟 CP,输出信号为 Y。请完成:

(1) 采用摩尔机形式实现该序列检测器,画出其状态转移图。

(2) 化简状态转移表为最简形式。

(3) 用基于次态和输入输出准则的方法编码,用状态分配表给出编码方案。

22. 题 4.21 中,改为类似于题 4.14 的可以复用逻辑,如何按同样的四个步骤和要求设计实现?用 D 触发器(输出为 Q 与 $\bar{Q}$)和两级最简与非门实现该电路,门电路输入数目不限,允许 X 反变量输入。

4.12 参考文献

[1] Dally W J, Levis P. Stanford EE108A Course, 2002.

[2] Mealy G H. A Method to Synthesizing Sequential Circuits [J]. Bell System Technical J., 1955: 1045-1079.

[3] Moore E F. Gedanken-Experiments on Sequential Machines[M]. Automata Studies, 1956: 129-153.

[4] 吕娜. 时序逻辑领域的开拓者[J]. 程序员, 2009, 12.

[5] 陆钟万, 等. 中国科学院院士、数理逻辑学家胡世华[N/OL]. 光明网, 2006-11-06.

[6] 甘晓. 纪念胡世华诞辰百年: 半个世纪前的计算机梦想[N]. 中国科学报, 2012-04-18.

第5章

计算机指令集架构

前面介绍了以布尔逻辑与有限状态机为数学基础、CMOS 电路为物理基础的数字电路分析与设计。如图 5-1 所示,从本章开始将讲解更高层、更通用也更复杂的计算系统:通用计算机的分析与设计。本章将从通用计算机的概念引入,以 MIPS 指令集为例介绍指令集架构的意义与组成,再介绍 MIPS 汇编指令程序设计方法,最后介绍一般的计算机系统的性能评价标准。

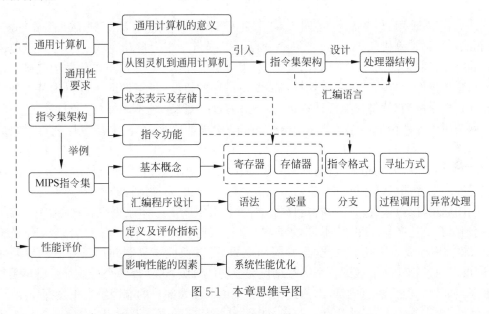

图 5-1 本章思维导图

5.1 通用计算机与指令集

5.1.1 通用计算机的意义

计算问题的数学模型——$y = f(x)$ 以一种统一的形式体现了任何计算任务均可以抽象为输入数据到输出数据的转换,不同的计算任务仅仅是函数 $f(\cdot)$ 的形式有所差别。在本书前面的内容中,针对一个特定任务会采取这样的工作流程设计电路以完成任务:一、分析任务并分解成子任务,二、设计不同的电路模块,三、测试每个电路模块并整合。但是这样设计的电路对于不同任务的适应性比较差,换一种说法就是"高特定任务性能,低通用性",即**专用集成电路**(application specific integrated circuits,ASIC)。有些情况下不希望每有一个新的需求就设计一套新的电路系统,而是希望拥有**一台通用机器可以完成各种各样的工作**。即使这台机器在每一个特定任务上可能比针对设计的 ASIC 性能差一些,但是却可以降低部署成本和任务切换的成本。图 5-2 以计算 $A+B$ 为例,直观说明了专用集成电路与通用集成电路的区别。

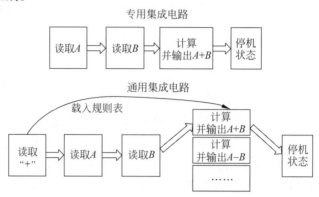

图 5-2 专用集成电路和通用集成电路对比

针对这种通用性的需求人们发明了通用计算机。通用计算机(general purpose computer)简称计算机(computer),是一种可以根据指令序列自动完成一系列算术或逻辑操作的机器。联系前面介绍的内容,其中"算术或逻辑操作"是指以布尔代数为基础的逻辑运算和算术操作,"自动完成一系列算术或逻辑操作的机器"是指以数字逻辑为基础的电路系统,而"**指令序列**"就是让通用计算机与一般的数字电路系统不一样的关键点。这里的指令序列是指由各种特定功能的指令(instruction)构成的序列,不同的指令序列可以组成程序(program)。通过在计算机上执行各种程序,可以完成小到简单数学计算题、控制智能家电、查看文档内容,大到超大规模科学仿真、控制飞机火箭、处理海量交易信息等任务,这些内容迥异的任务都可以在同一台机器上完成,唯一不同的只是运行的指令序列①。

利用通用计算机,针对一个特定任务,本书会采用以下工作流程完成任务:一、分析任务并分解成子任务,二、设计不同的子程序,三、测试每个子程序并整合。相对于设计 ASIC,软件程序设计的成本更低,开发周期更短,可以低成本复制并通过互联网等载体传播,还可以通过物联网下载到各个终端结点完成功能升级,这使得各个行业都可以享受数字化带来的好处。值得注意的是,即使通用计算机可以在大部分的应用场景中发挥作用,但是由于性能、成本等约束,仍然存在一些场景需要使用特定的电路设计完成任务。实际上很多应用场景会使用同时包括 ASIC 和通用计算机的异构计算(heterogeneous computing),达到高效率和通用性的均衡。

5.1.2 从图灵机到通用计算机

图灵机(Turing machine),由数学家艾伦·麦席森·图灵于 1936 年提出,作为一种抽

---

① 实际考虑到任务规模、性能需求、成本约束等,使用小机器完成大任务和用大机器完成小任务都是不合适的,这里只是讨论理论上的可行性。

象计算模型去模拟人在数学计算中的行为。图灵机包括：①一条无限长的纸带,纸带被分成一个一个的小格,每个格子可以记录一个来自有限字母表的字母。②一个读写头,可以在纸带上左右移动,读取当前格子上的字母或者改变当前格子上的字母。③一个状态寄存器,用来记录图灵机当前所处的状态,状态的总数量是有限的,并且机器同一时间只能处于一个状态。④一套有限规则表,规则表中记录了若干条用于控制读写头的规则,读写头会根据图灵机当前的状态和当前格子上的符号决定读写头的下一个动作并改变状态寄存器的状态。以上部件构成了一个物理可实现①的有限状态机,通过状态机的状态跳转,图灵机可以在有限步骤内完成任意有限规模的可计算任务。

理论上任意一个特定的计算任务,都可以设计一套特定的规则表以及相应的寄存器状态和字母表去解决。而由于该状态机状态数、符号集、跳转规则都是有限的,所以总可以用一个有限长的符号串进行描述。因此可以设计一个特殊图灵机,以描述其他图灵机的符号串为输入,然后模拟其他图灵机的行为。这样一台图灵机可以以统一的状态寄存器和有限规则表完成不同任务并且只需要改变纸带上记录的符号。至此,本书依然在讨论一台没有超出图灵计算能力的机器,但是却在通用性上相对"针对特定任务设计的图灵机"迈出了重要的一步,即**在复用同一套状态寄存器和规则表的前提下,将一个任意图灵机的抽象符号序列作为输入并模拟其行为。**

普林斯顿架构(princeton architecture)是一种明确将描述任务的程序作为一种数据和其他输入数据统一存储在存储器(memory)中,使用中央处理器(CPU)进行数据操作和流程控制,并配上与人交互的输入设备(input device)输出设备(output device)组成的计算系统架构,如图5-3(a)所示。在图5-3(b)中展示了一种改进版本——哈佛架构,其中单独设计存储程序指令的存储器以提高运行效率。通过对比可以发现：图灵机中的状态寄存器＋跳转规则表与CPU对应,图灵机中纸带与存储器对应,描述其他的图灵机结构的编码与存储器内的指令对应,其他图灵机要解决的任务的输入与存储器内的其他数据对应,而存储单元和中央处理器读写数据的过程与读写头的行为一致。至此,如果还知道**一般性的用于描述其他图灵机的编码方法和各个组成单元的设计方法**,就可以用现有的数字电路技术制造一台与图灵机等价的通用计算系统,而这正是本章和后续章节将详细阐述的内容。

5.1.3 指令集架构——软硬件接口

指令代表指示处理器进行一项操作的指示与命令,体现为处理器的某种电路行为(比如加法运算)。而指令的集合,用于控制处理器运转的规则表,通常被称为指令集架构(instruction set architecture, ISA)。通用图灵机的理论只提供了最基础的理论限制,具体如何设计还需要结合现有技术的条件和限制。

总体来说,指令集架构需要描述硬件需要完成哪些功能,每一个步骤状态如何改变,同时也约束了软件只能使用描述的功能,并用这些功能组合成需要的完整的软件系统。可以说指令集架构约束了硬件所必须完成的功能,也约束了软件所能使用的功能范围。针对某个指令集架构编写的任意软件,需要在所有实现了该指令集架构的硬件上运行得到相同的

---

① 由于可计算任务要求在有限步骤内结束,磁头一次只能移动一格,所以实际使用的纸带是有限长的。无限长假设旨在说明图灵机可以有效解决任意有限规模的任务,这一点并不破坏物理可实现条件。

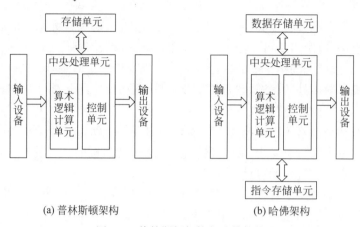

(a) 普林斯顿架构　　　　(b) 哈佛架构

图 5-3　普林斯顿架构与哈佛架构

效果,但对具体如何实现以及所需要的资源没有限制。所以说指令集架构的重要意义在于将软件设计和硬件设计解耦,避免同时考虑两者带来的麻烦,同时也为计算机行业的发展提供了较为稳定的行业标准。如图 5-4 所示,指令集是计算机系统中硬件与软件的纽带。

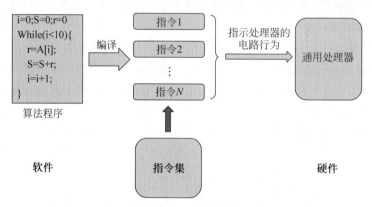

图 5-4　指令集是计算机系统中硬件与软件的纽带

　　同时也要看到,指令集架构的设计并不是一成不变的。各种具有不同特点的指令集被设计出来,并且随着时代的发展不断改进。指令集架构分为两类,复杂指令集(CISC)和精简指令集(RISC)。CISC(例如 x86)的特点是计算机的指令系统比较丰富,有专用指令来完成特定的功能。因此,处理特殊任务效率较高。而 RISC(例如 MIPS、ARM、RISC-V)设计者把主要精力放在那些经常使用的指令上,尽量使它们具有简单高效的特色。对不常用的功能,常通过组合指令来完成。因此,在 RISC 机器上实现特殊功能时,效率可能较低。但可以利用流水线技术和超标量技术加以改进和弥补,本书第 7 章会详细讨论这部分内容。

　　为了清楚地比较两种架构的特点和区别,采用两个数的相加运算来说明。如图 5-5 所示,假设待运算的两个数字分别存储在存储器地址 1 和地址 2。计算单元只能对寄存器 A、B 进行操作。任务定义为将地址 1 和地址 2 两个位置的数字相加,然后存储在地址 1。

　　CISC 体系结构采用的方法是设计一条专门的指令,不妨记为"EXE"。在执行这条指令时,会将存储器中的这两个值分别加载到不同的寄存器中,计算单元会将操作数相加,然后将结果存储进目标存储位置中。因此,两个数的相加操作可以用一条指令完成:

`EXE address1 address2`

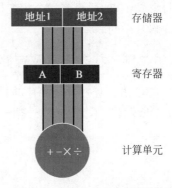

　　EXE 就是一条复杂指令，直接对计算机的存储器进行操作，不需要程序员显式地调用任何加载或者存储函数。该体系结构的主要优点之一是，编译器只需做很少的工作就可以将高级语言语句转换为汇编语言。由于代码的长度相对较短，只需要很少的内存来存储指令。实现的关键在于将复杂的指令直接构建到硬件中。

　　RISC 体系结构采用的方法是只使用可以在一个时钟周期内执行的简单指令。因此，上面描述的"EXE"命令可以分为三个单独的命令："LOAD"，将数据从存储器移动

图 5-5　计算机中的加法计算

到寄存器；"ADD"，计算位于寄存器内的两个操作数的加和；"STORE"，将数据从寄存器移动到存储器。为了执行 CISC 方法中描述的一系列步骤，程序员需要编写四行汇编代码：

```
LOAD   A,address1
LOAD   B,address2
ADD    A,B
STORE address1,A
```

　　这种方式有更多的代码行，需要更多的内存来存储汇编级指令。编译器还必须执行更多的工作，以将高级语言语句转换为这种形式。然而，RISC 也带来了一些非常重要的优势。因为每条指令只需要一个时钟周期来执行，所以整个程序的执行时间与多周期"EXE"命令大致相同。这些简化指令比复杂指令需要更少的晶体管硬件空间，为通用寄存器留下更多的空间。因为所有的指令都在一个时钟内执行，所以流水线是可行的，详情见本书第 7章。将加载和存储指令分离实际上减少了计算机必须执行的工作量。在执行 CISC 风格的"EXE"命令后，处理器自动擦除寄存器。如果其中一个操作数需要用于另一个计算，处理器必须重新将数据从存储器加载到寄存器中。在 RISC 中，操作数将留在寄存器中，直到另一个值加载到它的位置。

　　虽然 CISC 和 RISC 都是图灵完备[1]的，甚至只有一条指令的最简指令集[2]也可以是图灵完备的，但是背后电路设计实现的复杂程度和完成同样任务的效率差别却很大。一个一般性的趋势是指令集所描述的功能越全面、越复杂，完成各种任务的效率越高，但是电路设计也越复杂。反之，指令集描述的功能越少、越简单，所对应的电路设计也越简单，但是完成各种任务的效率可能不高。所以在实际应用中需要根据具体应用场景去选择或设计对应的指令集架构，并相应地设计硬件系统和软件系统。

5.2　指令集架构

　　本节将沿着从图灵机向实际计算机的路径继续介绍指令集架构的相关知识，包括指令集架构如何定义状态表示，如何处理状态转移等知识。为了让读者有一个直观的认识，在介

---

[1]　如果一系列操作数据的规则(如指令集、编程语言)可以用来模拟任何图灵机，那么它是图灵完备的。

[2]　最简指令计算机，又称单一指令计算机。只包含一条指令即可图灵完备，例如"subleq a,b,c:mem[B]＝mem[b]-mem[a],if (mem[b]<=0)goto c"。

绍每个知识点时,会将指令集架构的内容和读者相对熟悉的 C 语言进行简单对比,帮助读者理解其中的联系与区别。

5.2.1　状态表示及存储

在 C 语言程序中,所有的计算结果都是通过各种数据类型的变量进行存储的。 如图 5-6 所示,为了完成一个"若 x 大于 0,则输出 2 倍 x,否则输出 x 的相反数"的计算任务。在

```
一个简单的C语言程序的例子
int x = 2;
int temp;
int result;
temp = x>0;
if(temp)
  result = 2*x;
else
  result = -x;
```

图 5-6　一段 C 语言程序

这个程序中需要通过一次执行指令并分别计算 x>0,2 * x,-x 的值才能得到正确的结果。并且注意到 C 语言程序执行时,指令的执行顺序是根据控制流程进行跳转或者顺次向下执行,并且每条指令执行后各个变量的值可能发生变化。联系到图灵机模型,这对应着当前图灵机的内部状态加上纸带上的数据和读写头的位置。

目前主流的以 CPU 为核心的计算系统中用于记录状态的部件一般包括**寄存器**和**存储器**。其中寄存器一般是指存在于 CPU 芯片内部的寄存器部件,关于寄存器的电路实现细节,可以回顾本书 4.6.1 节。

而存储器一般是指与 CPU 芯片分开并且需要通过总线等结构进行访问的存储部件,本书第 8、9 章将分别介绍存储器与总线的相关内容。

5.2.2　指令功能

有了程序状态的定义与表示之后,还需要根据一定的流程进行正确的状态跳转才能完成程序的功能。C 语言中通过各种运算指令去改变变量的值或改变程序执行的流程,对应到汇编指令集架构中的概念就是通过一系列的汇编指令修改寄存器堆、存储器(改变变量)和 PC 寄存器(计算流程)的值。一般的计算架构中包括三种类型的指令:计算指令、数据传送指令和流程控制指令。图 5-7 给出了 C 程序中三种类型指令的示例。

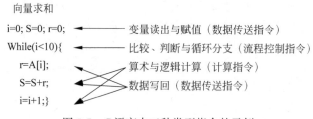

图 5-7　C 语言中三种类型指令的示例

（1）计算指令：其主要功能是根据输入值和一定的规则计算结果。例如整型数据的四则运算和大小比较,浮点数的四则运算和大小比较,数据左移右移,与或非等逻辑运算。

（2）数据传送指令：其主要功能是控制数据的流动,因为目前主流的冯·诺依曼架构中存储器和计算单元是分离的,需要通过一定的指令将数据从存储器读到计算单元内的寄存器中以及将计算单元中的计算结果存回存储器中。

（3）流程控制指令：其主要功能是控制程序的流程。因为在冯·诺依曼架构中程序中

的指令也是按照数据的方式依次排好进行存储的,但是实际执行时需要根据一定的规则跳转执行。这类指令用于支持过程调用和分支判断等功能。

5.3　MIPS 指令集

前面章节介绍了一般的指令集架构包含的状态表示、状态转移、指令编码等内容,以及与有限状态机、图灵机、冯·诺依曼架构等概念是如何联系的。本节将介绍 32 位的 MIPS 架构中的相应概念是如何规定的。MIPS 指令集具有简洁优雅的特点,其设计思想同样适用于 RISC-V、ARM 等其他 RISC 指令集。因此本书采用 32 位 MIPS 指令集作为教学范例。本节一方面让读者了解指令集架构的定义与重要意义,掌握汇编语言及汇编程序的设计方法,另一方面为后续课程中学习 MIPS 架构处理器打下基础。

5.3.1　寄存器

在 MIPS 指令集架构中,直接参与计算的数据是存储在寄存器堆中的,寄存器堆通常具有很低的读取延时和很高的带宽。处理器在进行数据计算时主要从寄存器堆读取数据并将计算结果存回寄存器堆中。

MIPS 指令集架构的寄存器堆通常包括 32 个 32 位通用寄存器。这 32 个寄存器分别记作 $0\sim 31$。这 32 个寄存器都可以被各种指令当作操作数来源,也可以被当作目标寄存器写入数据。但是实际使用时通过制定一定的规范,这些寄存器被分配了不同的功能和使用场合并分别取了别称,从而提高程序的可读性。比如 $0 寄存器别称 $zero 寄存器,这个寄存器的值永远为 0 不会改变; $2, $3 别称 $v0, $v1,被用来存储函数的返回值;等等。别称和对应的功能见表 5-1。后文会详细分析具体如何使用如下寄存器。

表 5-1　寄存器编号、别称及功能

寄存器编号	别　　称	英 文 全 称	功　　能
0	zero	zero	永远存储 0
1	at	assembly temporary	保留用于组装 32 位数
2~3	v0,v1	value	存储子过程返回值
4~7	a0~a3	arguments	调用子过程的参数
8~15 24~25	t0~t7	temporaries	临时寄存器,子过程不需要保存
16~23	s0~s7	saved	保存寄存器,子过程修改前需要保存
26~27	k0,k1	kernel	用于处理中断和异常
28	gp	global pointer	存储全局数据的地址,方便程序读取
29	sp	stack pointer	栈指针,用于记录栈顶的位置
30	s8/fp	frame pointer	8 号保存寄存器,子过程需要时可以用作帧指针
31	ra	return address	子过程的返回地址

一般寄存器堆具有两个读取端口和一个写入端口,输入 5 位寄存器编号便可以读取或写入对应寄存器,后面会详细介绍寄存器堆的硬件结构。

除了寄存器堆中的 32 个通用寄存器外,MIPS 汇编架构中还定义了一个 PC(program

counter)寄存器,用于存储当前正要执行的指令对应的地址。对于一般的指令执行完成后 PC←PC+4,对于分支或者跳转指令执行完成后 PC 会被更新为跳转后的指令对应的地址①。

5.3.2　存储器

寄存器虽然具有读取延时低、带宽大的优点,但是总容量有限,当需要执行的程序有较多变量或者需要分配大量存储空间时,仅仅使用寄存器是不够的。存储器具有较大的存储空间,但是读写数据需要较长的延时,带宽相对寄存器堆也较小。在 MIPS32 指令集架构中,存储器地址为 32 位,故存储器可以读写的最大范围为 $0 \sim (2^{32}-1)$ 字节。输入 32 位地址可以读取或写入对应地址的数据。

存储器相对寄存器堆的存储空间大得多,但是延时更大、功耗更高。在调度时应尽量使用寄存器堆参与计算,仅在必要时通过存储器读写数据,这部分会在后面汇编程序结构中介绍。另外使用额外的硬件结构(缓存结构)可以减少读写存储器的平均代价,后面会详细介绍缓存技术。

5.3.3　指令格式

前面根据指令的功能进行分类并介绍了 MIPS32 指令集中的指令,计算机系统的主要功能是由数字电路组成的,为了执行这些指令需要将指令编码为二进制表示。MIPS32 指令集的一个重要特征是所有的指令都被编码为 32 位的二进制编码,并且分为 R 型、I 型和 J型三种指令格式。本节将介绍这三种指令格式。

1. R 型指令

一条 MIPS 中的 R 型指令按照 6+5+5+5+5+6=32 位的方式划分为 6 个字段,如表 5-2 所示。

表 5-2　R 型指令说明

位宽	6	5	5	5	5	6
含义	opcode	rs	rt	rd	shamt	funct
作用	操作码	第一个源操作数	第二个源操作数	目标寄存器	位移量	功能码

其中每个字段的具体作用解释如下:

操作码(opcode):用于区分不同的 R 型指令对应的操作,事实上包括后面提到的 I 型指令和 J 型指令都会包含 6 位的操作码,用于区分不同的指令。6 位的操作码最多可以用于区分 $2^6=64$ 种指令,这个数字并不足够,因此还需要与后面的 6 位的功能码一起确定不同的指令。

源操作数 1、2(register source,rs; register target,rt):R 型指令的两个操作数均来自寄存器,按照寄存器的编号确定使用哪两个寄存器。因为在 MIPS 当中一共只有 32 个寄存器,所以用 5 位足以编号。

目标寄存器(register destination,rd):与源操作数一样,按照寄存器的编号确定使用哪个寄存器,并用 5 位进行编号。

位移量(shamt):对寄存器内的数字进行位移,由于寄存器内的操作数不会超过 32 位,

---

① MIPS32 指令集中,一条指令占 4B,所以下一条指令的地址为当前地址+4。

因此用 5 位表示位移量足够。

功能码(funct)：正如前面介绍的，6 位的操作码能够区分的指令数太少，因此需要功能码在同一操作码下区分不同的操作。

【例 5-1】

汇编代码：

add $8，$9，$10

十进制表示：

0	9	10	8	0	32

二进制表示：

000000	01001	01010	01000	00000	100000

可以看到，加法指令的源操作数分别来自 $9 和 $10 两个寄存器，而目标寄存器是 $8。对应的操作码和功能码分别为 0 和 32。由于过程中没有涉及位移操作，因此位移量也是 0。

由于 R 型指令的所有操作数均来自寄存器，并且最终结果也会写回寄存器，因此表现在数据通路上为寄存器堆与算术与逻辑计算单元之间的数据交互。算术与逻辑计算单元从寄存器获取操作数，进行计算后将结果写回寄存器堆，其可能用到的数据通路如图 5-8 所示。

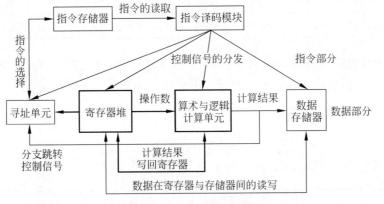

图 5-8　R 型指令数据通路

注意，核心指令集中 R 型指令主要为运算类指令，但是存在一个特例**跳转寄存器 jr** 指令，该指令具有 R 型指令的格式，jr $x 的功能为 PC←R[x]。

2. I 型指令

一条 MIPS 中的 I 型指令按照 6＋5＋5＋16＝32 位的方式划分为 4 个字段，如表 5-3 所示。

表 5-3　I 型指令说明

位宽	6	5	5	16
含义	opcode	rs	rt	Imm
作用	操作码	第一个源操作数	第二个源操作数或者目标寄存器	立即数

其中每个字段的具体作用解释如下：

操作码（opcode）：与 R 型指令的操作码含义相同，I 型指令不需要功能码进行辅助区分。

源操作数（rs，rt）：I 型指令的源操作数可能有一个，也可能有两个，其中第一个源操作数的寄存器编号存储在 rs 中。

目标寄存器（rt）：当 I 型指令没有第二个源操作数时，第二个寄存器编号代表目标寄存器。

立即数（Imm）：16 位数字，根据操作码的区别对应不同的含义，可以是地址偏移量，也可以是某个具体的数字。

MIPS 在设计之初，按照指令格式，将指令划分为 R 型、I 型和 J 型。如此设计指令格式的原则是什么，起到了什么样的作用，会在本节末尾做出详细解释。

【例 5-2】

汇编代码：

lw　$s1，100（$s2）

十进制表示：

| 35 | 18 | 17 | 100 |

二进制表示：

| 100011 | 10010 | 10001 | 0000000001100100 |

这是一个数据存入与装载的例子，$s1 是目标寄存器，将以 $s2 内存储数据作为基地址，位移量为 100 的存储器内存储的数据读出并存入 $s1 中。立即数 100 就是地址偏移量。

【例 5-3】

汇编代码：

addi　$21，$22，−50

十进制表示：

| 8 | 22 | 21 | −50 |

二进制表示：

| 001000 | 10110 | 10101 | 1111111111001110 |

这是一个立即数操作的例子，$22 是源寄存器，$21 是目标寄存器，将 $22 寄存器中的操作数减去 50 后的计算结果存入 $21 寄存器。立即数−50 作为计算源数字。

【例 5-4】

汇编代码：

beq　$21，$22，addr

十进制表示：

4	22	21	addr

二进制表示：

000100	10110	10101	addr

这是一个有条件跳转指令的例子。$21 寄存器和 $22 寄存器均作为源寄存器,当两个寄存器中的数值相同时,下一条指令将根据 addr 进行跳转。分支指令采用的寻址方式为 PC 相对寻址——分支目标的地址是 PC+4 与指令中的位移量之和。包括这种寻址方式在内的寻址方式将在 5.3.4 节中做出详细解释。

I 型指令的操作数来自寄存器、存储器以及立即数(指令译码模块输出),计算结果同样可能写回寄存器、存储器以及寻址单元。I 型指令的数据通路如图 5-9 所示。

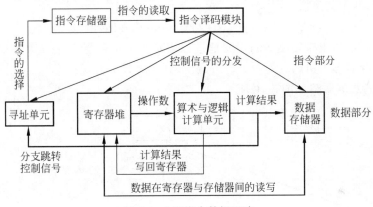

图 5-9　I 型指令数据通路

I 型指令的功能包括运算与数据传送指令、分支指令。大部分 I 型指令中立即数都是进行符号扩展的,即使 sltiu 也是在进行符号扩展后进行无符号比较;也存在例外,andi、ori 两个逻辑立即数运算是对立即数进行无符号扩展的,lui 加载高位立即数指令仅需要扩展低 16 位。

3. J 型指令

一条 MIPS 中的 J 型指令按照 6+26=32 位的方式划分为 2 个字段,如表 5-4 所示。

表 5-4　J 型指令说明

位宽	6	26
含义	opcode	target address
作用	操作码	目标地址

其中每个字段的具体作用解释如下:

操作码(opcode):与 I 型指令的操作码含义相同,不需要功能码进行辅助区分。

目标地址(target address):用于标识跳转的目标地址,这里的目标地址只有 26 位,相比较于指令存储器 32 位的地址线还差 6 位,后面会介绍如何用 26 位构造出 32 位的地址。

【例 5-5】

汇编代码：

j 10000

十进制表示：

2	10000

二进制表示：

000010	00000000000010011100010000

在本例中，J 型指令将跳转到 10000 所对应的地址，事实上 10000 所对应的地址并不是地址 10000，而是采用了伪直接寻址，伪直接寻址是在当前指令的一定的范围内进行寻址。

在 J 型指令中，跳转指令采用伪直接寻址——跳转地址由指令中的 26 位常数与 PC 中的高位拼接得到，也就是说：

$$新的 PC=\{ PC[31:28], target\ address, 00 \}$$

其他字段都节省出来给跳转的目的地址以表示很大的跳转范围。即便如此，J 型指令也不能在指令存储器中进行任意寻址，后面会提到多种寻址方式。

J 型指令的数据通路如图 5-10 所示。

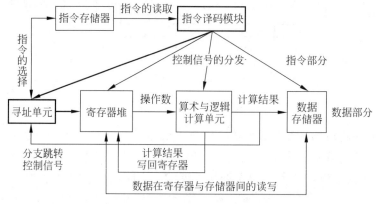

图 5-10　J 型指令数据通路

核心指令集中 J 型指令仅有两条，j 指令和 jal 指令，j 指令仅进行无条件跳转而 jal 指令会在跳转的同时令 R[31]←PC+4。

学习完 MIPS 的全部指令格式后，可以回过头来思考，设计者为何要将指令划分为不同的指令格式。MIPS 指令集在设计过程中包含着三条重要的设计思想：一、规整性。MIPS 指令集具有所有指令长度统一、寄存器字段在每种指令格式中的位置相同等特点。例如，对应到 R 型指令的设计中，指令长度为固定的 32 位，包含 3 个寄存器操作数，寄存器操作数全部为 5 位。规整性的设计原则使得指令格式变得简单。二、折中设计思想。大量寄存器可能会使得时钟周期变长，因此 MIPS 将寄存器限制为 32 个。但是这条原则不是绝对的，设计者必须在期望更多寄存器和加快时钟周期之间进行权衡。这种思想还体现在不同指令格式的引入。如果使用 R 型指令完成取字指令,必须指定两个寄存器和一个常数。这样取字指令的常数就会被限制在 2^5(即 32)以内。这个常数通常用来从数组或者数据结构中选择元素,通常比 32 大得多。因此 5 位字段过小,用处不大。设计者既希望所有指令长度相同,又希望有统一的格式,两者产生冲突。MIPS 设计者选择了一种折中方案:保持所有指令长度相同,但是不同类型的指令采用不同的指令格式。R 型指令用于处理寄存器,I 型指令用于立即数。I 型指令 16 位的地址字段意味着取字指令可以取相对于基址寄存器偏移 $\pm 2^{15}$ 字节范围内的任意数据。虽然多种指令格式引入了复杂的硬件设计,但是保持指令格式的类似性可以降低复杂度。比如,R 型与 I 型指令的前三个字段长度相同,名称一样。I 型指令的第四个字段与 R 型指令的后三个字段之和相等。自然地,设计者可以采用第一个相同长度的字段区分指令格式,不同格式的指令在第一个字段(op)中占用不同的值区间。

5.3.4 寻址方式

前面已经介绍了 MIPS 指令集架构是如何定义状态表示(寄存器与存储器)和状态跳转(R,I,J 三型指令)的。注意,无论是寄存器中的数据,存储器中的一般数据或者存储器中的指令数据,都是依照一定的顺序进行排列的。例如寄存器堆中的 32 个通用寄存器被编号为 0~31,而存储器中的每个字节都被赋予一个 32 位的二进制地址,两个字节连起成一个半字,4 个字节连起成一个字。

为了完成正确的状态跳转并得到正确的状态结果,需要选择其中的某些数据用于计算或进行修改。一般使用地址表示某个特定数据的位置,而通过一定的表示或计算得到地址的过程称为寻址。下面列举并辨析不同的寻址方式和它们的用途。

1. 寄存器寻址

在寄存器寻址(图 5-11)中,操作数来源和目标的寻址,根据指令中编码(5 位,32 个寄存器)从寄存器中读取操作数,并将结果写回寄存器。

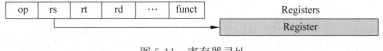

图 5-11 寄存器寻址

涉及寄存器寻址的指令种类包括 R 型指令和 I 型指令。

2. 立即数寻址

在立即数寻址(图 5-12)中,根据指令中的立即数进行寻址。之所以采用立即数寻址,是因为相较于先将立即数存入寄存器(存储器比较慢),再用寄存器寻址,不如用立即数寻址。

图 5-12 立即数寻址

立即数只有 16 位,怎么把一个 32 位的常数装入寄存器?

可以将 32 位的数字拆成两个 16 位,然后使用两条指令,对高 16 位和低 16 位分别进行操作。

【例 5-6】

用立即数寻址的方式,将一个 32 位的数字(高 16 位是 61,低 16 位是 2304):
0000 0000 0011 1101 0000 1001 0000 0000 装入 32 位的寄存器中。

具体操作为

Lui　$s0,61

addi　$s0,$s0,2304

第一条指令将 61(高 16 位)装入寄存器的高 16 位中,后一条指令将 2304(低 16 位)装入寄存器的低 16 位中。

涉及立即数寻址的指令种类一般为 I 型指令。

3. 基址或偏移寻址

在基址或偏移寻址(图 5-13)中,以寄存器存储数字作为基地址,在存储器中进行偏移量寻址,偏移量就是立即数。常见的基址或偏移寻址就是前述的 sw 和 lw 指令。

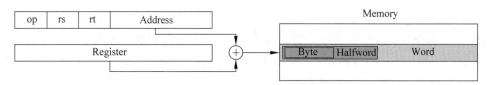

图 5-13　基址或偏移寻址

基址或偏移寻址常用于 I 型指令中的 sw 和 lw 指令中。

4. PC 相对寻址

在 PC 相对寻址(图 5-14)中,根据两个源寄存器的逻辑判断结果(相等、大、小等),跳转到当前 PC 附近的指令,跳转偏移量为 I 型指令的立即数。

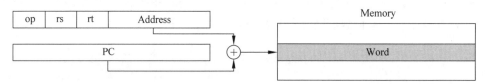

图 5-14　PC 相对寻址

立即数长度为 16 位,是有符号数,考虑到地址都是 4 的倍数,因此跳转范围为 $-2^{15}\sim 2^{15}-1$ 个字(不是字节!)。

5. 伪直接寻址

伪直接寻址(图 5-15)的方式在 5.3.3 节介绍 J 型指令时已经介绍过了,32 位的地址由 26 位和其他数据拼接而成,拼接方式为

新的 PC = { PC[31:28], target address, 00 }

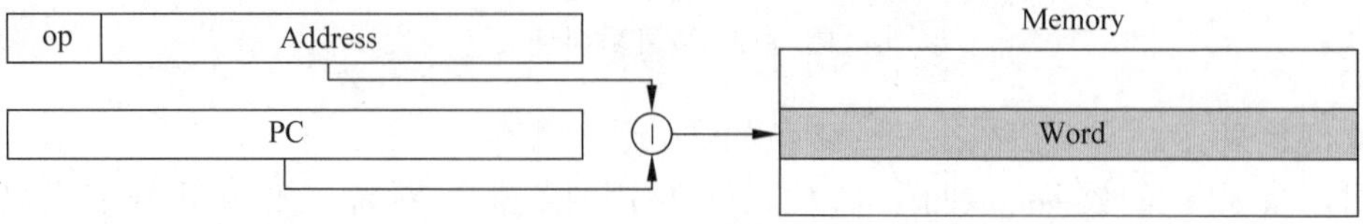

图 5-15　伪直接寻址

涉及伪直接寻址的指令种类只有 J 型指令。

5.4 汇编程序设计

前面介绍了 MIPS32 指令集是如何表示状态并实现状态跳转的,理论上已经可以进行各种计算了。但是从工程实践的角度来看,仅有指令集架构是远远不够的,还需要依照汇编程序编程规范进行编程,这样得到的程序更高效,鲁棒性强,可读性强,更容易维护。这些编程规范是大量的工程师在无数的工程实践过程中总结出来的,用于提高工程师自己的编程效率并降低与他人合作的成本。注意,在现在一般的编程场景中这些规范已经包含在编译工具链中,编程者仅需要遵循所使用的编程语言的规范而无需处理汇编层面的规范。

5.4.1 语法

以一段汇编代码为例:

```
        .data               #将子数据项,存放到数据段中
Item: .word 1,2             #将 2 个 32 位数值送入地址连续的内存字中
        .text               #将子串,即指令或字送入用户文件段
        .global main        #必须为全局变量
Main: lw $t0, item          #lw 指令
```

1. 基本的语法规范

(1) 注释行以"#"开始。

(2) 标识符由字母、下画线(_)、点(.)构成,但不能以数字开头。指令操作码是保留字,不能用作标识符。例如:Item。

(3) 标识符放在行首,后跟冒号(:)。

2. MIPS 汇编语言语句格式

指令与伪指令语句:

[Label:] < op > Arg1, [Arg2], [Arg3] [#comment]

例如:

AddFunc: add $a1 $a2 $a3   # a1 = a2 + a3

汇编命令(directive)语句:

[Label:] .Directive [arg1], [arg2], . . . [#comment]

例如:

word 0xa3

3. 常用汇编命令

汇编命令用来定义数据段、代码段以及为数据分配存储空间。

```
.data [address]             #定义数据段,[address]为可选的地址
.text [address]             #定义正文段(即代码段),[address]为可选的地址
```

```
.align n                           # 以 2ⁿ 字节边界对齐数据,只能用于数据段
.ascii < string >                  # 在内存中存放字符串
.asciiz < string >                 # 在内存中存放 NULL 结束的字符串
.word w1, w2,..., wn               # 在内存中存放 n 个字
.half h1, h2,..., hn               # 在内存中存放 n 个半字
.byte b1, b2,..., bn               # 在内存中存放 n 个字节
```

5.4.2　变量与数组

变量存储在主存储器中,而不是寄存器。通常使用这些变量,会使用 lw 语句将变量加载到寄存器,对寄存器进行操作,最后通过 sw 指令将结果写回主存储器。

使用 .word 汇编命令为数组开辟空间。该命令在编译时会静态地开辟 $n*4$ 字节的空间。调用数组同样是通过 lw 和 sw 完成的,例如:

```
lw $t1,0( $A)                      # t1 = A[0],以 0 为地址偏移量
sw $t1,8( $B)                      # B[2] = t1,以 8 为地址偏移量
```

5.4.3　分支

分支常见于 if-then-else 结构中与循环结构中。例如: if then else; while 循环; do until 循环。Case 语句也可以实现分支,是通过枚举类型索引地址并跳转寄存器实现的。汇编指令中,通常使用 beq,bne,blez, bgez, bltz, bgtz, bnez,beqz 指令实现分支。例如:

```
        .data 0x10000000
        .word − 6,0                # x: − 6,  y: 0
        .text
main:
        ori     $s6, $0, 0x1000    # 计算内存中数据存放地址
        sll     $s6, $s6, 16       # $s6 = x
        addiu   $s5, $s6, 4        # $s5 = y
        lw      $s0, 0( $s6)
        slt     $s2, $0, $s0       # if 0 < x, $s2 = 1
        beqz    $s2, else          # $s2 = 0, 跳到 else, $s2 = 1, 跳到 done
        move    $s1, $s0
        j done
else:sub        $s1, $0, $s0
done:   sw      $s1, 0( $s5)
        jr      $ra
```

在上述求绝对值的汇编程序中,使用了 beqz 指令实现分支。

5.4.4　过程调用

将相对独立并需要重复使用的功能封装在一个单独的子过程中,在需要使用时进行过程调用是编程中最常见的编程范式。

一个过程包括入口、过程体和出口。调用过程时需要准备好过程参数(如果有)并跳转到过程入口,在执行完过程体中的代码后从出口离开并回到主调过程的调用点的下一条语句,同时获得该过程的返回值(如果有)。

在 MIPS 的过程调用遵循如下约定：①通过 \$a0～\$a3 四个参数寄存器传递参数；②通过 \$v0～\$v1 两个返回值寄存器传递返回值；③通过 \$ra 寄存器保存返回地址（跳转前 PC 值＋4）。

考虑过程嵌套，主调过程将调用后还需要使用的参数寄存器 \$a0～\$a3 和临时寄存器 \$t0～\$t9 压栈。被调过程将返回地址寄存器 \$ra 和在被调过程中修改了的保存寄存器 \$s0～\$s7 压栈。如图 5-16 嵌套过程调用所示，程序 A、B、C 进行嵌套过程调用，上层程序调用下层程序时，将自己的变量压栈保存。在程序返回时，对应的变量会出栈。

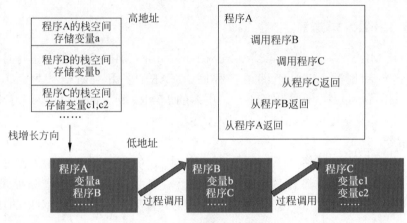

图 5-16　嵌套过程调用

【例 5-7】

考虑 C 语言程序段（图 5-17），计算 n!，需要存储：（1）每个过程的返回地址；（2）fact(n) 中的参数 n；（3）在过程调用中临时/局部变量；（4）被破坏的寄存器。

以 fact(2) 为例，图 5-18 给出了模拟堆栈的变化情况。随着程序的调用，fact(2)、fact(1)、fact(0) 的信息按照后进先出的规则进行入栈与出栈。

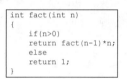

```
int fact(int n)
{
    if(n>0)
    return fact(n-1)*n;
    else
    return 1;
}
```

图 5-17　阶乘的 C 语言实现

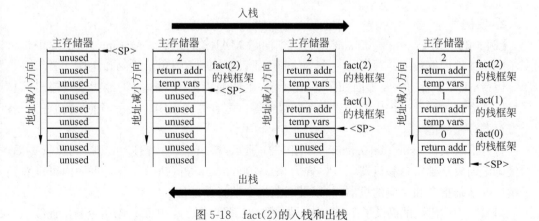

图 5-18　fact(2) 的入栈和出栈

5.4.5 异常处理

异常是指在程序运行过程中发生的异常事件,通常是由外部问题(如硬件错误、输入错误)所导致的。异常处理的流程主要包括以下步骤:

(1) 保护现场,将每个寄存器的值入栈,以便处理完之后回到原来的指令流。

(2) 判断是哪种异常类型,执行具体的异常处理函数。

(3) 恢复现场,将保存的寄存器的值出栈并写回。

(4) 跳转到正常指令流断点,回到 CPU 正常的指令流。

5.4.6 MARS 模拟器

MARS 是 MIPS Assembler and Runtime Simulator (MIPS 汇编器和运行时模拟器)的缩写,能够运行和调试 MIPS 汇编语言程序。MARS 采用 Java 开发,需要 JRE(Java Runtime Environment)执行,可以跨平台。更多的 MARS 相关问题可以参考官网 http://courses. missouristate. edu/KenVollmar/MARS/。

1. 伪指令

MIPS 标准在定义指令集的同时也定义了伪指令,伪指令可以使汇编语言可读性更好,更容易维护。每条伪指令都有对应的 MIPS 指令。汇编器负责将伪指令翻译成正式的 MIPS 指令。表 5-5 给出了 MARS 汇编器中使用到的常见的伪指令及其对应的功能。

表 5-5　伪指令与功能对应表

伪 指 令	功 能
move $t0, $t1	$t0= $t1
li $t1, 100	将 $t1 设定为 16 位有符号数
la $t1, Label	将 $t1 设定为 label 的地址
abs $t1, $t2	将 $t2 的绝对值存入 $t1
bne $t1, 100000, label	如果 $t1 的值和 32 位立即数不相等,跳转到 label 的位置
ori $t1, $t2, 100000	将 $t1 设定为 $t2 与 32 位立即数的或
xori $t1, $t2, 100000	将 $t1 设定为 $t2 与 32 位立即数的异或

2. 实例

【例 5-8】 用 example_0. asm 作为例子演示 MARS 的用法。example_0. asm 中包含了一个从文件读取数据并写入另一个文件的例子,图 5-19 中给出了代码和注释。

运行 MARS 后的主要界面如图 5-20 所示,主要编辑区用于编写汇编指令。输出信息区可以查看程序运行过程中的输出和系统报错等。寄存器列表实时显示当前运行状态下各个寄存器存储的值。

打开汇编文件 example_0. asm。如图 5-21 所示,单击汇编按钮即可切换到执行页面,源代码汇编成基础指令和机器码,PC 置为 0x00400000,并等待执行。执行页面内可以看到汇编后的基础指令和对应的机器码,以及每条指令的指令地址。

MARS 为代码调试提供了多种功能。如图 5-22 所示,执行:从第一条指令开始连续执行直到结束。单步执行:执行当前指令并跳转到下一条。单步后退:后退到最后一条指令执行

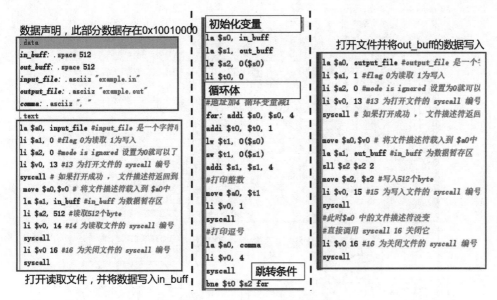

图 5-19 example_0.asm 代码和注释

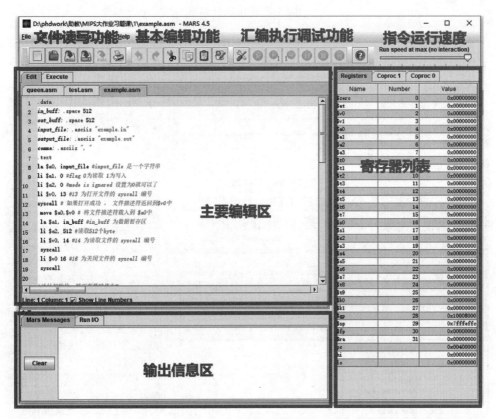

图 5-20 MARS 功能分区

前的状态(包括寄存器和存储器)。暂停 & 停止:在连续执行时可以停下来,一般配合较慢的指令运行速度,不用于调试。调试通常使用断点功能。重置:重置所有寄存器和存储器。

图 5-21　汇编执行界面

图 5-22　不同的汇编执行方式

单击执行按钮后,所有指令执行完毕。如图 5-23 所示,可以看到各个寄存器内的值发生了变化。memory 中 in_buff、out_buff 地址对应的数据发生变化。输出区正确打印了对应的数据并提示,程序执行完地址最大的指令并且没有后续指令了(drop off bottom)。

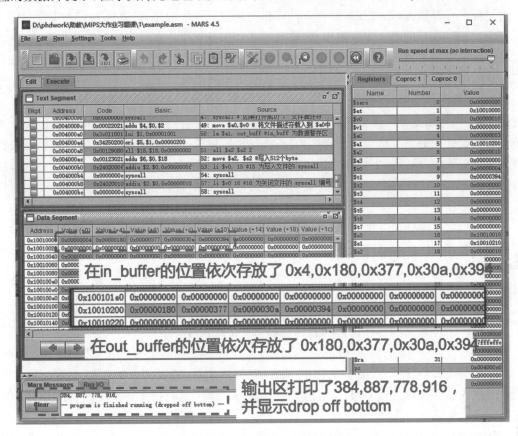

图 5-23 example_0.asm 的执行结果

5.5 性能评价

精确测量和比较不同计算机的性能对于购买者和设计者都至关重要。销售人员也需要了解相关知识,向用户突出展示产品表现最好的一面。对于购买者来说,对于计算机性能的评价标准通常包括成本、处理任务的速度、功耗等多方面。本节主要从"速度"这一角度出发,介绍计算机性能的定义,以及性能评价的不同方法,然后从计算用户和设计者的角度分别描述性能测试的度量标准,最后分析这些度量标准之间的联系。

5.5.1 性能的定义及评价指标

人们在评价一台计算机的性能优劣时,使用最频繁的标准是"这台计算机有多快",处理任务的速度是评价计算机系统的核心指标之一。"速度"这一概念通常定义为某个量除以时间,选择不同的标准会获得不同的速度指标。以火车和轮船为例,通常情况下汽车行驶同样的距离要比轮船快很多,但是轮船一次能运输的货物是汽车的很多倍。在行驶距离相同的情况下,如果要运送一些新鲜的食物,人们会选择用汽车运输,防止食物变质。而运输大量钢铁煤炭时,可能更倾向于使用轮船运输,虽然运输到港的时间长,但是单位时间内运输的量更大。

对应到计算机上,如果在两台个人计算机上运行同一个程序,可以说先完成作业的计算机更快。如果运行的是一个数据中心,它有好几台服务器供许多用户同时投放作业,那应该说一天之内完成作业最多的计算机最快。这两个评价标准分别称为响应延时(response time)和吞吐量(throughput)。响应延时表示系统从开始做一项任务到任务完成所需要的总时间,又称为执行时间(execution time)。通常个人计算机和智能手机对于降低响应延时更感兴趣,用户从发起任务到获得结果的时间越短,用户的体验越流畅。吞吐量则表示系统单位时间内处理的任务总数,服务器以及工作站更看重这一点,吞吐量更大的计算系统在面对大量任务请求时,能够更快地完成所有任务(这时大部分的任务都在队列中等待完成,等待的时间远大于任务的响应延时)。面对不同的应用场景,应该选择不同的评价标准去衡量系统的性能。

计算机在实际处理一个任务时,任务的响应时间包括 CPU 运算、磁盘读写、内存读写等时间。在评价一个 CPU 的性能时,应当将除了 CPU 处理任务之外的时间扣除,只考查 CPU 处理程序需要的时间。将一台计算机只处理一项任务时的总时间称为响应时间,对应系统性能,而将 CPU 处理程序的时间称为 CPU 执行时间,对应 CPU 的性能。

对于 CPU 而言,计算应用程序所需要的总时间有一个简单的公式:

$$\text{CPU 执行时间} = \frac{\text{CPU 执行的时钟周期数}}{\text{时钟频率}} = \text{CPU 执行的时钟周期数} \times \text{时钟周期}$$

这个公式表明,设计者减少程序的 CPU 时钟周期数,或者提高时钟频率就能提升性能。但是在实际设计过程中,需要对两者进行权衡。很多提升技术在减少时钟周期数的同时会导致时钟频率的降低。

【例 5-9】 某程序在一台时钟频率为 2GHz 的计算机 A 上运行需要 10s。现在希望将运行这段程序的时间缩短为 6s。设计者拟采用的方式是提高时钟频率,但是这会影响 CPU 其余部分的设计,使得计算机 B 在运行该程序时需要相当于计算机 A 的 1.2 倍时钟周期数。问设计者应该将时钟频率提升到多少?

解:首先要知道在计算机 A 上运行该程序需要多少时钟周期数

$$\text{CPU 时间}_A = \text{CPU 时钟周期数}_A / \text{时钟频率}_A$$

$$10s = \text{CPU 时钟周期数}_A / 2 \times 10^9 (\text{周期数/s})$$

$$\text{CPU 时钟周期数}_A = 2 \times 10^{10} \text{ 周期数}$$

B 的 CPU 时间公式为

$$6s = 1.2 \times 2 \times 10^{10} \text{ 时钟周期数} / \text{时钟频率}_B$$

$$\text{时钟频率}_B = 4\text{GHz}$$

因此,要在 6s 内完成该程序,B 的时钟频率需要提高为 A 的两倍。

上述性能公式中没有涉及程序所需的指令数。CPU 执行程序时的周期数等于这个程序的所有指令所需要的周期数之和。每条指令所需要的周期数不一定相同,使用指令平均周期数(clock cycles per instruction,CPI)表示平均一条指令所需要的周期数。CPI 可以用

一个程序需要的总周期数除以总指令数计算,或者表示为

$$CPI = \sum_{i=1}^{N} CPI_i \times P_i$$

其中,CPI_i 表示第 i 种指令需要的周期数,P_i 表示这种指令出现的频度,通过加权平均得到总 CPI。通常会用性能测试程序的 CPI 进行处理器性能的比较。通过引入 CPI,CPU 的性能公式可以写为

CPU 执行时间＝指令数×CPI×时钟周期

上式表明,计算机的性能应该从三个方面考虑,片面地考虑一个因素往往会得到错误的结果。通过一个例子来说明这一点。

【例 5-10】 有两台计算机 A、B,它们使用了不同的处理器,指令集也不相同。现在有一个程序需要在它们上面运行,这个程序在两种指令集上的指令数、CPI 以及两种处理器的时钟频率如下。问: 哪台机器处理该程序的性能更高?

	A	B
指令数	30	25
CPI	2.3	2
时钟频率	2GHz	1.5GHz

解:对于 A,执行任务的时间为 $30 \times 2.3 \div 2GHz = 34.5ns$。

对于 B,执行任务的时间为 $25 \times 2 \div 1.5GHz = 33.3ns$。

所以 B 的性能比 A 要高,如果单纯地看处理器的时钟频率,会得到错误的结论。考虑系统性能时,不但要考虑硬件的处理速度,还要考虑算法在该硬件对应的指令集上的指令数与 CPI。

5.5.2 影响性能的因素

对于计算机系统而言,影响其性能的因素有很多,例如算法设计、使用的程序设计语言、使用的编译器、使用的指令集架构以及进行运算的处理器架构等。这些因素从不同的方面影响了系统的性能。表 5-6 中给出了不同的因素对系统性能的影响。

表 5-6 影响性能的因素

影响因素	影响	如何影响
算法	指令数、CPI	算法决定了源程序执行指令的数目,从而决定了 CPU 执行指令的数目。算法通过选用较快或者较慢的指令影响 CPI。例如,当算法使用较多的除法运算时,会导致 CPI 增大
程序设计语言	指令数、CPI	编程语言的语句需要翻译为指令,因此不同的编程语言会影响指令数。编程语言影响 CPI,例如 Java 语言充分支持数据抽象,因此在间接调用时,会使用 CPI 较高的指令
编译器	指令数、CPI	编译器决定了源程序到计算机指令是如何翻译的。不同的编译器会导致翻译后的指令数不同。编译器影响 CPI 的方式比较复杂

续表

影响因素	影响	如何影响
指令集体系架构	指令数、CPI、时钟周期	指令集体系架构影响完成某功能所需的指令数、每条指令的周期数以及处理器的时钟频率
硬件实现	CPI、时钟周期	处理器时钟周期与硬件的具体实现相关。CPI 的计算公式中包括每个指令所需要的周期，因此也与硬件实现有关

从表 5-6 中可以看到，与指令数有关的因素往往偏上层，也就是靠近算法层。同样完成一个任务，设计优良的算法和注重性能的程序设计语言将会减少可能需要的指令数。同时编译器在编译的过程中也会对程序进行一些优化，减少指令数。指令数还取决于程序被编译到何种指令集上，功能强大的指令集架构会减少所需要的指令数。

CPI 是贯穿整个系统设计的一个重要因素。CPI 的计算公式中包括每个指令需要的周期和每个指令的频度，这说明 CPI 既受到来自软件设计的影响，又与硬件的具体实现有关。

时钟周期更接近于底层硬件层。处理器的时钟周期与硬件的具体实现和生产工艺有关。但是时钟周期是一项与系统功耗紧密联系的参数，无休止地提高时钟频率会使得系统遇到能量供给和散热方面的问题。

【例 5-11】　某 C++ 程序在桌面处理器上运行耗时 10s，一个新版本的 C++ 编译程序发行了，其编译产生的指令数量是旧版本编译程序的 0.5 倍，但是 CPI 增加为 1.2 倍。请问该程序在新版本 C++ 编译程序中运行时间是多少？

解： 10s×0.5×1.2＝6s。只减少指令数，CPU 运行时间减少。只增加 CPI，CPU 运行时间增加，可以得出都是相乘的关系。

5.5.3　系统性能的优化

分析了影响性能的各种因素，再来考察有哪些提升系统性能的方法，重新回到 CPU 执行时间的计算公式：

$$CPU\ 执行时间＝指令数×CPI×时钟周期$$

通过优化以上三项的任意一项都可以提升系统的性能，比如通过优化编译器减少指令总数，或者增加 CPU 的复杂性降低 CPI，或者优化 CPU 的关键路径降低时钟周期。但是对其中任意一项的优化，都有可能导致另外两项的提升（同时也有可能增加成本、功耗等参数），以致最终结果提升不大，或者反而性能下降，所以在进行优化设计时，要综合考虑多方面因素以评估最终的性能收益。

有一些技术可以在不影响其他两项的情况下对其中一项进行优化，例如：采用编译器优化技术，使得同样一段高级语言的代码翻译成汇编后的指令数更少，这样纯软件的改动不影响指令集和硬件架构，代价是增加了编译程序的时间。单纯从硬件工艺的角度出发，在不改变硬件实现的逻辑功能的基础上，选择更快的电路实现与生产工艺，可以减少时钟周期。由于处理器的逻辑功能没有变，所以不会影响 CPI 和指令数。代价是增加生产成本和功耗。

另一些技术可能在减少其中某一项的同时，增加另外两项。例如可以让指令集变得更加复杂，这样原本需要几条指令才能完成的一件事仅用一条指令即可完成，这也是 CISC 指令集架构的基本思想。但是这样的改动虽然减少了指令数量，处理器为了正确地处理这些所有的指令,其硬件实现的复杂程度会上升,不但会使时钟周期更长,还可能导致设计成本的提高。反过来,为了降低CPI,可以让指令集更加变得更加精简,减少指令的复杂性。这是RISC的基本思想。这么做会导致原本需要一条指令即可完成的任务需要多条指令才能完成。

另外,通过设计处理器的体系架构,在时钟周期变化不大的情况下,让原本只能一个周期完成一条指令的系统变为可以一个周期完成多条指令,也可以成倍地增加系统的性能。流水线技术、超标量技术等正是基于这样的思想设计的,第7章将详细讲解流水线处理器的设计原理。

无论采取何种优化技术,只有当优化结果中,运行时间的减少作用大于增加作用时,才能获得性能上的收益。如何寻找最佳的优化方案是系统优化的一个重要环节。

5.6 总结

本章首先概括地讲解了通用计算机的概念。希望读者通过对比专用电路和通用机器的差别,掌握硬件思路与软件思路的主要区别,着重理解引入指令集架构的必要性。

计算机指令集架构是通用计算电路的理论基础,本书以 MIPS 指令集作为代表讲解计算机架构的相关知识。MIPS 指令集架构有着指令简单、处理器电路易实现的特点。本章具体讲解了状态表示及存储、指令功能、指令格式以及寻址方式等方面内容,展示了指令集架构的设计思路。同时本章还讲解了 MIPS 汇编指令程序设计方法,希望读者掌握 MIPS 汇编指令的语法、变量与数组的调用方法、分支以及过程调用的编写方法。

最后介绍了一般的计算机系统的性能评价标准。希望读者通过 CPU 执行时间的计算公式,了解影响性能的因素,并且理解不同因素是如何影响计算机系统性能的。

本章只涉及 MIPS 指令集架构的知识,其他常用的指令集架构并不在本课程要求中。为了更全面地了解指令集架构的设计思路,拓展阅读列举了 x86 架构的相关知识,感兴趣的读者可以自行学习。

5.7 拓展阅读

5.7.1 符号扩展与无符号扩展

MIPS32 位指令集架构中,经常会有指令需要将其中的立即数进行符号扩展或者无符号扩展。即,将 n 位立即数扩展为 32 位。两种扩展方法定义如下。

无符号扩展:直接将扩展后的数据,高 $32-n$ 位设为 0。

符号扩展:将扩展后的数据的高 $32-n$ 位设置为立即数的最高位。

例如:

16 位立即数	0x8001	0x1002
符号扩展	0xFFFF8001	0x00001002
无符号扩展	0x00008001	0x00001002

算术运算中,addu、subu 等指令不输出溢出信号。addi、subi、addiu、subiu、slti、sltiu 等指令为符号扩展。逻辑运算中,andi、ori、xori 均为无符号扩展。

5.7.2　x86 指令集

MIPS 属于精简指令集,整个体系结构可以简洁地描述出来。而 x86 与之不同,属于复杂指令集。x86 是由一些相互独立的小组开发的,并且被持续改进了超过 35 年。这些改进在原来的指令集基础上增加了新的特性,使得整个指令集变得十分复杂。本节将介绍80386 的 32 位指令子集,主要内容包括寄存器、寻址模式、整数操作和指令编码。

1. x86 寄存器和数据寻址模式

图 5-24 给出了 80386 使用的寄存器组,E 前缀代表 32 位寄存器。80386 把 16 位寄存器(除了段寄存器)扩展为 32 位,通常称为通用寄存器(general-purpose register,GPR)。80386 只有 8 个通用寄存器,与之对应,MIPS 使用了 4 倍数量的寄存器。

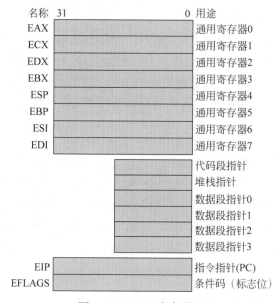

图 5-24　80386 寄存器组

表 5-7 展示了 x86 寻址模式和每个模式下哪个通用寄存器是不允许使用的。同时为了对比,给出了相对应的 MIPS 代码。

表 5-7　x86 寻址模式汇总

模　　式	描　　述	寄存器限制	等价的 MIPS 代码
寄存器间接寻址	地址存在寄存器	不能为 ESP 或者 EBP	lw $s0, 0 ($s1)
8 位或 32 位偏移寻址	地址是基址寄存器和偏移量之和	不能为 ESP	lw $s0, 100 ($s1) # <=16bit 偏移

基址＋比例下标寻址	地址是基址+($2^{比例}$×下标),比例是 0、1、2或者 3	基址:任何 GPR
		下标:不能为 ESP
			mul $t0, $s2, 4
			add $t0, $t0, $s1
			lw $s0, 0($t0)

8 位或 32 位偏移量的基址＋比例下标寻址	地址是基址+($2^{比例}$×下标)+偏移量,比例是 0、1、2 或者 3	基址:任何 GPR
		下标:不能为 ESP
			mul $t0, $s2, 4
			add $t0, $t0, $s1
			lw $s0, 100($t0) # <=16bit 偏移

2. x86 整数操作

x86 整数操作主要分为四类。

- 数据传送指令：包括 move、push、pop。
- 算术和逻辑指令：包括测试,整数和小数算术运算。
- 控制指令：包括条件分支、无条件跳转、调用和返回。
- 字符串指令：包括字符串传送和字符串比较。

算术和逻辑操作指令的结果既可以保存在寄存器又可以保存在存储器中。条件分支基于条件码(condition code)或者标志位(flag)。条件码用作结果与 0 的比较,然后使用分支指令测试条件码。PC 相对分支地址必须以字节数来指定,这与 MIPS 是不同的。80386 的指令并不都是 4 字节长。字符串指令在大部分程序中都不使用了,是 8080 的一部分。表 5-8 列出了一些 x86 的整数指令。

表 5-8 x86 整数指令

指 令	含 义
控制指令	**条件和无条件分支**
jnz,iz	条件成立跳转到 EIP+8 位偏移量；JNE(for JNZ),JE(for JZ)两者之一
jmp	无条件跳转——8 位或 16 位偏移量
call	过程调用——16 位偏移量；返回地址压入栈中
ret	从栈中弹出返回地址并跳转到该地址处
loop	循环分支——递减 ECX；若 ECX 为 0,则跳转到 EIP+8 位偏移处
数据传输	**在两个寄存器之间或寄存器和存储器之间传递数据**
move	在两个寄存器之间或寄存器和存储器之间传递数据
push,pop	将源操作数压栈；将栈顶数据取到寄存器中
les	从存储器中取 ES 和一个 GPR
算术、逻辑	**使用数据寄存器和存储器的算术和逻辑操作**
add,sub	将源操作数与目的操作数相加；从目的操作数中减去源操作数；寄存器-存储器格式
cmp	比较源和目的操作数；寄存器-存储器格式
shl,shr,rcr	左移；逻辑右移；循环右移并用条件码填充
cbw	将 8 位带符号数进行符号位扩展至 16 位
test	将源操作数和目的操作数进行逻辑与,并设置条件码
inc,dec	递增目的操作数,递减目的操作数
or,xor	逻辑或；异或；寄存器-存储器格式
字符串	**在字符串操作数之间移动；由重复前缀给出长度**
movs	通过递增 ESI 和 EDI 从源字符串复制到目的字符串；可能使用重复
lods	从字符串中取字节、字或双字到寄存器

3. x86 指令编码

80386 有多种不同的指令格式。当没有操作数时,80386 的指令可以是 1~15 字节。图 5-25 展示了几条常见指令的格式。操作码字节中通常有一位用来表明操作数是 8 位还是 32 位。一些指令的操作码可能包含寻址模式和寄存器。例如,多数指令形式为"寄存器=寄存器操作立即数"。其他指令使用寻址模式的"后置字节"或者额外的操作码字节,标记为"mod,reg,r/m",分别代表模式、寄存器、寄存器/存储器。基址加比例下标的寻址模式使用第二个后置字节,标记为"sc,index,base",分别代表比例、下标和基址。

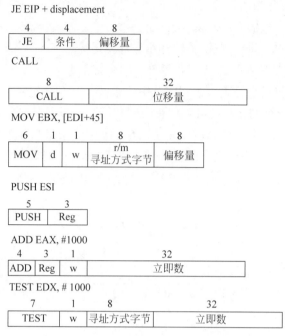

图 5-25   x86 常见指令格式

5.8   思考题

1. CISC 和 RISC 指令集的区别是什么?

2. 通用计算机和专用电路的根本区别是什么?为什么说指令集架构是硬件和软件之间的纽带?

3. 寄存器和存储器的差别是什么?举例说明 MIPS 指令集架构中哪些指令是访问数据存储器的。

4. MIPS 指令集架构中指令按照功能可以分为哪几类?

5. MIPS 指令集架构有哪些指令格式?分类别汇总常用的指令。

6. MIPS 指令集架构的寻址方式分为哪几类?

7. MIPS 分支跳转使用哪些指令可以实现?举例说明。

8. MIPS 过程调用的基本流程是什么?

9. CPU 执行时间如何计算?

10. 影响计算机系统性能的因素有哪些?分别是如何影响的?

5.9   习题

1. 写出下面的 MIPS 字段描述的指令类型、汇编语言指令和二进制表示:

$$op=0, rs=3, rt=2, rd=3, shamt=0, funct=34$$

2. 下面的 MIPS 汇编语言程序段对应的 C 语言表达式是什么？

```
add $t0, $a0, $a1
add $t0, $a2, $t0
```

3. 下面 C 语言表达式对应的 MIPS 汇编语言程序段是什么？假设 a、b、c 为 3 个 32 位整型数据，分别保存在寄存器 $a0、$a1 和 $a2 中。

```
a = b + (c - 5);
```

4. 对于 32 位 MIPS 而言，BEQ 指令相对于给定的地址（二进制描述）0x1234A000 的跳转地址范围有多大，具体范围的上下界地址是多少（请注明单位，是字还是字节）？如果想要前往该范围以外的地址，需要进行什么额外操作（说明一种可行方案即可）？

5. 请描述 J 型指令的格式，并说明 J 型指令跳转地址的范围。若 PC 为 0x005FCA90，请计算 J 指令的跳转范围（仅考虑理论范围）。

6. 两个 32 位的变量分别存放在 $t0 和 $t1 中，请给出 MIPS 指令序列交换两个变量的值，要求：不允许使用额外的寄存器。（注意：如果使用加减法，需要考虑溢出）

7. 下列是某个 CISC 指令集中的一条指令，请用 MIPS 指令集实现相同的功能

```
rpt  $t2, loop  # if(R[rs] > 0) R[rs] = R[rs] - 1, PC = PC + 4 + BranchAddr (loop)
```

8. 一些计算机有显式的指令从 32 位寄存器中取出任意字段并放在寄存器的最低有效位中，图 5-26 显示了需要的操作。

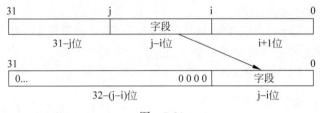

图 5-26

找出最短的 MIPS 指令序列能够在 i=5 和 j=22 的情况下从寄存器 $t5 中取出一个字段并放到寄存器 $t0 中。（提示：可以用两条指令实现）

9. 请用尽量少的 MIPS 汇编语句完成 C 语言语句 A[B[0]]=0。其中数组 A,B 中的元素均为 32 位整数，$s0、$s1 分别存储了数组 A 和 B 的首地址。

10. 假设有如下寄存器内容：

```
$t0 = 0xAAAAAAAA, $t1 = 0x12345678
```

对于以上的寄存器内容，执行下面的指令后 $t2 的值是多少？

```
sll $t2, $t0, 4
or $t2, $t2, $t1
```

对于以上的寄存器内容，执行下面的指令后 $t2 的值是多少？

```
sra  $t2, $t0, 4
andi $t2, $t2, -1
```

11. 给下面的 MIPS 代码添加注释,并用一句话描述其功能。假设 $a0 和 $a1 用于输入,且在开始时分别包括整数 a 和 b。假设 $v0 用于输出。

```
        add $t0, $zero, $zero
loop:   beq $a1, $zero, finish
        add $t0, $t0, $a0
        sub $a1, $a1, 1
        j loop
finish: addi $t0, $t0, 100
        add $v0, $t0, $zero
```

12. 把下面的 MIPS 代码翻译成 C 代码。假定变量 f、g、h、i 和 j 分别赋值给寄存器 $s0、$s1、$s2、$s3 和 $s4。假定数组 A 和数组 B 的基地址分别存放在 $s6 和 $s7 中。

```
addi $t0, $s6, 8
add $t1, $s6, $0
sw $t1, 0($t0)
lw $t0, 0($t0)
add $s0, $t1, $t0
```

对于每条 MIPS 指令,写出操作码(op)、源操作数(rs)和目标操作数(rt)的值。对于 i 型指令,写出立即数字段的值。对于 r 型指令,写出目标寄存器(rd)字段的值。

13. 使用 MIPS 汇编语言编写程序将一个 32 位整型数据转换为对应的 ASCII 码十进制字符串。假设 32 位整型数据存在寄存器 $a0 中,将输出的 ASCII 码字符串保存在以寄存器 $v0 中数据为起始地址的内存中。

14. 通常 C 语言编译器为了方便结构体数据存取,默认设置数据 4 字节对齐。如图 5-27 所示,结构体中数据大小小于 4 字节的数据,也会占用 4 字节的空间。但是有些时候也可以设置不进行数据对齐,通过紧凑排列来节省数据存储的空间。

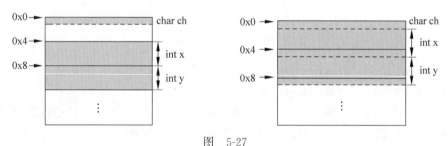

图 5-27

现在假设有如下结构体:

```
struct Foo{
    char ch;
    int x;
    int y;
}foo;
```

结构体变量 foo 的起始地址保存在 $a0 中。($a0 中数据是 4 的倍数,MIPS 规定 lhu/lw 中地址必须为 2/4 的倍数)

(1) 假设结构体采用 4 字节对齐,写出计算 foo.x+foo.y 的 MIPS 汇编代码,结果保存在 $v0 中。

(2) 假设结构体紧凑排列,写出计算 foo.x+foo.y 的 MIPS 汇编代码,结果保存在 $v0 中。

15. 将下述代码在时钟频率为 2GHz 的机器上运行,各指令要求的周期数如下:

指　令	周　期
add,addi,sll	1
lw,bne	2

$a2,$a3 中的值均为 2500,最坏情况下,将需要多少秒来执行下面这段代码?

```
            sll   $a2, $a2, 2
            sll   $a3, $a3, 2
            add   $v0, $zero, $zero
            add   $t0, $zero, $zero
outer:      add   $t4, $a0, $t0
            lw    $t4, 0($t4)
            add   $t1, $zero, $zero
inner:      add   $t3, $a1, $t1
            lw    $t3, 0($t3)
            bne   $t3, $t4, skip
            addi  $v0, $v0, 1
skip:       addi  $t1, $t1, 4
            bne   $t1, $a3, inner
            addi  $t0, $t0, 4
            bne   $t0, $a2, outer
```

16. 有以下一段汇编程序和对应的 C 程序:

地　　址	汇编代码	注　释	指令代号
0x00400000	addi $s0 $zero 21	int a=21;	I1
0x00400004	addi $s1 $zero 0	int N=0;	I2
0x00400008	while: slti $t0 $s1 1000	while 开始	I3
0x0040000c	addi $at $zero 1		I4
0x00400010	bne $t0 $at end		I5
0x00400014	andi $t0 $s0 1		I6
0x00400018	slti $t0 $t0 1		I7
0x0040001c	beq $t0 $zero else		I8
0x00400020			I9
0x00400024	j endif		I10
0x00400028	else: add $t0 $s0 $s0		I11
0x0040002c	add $t0 $t0 $s0		I12
0x00400030	addi $s0 $t0 1		I13
0x00400034	endif: slti $t0 $s0 2		I14
0x00400038	bne $t0 $zero end		I15

地　址	汇编代码	注　释	指令代号
0x0040003c	addi $s1 $s1 1		I16
0x00400040	j while	while 结束	I17
0x00400044	end：　addi $v0 $s1 0	设置返回值	I18

```
int a = 21;
int N = 0;
while(N < 1000){
    if ((a&1) == 0){
        a = a >> 1;
    }
    else{
        a = a + a + a + 1;
    }
    if (a < 2) break;
    N = N + 1;
}
```

（1）请根据 C 语言代码写出汇编指令 I9，它的指令格式类型是什么？

（2）I17 是 J 型指令，请写出该指令第 25～0 位（I17[25:0]）的值是多少，用十六进制表示；

（3）请计算该程序执行结束时 I16 指令一共执行了多少次；

（4）请计算该汇编程序在一个主频为 1GHz 的单周期处理器上执行完成需要多少时间。

17. 假设 $t0 中存放数值 0x00011000，在执行下列指令后 $t2 的值是多少？

```
     slt   $t2, $0, $t0
     bne   $t2, $0, ELSE
     J     DONE
ELSE: addi $t2, $t2, 2
DONE:
```

18. 考虑如下的 MIPS 循环：

```
LOOP: slt   $t2, $0, $t1
      beq   $t2, $0, DONE
      subi  $t1, $t1, 1
      addi  $s2, $s2, 2
      j LOOP
DONE:
```

（1）假设寄存器 $t1 的初始值为 20，假设 $t2 初始值为 0，循环完毕寄存器 $t2 的值是多少？

（2）对于上述循环，写出等价的 C 代码例程。假定寄存器 $s1、$s2、$t1 和 $t2 分别为整数 A、B、i 和 temp。

（3）假定寄存器 $t1 的初始值为 N，上面的 MIPS 代码执行了多少条指令？

19. 从 CPU 性能或者说指令执行时间的角度考虑,举出两个例子,为什么说 CPU 的硬件设计需要和指令集、编译器,甚至算法之间协同优化设计?

20. 某处理器的算术指令 CPI 为 1,load/store 指令 CPI 为 10,分支指令 CPI 为 3。假设一段程序有 800 万条算术指令,500 万条 load/store 指令和 100 万条分支指令。

(1) 计算该处理器运行这段程序的平均 CPI。

(2) 假设为该处理器增加更加高效的指令,能够减少 20% 的算术指令,但是会使得处理器的时钟频率降低为原来的 90%。从性能角度来说,是否应该增加这些指令? 为什么?

(3) 若能够加速 load/store 指令至原来的 2 倍,则该处理器执行这段程序总的性能提升多少? 加速 load/store 指令至原来的 10 倍呢?

第6章

单周期与多周期处理器

前面学习了现代通用计算机的基本概念,以及一般性描述通用计算操作的编码——指令集体系结构。我们也知道了一个程序通过编译成为指令序列,来描述计算流程。本章主要介绍处理器是如何理解并执行指令序列的,首先介绍配合指令集执行的基本处理阶段和基本硬件单元,再介绍基本单元对于不同的指令如何进行处理,最后分析处理器的性能。图 6-1 展示了本章的思维导图。

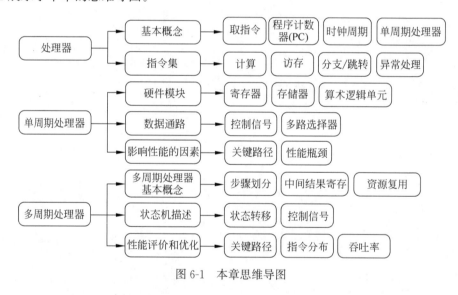

图 6-1   本章思维导图

6.1   单周期处理器基本概念

6.1.1   处理器基本操作阶段

前面以 MIPS 为例,介绍了指令集的概念,其中包括算术和逻辑指令、内存访问指令以及分支跳转等。通用处理器需要用统一的硬件平台完成不同的指令。从处理器的视角出发,处理器的功能是执行正确的执行程序,即连续的指令序列,其中序列中的每一条指令可能是所支持的指令集中的任意一种指令。这里以状态机的形式来描述一个处理器的基本功能。由于程序存储在内存中,因此处理器有一个状态(过程)是**取指令**,将一条指令从存储器中取出。当指令取出后,处理器进入下一个状态(过程):**执行**,根据取出的指令进行一系列的操作并完成指令的执行。因为处理器需要执行连续的指令序列,下一个状态将回到**取指令**,从存储器中取出下一条指令。在这个简化的状态机描述中,一个基本的处理器包含两个状态:**取指令**和**执行**,对应于一条指令的完整过程。若处理器在**一个时钟周期**之内,执行一条指令,则称这样的处理器是**单周期处理器**。除了基本功能,处理器的评价指标也是本章关心的内容。其中最重要的评价指标之一就是 **CPU 执行时间**,CPU 执行一个程序的时间可以用如下的公式表达:

$$CPU\ 执行时间=指令数×CPI×时钟周期$$

本章也将围绕这些设计指标,讨论处理器设计中的影响性能指标的方法。

一个状态机需要有时序逻辑电路的支持来存储状态,处理器作为一个状态机也需要相应的硬件来记录执行程序过程中的状态。第 5 章介绍过,一个程序中的指令存储在存储器的一段连续地址中。处理器在执行程序时,需要从正确的地址取出指令。因此处理器中设有一个专用的寄存器——**程序计数器(PC)**,用于记录当前正在执行的指令的地址。更重要的是,取指令阶段时,处理器将根据 PC 的值,从相应的地址中取出指令并在后续步骤中执行,且 PC 将更新为下一次取指令所需的值。当正确的指令取出后,执行的过程应根据指令种类不同而有所区别,因此上述的**执行**过程可以进一步细化,分解为若干过程。需要指出的是,执行过程的划分和细化方法并不是唯一的,本章基于 MIPS 指令的特点,对指令的执行过程做基本的划分,下面将介绍 MIPS 指令执行的 5 个阶段。特别地,对于**单周期处理器**,无论执行过程划分多少个阶段,一个指令的完整过程都在一个时钟周期内执行完成。

对每一条指令,处理器的执行可以分为取指令(instruction fetch, IF)阶段、指令译码(instruction decode, ID)阶段、操作执行(execution, EX)阶段、内存访问(memory access, MEM)阶段以及结果写回寄存器(write back to register, WB)阶段。每一条指令的前两个阶段,取指令(IF)和指令译码(ID)操作是一样的。每条指令根据功能不同,由硬件电路控制执行后续的一个或者多个阶段。下面对每个阶段的功能进行详细讲解:

(1) 取指令:在取指令阶段,处理器检查程序计数器(PC)所指向的指令存储单元,并将指令从存储单元中传输到处理器中,为下一步指令译码做准备。

(2) 指令译码:在指令被传输到处理器上之后,指令译码单元对指令进行分析,并且根据指令的类型生成硬件控制信号(包括寄存器地址、立即数、多路选择器控制等)。寄存器堆收到要访问的寄存器地址之后,会将地址中存储的数据输出到对应的信号线上。该寄存器中存储的数据和其他硬件控制信号一起作为后续阶段的输入。

(3) 操作执行:本阶段根据指令在执行单元中(一般称作算术逻辑单元,ALU)根据上一阶段在寄存器中取出的值和控制计算类型的控制信号完成计算,产生结果。

(4) 内存访问:本阶段根据 ID 阶段产生的控制信号,控制将数据写入内存或者从内存中读取数据。

(5) 写回寄存器:本阶段将数据写回寄存器,待写回的数据既可能来自 EX 阶段计算的结果,也有可能来自 MEM 阶段读内存的结果。

总结各个阶段如图 6-2 所示。

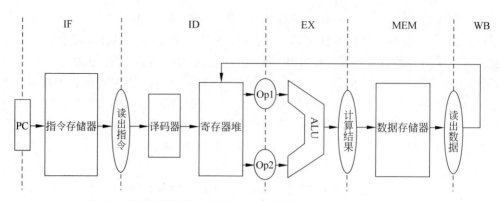

图 6-2 单周期处理器执行指令的五个阶段：IF、ID、EX、MEM、WB

6.1.2 单周期处理器基本硬件单元

6.1.1 节介绍了处理器的基本操作阶段。本节将介绍基本硬件处理单元的功能。图 6-3 展示了单周期处理器的整体框架。整体框架是在图 6-2 的基础上添加必要的控制信号和多路选择器得到的。其中方形框为硬件单元，在硬件实现中为一个特定功能的组合逻辑或时序逻辑电路。在硬件实现中，往往通过互联线连接不同的硬件模块完成数据交互。在数据通路中，细线表示数据传输的方向；粗线表示控制信号，各个模块的具体控制信号将在后面介绍。

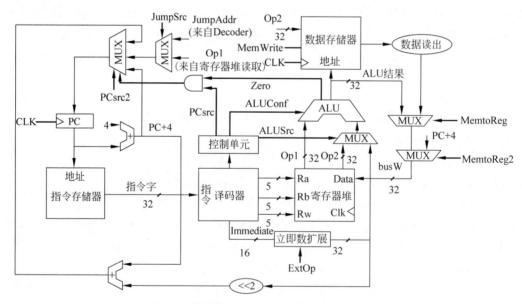

图 6-3 单周期处理器的整体框架和数据通路

（1）程序计数器：在图中表示为 PC 寄存器。要执行任意一条指令，首先要从指令存储单元中将指令取出。为准备执行下一条指令，也必须增加程序计数器使其指向下一条指令，即向后移动 4 字节。关于计数器与寄存器的具体电路细节，读者可以回顾 4.6 节。

（2）指令存储器：以 PC 寄存器给的指令地址作为输入，指令存储单元输出为一条指令。指令格式由指令集规定好。

（3）译码器和控制单元：根据指令集约定对指令进行译码，生成对应控制信号、寄存器堆地址和立即数。译码器是一种典型的组合逻辑电路单元，读者可以通过 3.6.2 节回顾译码器电路的设计方法。注意，有些指令中立即数需要经过拓展（例如 addi 指令）才能用于之后的计算。

（4）寄存器堆：MIPS 处理器有 32 个通用寄存器。这些通用寄存器的集合即成为寄存器堆。寄存器堆可以通过相应的寄存器编号进行读写。

（5）算术逻辑单元：在图中表示为 ALU。ALU 对从寄存器读出的数值进行计算。同时，ALU 也负责对立即数相关的指令进行计算。6.2 节将介绍 ALU 的具体电路细节。

（6）数据存储器：通过指定地址可以实现对数据存储器的读写。

（7）多路选择器：在图中表示为梯形并标注为 MUX，因为同一硬件单元在执行不同指令过程中的输入来源可能不同。控制单元通过多路选择器指定硬件单元的输入。3.6.3 节详细介绍了多路选择器的电路设计与优化方法。

本章将会通过一些具体的指令例子来学习处理器是如何调动这些单元、完成指令的处理。

6.2 ALU

算术逻辑单元（arithmetic logic unit，ALU）是 CPU 中的一个重要功能单元。多种指令中所涉及的运算，大部分由 ALU 执行。在本章的 CPU 中，我们考虑的 MIPS 指令子集中包括整数的加减法、逻辑运算等多种类型运算；运算的操作数位宽为 32 位。故 ALU 的输入和输出的位宽均为 32 位，且能够支持以上类型的算术和逻辑运算，操作数数量最多为 2。基于以上的描述，一个简单的 ALU 功能单元的输入和输出可以用图 6-4 进行描述。输入为 2 个 32 位的数据，输出为一个 32 位的数据，此外还需要有控制端口用于对 ALU 的进一步控制。随着功能的增加，输入和输出的端口数量或者定义都会有所变化。

这里将以如下功能为例，描述 ALU 的结构，需要的功能包括：支持 add/sub/and/or 运算，支持 slt 和 beq 指令，支持溢出检测，LSB 和 MSB 需要进行特殊处理。32 位的 ALU 可以由若干 1 位的 ALU 级联得到，因此在介绍 32 位的 ALU 之前，我们可以先从 1 位的 ALU 入手，理解 ALU 的组成结构。如图 6-5 所示，a 和 b 均为 1 位数据输入；CarryIn 为进位输入，来自其他的 ALU，用于与其他的 ALU 进行级联；Binvert 信号决定 b 输入是否取反后，再进行运算。CarryOut 为进位输出，用于与其他的 ALU 级联；Result 为 1 位的数据输出。Operation 为控制信号，决定 ALU 所执行的具体运算类型。从图 6-5 中可以看到，

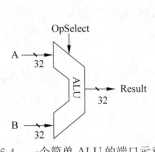

图 6-4 一个简单 ALU 的端口示意图

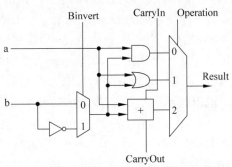

图 6-5 1 位的 ALU 组成与输入输出接口

1 位的 ALU 内部的基本组成主要包含一个一位全加器、一个二输入与门、一个二输入或门，以及 MUX 与其他的单元电路。在一次计算中，全加器、与门、或门都将输出相应的计算结果，Operation 信号和 MUX 将选出最终输出结果作为 ALU 的输出 Result。

下面将以几个典型功能为例，分析 ALU 在执行不同的指令时，控制信号的配置。

(1) **逻辑运算**：进行逻辑与运算时，例如执行 and 和 andi 指令，此时 Operation 信号为 00，通过 MUX 选择与门的输出结果，Binvert 信号为 0，CarryIn 为无关信号。类似地，当执行逻辑或运算时(例如 or 和 ori 指令)，Operation 信号为 01，选择或门的输出结果。

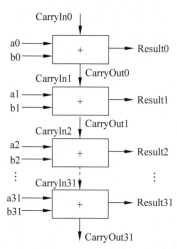

图 6-6　由 1 位的加法器级联得到 32 位的行波进位加法器

(2) **加法和减法**：在图 6-6 中，ALU 只包含一个一位全加器，一位的加法和减法都由这个全加器实现，即对于加法和减法 Operation 均为 10，选择全加器的输出结果。在实现加法时(例如 add 和 addi 指令)，Binvert 信号为 0，将 b 本身输入全加器中，此时全加器的输出结果为 a+b+CarryIn。若干 1 位的 ALU 级联可以构成行波进位加法器(Ripple Carry Adder)来完成 32 位的加法运算，LSB 的 1 位 ALU 的 CarryIn 输入为 0，其他的 ALU 的 CarryIn 的输入则来自低位的 ALU 的 CarryOut 输出，如图 6-6 所示。ALU 进行减法运算 a−b 时(例如 sub 和 subi 指令)，将复用全加器进行 a+(−b)的运算，而(−b)通过二补码表示，是逐位取反再加一，即 $-b = \bar{b}+1$。因此，与加法运算不同的是，ALU 进行减法运算时，每个 ALU 的 Binvert 信号为 1，选择 $\bar{b}$；LSB 的 1 位 ALU 的 CarryIn 输入为 1。

(3) **slt 指令**：对于 slt 指令，若 a−b<0，结果置为 1，否则结果置为 0，slt 的结果即为 a−b 的结果的符号位。为了让 32 位 ALU 支持 slt 指令，可以在 ALU 中添加 LessThan 输出(当 a<b 时输出 1，否则输出 0)。在执行 slt 指令时，ALU 内部执行减法运算，因此 Binvert，CarryIn 信号的配置与减法运算中的配置相同(Binvert=1，CarryIn0=1)。在减法运算的基础上，LessThan 输出来自减法结果的 MSB，即 MSB 位对应的 ALU 全加器输出。故 MSB 的 1 位 ALU 需要增加一个输出 Set，来自其全加器的输出。每个 1 位 ALU 新增输入 LessThan，该输入直接作为输出 MUX 的另一个输入。LSB 的 1 位 ALU 的 LessThan 输入来自 MSB 的 1 位 ALU 的 Set；其余的 1 位 ALU 的 LessThan 输入均为 0。因此，当符号位(MSB)为 1，LSB 的 LessThan 为 1，其余的位为 0。最后，Operation 信号需要置为 11，选择新添加的 LessThan 作为 ALU 的输出 Result，如图 6-7 所示。

(4) **beq 指令**：对于 beq 指令，两个数的比较可以通过减法结果是否为 0 来判断。因此，ALU 新添加一个输出 Zero，表示输入的两个数是否相等。Zero 可以通过将所有结果位进行或操作，再求非，从而得到，如图 6-7 所示。

(5) **溢出检测**：ALU 需要对 add 和 sub 运算给出是否溢出的标志。溢出检测需要在 MSB 的 ALU 中添加溢出检测的单元电路。根据数字逻辑部分的内容，二补码的加法溢出可以用 MSB 的 1 位 ALU 的 CarryIn 输入与 CarryOut 输出来检测，若两者不相等，经过异或门后结果为 1，则表示存在溢出。ALU 中添加 Overflow 输出信号表示是否溢出，实现方

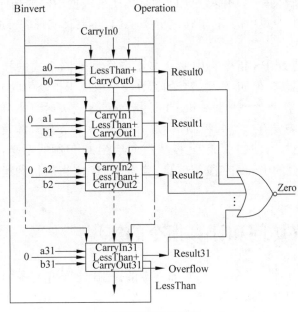

(a) 若干1位ALU的级联

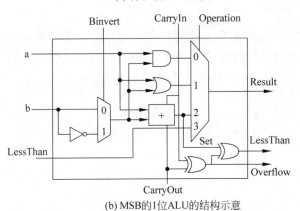

(b) MSB的1位ALU的结构示意

图 6-7　slt 指令、beq 指令、溢出检测的支持

式为 Overflow＝CarryIn[N－1]⊕CarryOut[N－1]。注意,溢出检测结果实际上会对 slt 指令的判断产生影响。在没有溢出的情况下,slt 的输出就是结果的符号位(即 MSB);但是存在溢出时,slt 的输出是符号位取反。因此 LessThan 的输出应为 Overflow 与 Set 的异或:Overflow⊕Set。

(6) **LSB 和 MSB 的特殊处理**:根据上面的描述,LSB 的 1 位 ALU 与 MSB 的 1 位 ALU,结构上与其他的 1 位 ALU 有区别。如图 6-7 所示,MSB 的 1 位 ALU 需要进行溢出检测,因此具有溢出检测的电路;还需要根据符号位与溢出检测,得到 slt 指令的输出结果 LessThan。LSB 的 1 位 ALU 的 LessThan 输入来自 MSB 的 1 位 ALU 的 LessThan 输出; CarryIn0 输入在进行加法时为 0,在进行减法时需要置为 1。

上面所描述的功能只是 ALU 功能的一个例子,支持了 MIPS 指令集的一个子集。例如,上述的 ALU 实现并没有考虑 MIPS 指令集中的 sll 等移位指令,故上述的 ALU 也没有支持算术移位或逻辑移位的功能。ALU 的具体实现根据不同的功能定义也会有所不同。若为了支持 MIPS 指令集中的 sll 等移位指令,ALU 的具体实现需要进一步的改进,此处不再赘述。

ALU 能够支持 MIPS 指令集中的众多不同类型不同格式的指令,不同的指令需要 ALU 进行不同的运算。例如,R 型指令的运算类型取决于指令中的 funct 字段;内存访问指令则需要加法运算来计算地址;beq/bne 指令需要减法运算来判断输入值是否相等。ALU 的正确执行,需要有恰当的控制信号进行控制。本节并未涉及 ALU 控制信号的生成。后面将进一步讲述,CPU 译码器、控制器或者 ALU 控制器需要利用指令译码的结果,根据指令类型、指令的 funct 字段等信息,确定 ALU 应当执行的运算,生成正确的控制信号。

6.3 内存访问和计算指令的实现

因为内存访问和计算指令对于 PC 寄存器的控制比较简单。我们先通过内存访问和计算指令学习基础的数据通路。

6.3.1 内存访问指令

要执行任何一条指令,我们首先需要将指令从指令存储单元中取出。取值操作将程序计数器(PC)代表的指令地址所对应的指令取出。取该条指令完成过后,为准备下一条指令的执行,我们将程序计数器(PC)指向下一条指令,即向后移动 4 字节。其中取值部分的电路如图 6-8 所示。

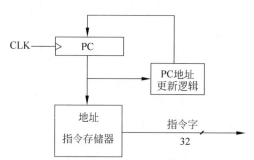

图 6-8　取指令数据通路,执行任何指令的第一步都是把 PC 对应的指令从指令存储器中取出并更新
　　　　PC,使其指向下一条指令,需要提醒的是,PC 的更新在下一个时钟沿到来时才完成

(1) **指令存储器**:这里将指令存储器理解成为组合逻辑:只要 PC 寄存器中的指令地址发生变化,指令寄存器输出的指令在访问延迟之后,相应地发生变化。

(2) **PC 寄存器**:在本书介绍的 32 位 MIPS 指令集体系结构中,指令长度为 32 位,寻址空间也是 32 位的,所以 PC 寄存器是一个 32 位的寄存器,只在时钟沿的时候更新 PC 寄存器的值。注意,对于单周期处理器而言,不论是普通的逻辑计算指令,还是分支和跳转指令,每个时钟周期的指令地址都会发生变化,所以不需要额外的 PC 寄存器写入控制信号。

(3) **加法器**:加法器的目的是计算出 PC 寄存器在下个时钟沿到来时需要装载的指令地址,因为每条指令长度是 32 位(4 字节),所以相邻两条指令的地址相差为 4 字节,故而加法器会将当前的 PC 地址加 4 之后作为下个时钟周期的 PC 地址。

加法器的硬件实现已经有描述,指令存储器和 PC 寄存器的 Verilog HDL 描述可以参见本章的拓展阅读。

现在我们考虑一条内存访问指令,例如 lw $3,10($4),完成的功能为 R[$3]＝M[$4＋10],是指将 4 号寄存器($4)中的值取出,寄存器值加 10 之后成为目标地址,并且读取内存中目标地址,将数据搬运到 3 号寄存器($3)。分为以下几个步骤:

1.【寄存器堆读取】将 4 号寄存器($4)中的值取出

MIPS32 体系架构中有 32 个通用寄存器,这些寄存器组合成"寄存器堆",其中每个寄存器都有一个编号,数据通路通过指定要访问寄存器的编号来对相应寄存器进行读写。寄存器堆结构如图 6-9 所示。

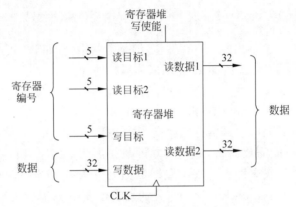

图 6-9 寄存器堆示意图,寄存器堆有两个读端口(读数据 1 & 2)、
一个写端口(写数据)以及写使能端口(RegWrite)

lw 指令需要读一个寄存器,写入一个寄存器; R 型指令如 add,需要读两个寄存器,写一个寄存器。为了让 lw 指令和 add 指令能够共用寄存器堆,寄存器堆有三个端口(两个读端口,一个写端口)。每个端口需要有寄存器编号(register number)和数据(data)两个信息。因为寄存器堆一共有 32 个寄存器,所以用 5 位来表示各个寄存器的编号($32＝2^5$),故而输入的寄存器号为 5 位。MIPS32 中,寄存器的宽度为 32 位,所以输入或者输出的数据宽度为 32 位。

两个读端口需要输入要读取的寄存器编号,输出对应寄存器存储的值。可以认为读取操作是一个组合逻辑,只要输入的寄存器编号发生变化,或者对应的寄存器值被修改,读取寄存器的输出数据紧跟着发生变化,不需要等待时钟沿。

一个写端口需要输入要写入的寄存器编号(5 位宽),并且输入要写入的寄存器数据(32 位宽)。注意,写操作发生在时钟沿,当时钟沿到来时,会修改写寄存器号对应的寄存器的值。因为不是每条指令都期待写入寄存器(如 SW 不修改寄存器堆,但是上述写入编号和写入数据的信号线仍然处于某个值),所以需要添加写使能信号(RegWrite),只有当写使能信号有效时,在时钟沿才会执行寄存器堆写入操作。

其中读取写入的寄存器编号,寄存器堆使能信号都是控制信号。控制信号是在指令译码阶段完成,指令译码器根据指令生成要读取或者要写入的寄存器编号,并且根据指令类型产生写入使能信号。

考虑指令译码、控制单元和寄存器堆读取的数据通路如图 6-10 所示(注意和图 6-8 的对比)。

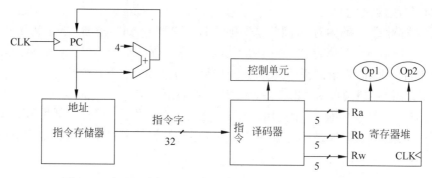

图 6-10　考虑指令译码、控制单元和寄存器堆读取的数据通路

注意,寄存器堆总是会输出两个寄存器值,但是有些指令(如 lw)可能只用到其中一个。

2.【算术逻辑计算】寄存器值加 10 之后成为目标地址

在完成寄存器堆读取之后,我们现在已经把 $4 存储的 32 位数据读取出来,在信号线 Op1 上。下面我们需要将 Op1 与 10 相加。

这里是一个立即数操作,立即数存储在指令中,宽度为 16 位。为了与寄存器堆读取的 32 位数据进行运算,我们需要先将 16 位的立即数拓展为 32 位。由一个专门的硬件单元(立即数拓展单元)来完成立即数拓展。立即数拓展分为符号拓展(sign-extend)、零拓展(zero-extend)和分支拓展(branch-extend),分别完成有符号数拓展、无符号数拓展和分支指令拓展,由 ExtOp 信号确定立即数拓展单元的具体拓展方式。当立即数拓展完成之后,我们就得到了算术逻辑操作的第二个操作数。通过一个多路选择器和相应的控制信号 ALUSrc,我们选择 ALU 输入的第二个操作数是来自寄存器堆的第二个读数据端口的输出还是来自立即数拓展单元。经过 ALUSrc 信号选择后的 ALU 操作数和寄存器堆第一个读端口的输出,共同输入算术逻辑单元(ALU),ALU 根据相应的配置对两个操作数进行相应的算术和逻辑的计算。

在算术逻辑操作的流程中,ExtOp(确定立即数拓展方式)、ALUSrc(用于选择 ALU 的操作数)信号、ALU 的配置信号都由控制单元根据指令产生。

在图 6-10 基础上增加立即数拓展、ALU 操作数选择、ALU 单元之后的数据通路如图 6-11 所示。

对于上述 lw 指令,ALUSrc 为 1,代表 ALU 的第二个数字来自立即数拓展单元,ALUconf 为"ADD",代表将两个操作数相加。ALU 的输出,ALU 结果为要访问内存的地址。

3.【内存操作】读取内存中目标地址

因为数据存储器的使用特性,每条指令或者不会到主存进行操作(如 add),或者读取一个地址中的数据(如 lw),或者对一个地址存储的数据进行修改(如 sw)。同一个时钟周期,处理器最多只会访问主存的一个地址(该地址可能是读,可能是写)。所以主存只有一个地址端口,读和写的地址都复用该端口。两个控制信号,MemRead(或简写为 MemRd)和 MemWrite(或简写为 MemWr),用于区分在一个时钟周期内,处理器是读主存还是写主存。

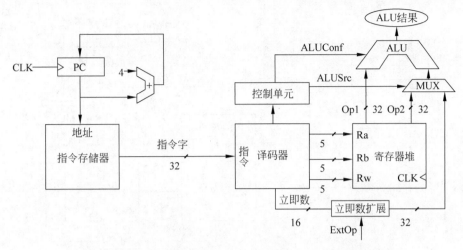

图 6-11　考虑立即数拓展单元、操作数选择、ALU 模块的数据通路

若该时钟周期读主存,MemRead 为高;若该时钟周期写主存,MemWrite 为高。主存还有两个数据端口,一个用于写数据操作过程中要写入的值,一个用于读数据操作过程中输出已经存储的值。

　　为了便于讨论,本课程在处理器阶段将数据存储器的读取操作简化成为组合电路,即,读取的地址一旦发生变化,若读使能信号有效,内存的输出紧跟着发生改变,不需要等到时钟沿;写入操作会在时钟沿到来的时刻,根据地址和要写入的数据对主存进行修改。

　　内存的结构如图 6-12 所示。

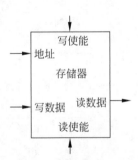

图 6-12　内存结构示意图,存储器有地址输入端口(Address)、数据写入端口(写数据 WriteData)、数据
　　　　读出端口(读数据 MemData)以及读写控制端口(读使能 MemRead & 写使能 MemWrite)

　　为了读取内存,我们只需要将 ALU 阶段产生的地址连接到存储的地址端口,然后控制信号 MemRead 置为有效,就可以在读数据端口获得内存存储的数据。我们在图 6-11 的数据通路上增加内存单元,包括内存读取的访问单元的数据通路如图 6-13 所示。

　　4.【写回寄存器堆】将数据搬运到 3 号寄存器($3)

　　最后一步,需要将结果写回寄存器堆。如图 6-9 所示,写回寄存器堆只需要准备好写回数据,写回寄存器堆编号,和控制写入信号置为有效即可。其中写回寄存器堆编号由译码器产生,控制写入信号在译码阶段由控制单元产生。对于 lw 指令,写回数据由主存的输出产生。

　　添加写回寄存器堆操作的数据通路如图 6-14 所示。

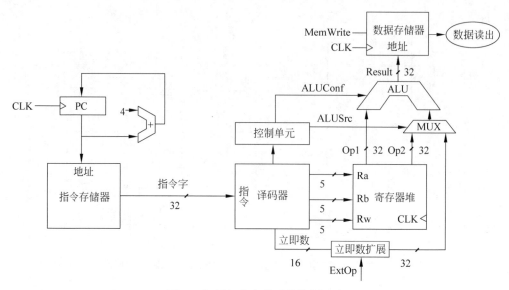

图 6-13 添加内存单元的数据通路

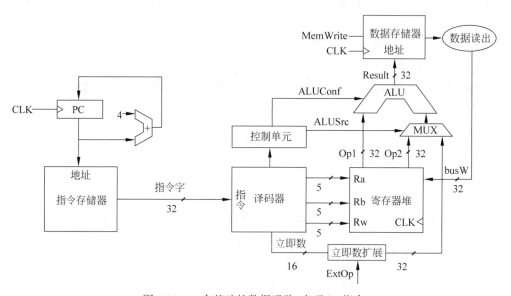

图 6-14 一个基础的数据通路,实现 lw 指令

到此为止,我们已经了解了 lw 指令的数据通路。接下来,我们考虑 sw 指令。例如:
sw $3,(10) $4。分为如下几个步骤:

(1)【寄存器访问】读取 $3 和 $4 的值,与 lw 一样,通过访问寄存器堆,得到寄存器堆的
两个输出,即 $4 存储的值 Op1 与 $3 存储的值 Op2。其中 $4 用于计算要访问内存的地
址。 $3 是需要写入内存的数据。

(2)【算术逻辑运算】与上面 lw 一样,根据 $4 存储的数据和立即数,计算出要写入的内
存的地址。

(3)【内存访问】与 lw 不同,sw 需要写入数据,需要将寄存器输出的结果 Op2 连接到数
据内存的数据输入端。同时,内存的控制信号 MemWrite 需要置为有效。

在图 6-15 的基础上,增加支持 sw 的功能,只需要增加 Op2 到数据内存的数据通路即可,同时需要注意控制模块生成对应的控制逻辑。

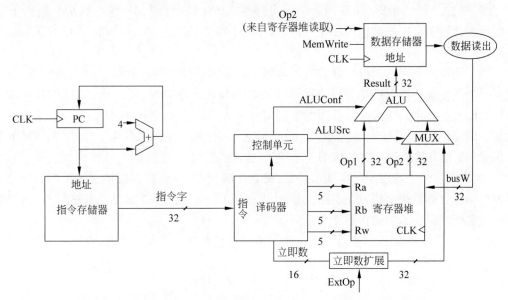

图 6-15 支持 sw 指令的数据通路。注意 sw 并不需要写回寄存器堆,
所以寄存器堆的写入控制信号(RegWrite)应该为无效

至此,我们的数据通路目前已经可以支持内存读取(lw)和内存写入(sw)功能了。后续将基于现有的数据通路继续完成计算和逻辑指令的数据通路组装。

在本节中出现的控制信号如表 6-1 所示。

表 6-1　本节使用的控制信号一览

控 制 信 号	功　　能	lw	sw
RegReadNum1	寄存器堆读取寄存器号 1	rs	rs
RegReadNum2	寄存器堆读取寄存器号 2	X	rt
RegWriteNum	寄存器堆写入的寄存器号	rt	X
RegWrite	寄存器堆写入有效信号	1	0
ExtOp	立即数拓展单元功能配置	Signed	Signed
ALUSrc	从寄存器堆(0)或立即数(1)中选择第二个 ALU 操作数	1	1
ALUConf	ALU 的功能	ADD	ADD
MemWrite	数据内存写入有效	0	1
MemRead	数据内存读取有效	1	0

6.3.2　基础计算指令

6.3.1 节组装了内存访问指令的数据通路,本节将讨论计算指令的数据通路和相应控制信号。

1. I 型计算指令

一个典型的 I 型指令是 addi $3，$4，10。它将读取 $4 的值，与立即数 10 相加，将结果写回 $3 中。可以看到，addi 指令访问寄存器堆，ALU 操作与 lw 没有区别。相比于 lw 要访问主存将主存中的数据写回寄存器堆，addi 不需要访问主存，直接将 ALU 计算的结果写回寄存器堆。

为了让写回寄存器的阶段既能支持写回主存数据，又能直接写回 ALU 计算结果，我们增加一个多路选择器以选择是将主存读取的数据写回寄存器堆，还是将 ALU 的计算结果直接写回寄存器堆。该多路选择器的控制信号为 MemtoReg：MemtoReg 为 1，代表将主存数据写回寄存器堆；MemtoReg 为 0，代表直接写回 ALU 的计算结果。此外，控制单元需要根据 I 型指令的类型，产生 ALU 的控制信号，指定 ALU 进行的具体操作（加、减、与、或等）。因为计算的 I 型指令既有算术运算，又有逻辑操作，所以控制模块还需要根据指令具体类型指定立即数拓展模块的拓展方式。比如，addi 指令要求以有符号数进行算术拓展，andi 指令要求以无符号数进行逻辑拓展。

在图 6-15 的基础上，添加了支持 I 型计算指令的数据通路如图 6-16 所示。

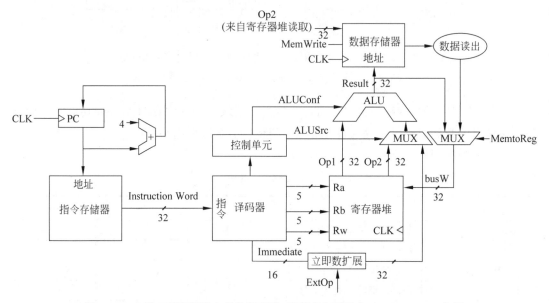

图 6-16　支持 I 型计算指令的数据通路，需要控制模块产生 MemtoReg 信号

2. R 型计算指令

对于 R 型计算指令，以 add $3，$4，$2 为例，将 $4 的值加上 $2 的值的结果写回 $3 中。与 addi 的区别仅在于 ALU 的第二个操作数不同。仅需要控制单元控制图 6-16 中的 ALUSrc 信号，选择输入为 Op2 即可。

因为立即数拓展的结果不会用于后续运算，所以 R 型指令中立即数拓展模块的功能选择是零拓展还是有符号数拓展对最终结果没有影响，这里用 X 表示，对最终结果没有影响（do not care）。

在本节出现的控制信号总结如表 6-2 所示。

表 6-2 本节使用的控制信号一览

控制信号	功能	lw	sw	addi	andi	add
RegReadNum1	寄存器堆读取寄存器号 1	rs	rs	rs	rs	rs
RegReadNum2	寄存器堆读取寄存器号 2	X	rt	X	X	rt
RegWriteNum	寄存器堆写入的寄存器号	rt	X	rt	rt	rd
RegWrite	寄存器堆写入有效信号	1	0	1	1	1
ExtOp	立即数拓展单元功能配置	Signed	Signed	Signed	Zero	X
ALUSrc	从寄存器堆(0)或立即数(1)中选择第二个 ALU 操作数	1	1	1	1	0
ALUConf	ALU 的功能	ADD	ADD	ADD	AND	ADD
MemWrite	数据内存写入有效	0	1	0	0	0
MemRead	数据内存读取有效	1	0	0	0	0
MemtoReg	选择内存读取结果(1)或 ALU 结果(0)写回寄存器堆	1	X	0	0	0

有些读者认为 MemRead 信号对于所有指令都有效。让数据主存像寄存器堆第二个输出端口一样,每个周期都会更新并且输出数据,只是在后续操作中通过多路选择器选择不使用输出的结果即可。对于数据主存而言,MemRead 信号一直有效,并且可以通过后续的 MemtoReg 信号选择忽略数据主存的输出。这个想法从数据通路的功能正确的角度考虑是没有问题的。但是,内存的访问实际上会带来巨大的能耗和延时的代价,每个周期都根据 ALU 的结果对数据主存的输出进行更新会导致大量无意义的消耗(对于内存访问与寄存器堆访问能量和延时的不同会在第 8 章存储器部分进行详细讨论),所以,我们从访问代价的角度考虑,让 MemRead 信号只有在确定需要读取内存时才有效,其他情况均保持无效。

6.4 分支与跳转指令的实现

前面讨论了内存访问和计算指令的实现,本节将在支持内存访问和计算指令的处理器数据通路的基础上,组装支持分支与跳转指令的数据通路。

6.4.1 分支指令

一个典型的分支指令是 beq $1,$2,(200),即判断 $1 和 $2 中存储的值是否一致,若两个寄存器的值一致,下一条指令从 PC+4+(200×4)处,开始取指令;若两个寄存器的值不同,下一条指令则继续从 PC+4 开始取指令。

分支指令是一条 I 型指令,读取两个寄存器的值,rs($1)和 rt($2),这两个值都作为 ALU 的操作数,进行比较。分支指令也输入一个立即数(200),通过该立即数计算目标地址,即如果分支条件成立(两个寄存器的数据相等),下一条指令的取值地址。

图 6-17 展示了在图 6-16 基础上添加分支功能的数据通路。相比图 6-16,分支功能的数据通路主要增加了分支拓展单元、分支目标地址计算、PC 选择的多路控制器和控制信号。

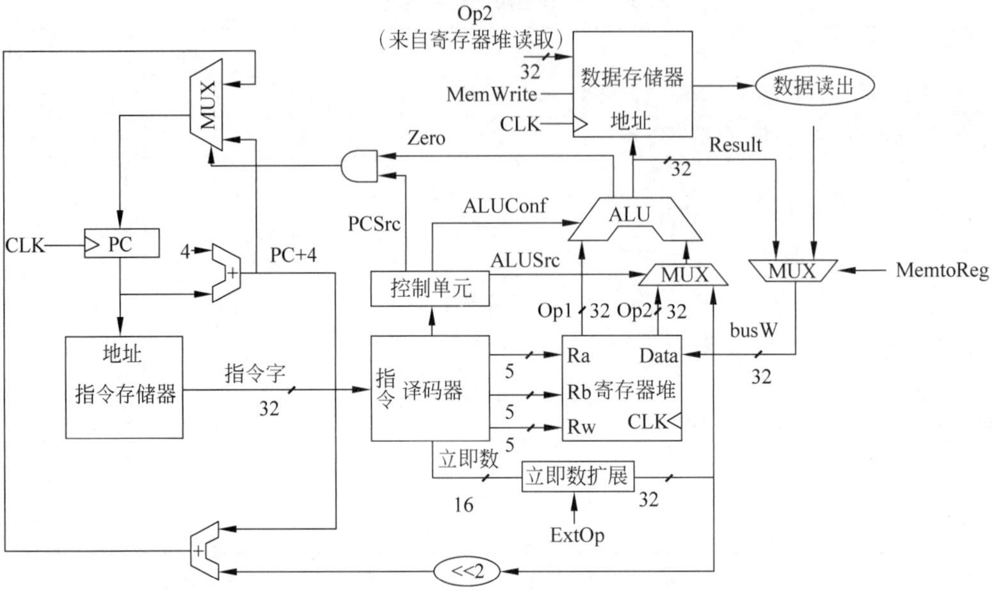

图 6-17　添加分支指令的数据通路

（1）分支拓展：分支拓展单元，是将输入的立即数翻译成为指令寄存器中地址的偏移量。因为 MIPS32 中每条指令都是 32 位（4 字节）占据 4 个地址空间。所以相邻两条指令的地址相差为 4。在分支指令中，输入的立即数 200，表示分支条件如果满足直接跳转到之后的第 200 条指令，对应的地址偏移为 200×4＝800。在硬件电路中，我们采用一个移位器实现立即数×4 的功能。

注意，跳转地址的偏移可正可负，代表分支指令的目标 PC 地址既可以向后跳转也可以向前跳转。所以立即数的拓展方式为有符号数拓展。

（2）分支目标地址计算：立即数（200）经过分支拓展单元之后，已经转化为地址偏移（800），分支目标地址计算是通过一个加法器将该地址偏移转换成实际 PC 目标地址（PC＋4＋800）。其中 PC＋4 的值复用顺序指令取值进行 PC＋4 计算的结果。

（3）PC 选择器和控制信号。

至此，PC 有两种跳转方式：①顺序执行：PC＋4。②分支目标地址：PC＋4＋800。需要有一个多路选择器确定具体某条指令的 PC 跳转地址。仅当执行的指令是分支指令，并且分支条件满足的条件下，PC 才会跳转到分支目标地址，其余情况下均顺序执行。

在图 6-17 中，我们采用 PCSrc 信号（PC Source，PC 寄存器源信号）来指示正在执行的指令是否是分支指令。ALU 输出分支条件是否满足，针对 Beq 指令，ALU 判断两个操作数的每一位是否都相等，若两个操作数每一位都相等，ALU 的 Zero 信号输出为有效（1），反之，若两个操作数有任何一位不相等，ALU 的 Zero 信号输出无效（0）。Zero 信号和 PCSrc 信号通过一个与门来控制 PC 地址的多路选择器。仅 PCSrc 和 Zero 信号都为高（既是分支指令，同时跳转判断跳转条件也满足）时，PC 才会跳转到分支目标地址。

本节新增了 PCSrc 控制信号，控制信号总结如表 6-3 所示。

表 6-3　本节使用的控制信号一览，新增 **PCSrc** 信号

控制信号	功能	lw	sw	addi	andi	add	beq
RegReadNum1	寄存器堆读取寄存器号 1	rs	rs	rs	rs	rs	rs
RegReadNum2	寄存器堆读取寄存器号 2	X	rt	X	X	rt	rt
RegWriteNum	寄存器堆写入的寄存器号	rt	X	rt	rt	rd	X
RegWrite	寄存器堆写入有效信号	1	0	1	1	1	0
ExtOp	立即数拓展单元功能配置	Signed	Signed	Signed	Zero	X	Signed
ALUSrc	从寄存器堆(0)或立即数(1)中选择第二个 ALU 操作数	1	1	1	1	0	0
ALUConf	ALU 的功能	ADD	ADD	ADD	AND	ADD	COMP
MemWrite	数据内存写入有效	0	1	0	0	0	0
MemRead	数据内存读取有效	1	0	0	0	0	0
MemtoReg	选择内存读取结果(1)或 ALU 结果(0)写回寄存器堆	1	X	0	0	0	X
PCSrc	指示是否是分支指令	0	0	0	0	0	1

6.4.2　跳转指令

6.4.1 节在数据通路中增加了分支指令，本节将在分支指令的基础上增加跳转指令。

一个典型的跳转指令是"j 0x300000"。是将 PC 跳转到 0x300000 代表的指令处，下一条指令直接从跳转目标地址取指令。不同于 R 型指令和 I 型指令，J 型指令并不会访问寄存器堆，也不会进行逻辑计算、内存访问等任务，仅会修改 PC 寄存器的值。

图 6-18 是在图 6-17 的基础上增加支持跳转指令的电路。在图 6-17 中，PC 有两个可能的跳转地址：顺序执行地址、分支地址，所以图 6-17 中有一个 2 选 1 多路选择器来最终确定 PC 的跳转地址。在图 6-18 中，PC 在上述两个可能的跳转地址之上，增加了跳转指令地址

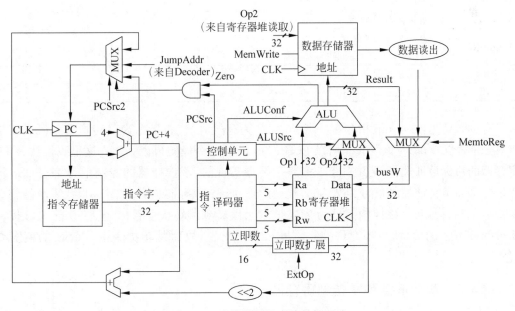

图 6-18　支持跳转指令的数据通路

(JumpAddr),故而用一个三选一多路选择器来最终确定 PC 目标地址。3 选 1 选择器需要两个控制信号,在图 6-17 基础上增加 PCSrc2 信号,用来指示当前指令是否是跳转(jump)指令。如果当前指令是跳转指令,PC 直接跳转到跳转指令的目标地址 JumpAddr。

J 型指令有 6 位操作码和 26 位跳转地址(Jaddress)。我们还需要一个跳转地址拓展单元将 26 位跳转地址组装成 PC 寄存器能够直接取指令的 32 位指令寄存器地址(JumpAddr)。

J 型指令的跳转采用伪直接寻址方式完成,即,高 4 位直接采用 PC+4 的对应位置的数据,低 2 位用 0 填充。这是因为所有指令在内存中都是 4 字节对齐的,因此最低的 2 位是无需存储。表达式为:JumpAddr={PC+4[31:28], Jaddress, 2'b0}。

图 6-18 中没有专门画出指令拓展单元,直接将指令拓展的电路融合到指令译码器内部。注意,为了支持 J 型指令的伪直接寻址,译码器还需要 PC+4 作为输入来组装跳转指令的目标地址(在图 6-18 中没有显示画出 PC+4 到指令译码器的连接)。

本节新增了 PCSrc2 信号,控制信号总结如表 6-4 所示。

表 6-4　本节使用的控制信号一览

控制信号	功　　能	lw	sw	addi	andi	add	beq	jump
RegReadNum1	寄存器堆读取寄存器号 1	rs	rs	rs	rs	rs	rs	X
RegReadNum2	寄存器堆读取寄存器号 2	X	rt	X	X	rt	rt	X
RegWriteNum	寄存器堆写入的寄存器号	rt	X	rt	rt	rd	X	X
RegWrite	寄存器堆写入有效信号	1	0	1	1	1	0	0
ExtOp	立即数拓展单元功能配置	Signed	Signed	Signed	Zero	X	Signed	X
ALUSrc	从寄存器堆(0)或立即数(1)中选择第二个 ALU 操作数	1	1	1	1	0	0	X
ALUConf	ALU 的功能	ADD	ADD	ADD	AND	ADD	COMP	X
MemWrite	数据内存写入有效	0	1	0	0	0	0	0
MemRead	数据内存读取有效	1	0	0	0	0	0	0
MemtoReg	选择内存读取结果(1)或 ALU 结果(0)写回寄存器堆	1	X	0	0	0	X	X
PCSrc	指示是否是分支指令	0	0	0	0	0	1	0
PCSrc2	指示是否是跳转指令	0	0	0	0	0	0	1

有读者认为,在 jump 指令中,当 PCSrc2 为有效时,代表指令为跳转指令。所以无论 PCSrc 是否有效,都应该跳转。所以 PCSrc 在 jump 指令译码可以为 X。这里我们认为 PC 寄存器的目标地址选择是由 3 选 1 多路选择器实现的,该选择器的控制信号为{PCSrc2, PCSrc&Zero}。该控制信号为 2'b00,代表顺序执行;该控制信号为 2'b01,代表跳转到分支指令的目标地址;该控制信号为 2'b10,代表跳转到跳转指令目标地址;未定义该控制信号为 2'b11 的值,所以不允许控制信号 2'b11 出现,故而跳转指令中,PCSrc 的值需要置 0。

6.4.3　跳转链接和跳转到寄存器

第 5 章介绍了另外两种跳转指令,跳转和链接(jump and link,jal 指令)跳转到寄存器

(jump register，jr 指令)。jal 指令是在跳转的指令的基础上，将程序运行状态(PC)寄存器的值保存到 $ra 寄存器中，往往在过程调用结束之后用来恢复程序运行状态。

在单周期寄存器中，jal 指令将 PC+4 的值存储到 $ra(31 号寄存器)中，然后 PC 跳转到目标地址。表达式为：R[31]＝PC+4；PC＝JumpAddr。这里需要提醒的是，在单周期中，R[31]＝PC+4，是将下一条指令的地址进行保存，当过程调用结束之后，直接从下一条指令开始运行，在流水线处理器中，当目前的指令(PC)解码完成，确定是一条 jal 指令之后，下一条指令(PC+4)已经进入了取值阶段，并会在后续操作中执行，这就是所谓的"延迟槽"，所以流水线处理器 jal 指令在 $ra 保存的是紧接着的尚未执行的指令(PC+8)，即流水线处理器，jal 表达式为 $ra＝PC+8；PC＝JumpAddr。关于"延迟槽"，会在流水线部分进行说明。此处只需要理解，jal 指令保存的 PC 地址在单周期和流水线中是不同的。

图 6-19 是在图 6-18 的基础上添加了支持 jal 的数据通路，因为 jal 需要写回寄存器，我们添加了一个寄存器 2 选 1 多路选择器和对应的控制信号 MemtoReg2。当 MemtoReg2 有效时，写回寄存器堆的数据是 PC+4，否则，需要写回寄存器堆的数据由 MemtoReg 控制。

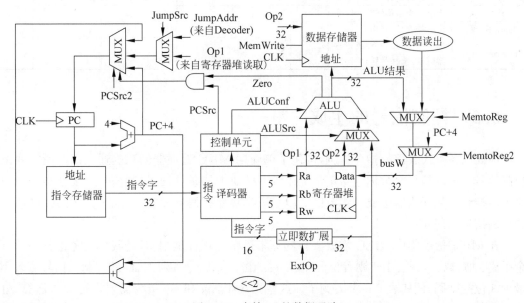

图 6-19　支持 jal 的数据通路

跳转和链接(jal)往往与跳转到寄存器(jr)配合使用完成过程调用。jal 指令将正在运行的程序地址存储到 $ra 中，并且跳转到被调用的过程(比如函数调用)。在函数调用的最后，采用 jr $ra 指令，从过程调用中恢复原来正在运行的指令。

跳转到寄存器指令的控制信号与单纯的跳转指令相同，只是跳转的目标地址不同。jump 指令跳转到伪直接寻址之后的目标地址，jr 指令跳转到寄存器存储的数据代表的地址。我们增加一个 2 选 1 多路选择器和对应的控制信号 JumpSrc 来选择跳转指令的目标是伪直接寻址还是寄存器值。当 JumpSrc 为 0 时，代表伪直接寻址，当 JumpSrc 为 1 时，代表跳转到寄存器的值。

本节增加了控制信号 MemtoReg2 和 JumpSrc，各控制信号总结如表 6-5 所示。

表 6-5　本节使用的控制信号一览

控制信号	功　　能	lw	sw	addi	andi	add	beq	jump	jal	jr
RegReadNum1	寄存器堆读取寄存器号 1	rs	rs	rs	rs	rs	rs	X	X	rs
RegReadNum2	寄存器堆读取寄存器号 2	X	rt	X	X	rt	rt	X	X	X
RegWriteNum	寄存器堆写入的寄存器号	rt	X	rt	rt	rd	X	X	31	X
RegWrite	寄存器堆写入有效信号	1	0	1	1	1	0	0	1	0
ExtOp	立即数拓展单元功能配置	Signed	Signed	Signed	Zero	X	Signed	X	X	X
ALUSrc	从寄存器堆(0)或立即数(1)中选择第二个 ALU 操作数	1	1	1	1	0	X	X	X	X
ALUConf	ALU 的功能	ADD	ADD	ADD	AND	ADD	Comp/SUB	X	X	X
MemWrite	数据内存写入有效	0	1	0	0	0	X	X	0	0
MemRead	数据内存读取有效	1	0	0	0	0	X	X	0	0
MemtoReg	选择内存读取结果(1)或 ALU 结果(0)写回寄存器堆	1	X	X	X	X	X	X	X	X
PCSrc	指示是否是分支指令	0	X	0	0	0	1	X	0	0
PCSrc2	指示是否是跳转指令	0	X	0	0	0	X	1	1	1
MemtoReg2	指示是否是 jal 指令	0	X	0	0	0	X	X	1	X
JumpSrc	从伪直接寻址(0)或寄存器(1)中选择跳转地址	X	X	X	X	X	X	X	0	1

6.5　控制信号的生成

前面以各类代表性的指令为例,构建了单周期 MIPS 处理器的数据通路以及所需要的控制信号。控制信号是数据通路正常工作所不可缺少的条件,而控制信号主要在指令译码阶段由控制器和译码器生成。本节以 ALU 为例,展示译码和控制单元如何生成 ALU 所需的控制信号 ALUConf。

在 MIPS 指令集中,ALU 需要支持的算术逻辑运算种类很多,若我们只考虑其中的一个子集:加、减、与、或、小于则置位(set on less than),共 5 种,则 ALU 的控制码信号可以用最少 3 位控制码,例如表 6-6 中的例子。这些指令中,lw 和 sw 指令需要进行加法运算,分支指令(beq、bne)需要减法运算,由指令的 opcode 决定;J 型指令不需要 ALU 进行计算,同样由 opcode 决定;R 型指令具有相同的 opcode,ALU 执行的运算则由指令的 funct 决定。因此,ALU 控制码的生成,由指令的 opcode 和 funct 作为输入,得到 3 位控制码输出。

表 6-6　ALU 运算的控制码示例

ALU 运算	加	减	或	与	小于则置位
ALU 控制码	010	110	001	000	111

为了减小控制单元的规模和延时,其中一种方法是采用多级译码。第一级译码仅根据 opcode 生成 ALUOp(I 型指令:load, store, branch,以及 J 型指令:j, jal);第二级译码进一步根据 funct 决定 ALU 控制码(R 型指令)。可以得到真值表,如表 6-7 所示。根据真值

表可以组合逻辑电路实现 ALU 控制码生成。

表 6-7 ALU 运算的控制码（根据 opcode 和 funct，依次生成 ALUOp 和 ALU 控制码。当 ALUOp 为 00
或 01 时，ALU 控制码由 ALUOp 确定；当 ALUOp 为 10 时，ALU 控制码由 funct 进一步确定）

指令	opcode	ALUOp	funct	ALU 运算	ALU 控制码
lw（I 型）	100011	00	X	加	010
sw（I 型）	101011	00	X	加	010
beq（I 型）	000100	01	X	减	110
j（J 型）	000010	X	X	X	X
add（R 型）	000000	10	100000	加	010
sub（R 型）	000000	10	100010	减	110
and（R 型）	000000	10	100100	与	000
or（R 型）	000000	10	100101	或	001
slt（R 型）	000000	10	101010	小于则置位	111

关于其他控制信号（例如 RegWrite、RegDst、MemRead、MemWrite）的产生，本节不再讲述，读者可以根据指令格式和表 6-5 自行分析。

值得一提的是，控制信号的取值并没有唯一确定的规范，而是取决于具体的硬件电路和数据通路实现。本节讲述的单周期处理器中的控制信号取值与前文的硬件电路相匹配，例如 MUX 选择信号与 MUX 输入输出端连接的信号相匹配，使能信号与相应模块的实现逻辑相匹配。在后续章节中，不同处理器架构的控制信号取值也会与本节单周期处理器中的取值有所区别，读者需要具体情况具体分析。

至此，我们已经学习了不同指令数据通路。通过在基础数据通路的结构上逐步增加不同的功能单元和控制信号的方式，完成了 MIPS 基础指令集数据通路的学习。接下来，我们将学习处理器性能分析方法。

6.6 性能评价

前面介绍了单周期处理器的数据通路，本节将介绍单周期处理器性能评价方法。

6.6.1 关键路径

前面介绍了组合逻辑的输入发生改变到输出发生改变是存在延时的。单周期处理器执行一个指令，包括取指令、译码、计算、数据主存的访问和写回结果，都要用组合逻辑在一个时钟周期内完成。如果时钟周期过短，甚至小于组合逻辑的延时，将会导致下个时钟周期到来时，要写回的数据（计算结果、PC 跳转地址等）没有准备好，造成计算结果错误。为了保证单周期处理器电路正常运行，我们需要选择一个合适时钟周期。该时钟周期不能太小，需要保证组合逻辑中最长的组合逻辑延时的路径在下一个时钟沿到来时，能够有充足的时间将输入的变化反映到输出的变化，并且保持稳定。参考第 3 章，时钟周期的选择很大程度上取决于处理器中的关键路径，而组合逻辑贡献了关键路径中的主要部分。

图 6-20 展示了对于一个逻辑运算指令，两个时钟沿之间不同逻辑单元之间的依赖关系和延时传播的示意图。当时钟沿到来时，经过一个短暂延时 CLK-to-PC，PC 发生变化。PC

发生变化之后再经过一段时间之后(指令存储器访问延时),指令存储器的输出(也就是需要执行的指令)才发生变化。因为寄存器堆的读取编号(rs 和 rt)通过连接线连接指令存储器的输出端口,所以当指令发生变化之后,经过一段延时(寄存器堆访问延时),寄存器堆的输出才发生相应变化。在指令发生变化之后,需要一段时间(解码和控制单元延时),才会产生 ALU 控制信号。当控制信号和寄存器堆的输出都发生变化之后,还需要经过 ALU 延时,才会最终输出。

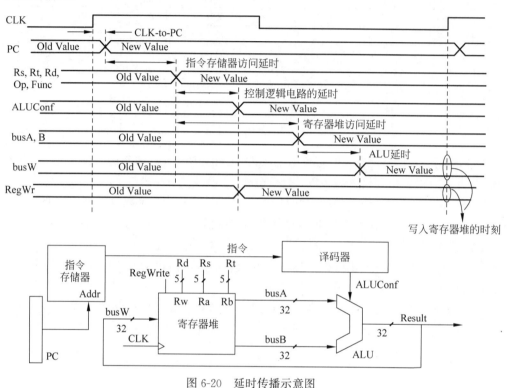

图 6-20　延时传播示意图

表 6-8 给出了一个各单元延时的例子(单位为 ns),各个单元的标号标注在了图 6-21 中。我们根据表 6-8 的各单元延时来计算图 6-20 中 ADD 指令的关键路径延时。

表 6-8　处理器各单元延时举例(单位为 ns)

1	CLK-to-PC	5
2	指令存储器访问延时	200
3	解码(直接将指令对应的 bit 分发给不同的单元)延时	0
4	控制单元延时	20
5	寄存器堆访问延时	100
6	立即数拓展单元延时	20
7	ALU 延时	200
8	数据存储器访问延时	200
9	多路选择器延时	10
10	加法器延时	10
11	移位单元延时	10
12	写入寄存器堆的建立时间	10

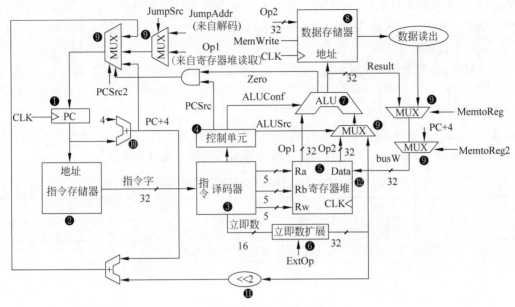

图 6-21 各个组合逻辑单元的标号

- add 指令的关键路径为 1-2-3-5(Op2)-9-7-9-9-12,总延时为
$$5+200+0+100+10+200+10+10+10=545\text{ns}$$
- lw 指令的关键路径为 1-2-3-5(Op1)-7-8-9-9-12,总延时为
$$5+200+0+100+200+200+10+10+10=735\text{ns}$$
- sw 指令的关键路径为 1-2-3-5(Op1)-7-8,总延时为
$$5+200+0+100+200+200=705\text{ns}$$

图 6-20 考虑了写入寄存器堆的建立时间,认为只要满足建立时间,在时钟沿到来时,要写入的数据会立刻被写入寄存器堆,故而不影响下一个时钟周期的寄存器读操作。实际上,寄存器堆和 PC 寄存器一样,仍然存在 CLK-Output 延时,即输入状态需要在时钟沿到来之后一段时间才能反映到输出上,在 PC 寄存器中为 CLK-to-PC 延时。我们考虑连续两条指令,add \$2, \$3, \$3; sub \$4, \$2, \$3。其中前一条 add 指令会写入 \$2 寄存器,后一条 sub 指令会立刻访问 \$2 寄存器,从 add 指令写回数据准备好,满足建立时间,遇到时钟沿来临之后,寄存器堆的输出也需要一段时间才能变化成新写入的数据,该延时称为 CLK-to-Op 延时(时钟沿到寄存器堆输出操作数延时)。实际上,只有当前一条指令写入寄存器和后一条指令读取的寄存器相同时,才需要考虑 CLK-to-Op 延时。在实际硬件设计中,会在寄存器堆中加入 By pass 电路,当目前指令需要读取的寄存器编号与上一条指令的写入寄存器编号相同时,直接将寄存器堆写入端口数据转发到寄存器堆的输出端口,降低 CLK-to-Op 时间(比正常寄存器堆访问时间更短),使得 CLK-to-Op 不在关键路径上。当目前指令需要读取的寄存器与上条指令写入的寄存器不同,By-pass 单元不工作,寄存器堆的输出还是来自内部寄存器保存的数据。

【注意 1】 许多读者在分析 lw 指令关键路径时,会认为 lw 的关键路径为 1-2-3-5(Op2)-9-7-8-9-9-12,错误认为关键路径的总延时为 745ns。因为 Op2 之后的多路选择器输入的控制信号是选择立即数拓展单元的输出,并且立即数拓展单元的结果在 Op2 从寄存器堆读出之前已经稳定,Op2 的变化并不会导致对应多路选择器输出的变化。换言之,lw 指令中,Op2 之后的多路选择器的输出与寄存器堆的输出无关,故而寄存器第二个输出(Op2)并不在 lw 的关键路径上。

单周期的处理器的时钟周期选择,要考虑关键路径最长的指令(在上述例子中,lw 具备最长的关键路径)。需要时钟周期不短于最长关键路径。在上述例子中,单周期处理器的最短时钟周期为 735ns,对应时钟频率为 1/735ns＝1.36MHz。

【注意 2】　因为工艺不同,不同厂商的组件的逻辑延时不同。另外一家厂商的各单元延时如表 6-9 所示,其中因为设计疏忽,导致**立即数拓展单元**延时大幅提升。

表 6-9　另一家厂商处理器各单元延时举例(单位为 ns)

1	CLK-to-PC	5
2	指令存储器访问延时	200
3	解码(直接将指令对应的 bit 分发给不同的单元)延时	0
4	控制单元延时	20
5	寄存器堆访问延时	100
6	立即数拓展单元延时	**_100_**
7	ALU 延时	200
8	数据存储器访问延时	200
9	多路选择器延时	10
10	加法器延时	10
11	移位单元延时	10
12	写入寄存器堆的建立时间	10

请问,这家厂家的单周期处理器的关键路径是什么? 最高时钟频率是多少?

关键路径是:1-2-3-6-9(Op2)-7-8-9-9-12:5＋200＋0＋20＋100＋10＋200＋200＋10＋10＋10＝745ns 在这个新的 CPU 中,立即数拓展单元延时提高。从解码到立即数拓展再经过多路选择器作为 ALU 的第二个操作数的路径为 3-4-6-9,延时为 0＋20＋100＋10＝130ns。ALU 第一个操作数,从解码模块到访问寄存堆,路径为 3-5,延时为 0＋100＝100ns。

在这种新的模块延时设置下,关键路径为 lw 指令(立即数拓展到 ALU 的 Op2)。

6.6.2　性能评价

6.6.1 节讲解了处理器的关键路径,同时明白了关键路径决定处理器的时钟频率。本节将讲解处理器的性能评价指标。一般来说,我们用 CPU 在一段确定指令上的运行时间作为处理器性能评价指标。

$$CPU 执行时间＝指令数×CPI×时钟周期$$

式中,CPI(clock cycle per instruction)是指平均每条指令需要的时钟周期数。在单周期处理器中,所有的指令都在一个时钟周期内执行完。所以对于单周期处理器而言,其 CPI 等于 1。(后续会介绍多周期和流水线处理器,在这些不同的实现方法下,CPI 也有所不同;同样的实现方法,在不同的指令序列中,CPI 也有所不同。)

可以看到,单周期中,CPU 执行时间与指令数和时钟周期有关。为了公平评估不同处理器的性能,一般会采用相同的指令序列对不同的 CPU 实现进行比较。这些用来评估和测试的指令序列称作基准测试集(benchmark)。在同一基准测试集上,不同单周期 CPU 的执行时间仅受时钟周期影响,时钟周期越短,CPU 执行时间越短。

6.7 单周期处理器的中断与异常处理

虽然我们在设计处理器和组装数据通路时进行了精心设计,但是在处理器使用过程中,难免会出现一些非理想情况。比如,在指令存储器中,有可能存储了非法指令;或者在 ALU 执行加法的过程中出现了溢出。这些来自处理器本身的不可预知的非理想情况,称为"**异常**"(exception)。

同时,处理器也需要和一些外部设备进行通信,比如,处理器需要接受键盘的输入,但是敲击键盘的行为不可预知。这种不可预知的外部事件,称为"**中断**"(interrupt)。

在处理器设计中,会有专门的硬件单元来检测异常和中断,该处理单元会根据异常和中断类型使 PC 跳转到对应的异常/中断处理程序。

表 6-10 中的几个例子说明了 MIPS 处理器的异常/中断事件。

表 6-10 MIPS 处理器的中断与异常

事 件 类 型	来　源	MIPS 术语
I/O 设备请求	外部	中断
用户进行操作系统调用	内部	异常
算术溢出	内部	异常
未定义的指令	内部	异常

接下来,我们以 add $1, $2, $3 发生算术异常作为例子,讲解处理器处理异常/中断的基本操作。在图 6-22 中分为下面几个步骤:

(1) 异常检测。通过检测 ALU 的溢出信号,判断是否发生溢出异常。

(2) 保存现场。在异常程序计数器(exception program counter,EPC)中保存出错的指令地址。

(3) 跳转到异常处理程序。通过修改程序计数器(PC)的值,使得处理器进入异常处理程序。

(4) 异常/中断处理程序采取操作,比如可以执行对溢出情况实现定义的一些操作,或者终止程序运行并报告。在异常处理完成后,异常处理程序可以选择终止程序,也可以根据EPC 存储的指令地址恢复并继续执行程序。

增加异常/中断处理功能的处理器通路如图 6-22 所示。主要增加了中断检测和控制单元,EPC,以及 PC 的跳转目标增加了一个异常/中断处理程序的入口地址。

注意,实际处理器中的中断和异常处理非常复杂,在本书中,只要求掌握异常和中断的处理流程,需要保存出错地址在 EPC 中,之后由中断处理程序选择终止或者继续执行。对于中断和异常感兴趣的读者可以查看拓展阅读 6.10.1。

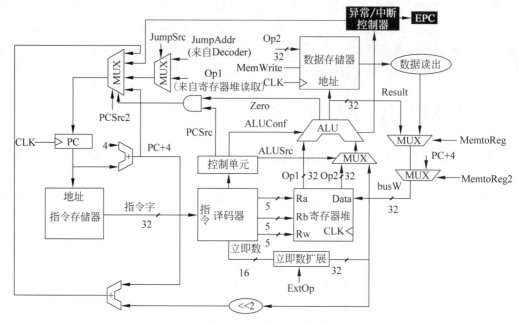

图 6-22　增加异常/中断检测的数据通路

6.8　多周期处理器

前面介绍的单周期处理器在功能上已经能够支持 MIPS 指令集的一个子集,但在实际的现代处理器中,很少采用单周期架构,其中一个最重要的考虑,就是单周期处理器的性能劣势。在单周期处理器中,任何一条指令都会在一个周期内执行完,因此 CPI 恒为 1,而时钟周期则取决于关键路径最长的指令。在不考虑指令数变化的情况下,CPU 的性能提高主要依赖于减小 CPI 和时钟周期。在本节以及后续章节将介绍如何在单周期的基础上通过优化 CPI 和时钟周期来提高处理器的性能。

6.8.1　单周期处理器面临的挑战

CPU 要完整地支持各类指令,需要调用多种硬件资源,可能包括访问指令存储器、读写数据存储器、读写寄存器堆以及利用 ALU 进行等。但对于具体某一条指令,执行过程中未必会调用所有上述的硬件资源。根据在单周期处理器设计中的分析,可以将各类指令执行步骤总结为表 6-11。可以看到,所有的指令执行过程中,都需要取指令和译码,但是不同的指令在执行过程中,需要完成的其他操作也有所不同。例如,R 型指令需要读取寄存器堆和写入寄存器堆,不需要读写数据存储器;而 store 指令则需要读取寄存器堆和写入数据存储器,不需要写入寄存器堆。

在 6.6.1 节中提到过指令的关键路径,而不同的指令执行的操作不同,因此也具有不同的关键路径。而单周期处理器中,所有的指令都必须在一个时钟周期内完成执行。因此时钟周期的最小值,将取决于关键路径最长的指令。在表 6-11 中可以看到,关键路径最长的指令是 load 指令,执行过程中需要依次:从指令存储器取值、指令译码和寄存器堆读取、ALU

表 6-11　不同类型指令用到的功能单元

指令类型	指令用到的功能单元				
R 型	取指令	指令译码和寄存器堆读取	ALU 运算	寄存器堆写入	
load	取指令	指令译码和寄存器堆读取	ALU 运算	存储器读取	寄存器堆写入
store	取指令	指令译码和寄存器堆读取	ALU 运算	存储器写入	
branch	取指令	指令译码和寄存器堆读取	ALU 运算		
jump	取指令	指令译码和寄存器堆读取			

运算、数据存储器读取、寄存器堆写入，如图 6-23 所示。因此在这个例子中，单周期处理器的时钟周期就是 load 指令执行的时间。但是其他的指令所需的执行时间比 load 指令要少，例如 store 指令不需要写入寄存器堆，R 型指令不需要读取数据存储器，尽管如此，仍然需要一个时钟周期来执行，时间利用率不高。

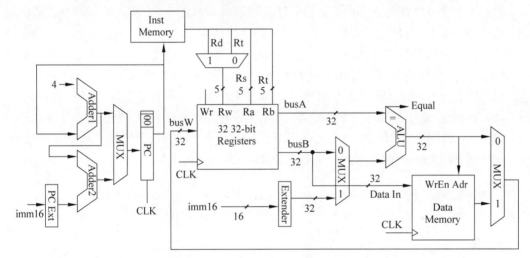

图 6-23　load 指令的关键路径

在如下的例子中，假设处理器中各个功能模块的延时如表 6-12 中所示，则可以得到不同类型指令的执行时间，延迟最长的 load 指令需要 600ps，则处理器的最小时钟周期就是 600ps。此时单周期处理器每一条指令的时间都为 600ps，对于非 load 指令，都存在时间的浪费。回顾处理器性能评价标准：

$$CPU\ 执行时间＝指令数×CPI×时钟周期$$

表 6-12　示例：各个功能单元的延时以及各类指令的延时

指令类型	指令存储器	读寄存器堆	ALU 运算	数据存储器	写寄存器堆	总延时
R 型	200ps	50ps	100ps	0	50ps	400ps
load	200ps	50ps	100ps	200ps	50ps	600ps
store	200ps	50ps	100ps	200ps	0	550ps
branch	200ps	50ps	100ps	0	0	350ps
jump	200ps	0	0	0	0	200ps

显然单周期处理器的 CPI 为 1,但是所有指令都采用与最长指令延时相同的时钟周期,平均的指令执行时间仍有优化的空间。如果每条指令可以在不同的时钟周期中完成,且程序段中,在某程序中的指令分布如下:R 型-45%,load-25%,store-10%,branch-15%,J 型-5%,则每条指令的平均执行时间为

$$600\times25\%+550\times10\%+400\times45\%+350\times15\%+200\times5\%=447.5(ps)$$

相比 600ps 减少了 152.5ps,性能变为了原来的 $600/447.5\approx1.34$ 倍。

然而在处理器中,为不同指令实现不同的时钟频率非常的困难,所带来的额外的代价相比于平均指令执行时间的提升,可能得不偿失。因此,可以换一种思路,不需要为每条指令实现不同时钟频率,而是让每条指令在不同周期数内完成执行,延时较长的指令可以用更多的周期数执行,延时较短的指令则占用更少的周期数。一条指令占用多个时钟周期执行,则指令被分为若干步骤,每个步骤在一个时钟周期内执行。此时 CPI 将大于 1,同时每个步骤的延时,都要比执行一条完整指令的延时要短,因此时钟周期可以缩短。

我们可以先从下面的例子中了解多周期处理器的基本概念,以及与单周期处理器的区别。现在有一个指令,任务是计算 4 个数之和,可用的加法器为二输入的加法器。单周期的方案是在一个时钟周期内完成所有的计算。如图 6-24(a)所示,需要至少 3 个二输入加法器,才能在一个周期内计算出结果。此时的关键路径包含了 2 个加法器以及 1 个输出寄存器。多周期的做法,则是在单周期的基础上,将 4 个数的加法分解为多个步骤,例如图 6-24(b)所示,分为两个步骤完成,而中间数据也需要寄存器来存储。此时关键路径变为一个加法器和一个寄存器,关键路径比单周期方案更短,因此可以有更小的时钟周期和更高时钟频率;同时执行指令需要两个时钟周期,因此 CPI 由单周期方案的 1 变为了 2。

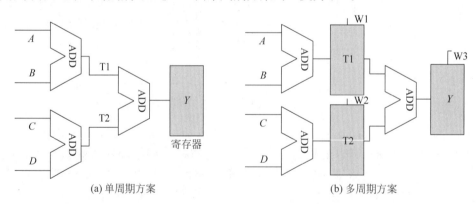

(a) 单周期方案　　　　　　　　　　　　(b) 多周期方案

图 6-24　四输入加法

注意图 6-24(b)中,第一个周期使用的是第一级的 2 个加法器,第二个周期使用的是第二级的 1 个加法器。第一级与第二级的加法器并没有同时在工作,从硬件资源利用率的角度,还存在优化空间。多周期方案的一个优势就是可以进行硬件资源的复用,在执行指令的过程中,不同的步骤可以复用相同的硬件资源,从而减小面积的开销。例如,在图 6-24(b)中,第二周期的加法可以用第一级的加法器来实现,这样就只需要 2 个二输入加法器。或者可以进一步减小硬件资源的开销,只用一个二输入加法器,而加法器的输入端添加多路选择器(MUX)来选择各个步骤中加法器和寄存器的输入数,如图 6-25(a)所示,但这也意味着至少需要 3 个周期来完成 4 个数的加法。第一周期计算 $A+B$,并将结果存入寄存器 T1;第

二周期计算 $C+D$，并将结果存入寄存器 T2；第三周期，将寄存器 T1 和 T2 结果取出并计算 $T1+T2$，将结果存入寄存器 T1，则得到 $Y=A+B+C+D$。这个例子中，需要用到 T1 和 T2 两个寄存器的原因是，$A+B$ 与 $C+D$ 的结果需要保存到第三周期被使用。而如果采用 $(A+(B+(C+D)))$ 这样的累加形式，只需要一个寄存器存储累加结果，并在每个周期直接更新，同样可以在 3 个周期内完成计算，但连线网络和控制信号也有所不同。实际上，可以根据延时和面积的要求，灵活地选择不同的多周期调度方案，来高效地实现期望的功能。

周期	资源绑定	控制信号
1	T1=Add1(A，B)	M1=01; M2=01; W1=1; W2=0;
2	T2=Add1(C，D)	M1=10; M2=10; W1=0; W2=1;
3	T1=Add1(T1，T2)	M1=00; M2=00; W1=1; W2=0;

(a) 多周期方案的资源调度与控制信号：M1和M2分别是
MUX1和MUX2的控制信号，W1和W2分别是寄存器
T1和T2的使能控制信号

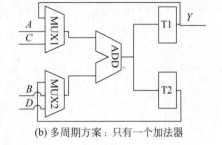

(b) 多周期方案：只有一个加法器

图 6-25　多周期方案及其资源调度

6.8.2　多周期处理器概念

6.8.1 节中提到，我们希望不同的指令，根据关键路径长短有不同的执行时间。然而为不同指令实现可变的时钟周期代价非常高，因此可以采用多周期的方案，不同的指令占用不同的周期数来执行。多周期处理器中，一条指令的执行过程被分解为一系列的步骤，每个步骤将占用一个时钟周期。根据表 6-11 中的功能单元，将指令的执行划分为 5 个步骤：

（1）取指令（instruction fetch，IF）；

（2）指令译码和寄存器堆访问（instruction decode，ID）；

（3）ALU 运算（execution，EX）；

（4）数据存储器的访问（memory access，MEM）；

（5）写回寄存器堆（write back，WB）。

在单周期数据通路的基础上，多周期处理器数据通路（如图 6-26）存在硬件资源的复用以及额外的中间寄存器，因此与单周期的数据通路相比，有如下区别：

（1）指令和数据共用同一个存储单元。指令执行过程中，取指令是步骤（1），而访问数据存储器是步骤（4），因此两个存储器不会在同一时钟周期内被占用，因此可以共用同一个存储器资源。除了存储器资源的复用，ALU 运算资源也可以复用。

（2）只有一个 ALU，而不是一个 ALU 和两个加法器。回顾单周期数据通路，除了 ALU 之外的两个加法器的用途分别是：计算 PC+4 以及计算分支地址。在多周期数据通路中，这些加法都可以复用同一个 ALU，然后在 ALU 的输入端 MUX 增加新的选择，如图 6-26 中所示，ALU 的输入 MUX1 增加了 PC 的输入，在寄存器 A 和 PC 之间选择。ALU 的输入 MUX2 增加了常数 4（用于 PC+4）和移位后的偏移量字段（用于计算分支地址）。

（3）每个主要单元都加一个或多个寄存器存储输出值。与图 6-24 类似，因为指令的执行过程被拆分为若干步骤，而后续步骤需要用到之前步骤的结果，因此中间步骤的功能单元

输出需要寄存。在图 6-26 中,存储器中取出的指令寄存在指令寄存器(IR),存储器中取出的数据寄存在内存数据寄存器(MDR)中,寄存器堆中读出的数据寄存在图 6-26 中的"A"和"B"寄存器中,ALU 的输出结果寄存在 ALUOut 寄存器中。

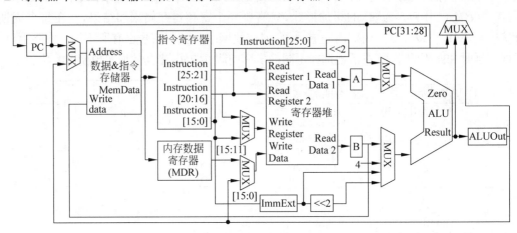

图 6-26 多周期数据通路

由于数据通路的差别,多周期处理器需要对控制信号进行增添和修改,来保证数据通路的正常工作。首先,ALU 输入端新增的 MUX 输入需要与之匹配的控制信号,因此单周期处理器中的 ALUSrc 控制信号的位宽需要相应增加。除此之外,由于处理器在每个周期所执行的操作都有所不同,并非所有周期都需要写入存储器或者寄存器,因此存储器和寄存器都需要添加写控制信号或者更改已有控制信号的生成方式。在图 6-26 中,新添加的 IRWrite 信号,控制指令寄存器只在取指令时可以被写入,之后指令寄存器需要将指令保存直到该指令执行结束。寄存器堆的写控制信号 RegWrite 有效的条件,除了当前的指令需要写寄存器堆(与单周期一致),还要求指令执行到 WB 阶段,此时 RegWrite 信号才为 1,否则为 0。类似地,PC 寄存器、存储器的写控制信号生成也都需要根据执行步骤有相应的修改。

可以看出,多周期数据通路与单周期数据通路一个显著的不同就是执行过程中有不同的阶段。单周期处理器在每个时钟周期中都在执行一条完整的指令,但是多周期处理器将一条指令执行分为若干步骤后,就需要针对指令类型以及不同步骤,生成控制信号保证处理器的正确运行。因此,多周期处理器可以通过有限状态机的方式来描述。对于所有类型的指令,取指令和指令译码是首先完成的操作,而之后的状态转移则取决于指令的类型,可以用图 6-27 描述。而具体来看,不同各类型指令在各状态中所执行的操作列在表 6-13 中。

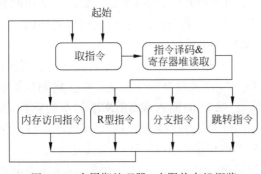

图 6-27 多周期处理器:有限状态机概览

（1）在第一个周期中,首先需要根据 PC 从存储器中取指令,同时计算 PC+4。

（2）第二周期进行指令的译码,指令被写入指令寄存器中寄存;根据指令译码的结果,从寄存器堆中读取需要的两个数并寄存在寄存器 A 和 B 中。

（3）第三个周期中,对于 R 型指令,

ALU 根据 ALU 控制信号,将寄存器 A 和 B 中的数进行运算并输出;内存访问指令(load, store)则计算内存访问的地址;分支指令则比较寄存器 A 和 B 中的数是否相等或者不相等;跳转指令则得到最终的跳转地址。

(4) 第四周期中,R 型指令将 ALUOut 计算结果写入寄存器堆中相应的寄存器;根据计算好的地址,load 指令将内存中的数据加载到 MDR 寄存器,store 指令将寄存器 B 中的结果存入内存中。

(5) 第五周期,load 指令需要将 MDR 寄存器的结果写回寄存器堆。

表 6-13　多周期处理器:各个步骤(状态)中,各类指令执行的操作

步骤\指令类型	R 型指令	内存访问指令	分支指令	跳转指令
取指令	IR <=Memory[PC] PC <= PC+4			
译码 & 寄存器堆读取	A <=Reg[IR[25:21]]; B<= Reg[IR[20:16]] ALUOut <= PC + (sign-extended(IR[15:0] << 2))			
执行 & 分支/跳转完成	ALUOut=A op B	ALUOut <= A + sign-extend(IR[15:0])	if (A==B) PC<=ALUOut	PC <= {PC[31:28], IR[25:0], 2'b00}
内存访问 & R 型指令完成	Reg[IR[15:11]] <= ALUOut	**load**:MDR<=Memory[ALUOut] **store**: Memory[ALUOut] <= B		
内存		**load**:Reg[IR[20:16]]<=MDR		

明确了各个状态中,各种指令执行的操作,接下来可以确定控制器在各个状态中的输出,即处理器在各个状态中的控制信号,在图 6-26 的数据通路基础上,添加了控制器和控制信号,就可以得到图 6-28。所有类型的指令首先都需要经过取指令,以及指令译码与寄存器堆读取,以上两个状态分别定义为 State0 和 State1。

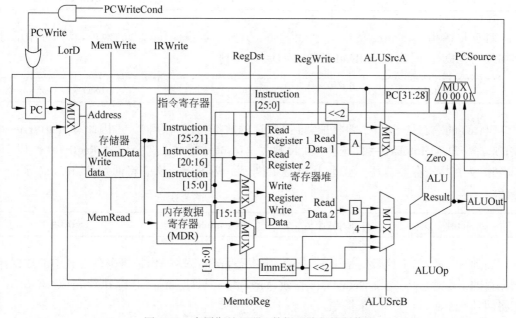

图 6-28　多周期处理器:数据通路与控制信号

在状态 State0 中,从表 6-13 中可以得出,需要的操作是取指令并将指令寄存到 IR 中,同时更新 PC＝PC＋4。因此,**MemRead 信号有效**使得可以访问存储器。由于数据存储器和指令存储器共用了一个存储器,因此需要在地址输入端口添加一个 Mux 以及选择信号 IorD 用于选择数据地址或指令地址。在 State0 中,对存储器的访问目的是取指令,因此 **IorD＝0**。指令取出后,寄存到 IR 寄存器中,需要 IR 可写入,则 **IRWrite 有效**。而计算 PC＝PC＋4 需要用到 ALU 做加法。**ALUSrcA＝0** 选择 PC 作为输入一,**ALUSrcB＝01** 选择常数 4 作为输入二,**ALUOp＝00** 使得 ALU 进行加法运算。要更新 PC 寄存器,则 **PCSource＝00**,选择 ALU 计算的结果来写入 PC 寄存器,且 **PCWrite 有效**,使得 PC 寄存器可写入。State0 的次态是 State1。State0 的控制信号概括如下(未提到的控制信号都是无效值,未提到的多路选择信号都是无关值,下面类似):

State0	MemRead	IorD＝0	IRWrite	ALUSrcA＝0	ALUSrcB＝01	ALUOp＝00	PCSource＝00	PCWrite

State0 的次态是 State1(与指令类型无关)。State1 中的操作是将寄存器堆读取的数据寄存到寄存器 A 和 B 中,计算分支地址。因此 **ALUSrcA＝0** 选择 PC 作为输入一,**ALUSrcB＝11** 选择左移 2 位的符号扩展输出作为输入二,**ALUOp＝00** 使得 ALU 进行加法运算。因此 State1 的控制信号可以概括如下:

State1	ALUSrcA＝0	ALUSrcB＝11	ALUOp＝00

State1 的次态需要根据指令类型来决定。对于内存访问指令(load、store),State1 的次态定义为 State2,执行的操作是内存地址的计算。因此 **ALUSrcA＝1** 选择寄存器 A 作为输入一,**ALUSrcB＝10** 符号扩展输出作为输入二,**ALUOp＝00** 使得 ALU 进行加法运算。State2 控制信号可以概括如下:

State2	ALUSrcA＝1	ALUSrcB＝10	ALUOp＝00

对于 load 指令,State2 的次态定义为 State3,操作是根据计算出的地址,将内存中的数据加载到 MDR。因此 **MemRead 有效**,**IorD＝1**,得到

State3	MemRead	IorD＝1

State3 的次态是 State4,要将加载到 MDR 的数据写回寄存器堆。因此有 **RegWrite 有效**;选择信号 **MemtoReg＝1**,选择 MDR 数据写入寄存器堆;选择信号 **RegDst＝0**,以 IR[20:16]为目标寄存器地址。至此,load 指令执行完成,State4 次态将回到 State0,执行下一条指令。

State4	RegWrite	MemtoReg＝1	RegDst＝0

回到 State2,如果执行的是 store 指令,则次态是 State5,操作是将寄存器 B 中的数据存入内存的指定地址中。则 **MemWrite 有效**,**IorD＝1**。至此,store 指令执行完成,State5 次态将回到 State0,执行下一条指令。

State5	MemWrite	IorD=1

对于 R 型指令,则 State1 的次态是 State6,将寄存器 A 和 B 中的数据进行算数或逻辑运算,再将结果存入 ALUOut。**ALUSrcA=1,ALUSrcB=00**,分别选择寄存器 A 和 B 作为输入;**ALUOp=10**,则 ALU 执行的运算由 R 型指令的 Funct 决定。State6 次态为 State7。

State6	ALUSrcA=1	ALUSrcB=00	ALUOp=10

R 型指令在 State7 将 ALUOut 存储的结果写回寄存器堆。因此 **RegWrite 有效**;选择 ALUOut 数据写入寄存器堆,**MemtoReg=0**;R 型指令的写入寄存器是 IR[15:11],因此 **RegDst=1**。至此 R 型指令执行完成,State7 次态将回到 State0,执行下一条指令。

State7	RegWrite	MemtoReg=0	RegDst=1

对于 branch 指令,在 State1 之后,次态是 State8,将寄存器 A 和 B 中的数据比较,根据结果决定是否用分支地址更新 PC 寄存器。**ALUSrcA=1,ALUSrcB=00**,分别选择寄存器 A 和 B 作为输入;对于 beq 指令,**ALUOp=01**;为了判断结果生效,则 **PCWriteCond 有效**;选择 ALUOut 结果作为分支地址,则 **PCSource=01**。至此,branch 指令执行完成,State8 次态回到 State0,执行下一条指令。

State8	ALUSrcA=1	ALUSrcB=00	ALUOp=01	PCWriteCond	PCSource=01

对于 jump 指令,在 State1 之后,次态是 State9,将跳转地址写入 PC 寄存器。需要选择 {PC[31:28], IR[25:0]<<2},因此 **PCSource=10**;要保证 PC 寄存器可写入,**PCWrite 有效**。至此跳转指令执行完成,State9 次态回到 State0,执行下一条指令。

State=9	PCWrite	PCSource=10

根据上述的分析,我们可以得到,多周期处理器的状态转移图以及各个状态的控制信号如图 6-29 所示。

6.8.3 多周期处理器的性能评价和问题

多周期处理器相比单周期处理器,牺牲了 CPI,但是实现了更短的时钟周期,且关键路径更短的指令可以用更少的时钟周期,从而具有更少的延时。接下来我们通过一些例子,与单周期处理器对比,分析多周期处理器的性能。为了便于分析指令的执行时间,我们对处理器中的基本单元延时做以下假设:存储器访问延时 200ps,寄存器堆访问延时 150ps,ALU 计算延时 180ps,而多路选择器、控制单元、PC 寄存器、符号扩展单元以及其他的连线延时忽略不计。在多周期处理器的状态机中,每个状态都在一个时钟周期内完成,因此时钟周期的最小值,需要满足延时最长的状态。根据表 6-13,列出的各个状态,延时最长的状态是 State0、State3、State5,这 3 个状态都需要进行内存访问,延时为 200ps。因此多周期处理器的时钟周期最小为 200ps。

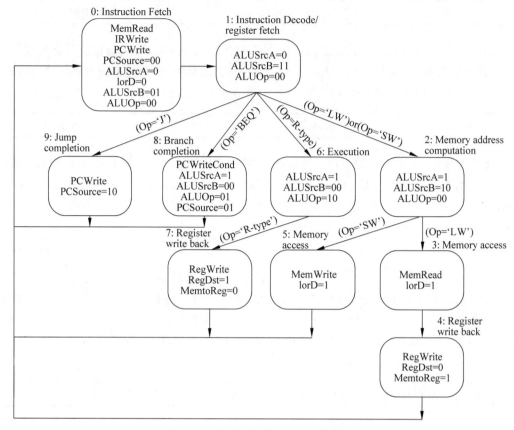

图 6-29　多周期处理器：状态转移图

从图 6-29 中可以看出，R 型指令执行需要 4 个周期，load 指令需要 5 个周期，store 指令需要 4 个周期，branch 和 jump 指令则需要 3 个周期。因此各类指令的执行时间为
- R 型指令：4 个周期＝800ps
- store 指令：4 个周期＝800ps
- load 指令：5 个周期＝1000ps
- branch 指令：3 个周期＝600ps
- jump 指令：3 个周期＝600ps

与之对比，单周期处理器执行 load 指令的延时是（取指令＋寄存器堆读取＋内存地址计算＋内存访问＋寄存器堆写入）200ps＋150ps＋180ps＋200ps＋150ps＝880ps，因此单周期的时钟周期，也就是指令执行时间，为 880ps。可以看出，基于这种延时假设，对于 load 指令，多周期处理器的执行时间比单周期处理器要更长，而其他指令的执行时间都要更短。

上述的延时假设中，各个功能单元的延时差别不大。如果最慢的功能单元延时明显比其他功能单元要长，那么多周期处理器执行指令可能比单周期处理器更慢。

【例 6-1】　假设存储器访问延时 200ps，寄存器堆访问延时 50ps，ALU 计算延时 100ps，而多路选择器、控制单元、PC 寄存器、符号扩展单元以及其他的连线延时忽略不计。请计算此时单周期和多周期处理器执行 R 型、store、load、branch、jump 指令的延时。

解：单周期处理器的最小时钟周期＝200ps＋50ps＋100ps＋200ps＋50ps＝600ps，因此

执行任何指令的延时都是 600ps。

多周期处理器的最小时钟周期仍是 200ps。

R 型指令：4 个周期＝800ps

store 指令：4 个周期＝800ps

load 指令：5 个周期＝1000ps

branch 指令：3 个周期＝600ps

jump 指令：3 个周期＝600ps

此时,多周期处理器执行任何指令都不会比单周期处理器更快。

由于多周期处理器的时钟周期取决于延时最长的状态,不同指令的执行时间取决于状态数,因此各个状态的延时不平衡,会导致多周期处理器的性能恶化。因此,设计多周期处理器状态机时,需要考虑各个硬件单元的延时,使得各个状态的延时尽量平衡。例如,存储器访问延时比其他的功能单元明显高,在设计状态机时,可以用多个周期进行内存访问,各状态延时更均衡,使得状态的关键路径更短。虽然内存访问的延时不会降低(时钟周期减小了,但是状态数增加了),但是其他的操作,得益于更短的时钟周期,延时可以进一步降低。

另一方面,因为单周期处理器执行 load 指令的时间是最长延时指令的各个状态的延时之和,而多周期处理器执行 load 指令的时间是各状态延时最大值乘以 load 指令的状态数。因此,状态数最多的指令(例如 load 指令)在多周期处理器中执行时间一定比单周期处理器中的执行时间长。多周期处理器的性能还取决于执行的程序中各类指令的分布,定性地看,若执行的程序中 load 指令占绝大多数,则单周期处理器性能更优；若程序中 load 指令占少数,则多周期处理器更有可能有性能优势。

我们再一次回顾处理器的性能评价标准：

$$\text{CPU 执行时间}＝\text{指令数}\times\text{CPI}\times\text{时钟周期}$$

如果多周期处理器的状态机设计已经完成了,在硬件功能单元延时确定的情况下,时钟周期也就可以确定了。CPU 执行时间还取决于指令数与 CPI,而在同一个指令集与编译器的条件下,指令数基本是确定的。由于多周期处理器中,不同执行的 CPI 不同,因此平均的 CPI 与程序中各类指令占比相关。

作为示例,考虑如下的一段程序：

I-1	lw $a0，$t0(0)
I-2	lw $a1，$t0(4)
I-3	beq $a0，$a1，I-10
I-4	slt $t1，$a0，$a1
I-5	beq $t1，$0，I-8
I-6	sub $a1，·$a1，$a0
I-7	j I-3
I-8	sub $a0，$a0，$a1
I-9	j I-3
I-10	sw $a0，$t0(8)
...	...

这段程序的主要功能是用辗转相除法(欧几里得算法),求两个正整数的最大公约数。

两个正整数从内存中取出(I-1,I-2),经过计算后(I-3~I-9),再存到内存中(I-10)。访存相关的指令只有 I-1、I-2、I-10,而 I-3~I-9 都是 R 型指令、beq 指令或 j 指令。辗转相除法的执行次数取决于初始的两个正整数。若 I-1 和 I-2 从内存中取出的数为 6 和 4,则辗转相除法需要经历:(6,4)→(4,2)→(2,2)共三次迭代。此时,上述程序段中,各指令的 CPI 和被执行次数分别为

步　　骤	指　　令	执行次数	指令 CPI
I-1	lw $a0，$t0(0)	1 次	5
I-2	lw $a1，$t0(4)	1 次	5
I-3	beq $a0，$a1，I-10	3 次	3
I-4	slt $t1，$a0，$a1	2 次	4
I-5	beq $t1，$0，I-8	2 次	3
I-6	sub $a1，$a1，$a0	1 次	4
I-7	j I-3	1 次	3
I-8	sub $a0，$a0，$a1	1 次	4
I-9	j I-3	1 次	3
I-10	sw $a0，$t0(8)	1 次	4
…	…		

各类指令的占比为:R 型指令 4/14,branch 指令 5/14,jump 指令 2/14,load 指令 2/14,store 指令 1/14,可以计算出平均 CPI 为

$$5\times\frac{2}{14}+4\times\frac{5}{14}+3\times\frac{7}{14}\approx3.64$$

若多周期处理器时钟频率为 200ps,与单周期处理器(CPI=1)对比,性能相当于时钟周期为 729ps 的单周期处理器。若 I-1 和 I-2 中取出的是不是 6 和 4,而是 6 和 3,辗转相除法的迭代次数减少,则 CPI 为 4.11(计算过程略),性能相当于时钟周期为 822ps 的单周期处理器。从这个例子看出,多周期处理器的性能依赖于执行的程序与数据。在状态机设计合理的情况下,性能可能会比单周期处理器有优势;但是最差情况下,相比单周期处理器,性能反而会处于劣势。

6.9　总结

本章以 MIPS 体系结构为例,通过梳理指令集中不同指令的需求,将各类硬件单元组合成为数据和控制通路,并讲解单周期处理器的数据通路和性能分析方法,了解处理器设计的基本方法。

所谓单周期处理器,是指所有指令均在一个时钟周期内完成,并且所有指令的时钟周期相同,由关键路径所在的指令决定,这导致关键路径的延时,影响了其他指令的执行速度。为了缓解上述问题,我们将处理器不同指令拆分成为多个部分,在多个时钟周期内完成,这种思想即是多周期处理器。不同指令所需的时钟周期数不同,所以不同指令的执行时间也不同,减少了关键路径对于其他指令的影响,可能提高处理器性能。

多周期处理器与单周期处理器的一个相同点:每一个时钟周期内,一个处理器中只会

有一条指令在执行,吞吐率并没有本质的改善。多周期处理器的主要启发,是将指令的执行切分成了若干步骤,每个步骤只用到了处理器中的部分硬件资源,而后续章节中将会介绍的流水线技术,在多周期处理器的基础上,通过指令间并行的方式,提升了吞吐率和资源利用率,使得性能进一步提升。

本章简要介绍了中断、异常的处理,希望读者掌握中断异常的基本概念和处理流程。对于中断和异常处理的电路细节,在本课程中不做要求。

本章的处理器只介绍了核心的定点指令的硬件实现,浮点算数的计算单元也不在本课程的要求中。实际上,浮点单元和中断处理单元,在现代处理器中是以协处理器的方式实现的。关于协处理器的相关知识,感兴趣的读者可以参考本章拓展资料。

6.10 拓展阅读

6.10.1 处理器模块的时序和 Verilog HDL 实现

1. 指令存储器

在本节中,指令存储器虽然可以存储状态,但在一个程序执行过程中指令存储器的内容没有改变。处理器只对其进行读取而没有写入,因此也可以认为是一个"组合逻辑"模块。这个"组合逻辑"的输入是指令地址,输出是地址所对应的指令,输出与输入之间的延时可以认为是指令存储器的访问延时(读取延时)。基于以上的描述,我们可以将这样的指令存储器用如下的 Verilog HDL 代码描述:

```
module InstructionMemory(Address, Instruction);
    input [31:0] Address;                    //32 位地址输入
    output reg [31:0] Instruction;           //32 位指令输出

    always @( * )                            //用组合逻辑的方式描述
        //地址按字(word = 4Bytes)对齐,不需要两位 LSB 索引;
        //下面用了 9 : 2 为例,只支持 256 条指令
        case (Address[9 : 2])
            // 例:8'd0 地址对应的指令是 addi $a0, $zero, 3
            8'd0: Instructions <= {6'h08, 5'd0, 5'd4, 16'd3};
            ...
            default: Instruction <= 32'h00000000;
        endcase
endmodule
```

2. PC 寄存器和寄存器堆

PC 寄存器和寄存器堆的寄存器可以用时序逻辑中的 D 触发器实现。因此 Verilog HDL 描述也就类似于 D 触发器,下面给出寄存器堆的 Verilog HDL 描述作为例子:

```
module RegisterFile(
    reset, clk, RegWrite, Read_register1, Read_register2, Write_register, Write_data, Read_data1,
    Read_data2
);
    input clk;                               //时钟输入
    input RegWrite;                          //写入使能信号
```

```
    input [4:0] Read_register1, Read_register2;        //读地址
    input [4:0] Write_register;
    input [31:0] Write_data;
    output [31:0] Read_data1, Read_data2;
    reg [31:0] RF_data[31:1];
    assign Read_data1 = (Read_register1 == 5'b00000)? 32'h00000000: RF_data[Read_register1];
    assign Read_data2 = (Read_register2 == 5'b00000)? 32'h00000000: RF_data[Read_register2];
    integer i;
    always @(posedge clk)                              //上升沿写入
        if (RegWrite && (Write_register != 5'b00000))
            RF_data[Write_register] <= Write_data;
endmodule
```

6.10.2　协处理器简介

参考资料：

MIPS 协处理器[http://www. it. uu. se/education/course/homepage/os/vt18/module-1/mips-coprocessor-0/]。

图 6-30 为一个 CPU 和另外两个协处理器进行功能拓展的示意图。图中有一个 CPU，一个负责处理终端和异常的协处理器(Coprocessor 0)，一个负责浮点计算的协处理器(Coprocessor 1,FPU)。

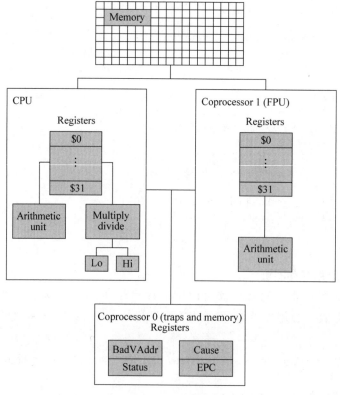

图 6-30　一个 CPU 和两个协处理器示意图

其中 FPU 与 CPU 通过共享内存的方式,当 CPU 接收到浮点计算指令时,CPU 会将浮点计算的地址和相关的控制信号发送给 FPU。FPU 在 CPU 控制信号配置下完成浮点数计算,其输入数据来自共享内存,输出结果也输出到共享内存中。CPU 通过与 FPU 通信以确定 FPU 模块是否完成相应计算,当计算完成之后,CPU 通过共享内存即可访问 FPU 计算的结果。

Coprocessor 0 负责处理 CPU 的异常和中断,当发生异常中断时,CPU 把中断地址和中断原因传输给协处理器,协处理器负责记录中断状态,并且根据不同的状态确定中断处理程序地址,并且让 CPU 执行中断处理程序。当中断处理程序执行完成之后,CPU 向中断协处理器查询状态并且恢复运行。

6.10.3　RISC-V 处理器

2022 年 5 月,MIPS Tech 公司放弃 MIPS,改用 RISC-V 架构,发布了 eVocore P8700 和 I8500 多处理器 IP,可以实现高性能和可扩展性。eVocore P8700 的架构图如图 6-31 所示。阿里平头哥也发布了玄铁 910 等 RISC-V 处理器,目前玄铁 RISC-V 处理器已在边缘计算、无线通信、工业控制、通用 MCU 等 30 多个行业实现了商业落地。

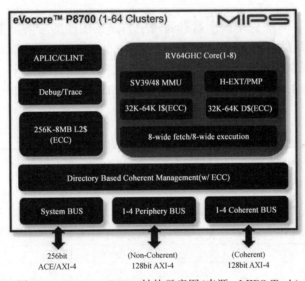

图 6-31　eVocore P8700 结构示意图(来源: MIPS Tech)

6.11　习题

1. 图 6-32 是一个单周期 MIPS 处理器的示意图。请回答以下问题:

(1)请指出在单周期数据通路中,哪些硬件单元是时序逻辑单元?

(2)请分别列出执行过程中用到 Shift-Left.2 单元和符号扩展单元(sign-extend)的指令。在执行其他指令时,这两个单元的输出会对处理器的执行有何影响?

2. 在芯片生产时,一些制造缺陷使得信号线与邻近的电源线产生串扰,导致信号线的电平被固定为 GND 或者 VDD,产生恒 0 或恒 1 错误。考虑一个恒 0 错误(即无论某信号应

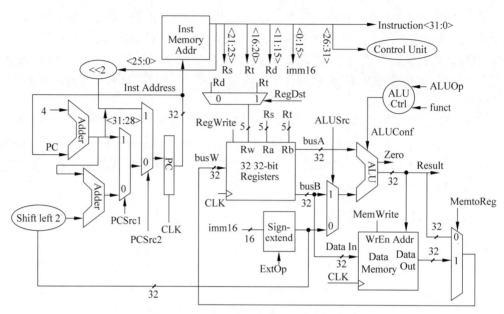

图 6-32 一个单周期数据通路设计(1)

为何值,总是 0),对图 6-32 的单周期数据通路中多路复用器的影响。参考表 6-14 给出的
ALUOp 和 ALU 功能的对照表。哪些指令(lw, sw, beq, add, sub, and, or, slt)仍然可
以正常工作? 并解释原因。分别考虑下面几种错误:

RegWrite=0;ALUOp0(LSB)=0;ALUOp1(MSB)=0;Branch=0;MemRead=0;
MemWrite=0。

表 6-14 ALUOp 和 ALU 功能对照表

指 令	opcode	ALUOp	funct	ALU 运算	ALU 控制码
lw(I 型)	100011	00	X	加	010
sw(I 型)	101011	00	X	加	010
beq(I 型)	000100	01	X	减	110
j(J 型)	000010	X	X	X	X
add(R 型)	000000	10	100000	加	010
sub(R 型)	000000	10	100010	减	110
and(R 型)	000000	10	100100	与	000
or(R 型)	000000	10	100101	或	001
slt(R 型)	000000	10	101010	小于则置位	111

3. 除了恒 0 和恒 1 错误,芯片缺陷还会导致两个信号线间相互串扰。在图 6-32 的单周
期数据通路中,信号 RegWrite 和信号 ALUSrc 产生了串扰,导致当两者之一为有效(高电
平)时,另一个也会变为有效(高电平)。这会对哪些指令的执行产生影响?

4. 考虑图 6-32 中的单周期数据通路。某人建议将 MemtoReg 信号去掉以修改这个单
周期数据通路。以 MemtoReg 作为输入的多路选择器将改用 MemRead 控制信号或者
ALUSrc 控制信号。他的修改可以正常工作吗? 这两个信号(ALUSrc 和 MemRead)可以
互相替代吗? 为什么?

5. 现在希望给图 6-32 描述的单周期数据通路加入 jr(将一个寄存器中的数值作为目标地址进行跳转)指令。请在图 6-32 中加入必要的数据通路和控制信号,并在表 6-15 中写明对应的控制信号格式。

表 6-15 指令及其对应的控制信号格式

指令	RegDst	ALUSrc	MemtoReg	RegWr	MemRd	MemWr	PCSrc1	PCSrc2	ALUOp1	ALUOp0
R 型	0	1	0	1	0	0	1	0	1	0
lw	1	0	1	1	1	0	1	0	0	0
sw	X	0	X	0	0	1	1	0	0	0
beq	X	1	X	0	0	0	~Zero	0	0	1
jr										

6. 如图 6-32 所示的单周期数据通路中,现在取指令单元从指令存储器中取出了一条如下的指令字:

$$1000\ 1110\ 0010\ 0111\ 1111\ 1111\ 1001\ 1101$$

在该指令执行之前,数据存储器的内容全为零,PC 寄存器的值为 0x0000007C,寄存器堆中的值均为 $(199)_{10}$(除了 \$zero)。

(1) 请写出该指令的功能;

(2) 请分别给出图 6-33 中加法器以及 ALU 的输出结果(加圈);

(3) 该指令执行完后,图中哪些存储地址或寄存器的值发生了怎样的变化?

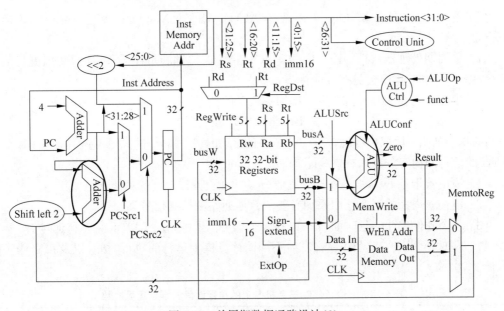

图 6-33 单周期数据通路设计(2)

7. 我们需要在图 6-32 **单周期数据通路**中添加一个新的指令完成 Swap 功能:swap,\$rs,\$rt 将寄存器 \$rs 和寄存器 \$rt 的值交换。

(1) 现有的单周期处理器是否可以完成这条指令? 如果不行,图 6-32 哪些硬件单元不满足要求? 为什么? 需要做出怎样的调整?

（2）多周期处理器是否可以完成这条指令？如果不行，请说明理由；如果可以，请在图 6-33 中增添或修改**组合逻辑**数据通路，并用状态转移的方式描述执行过程。

8. 考虑图 6-32 的单周期数据通路，所有触发器均在时钟上升沿写入，具体考虑表 6-16 中各单元的延时。

表 6-16   示例：处理器中各个硬件单元的延时

存储器	ALU 和加法器	寄存器堆读取	寄存器堆建立时间	多路选择器	控制单元 & ALU 控制单元
200ps	100ps	50ps	40ps	10ps	20ps

（1）请分别计算 add、beq、lw 指令执行所需要的时间（忽略译码和生成控制信号的延时）。

（2）哪些功能单元能够容忍更多的延时（也就是不在关键路径上），处理器能够运行的最高频率是多少？

9. 单周期处理器中含有一个**简单的 ALU**，逻辑运算只能支持 **2 输入 NAND 运算**，复杂的运算需要拆解成若干条指令执行。若给 ALU 添加更多的复杂功能，指令数减少了，代价是 ALU 具有更高的延时（从 100ps 变为 150ps），各个单元延时如表 6-17 所示。

表 6-17   示例：处理器中各个硬件单元的延时

存储器	加法器	ALU（简单/复杂）	寄存器堆	多路选择器	控制单元 & ALU 控制单元
200ps	150ps	**100ps/150ps**	50ps	10ps	20ps

（1）若 ALU 不具有 XNOR 功能（简单 ALU），则一条 XNOR 指令至少需要几条指令来完成？

（2）单周期处理器执行的程序中的 XNOR 指令的比例满足什么条件时，使用更复杂的 ALU 相比简单的 ALU 会具有性能优势。

10. 现在需要在 MIPS 指令集中添加一条新的指令 TSL(test-and-set-lock)：

tsl，$rs，$rt，Imm

tsl 功能如下：**读取内存地址**(rs+Imm) 的 32bit 字；如果非 0，则不做其他操作，否则将 $rt 的值**写回内存**(rs+Imm)地址。

（1）请用若干条 lw、sw、beq 指令完成 tsl，$r1，$r2，100 的功能。

（2）请在单周期数据通路中添加必要的数据通路和控制信号。

（3）各个硬件单元的延时如表 6-16 中所示，请指出 tsl 指令的关键路径和延时。

11. 表 6-18 列出了三个程序在三台不同的计算机上运行的执行时间，以及每个程序的浮点运算次数。

表 6-18   三个程序在三台机器上的执行时间和浮点运算次数

程序	浮点运算次数	程序执行时间/s		
		机器 A	机器 B	机器 C
程序 1	5×10^9	2	6	10
程序 2	20×10^9	20	20	20
程序 3	40×10^9	200	60	15

一个用户反映,这三个程序在他自己的负载中占据了很大一部分,**但这三个程序的运行**
次数是不一样的。用户希望知道,当三个程序在总负载中占据各种不同比重时,应该如何对
这三台机器进行性能比较。

(1) 假设三个程序运行次数不同,但负载中所执行的所有浮点操作(FLOP)平均分布在
这三个程序中。也就是说程序 1、程序 2、程序 3 运行次数的比例是 8:2:1。请求出在这
种负载情况下哪台机器的速度最快。

(2) 对于三个程序的执行次数相等的负载而言,若用总执行时间来衡量,结果又如
何呢?

12. 请简述单周期 MIPS 处理器异常处理的步骤。

13. 图 6-34 是一个多周期 MIPS 处理器的数据通路示意图。请回答以下问题:

(1) 与图 6-32 对比,多周期处理器数据通路中增添了哪些时序逻辑单元,作用分别是
什么?

(2) 在哪些指令执行过程中,ALU 只被用到了 2 次?

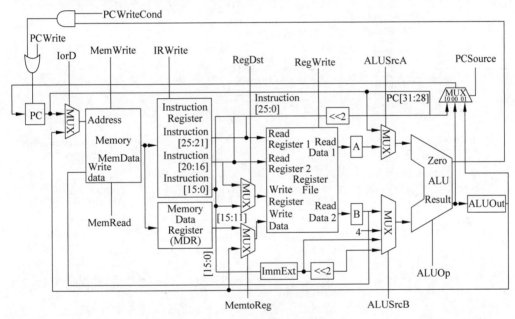

图 6-34　一个多周期数据通路设计

14. 考虑以下恒 0 错误对图 6-34 中的多周期数据通路的影响,列出不能正常工作的指
令并说明原因。具体考察:R 型指令,lw,sw,beq,j。

(1) RegWrite=0

(2) MemRead=0

(3) MemWrite=0

(4) IRWrite=0

(5) PCWrite=0

(6) PCWriteCond=0

15. 在如图 6-34 所示的多周期处理器数据通路中,若产生了一个信号串扰的错误,使

得信号 RegWrite 恒等于 IRWrite(IRWrite 信号正常),哪些指令的执行将受到影响?

16. 类似第 10 题,我们需要在多周期处理器中添加 tsl 指令的支持。

(1) 请参考图 6-34,画出需要添加的数据通路和控制信号。

(2) 请参考图 6-35,画出执行 tsl 指令的状态转移图,并给出各个状态的控制信号取值。

17. 在多周期处理器中,不同的异常可能在不同的周期中被检测出。以下的几种异常分别是在多周期处理器执行的哪个阶段被检测出来的?

(1) 除以 0。

(2) 溢出。

(3) 无效指令。

(4) 外部中断。

(5) 无效指令存储器地址。

(6) 无效数据存储器地址。

18. 请参考图 6-35,在图中增加**无效指令**和**算术溢出**两种异常处理的状态转移图。

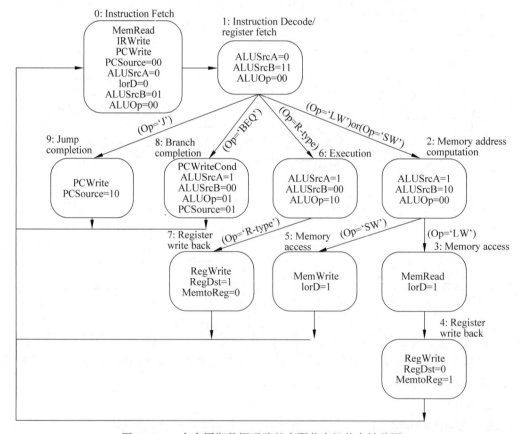

图 6-35　一个多周期数据通路的有限状态机状态转移图

19. 在实际的计算机系统中,访问内存的代价(延时和能耗)要远大于处理器计算的代价。在多周期处理器中,为了更好的性能,我们在多个周期内完成内存访问操作。有如下两种多周期处理器:①如图 6-35 所示,访存只需要一个时钟周期来完成;②访存需要两个时钟周期。

（1）请画出第②种多周期处理器的状态转移图；

（2）存储器访问延时 200ps，寄存器堆访问延时 50ps，ALU 计算延时 80ps，其他延时可以忽略。请分别给出并比较①、②处理器执行各类指令（R 型，lw，sw，beq，J 型）的延时。

20. 影响处理器性能的两个重要参数：时钟周期时间和每条指令时钟周期数（CPI）。在微处理器的设计中，始终存在这两个参数之间的权衡。某些设计师倾向于提高处理器主频，但是以大的 CPI 为代价。另一些设计者通过降低主频来降低 CPI。考虑下面的三台机器，使用表 6-19 中给出的 SPEC CPUint2006 数据（即图中整数一列），比较各自的性能。

M1：具有如图 6-35 所示状态转移图的多周期处理器，工作频率为 3.5GHz；

M2：类似图 6-35 的多周期数据通路，但是寄存器更新操作可以和读内存或 ALU 操作在同一个时钟周期内完成。因此在图 6-35 中，状态 6、7 和状态 3、4 是可以分别合并的。这台机器的时钟频率是 3.2GHz，因为寄存器更新过程增加了关键路径的长度；

M3：类似 M2，但是有效地址计算和内存访问在同一时钟周期完成。因此，状态 2、3、4 是可组合的。

同样，状态 2 和 5、6 和 7 也是可分别合并的。因为合并了地址计算和访存，这台机器的时钟频率降低为 2.8GHz。

通过计算 CPI 来比较哪一台机器更快。是否存在不同的指令测试集可以使另外一台机器更快？若是请举出例子。（不需要是一个具体存在的指令集，说明不同指令所占的比例即可）。

表 6-19　SPEC2006 整数和浮点数中 MIPS 指令的使用频率

Core MIPS	Name	Integer	FI. pt.	Arithmetic core＋MIPS-32	Name	Integer	FI. pt.
add	add	0%	0%	FP add double	add. d	0%	8%
add immediate	addi	0%	0%	FP subtract double	sub. d	0%	3%
add unsigned	addu	7%	21%	FP multiply double	mul. d	0%	8%
add immediate unsigned	addiu	12%	2%	FP divide double	div. d	0%	0%
subtract unsigned	subu	3%	2%	load word to FP double	l. d	0%	15%
and	and	1%	0%	store word to FP double	s. d	0%	7%
and immediate	andi	3%	0%	shift right arithmetic	sra	1%	0%
or	or	7%	2%	load half	lhu	1%	0%
or immediate	ori	2%	0%	branch less than zero	bltz	1%	0%
nor	nor	3%	1%	branch greater or equal zero	bgez	1%	0%
shift left logical	sll	1%	1%	branch less or equal zero	blez	0%	1%
shift right logical	sr1	0%	0%	multiply	mul	0%	1%
load upper immediate	lui	2%	5%				
load word	lw	24%	15%				
store word	sw	9%	2%				
load byte	1bu	1%	0%				
store byte	sb	1%	0%				
branch on equal (zero)	beq	6%	2%				
branch on not equal (zero)	bne	5%	1%				
jump and link	jal	1%	0%				
jump register	jr	1%	0%				
set less than	slt	2%	0%				
set less than immediate	slti	1%	0%				
set less than unsigned	sltu	1%	0%				
set less than imm. uns.	sltiu	1%	0%				

第7章

流水线处理器设计

第 6 章介绍了处理器的基本功能和评价指标。通过单周期处理器和多周期处理器,我们熟悉了处理器功能的实现方法,以及处理器性能的优化空间和方法。单周期处理器在一个周期内执行完一条指令但是关键路径较长,多周期处理器则将一条指令的执行过程分解到多个周期来完成但 CPI 较高。单周期和多周期处理器具有一个共同点,**每个周期只会有一条指令在处理器中执行**,每条指令执行完成后才会进行下一条指令的执行。本章进一步介绍处理器性能的优化方法:流水线技术,利用指令间的并行性,进一步提高处理器的性能。本章思维导图如图 7-1 所示。

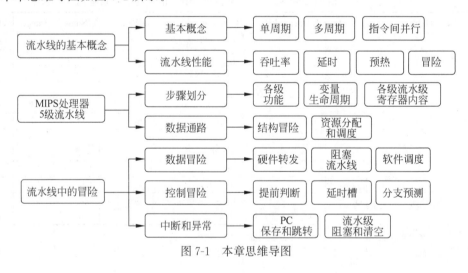

图 7-1　本章思维导图

7.1　流水线的基本概念

流水线的设计理念并非最早出现在数字电路设计领域。早在工业革命之前,一些小作坊已经在有意无意地使用类似的理念。他们将产品的加工步骤分开,采用传送带等装置将产品从一个加工阶段送至另一个加工阶段。工业革命的到来大规模提升了工厂的生产能力,进一步促进了分工的细化,商品的制作流程被进一步细分。类似的装配线也被大规模用于车辆、钟表、军火等产业中。在装配线上,每个工人固定在一个位置完成一个简单的装配步骤,装配中的产品每完成一个装配步骤都会被传送带传送到下一个步骤的工人处。在这种情况下,每个工人只需要学习非常简单的工作内容,工作时几乎不用移动,把所有的时间都用来完成任务,极大地提升了生产效率。

我们日常生活中也存在着用流水线提高效率的例子。饺子是中华民族的传统美食,起源于东汉年间,距今已有一千八百多年的历史。饺子的制作过程可以分为如下步骤:和面,拌馅,擀皮,包饺子,煮饺子,如图7-2所示。如果是一家人吃饺子,按照上述步骤一步一步顺序处理当然没有问题。

| 和面 | 拌馅 | 擀皮 | 包饺子 | 煮饺子 |

图7-2 包饺子的5个步骤

如果要开一家饺子餐馆,就不能采用顺序处理了,而是要将制作饺子的各个步骤在时间上重叠起来,即采用流水线的方法。流水线方法比顺序处理的方法花费的时间少得多,如图7-3所示。假设制作饺子的每一步需要10分钟,采用顺序方法,制作4批饺子,需要200分钟,采用流水线方法,只需要80分钟就可以了。

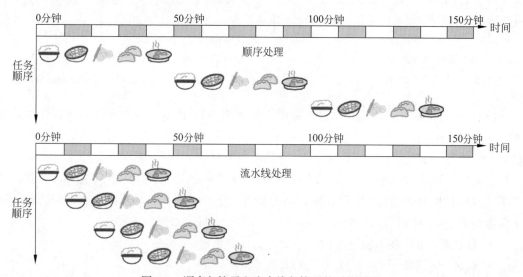

图7-3 顺序包饺子和流水线包饺子的时间对比

流水线电路设计的基本理念和工业上的装配线以及饺子餐馆的例子是基本一致的。对于一个完整的逻辑功能,将其拆分为多个步骤,每个步骤由独立的组合逻辑电路来完成。每个步骤的结果存入寄存器作为下一个步骤的输入。在电路中,每个步骤上的组合逻辑电路相当于装配线上的工人。而组合逻辑之间的寄存器相当于装配线中的传送带。引入流水线的好处在于通过在组合逻辑中间插入寄存器,将过长的关键路径分割成较短的路径,从而提高系统的工作频率。

关于流水线的一个基本概念是流水线的级数。一般而言,流水线的级数是指完整功能在流水线上被拆分成的步骤的数量。每个步骤称为流水线的一级。在本节的讨论中,N 级流水线是指通过在组合逻辑中插入 $N-1$ 级寄存器实现的电路。相邻两组寄存器之间的组合逻辑称为流水线的一级。

通过图 7-4 的例子来展示流水线电路的加速原理以及其中可能存在的问题。图 7-4(a) 是一个实现 $A\times(B+C)+1$ 功能的电路。为了方便分析时序以及和流水线电路进行比较，我们使用寄存器保存电路的输入和输出。此时考察图 7-4(a) 中电路的关键路径。显而易见，这条路径由两个加法电路和一个乘法电路构成。暂时忽略寄存器本身的延时，并假设加法器的延时是 T_{add}，乘法器的延时是 T_{mult}。则图 7-4(a) 电路的关键路径长度为 $2T_{add}+T_{mult}$。相比较之下，图 7-4(b) 的三级流水线实现方式中，可能的关键路径有三条，分别在流水线的 3 级。关键路径的长度是 $\max\{T_{add},T_{mult}\}$，一定小于图 7-4(a) 电路的关键路径。可以看到，流水线形式的电路可以工作在更高的频率上。

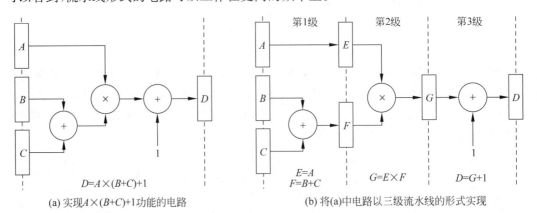

(a) 实现$A\times(B+C)+1$功能的电路 (b) 将(a)中电路以三级流水线的形式实现

图 7-4 一个流水线电路设计实例(其中矩形表示寄存器，圆形表示实现特定功能的组合逻辑电路)

注意，虽然流水线可以提高时序电路的工作频率，但是流水线并没有降低每次计算需要的时间。对于图 7-4 中的两个电路，从 A、B、C 中的数据都准备好时开始计时，到 D 被计算出来的时间都是 $2T_{add}+T_{mult}$(不考虑寄存器本身的延时)。引入流水线降低的是相邻两次计算的间隔。图 7-4(a) 中的电路，只有在计算出 D 之后才能开始计算下一组输入。但是对于图 7-4(b) 的电路，计算出 E 和 F 时即可开始计算下一组输入。为了区分这两种衡量电路工作速度的指标，我们引入吞吐率(throughput)和延时(latency)两个概念。

- **吞吐率**：电路在单位时间内可以处理的任务数量。
- **延时**：电路处理单一任务所花的时间。

从上面的例子可以推想，流水线的级数越多，电路的吞吐率就越高。理想的情况是引入 N 级流水线可以带来 N 倍的吞吐率提升。但是，引入流水线设计并不是没有代价的，电路设计不可能通过无限制地增加流水级数来换取性能。以下给出限制流水线设计的主要因素：

延时和面积代价：流水线在电路层面的额外代价是流水线级数无法无限制提升的重要原因。流水线设计显然引入了更多的电路，即流水级之间的寄存器。一方面，寄存器数量的提升几乎是和流水级数成正比的。另一方面，实现原本逻辑功能的组合逻辑电路规模则几乎保持不变。这使得电路的面积随着流水线级数增加而提升。此外，寄存器的读延时和建立时间会被计入流水线电路的关键路径中。而在上面的例子中我们暂时忽略了这一点。假设原本的组合逻辑电路延时为 T_1，寄存器的读延时和建立时间分别为 t_{cq} 和 t_{su}。同时假设

我们可以均匀地切分流水线,经过分级后每一级流水线的延时是 T_1/N。那么实际电路的加速比上限是

$$K = \frac{T_1 + t_{cq} + t_{su}}{T_1/N + t_{cq} + t_{su}} = N - \frac{(N-1)(t_{cq} + t_{su})}{T_1/N + t_{cq} + t_{su}} < N \qquad (7\text{-}1)$$

一个定性的结论是,随着 N 的不断增加,电路的关键路径将由 t_{cq} 和 t_{su} 主导,而非原本的 T_1。因此每增加一级流水线所能获得的收益随着 N 的增加而逐渐减小。

流水级不平衡:实际的设计中,很难做到流水线的每一级都有完全一样的延时。一个 N 级流水线设计中,通常会存在一些流水级的延时大于原本延时的 $1/N$,从而导致流水线加速比小于 N。对于图 7-4 中的电路,假设加法器的延时为 5ns,乘法器的延时为 10ns。在不考虑寄存器延时的情况下,图 7-4(a)电路的最高工作频率是 50MHz,而图 7-4(b)电路的最高工作频率是 100MHz。虽然图 7-4(b)电路采用了 3 级流水线,但是也仅能得到 2 倍的加速。

流水线的预热:N 级流水线实现 N 倍加速的重要基础之一是在执行足够多且连续的任务的条件下。流水线刚开始工作时,靠后的流水级处于闲置状态,没有满负荷工作,此时流水线处于预热状态。因此,若无法持续地给流水线安排任务,则流水线设计的收益将会受到影响。例如,对于图 7-4 中的两个电路,假设图 7-4(a)的电路可以工作在 100MHz,图 7-4(b)的电路可以工作在 300MHz。若仅仅计算两组输入,则图 7-4(a)的电路需要 2 个周期即 20ns完成。而图 7-4(b)的电路需要 4 个周期,约 13.2ns 完成,达不到理想中的 3 倍加速。

流水线的冒险:对于 N 级流水线,前后相邻的 N 个任务会同时在流水线中执行。如果这些任务包含前后依赖关系,同时执行这些任务会导致计算出错。我们考虑图 7-5 中的电路,它采用 2 级流水线实现了顺序计算一个序列 $C[t] = C[t-1] - 2 + A \times B$ 的功能。假设 $C[0] = 0$ 且寄存器 C 初始化为 0。第一个周期结束后 $A \times B$ 和 $C[0] - 2$ 被正确计算。但是在第二个周期,考虑第一级流水。虽然 $A \times B$ 可以正确计算,但是 $C[1] - 2$ 却无法正确计算。因为此时寄存器 C 中的值还未被计算出。计算任务之间对 C 这一变量的依赖关系是出错的根本原因。当流水线中有可能产生冒险时,我们需要通过增加一些电路或阻塞流水线来避免错误,因而降低流水线的性能。7.3 节～7.5 节将具体介绍流水线中冒险产生的原因与解决方法。本章中流水线的"冒险"与第 3 章中的电路"冒险"并不是一个概念,请读者注意区分。

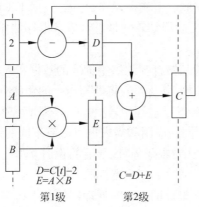

图 7-5 一个错误的流水线电路设计实例。采用 2 级流水线计算 $C[t] = C[t-1] - 2 + A \times B$ 序列。
由于流水线冒险,电路无法在每个周期都计算新的一组数据并得到正确的结果

本节基于简单的例子介绍了流水线设计的基本思想,衡量流水线设计的指标以及设计中可能遇到的一些问题。后面将介绍如何将流水线的理念引入 MIPS 处理器设计。

7.2 MIPS 处理器的五级流水线设计

CPU 处理器采用流水线设计的历史非常悠久。如果把讨论的范围扩大到"计算机器",早在 1938 年,Konrad Zuse 设计的机械式计算器 Z1 就采用了流水线的设计思想。彼时甚至还没有电子计算机。ILLIAC II 以及 IBM Stretch 项目是电子计算机中较早采用流水线的设计。20 世纪 70 年代,流水线的设计开始被人们重视。20 世纪 80 年代中期,流水线设计已经非常流行。直到今天,流水线依然是 CPU 设计中非常重要的设计方式。

在讨论采用流水线的思想设计 MIPS 处理器之前,我们首先回顾 CPU 性能评价的指标:

$$\text{CPU 执行时间} = \text{指令数} \times \text{CPI} \times \text{时钟周期} \tag{7-2}$$

结合 7.1 节对流水线的讨论,一个直观的认识是,相比于单周期处理器的设计,流水线的设计没有降低理想情况下的 CPI,但是降低了时钟周期,提高了工作频率。相比于多周期的处理器,流水线的设计降低了 CPI,但是可能没有降低时钟周期。由于我们总是可以把一个多周期的设计展开为一个流水线的设计,因此可以近似地认为流水线设计的时钟周期至少可以做到和多周期一样。因此,无论对比哪一种情况,流水线设计都提高了 CPU 的性能。

然而这只是理想情况下的讨论。与流水线电路的例子不同,MIPS 处理器处理一条指令时完成的功能复杂很多。首先我们讨论 CPU 的流水级划分的方式。第 6 章介绍单周期处理器时将每条指令的执行分为 5 个步骤。本章的设计将这 5 个步骤相应地设置为 5 个流水级。

- **IF**:取指令阶段。根据 PC 的值读取指令寄存器中的指令,并更新 PC。
- **ID**:译码阶段。根据指令的操作码翻译出后续需要的控制信号、读写寄存器的地址以及计算用的立即数等信号,并根据需要读出寄存器。
- **EX**:计算阶段。根据操作码的要求,对寄存器中读出的数据或立即数完成计算。
- **MEM**:访存阶段。完成以下三种操作之一:根据 EX 阶段得到的结果将数据写入数据存储器;根据 EX 阶段计算的地址读取数据存储器中的数据;将计算结果直接传给 WB 阶段。
- **WB**:将计算结果或者从数据存储器中读取的数据写入寄存器。

注意,处理器的流水线级数,以及如何将处理指令的功能分配到这些流水级中的方法并不是固定的。在处理器的设计发展过程中,这也正是不同处理器设计之间的重要区别。对于同样的指令集架构,针对不同的应用和需求也可以有不同的设计方法。总之,流水线的设计是非常灵活的,请读者不要局限于本书介绍的设计方案。感兴趣的读者也可以针对 MIPS 指令集自己设计流水线级数更多或更少的处理器。

图 7-6 给出了五级流水线设计的 MIPS 处理器的基本结构框图。本章将不断完善和细化这张图对 MIPS 处理器的设计描述。但无论何时,这五个流水级的基本功能是不变的。图 7-6 的设计仅仅是对流水线整体结构的一些说明,其中相邻的流水级之间需要插入流水

级间寄存器,在本章中我们采用如下记号:IF/ID、ID/EX、EX/MEM、MEM/WB 分别表示 IF 与 ID,ID 与 EX,EX 与 MEM,MEM 与 WB 之间的级间寄存器。现在我们来完善图 7-6 的功能,使得它至少能够执行单一的一条 MIPS 指令。

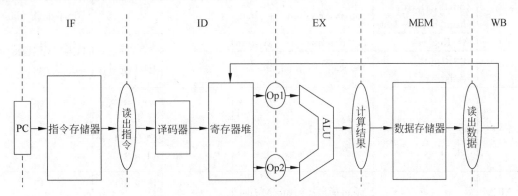

图 7-6　MIPS 架构的五级流水线设计示意图

首先我们需要确定每一个流水级的具体工作。针对不同类型的指令,将其总结为表 7-1。在本章中,主要关心的指令包括:R 型指令中的计算指令、I 型指令中的 beq、sw、lw、立即数计算以及 J 型指令。对于所有的指令,我们在 IF 阶段从存储器中取出指令。并且为了能够在下一个周期立刻获取下一条指令,我们在这个阶段同时执行 PC=PC+4(并不是所有的指令都以 PC+4 取下一条指令。我们将在后面的章节中介绍如何解决这一问题)。在 ID 阶段,流水线首先根据指令的类型对指令进行译码。在表 7-1 中,分为 R 型、I 型和 J 型三种类型分别讨论。对于 R 型指令,在 ID 阶段同时还会从寄存器堆中取出 rs 和 rt 两个位置的寄存器值。对于 I 型指令,需要从指令中译出立即数 I,并根据指令的类型对其进行有符号或无符号的扩展。特别地,对于 I 型指令中的 beq 指令,需要取出 rt 寄存器。而对于 J 型指令,在 ID 阶段,可以计算出 PC 的值,从而得到下一条指令的地址(需要替代 PC+4)。在 EX 阶段,R 型和 I 型指令都通过 ALU 进行所需的运算。其中,对于 beq 指令,还需要计算分支地址。在 MEM 阶段,sw 和 lw 指令执行写或读存储器的操作,beq 指令完成 PC 的赋值。最后,在 WB 阶段,R 型和 I 型的计算指令以及 lw 指令将数据写回寄存器堆。

确定了每一级流水线的具体功能之后,我们要确定流水级之间的寄存器应该存储哪些数据。在流水线上,变量被计算出之后不一定会被立刻使用,例如,ALU 的计算结果在 EX 阶段被计算出,但是在 WB 阶段被写回,因此在 MEM 阶段,我们也要保存 ALU 的计算结果。为了系统地梳理出每一级流水线寄存器上需要存储的变量,我们考察每个变量在流水线中生成的时间和最后一次被使用的时间,即每个变量的生命周期。一个变量的生命周期所囊括的各级寄存器都应该保存它,以备后面的流水级使用。除了表 7-1 中的变量,在 ID 阶段对指令解码得到的控制信号也需要在流水线上保存。

表 7-1　不同的指令在流水线各级执行的功能(其中 Reg 表示寄存器堆,M 表示主存储器)

| 流水级 | R 型 | I 型 | | | | J 型 |
	计算类指令	sw	lw	计算	beq	J
IF	Inst=Mem[PC] PC=PC+4					

续表

流水级	R 型 计算类指令	I 型 sw	lw	计算	beq	J 型 J
ID	{op,rs, rt, rd, shamt, func}=Inst	{op,rs, rt, imm} = Inst				{op,jaddr}=Inst
	A=Reg[rs]	A=Reg[rs] I=ext(imm)				PC={PC[31:28], jaddr, 2′b00}
	B=Reg[rt] regdst=rd	B=Reg[rt] regdst=rt			B=Reg[rt];	
EX	res=A op B	addr=A+I		res=A op I	zero=((A−B)==0) PCb=PC+(I << 2)	—
MEM	—	M[addr]=B	rdat=M[addr]	—	if (zero) PC=PCb	—
WB	Reg[regdst]=res	—	Reg [regdst] =rdat	Reg [regdst] =res	—	—

将表 7-1 中列举的各个寄存器的生命周期总结在图 7-7 中。除了表 7-1 中的变量外,还需要额外的控制信号来决定不同类型的指令的行为。我们将第 6 章中讨论的控制变量也加入图 7-7 中。可以看到,在采用了流水线设计后,电路中增加了大量的寄存器。

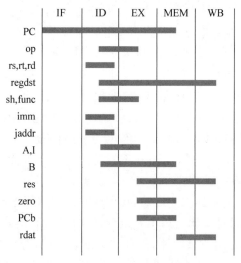

图 7-7   MIPS 流水线中主要变量的生命周期示意图(每个变量对应一行中的矩形,矩形的左侧表示变量获得的时间,右侧代表变量最后被使用的时间,相应两级之间的虚线所跨过的矩形对应这里需要缓存的所有变量)

至此,我们已经完整地讨论了 MIPS 架构的五级流水线设计的基本功能。基于这些内容,我们将图 7-6 完善为图 7-8。尽管图中的电路已经具备了我们所需执行指令的所有功能模块,但是还有一些问题没有解决。比如前面提到的 PC 赋值的问题。我们将在第 8 章中详细地分析图 7-8 电路还存在的问题并介绍解决这些问题的方法。

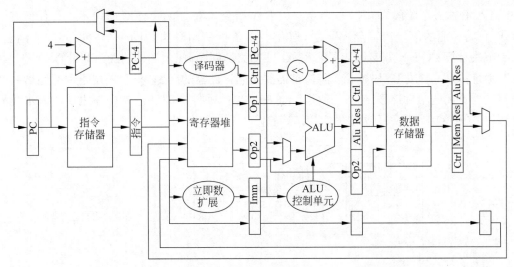

图 7-8　完善基本功能后的 MIPS 架构的五级流水线设计示意图（为了保证架构图的结构清晰，
省略了各级流水线中控制信号的传递以及这些信号及其控制的模块之间的连接）

7.3　流水线处理器中的冒险

7.1 节讨论了影响流水线性能的几个因素。对于流水线 CPU 而言，其中影响性能的最重要因素就是流水线冒险。我们通过一个简单的例子来了解一下 CPU 流水线中的冒险是如何产生的。图 7-9 给出了一个前后两条指令有数据依赖关系的情况下计算出错的例子。图中的横轴从左向右依次为处理器执行过程中的每个时钟周期，纵轴从上到下依次为处理器执行的每条指令。图中每个格子代表一条指令在一个时钟周期内完成了哪个功能。例如，对于第一条指令，它在前五个周期依次执行了 IF、ID、EX、MEM 和 WB 五个阶段的操作。第二条指令则是在第 2～6 个周期完成。通过关注每一行，可以很方便地看到每条指令何时进入流水线，何时结束执行。通过关注每一列，可以看到流水线在每个时钟周期在执行哪些指令，哪些流水级在工作，哪些没有在工作。本节将反复使用图 7-9 的形式来分析不同形式的流水线冒险。

事实上，并不是所有指令都需要执行这五个阶段。例如，R 型指令实际上不需要执行 MEM 阶段。但是如果像第 6 章中的多周期处理器一样，每条指令仅执行所需的阶段，每条指令的执行周期数不同，可能会出现两条指令需要同时执行同一个阶段的情况。例如，如果一条 lw 指令后面是一条 R 型指令，由于 R 型指令不执行 MEM 阶段，则在第 5 个周期时，这两条指令需要同时执行 WB 阶段，造成冲突。这实际上就是流水线的结构冒险的一种。结构冒险出现的原因是流水执行的多条指令在同一个周期使用相同硬件资源。此外，在流水执行的过程中，还可能出现其他的资源冲突情况，例如，每次计算 PC＋4 时，或者分支指令计算分支地址时也需要使用加法器，可能会与 EX 阶段 ALU 本身需要进行的运算冲突；处在 IF 阶段的指令和处在 MEM 阶段的 lw、sw 指令需要同时访问存储器，造成冲突。

为了解决结构冒险，我们可以调整指令占用资源的周期，或者增加相应的硬件资源。例如，为了避免 lw 和 R 型指令同时写回寄存器堆，我们强制所有指令都执行 IF、ID、EX、

MEM、WB 这五个阶段,如图 7-9 所示。以 R 型指令为例,其在 MEM 阶段不进行任何有效操作,仅将相应的信号传输至 WB 级,避免了多条指令同时执行同一个阶段的冲突问题。为了解决计算 PC+4、分支地址可能和 ALU 冲突的问题,使用额外的加法器计算 PC+4 和分支地址;为了解决 IF 和 MEM 阶段都需要访问存储器的问题,我们采用指令存储器和数据存储器分离的哈佛体系结构。事实上,这些增加的硬件资源已经体现在之前的流水线设计图(如图 7-8)中,避免了这些可能的结构冒险。

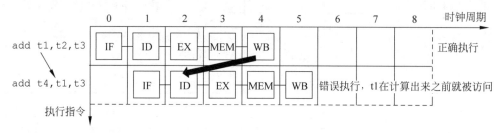

图 7-9　流水线冒险示例。图中横轴为时钟周期,纵轴为依次执行的指令,每个位置表示一条指令在当前周期所执行的阶段。第二条指令依赖于第一条指令的结果,计算会出错。箭头源头表示数据的产生时间,箭头去向表示数据的使用时间

由于结构冒险易于理解且易于解决,本书将不再展开更加详细的介绍,重点介绍其他冒险。

再次来看图 7-9,我们用箭头表示指令中以及流水线中的数据依赖关系。箭头指向的位置使用的数据由箭头起始的位置得到。这里,第二条指令用到的 $t1 是第一条指令计算出的结果。而在第二条指令取寄存器的值时(即 ID 阶段)该结果刚刚被计算出,还没有被写回寄存器堆。所以第二条指令的执行会出错。可以看到,引起流水线冒险的原因是在后的指令所使用的变量由在前的指令生成,具体反映到图 7-9 上的表现,是出现从右上指向左下的箭头。为了系统地考虑所有可能引起冒险的情况,我们对每条指令使用到的变量和计算出的变量用表 7-2 进行归纳。

表 7-2　不同类型的指令使用和产生变量的类型统计

指 令 类 型		使用的变量	生成的变量
R 型指令	add/sub/…	PC/寄存器	寄存器
	jr	PC/寄存器	PC
I 型指令	addi/subi/…	PC/寄存器/立即数	寄存器
	beq/bne/…	PC/寄存器/立即数	PC
	lw	PC/寄存器/立即数/存储器	寄存器
	sw	PC/寄存器/立即数	存储器
J 型指令		PC	PC

实际上,由于大部分的指令在执行之后都会进行 PC=PC+4 的操作,理论上每条指令都会用到 PC 且计算出一个新的 PC。但是这一功能在图 7-8 中已经通过硬件实现。每执行一条指令,PC 都会自动加 4。因此在表 7-2 中讨论冒险时,我们忽略了 PC=PC+4 的操作。

解决图 7-9 中这种数据依赖造成的冒险最直接的方式是让后续的指令等到可以执行时再开始,可以通过软件上插入空指令(称之为"气泡")或在硬件上阻塞流水线来实现。图 7-10

是一个通过插入空指令来避免冒险的例子。我们通过插入三个空指令来确保在第一条指令执行到 WB 阶段时,第二条指令的 ID 阶段才开始执行。可以看到,将第二条指令延后执行使得图 7-10 中的箭头从左上指向右下,因而消除了冒险。

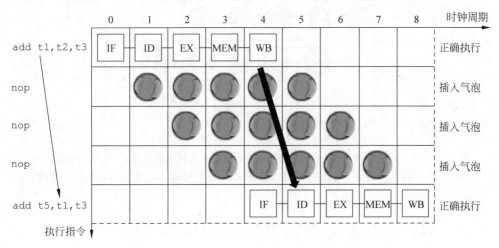

图 7-10   通过插入空指令来避免冒险(箭头源头表示数据的产生时间,
箭头去向表示数据的使用时间)

插入空指令极大地限制了流水线的性能。假设指令序列中所有的指令都具有上述的依赖关系(一个典型的例子是执行多个数的累加操作)。采用插入气泡的处理方法,每执行一条指令需要插入 3 条空指令,流水线每 4 个周期才能执行一条有效的指令。按照我们对 CPU 性能的评价指标,处理器执行指令的速度没有变,但是为了确保指令正确执行,指令的数量变为了原来的 4 倍,等于性能降低到了理论性能的 1/4。可以看到,尽可能地减少插入的气泡是提高流水线性能的关键。

针对图 7-10 的情况,可以引入一项硬件的技术,通过对寄存器的访问进行修改,使得在同一个周期内对寄存器进行读和写时,如果读取的位置和写入的位置相同,将读取到新写入的数据。一种实现方式是采用一个不同的时钟沿来进行寄存器堆的写入。假设流水线上的寄存器在上升沿时写入,那么可以在该时钟的下降沿写入寄存器堆。另一种方式是通过比较写入地址和读取地址,当两者相同且要写入寄存器堆时,读取端的数据直接选择为写入端的数据而不从寄存器堆中读取。具体的硬件实现可以参考本章的拓展阅读。在本章后面的内容中,我们假设同一周期内对寄存器堆的读写,可以保证先写后读。

回到图 7-10 的情况。此时,第一条 R 型指令的 WB 阶段可以和第二条指令的 ID 阶段同时执行。因此我们可以少插入一条空指令,如图 7-11 所示。

尽管减少了一条空指令,但是类似上面的分析,流水线的性能还是只有峰值性能的 1/3。插入空指令的方式虽然是简单有效地解决流水线冒险的方法,并且对各种类型的冒险都适用,但是也极大地降低了 CPU 的性能。因此我们需要进一步看看能否针对具体的冒险来提升 CPU 的性能。我们把数据依赖分为两类,对数据寄存器的依赖以及对 PC 的依赖。前者导致的冒险称为数据冒险,后者导致的冒险称为控制冒险。下面我们分别来看这两种冒险的解决方法。

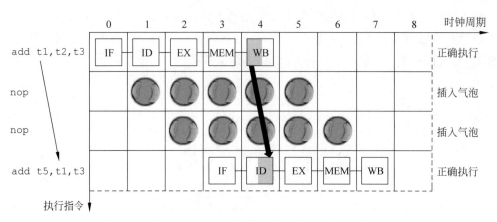

图 7-11   通过硬件设计,使得 WB 和 ID 在同一周期内执行不会出错,可以在出现冒险时
少插入一条空指令(箭头源头表示数据的产生时间,箭头去向表示数据的使用时间)

7.4   MIPS 五级流水线处理器的数据冒险

7.4.1   数据冒险导致的阻塞

数据冒险是指由于不同指令的操作数具有相互依赖关系而造成的流水线冒险。对于数据冒险,我们首先介绍一种通用且有效的硬件处理方法,阻塞流水线。它可以等价地实现在软件上插入空指令的行为。

阻塞流水线是在硬件上暂停流水线的一部分工作。图 7-12 是一个阻塞流水线的例子。第二条指令在执行了 IF 阶段后,需要等待第一条指令执行完 WB 阶段时才可以进入 EX 阶段。对应于硬件的行为,当电路发现第二条指令依赖于第一条指令时,暂停第二条指令及其后续指令的执行,等待第一条指令执行完 WB 阶段再重启整条流水线。与插入空指令的方法相比,这种方法需要额外的硬件来控制流水线的行为。对比图 7-11 中前两条指令和图 7-12 的两条指令,它们的执行时间其实是一样的,都是 8 个时钟周期。因此阻塞仅仅是将插入空指令的行为从软件转移到了硬件。但是这对软件是友好的。因为程序员在编写程序时不用因为自己可能在给一个流水线处理器编程而考虑插入空指令了。这也符合我们对指令集的预期,程序员只需要面向指令集编程而不需要关心具体的处理器实现形式。

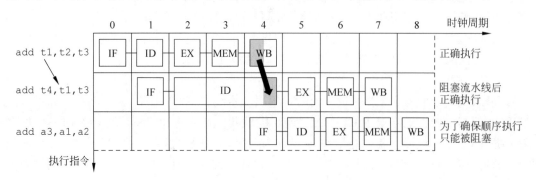

图 7-12   通过阻塞来避免冒险(箭头的起点表示数据的产生时间,箭头的终点表示数据的使用时间)

阻塞流水线包含两部分的功能，一是判断流水线是否满足被阻塞的条件，二是控制数据通路。这里先不介绍判断阻塞条件的逻辑，因为到目前为止，我们仅仅把它当作处理数据冒险的一种通用方法，因此需要阻塞的情况非常多。我们先假设有办法知道什么时候该阻塞流水线，阻塞哪些级。下面介绍如何控制数据通路。对于任意一级流水线，当它被阻塞时，它的结果应该保持现在的状态。而没有被阻塞的流水级中，第一级应该被置零(实际应该是空指令执行到此的值)，其余的级应该正常执行。这一行为可以用如下代码表示。该代码中，向量 stall[4:0] 对应于流水线中的 5 个阶段是否需要阻塞。stage_reg[i] 代表第 i 级流水线之前的寄存器。(注意：WB 阶段之后的寄存器其实是寄存器堆，不需要参与阻塞，而 IF 阶段之前的寄存器其实是 PC。因此我们关注的是 PC、IF/ID、ID/EX、EX/MEM 以及 MEM/WB 阶段的寄存器。)流水线上各级行为一共有三种，对应于代码中除了 reset 之外的所有分支：

(1) 第一种情况是当前流水级被阻塞，该级后的寄存器应该保持当前的值。

(2) 第二种情况是这一级流水线不被阻塞，但它前一级的流水线被阻塞，此时需要在这里插入一条空指令，空指令即不执行任何操作的指令，最关键的是空指令不会改变各个寄存器和存储器的状态。插入空指令的行为根据不同的流水级有不同。一个直接的方式是将级间寄存器置零(本章认为控制信号为 0 是无效的)。但是实际上并不是所有的信号都需要被置零，只要保证这条指令不会改写 CPU 的状态(PC、寄存器堆和存储器)就可以了。因此我们只需要清理一些标志位，包括 RegWrite、MemWrite 以及可能存在的 branch 信号。如果考虑读存储器会造成额外的访存开销以及高速缓存(cache)状态的变化(cache 的介绍参考后续章节)，也应该将 MemRead 置 0。除此之外的信号并不需要置 0。

(3) 第三种情况是当前一级流水线以及它前面一级流水线均不需要阻塞，则该级流水线正常执行即可。

```
// 引入阻塞行为的第 i 级流水线
always @ (posedge clk or negedge rst_n) begin
    if (~rst_n)
        // 复位操作
    else if (stall[i])
        // 若该阶段是被阻塞的,则应该保持
        stage_reg[i] <= stage_reg[i];
    else if (!stall[i] && stall[i-1])
        // 若该阶段是第一个不被阻塞的,则应该置 0
        // 注意,PC 不需要这个分支
        stage_reg[i] <= 0;
    else
        // 正常操作,具体代码略
end
```

这样的模式也可以应用于 CPU 设计以外的流水线设计中。其中的重点是要确定 stall[i]，即对于某一级流水线，何时需要阻塞它。即便对于 MIPS 架构的 CPU 来说，考虑所有的阻塞情况也是非常复杂的，而且并不提高 CPU 的性能。从上面的代码可以看到，引入阻塞意味着在寄存器之前增加多路选择器，进而延长了关键路径，降低 CPU 运行的最高频率。

7.4.2　MIPS 五级流水线的数据转发

　　为了能够减少阻塞对性能的影响,我们需要进一步研究数据冒险的具体情况,看看能否通过阻塞以外的方法解决问题。对于顺序执行指令的 MIPS 处理器,仅可能出现在后的指令用到的操作数由在前的指令计算得到,即 Read after Write(RAW)类型。针对这种情况,我们可以不必等到一条指令的结果被写入寄存器再从中读取它,而是在它被计算出来时将它送到需要使用的位置。这种方法称为**转发**(forward)。通过硬件检测流水线中的指令是否有数据依赖。当存在数据依赖时,通过硬件进行数据转发。

　　为了实现硬件设计,首先我们借助图 7-13 来分析所有可能出现的 RAW 情况。考察图中的指令 3,可能导致它出现数据冒险的指令是紧邻的前两条指令。前面第三条指令在它进行到 ID 阶段时已经将数据写回寄存器堆了。对于指令 3,可能最晚使用到寄存器中的变量的位置是 B1 或 B2,分别对应计算指令以及 sw 指令。而所需的寄存器变量可能最早获得的位置由 A1～A4 标记。其中 A1 和 A3 分别代表指令 1 或指令 2 是一条计算指令。A2 和 A4 分别代表指令 1 或指令 2 是一条 lw 指令。因此我们一共有 4 个可能的数据源和 2 个可能使用数据的位置,总计 8 种数据依赖关系需要考虑:

- A1→B1:指令 1 的 ALU 计算结果需要在指令 3 的 EX 阶段中使用,可以从 A2→B1 转发。
- A1→B2:指令 1 的 ALU 计算结果需要在指令 3 的 MEM 阶段使用,即指令 3 为 sw 指令,将指令 1 的结果写入 MEM。该依赖关系同样可以由 A2→B1 转发完成。
- A2→B1:指令 1 从 MEM 中读取的数据需要在指令 3 的 EX 阶段用到,通过组合逻辑进行转发,对应于从 MEM/WB 寄存器到 EX 阶段的转发。
- A2→B2:指令 1 从 MEM 中读取的数据需要在指令 3 写入 MEM,该依赖关系同样可以由 A2→B1 转发完成。
- A3→B1:指令 2 的 ALU 计算结果需要在指令 3 的 EX 阶段用到,通过组合逻辑进行转发,对应于从 EX/MEM 寄存器到 EX 阶段的转发。
- A3→B2:指令 2 的 ALU 计算结果需要在指令 3 的 MEM 阶段用到,该依赖关系可以通过 A3→B1 转发完成。
- A4→B1:采用转发无法解决。
- A4→B2:指令 2 从 MEM 中读取的数据需要在指令 3 中写入 MEM,对应于从 MEM/WB 寄存器到 MEM 阶段的转发。

　　所以,在上述所有的情况中,需要考虑转发的情况有三种,A2→B1 代表的 MEM/WB 寄存器到 EX 阶段的转发、A3→B1 代表的 EX/MEM 寄存器到 EX 阶段的转发,以及 A4→B2 代表的 MEM/WB 寄存器到 MEM 阶段的转发。另外还有一种情况是 A4→B1 的依赖关系,无法通过转发来解决。

　　首先来看图 7-13 中的前两种情况,也就是到 EX 阶段的转发。为了实现转发,我们首先要识别出可能存在的数据冒险。因此硬件需要判断,先执行的指令要写入的寄存器是否与 EX 阶段要用到的寄存器 ID 一致。为此,需要在 ID/EX 寄存器中保留 rs 和 rt 的值。而具体的判断数据冒险的条件为

- 转发源和转发目标的寄存器编号一致;

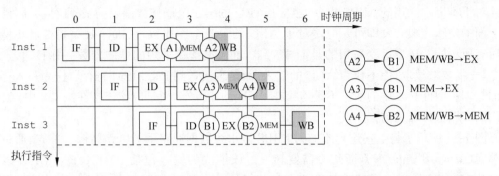

图 7-13　数据冒险的不同情况分析(只考虑组合逻辑转发,则只有图中的三种情况需要考虑)

- 转发源阶段必须写入寄存器,具体包括:寄存器堆的写使能为 1 且目标寄存器 ID 不
  是 0。

当以上两个条件都满足时,则需要进行转发。这一点,无论是从 EX/MEM 寄存器转发
还是从 MEM/WB 寄存器转发都是一样的。随之而来的问题是当 EX/MEM 寄存器和
MEM/WB 寄存器都需要向 EX 阶段进行转发时,该如何处理。参照图 7-13,如果 A2 和 A3
均需要向 B1 转发,这意味着指令 1 和指令 2 要写入同一个寄存器。在这种情况下,按照汇
编指令的解释方式,指令 2 后写入寄存器堆,因此指令 3 读到的应该是指令 2 的结果,即应
该转发 A3 处的数据而不是 A2 处的数据。对应到硬件上的逻辑是,EX/MEM 寄存器的转
发优先级比 MEM/WB 寄存器的转发优先级高。结合以上原则,我们用如下 Verilog HDL 代
码来描述转发电路。本章的 Verilog HDL 示意代码中,我们用 AA_BB. field 表示 AA/BB 寄存
器中存储的 field 字段,例如 ID_EX. rs 表示 ID/EX 流水寄存器中的 rs 字段。

```
always @ ( * ) begin
    if (ID_EX. rs!= 0 && EX_MEM. RegWr && EX_MEM. rd == ID_EX. rs) begin
        // 优先判断是否要转发 EX/MEM 阶段的数据
        alu_op1 = EX_MEM. alu_res;
    end
    else if (ID_EX. rs!= 0 && MEM_WB. RegWr && MEM_WB. rd == ID_EX. rs) begin
        // 然后判断是否要转发 MEM/WB 阶段的数据
        alu_op1 = MEM_WB. wb_res;
    end
    else begin
        // 不转发
        alu_op1 = ID_EX. op1;
    end
end
```

上面的 Verilog HDL 代码描述的是第一个操作数 rs 是否需要从 EX/MEM. alu_res 或
MEM/WB. wb_res 转发,第二个操作数 rt 是否需要转发的逻辑与之类似。同时 Verilog
HDL 描述中的转发源写入寄存器是 EX/MEM. rd 或 MEM/WB. rd,但需要注意的是,转发
源要写入的寄存器并非都是 rd,有些指令写入寄存器是 rt(例如 I 型指令),因此要根据指令
类型(或者通过 RegDst 控制信号),在转发判断中采用 rd 或 rt 作为转发源寄存器编号
(图 7-8 中用空白表示具体内容取决于指令)。

对于本书中采用的 MIPS 指令集架构,ALU 的第一个操作数固定为 rs 寄存器,因此采用上面的逻辑完成转发即可。但是对于 ALU 的第二个操作数,在执行 R 型指令和 I 型指令时有所不同。R 型指令采用的是 rt 寄存器,而 I 型指令采用的是立即数。并且对于 sw 指令,rt 需要被读取,但不作为 ALU 的输入,而是直接送到 EX/MEM 寄存器作为写入存储器的数据。因此转发后的数据不是连接在 ALU 的输入端,而是应该连接在图 7-8 中,ALU 前面的多路选择器之前。

图 7-14 展示了将上述逻辑添加到 MIPS 流水线数据通路后的电路结构。首先,通过转发单元(forward unit)来判断是否需要转发。该模块的输入包括 ID/EX、EX/MEM 以及 MEM/WB 三个阶段中保存的寄存器号 rs/rt/rd。其次,在 ALU 输入前增加多路选择器来选择数据是来自寄存器堆的数据还是来自其他流水级的转发数据,由转发单元输出的结果来控制。注意 ALU 的第二个输入原本就包含一个多路选择器,用于选择寄存器输入或立即数输入。由于立即数输入不需要转发,新加入的多路选择器应该在原先的多路选择器之前。

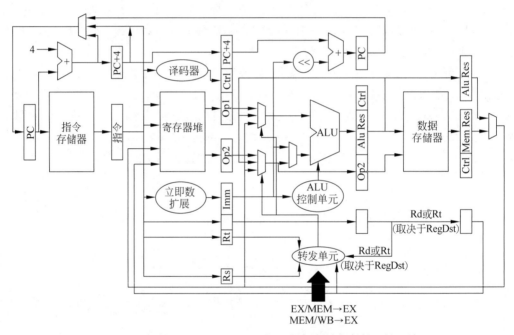

图 7-14 添加转发到 EX 阶段的电路,包括判断转发条件的转发单元
以及在 ALU 输入前用于选择数据源的多路选择器

这里我们简单讨论一下增加转发逻辑对电路性能的影响。注意到转发单元的输入来自流水线寄存器,输出结果用于控制的多路选择器在 EX 阶段的组合逻辑的最前端。而 EX 阶段原本的关键路径是从 ALU 的操作数到 ALU 的计算结果。因此转发单元以及多路选择器的延时需要被加入 EX 阶段的关键路径。

至此,我们讨论完了从 EX/MEM 寄存器和 MEM/WB 寄存器到 EX 阶段的转发情况。接下来我们考虑图 7-13 中的第三种情况。由于前面已经处理了 A3 到 B1 的转发,这里需要考虑的可能性只剩下对存储器操作的情况,即相邻的 lw 和 sw 将内存中一个位置的数写到另一个位置。因此 MEM/WB 到 EX/MEM 的转发条件是:

- 转发目标读取的不是 0 寄存器；
- 转发源和转发目标的寄存器编号一致；
- EX/MEM 阶段的指令要写存储器，而 MEM/WB 阶段的指令读了存储器。

用 Verilog HDL 代码可以描述为

```
always @ ( * ) begin
    if (EX_MEM.rt != 0 && EX_MEM.memWr && MEM_WB.memRd &&
        MEM_WB.rt == EX_MEM.rt) begin
        mem_wr_data = MEM_WB.mem_rd_data;
    end
    else begin
        mem_wr_data = EX_MEM.op2;
    end
end
```

在代码的描述上，到 EX 阶段的转发和到 MEM 阶段的转发是相似的。相比到 EX 阶段的转发，到 MEM 阶段的转发要简单很多，一是只有一个转发源，条件更简单。另一方面，转发目标位置也只有一个。添加了相应电路的 MIPS 处理器设计如图 7-15 所示。这里对电路性能的分析稍微复杂一些，因为转发逻辑只影响了写存储器的延时，没有影响读存储器的延时。而我们在此之前并没有详细地介绍存储器读写的行为。因此这里不再做影响性能的讨论。但是读者应该明确，增加转发逻辑会影响电路的性能。

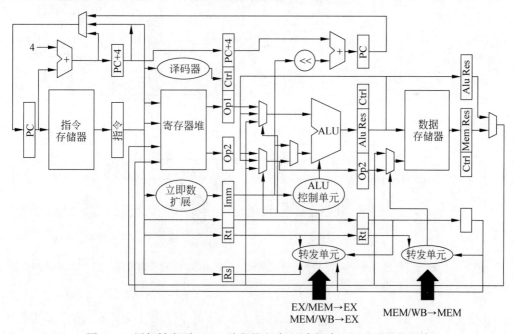

图 7-15　添加转发到 MEM 阶段的电路，用来解决 lw-sw 引起的冒险

最后我们考虑图 7-13 无法通过转发解决的 B1 对 A4 的依赖，即通过 lw 从存储器中读取一个数后立刻要在 ALU 中参与计算，这种冒险称为 load-use 冒险。由于无法通过转发解决，我们的解决方法是在检测到这种冒险时阻塞流水线一个周期。我们选择在 ID 阶段检测 load-use 冒险。根据图 7-13 的示意，load-use 冒险出现的条件为

- ID/EX 阶段的指令要读取存储器。
- IF/ID 阶段的指令要读取的寄存器与 ID/EX 阶段的指令要写入的寄存器一致。

阻塞流水线的一般方式在本节的前面已经介绍过了。这里给出生成 stall 信号的 Verilog HDL 代码描述：

```
always @ ( * ) begin
    if (ID_EX.memRd && (ID_EX.rt == IF_ID.rs || ID_EX.rt == IF_ID.rt)) begin
        stall = 5'b11000; // stall IF and ID
    end
    else begin
        stall = 5'b00000;
    end
end
```

至此，我们介绍了三种处理数据冒险的电路设计：EX/MEM 和 MEM/WB 阶段到 ID/EX 阶段的转发，MEM/WB 到 EX/MEM 阶段的转发，load-use 冒险检测以及流水线阻塞。更新后的电路结构如图 7-16 所示，并突出了处理数据冒险的部分。

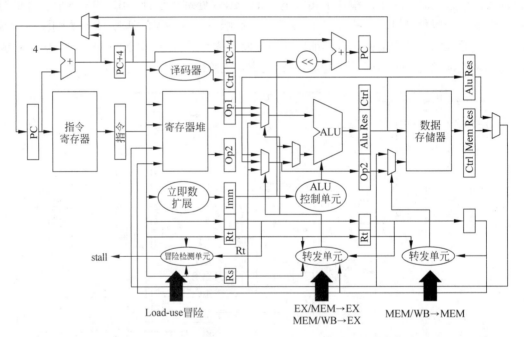

图 7-16　添加了处理 load-use 冒险模块的处理器（至此，流水线处理器能够完整地处理三种情况的数据冒险）

上面提到的转发方法通过增加硬件资源的方式，缓解了数据冒险对流水线性能的影响。但在 load-use 冒险的情形下，转发和阻塞流水线仅仅确保了代码运行的正确性，依然浪费了一个周期。为了进一步减少浪费情况，除了前述的硬件方法，我们还可以在**软件层面**对指令进行重排，以避免 load-use 冒险对流水线的阻塞。当编译器检测到指令中存在 load-use 冒险时，可以在保证执行正确的情况下将一条指令插在中间，从而避免这种冒险。图 7-17 的两段代码给出了一个对比。

```
lw   $v0, 0($t0)  # v0=t0[0]        lw   $v0, 0($t0)  # v0=t0[0]
addi $v0, $v0, 4  # v0=v0+4         add  $a0, $t1, $t2  # a0=t1+t2
add  $a0, $t1, $t2 # a0=t1+t2       addi $v0, $v0, 4   # v0=v0+4
```

图 7-17 软件指令调度前后对比

图 7-17 左侧的代码中,前两条指令对 v0 变量形成了 load-use 冒险,必须要阻塞一个周期。考虑到第三条指令使用的变量和前两条指令没有关系,可以将第三条指令调整到前两条指令中间,形成右侧的代码。相比于左侧的代码,右侧的代码在流水线处理器上执行时不会引起阻塞。图 7-18 展示了在一些编译器中,存储器针对 load 操作对指令重排时 load 导致的流水线阻塞情况。由于在实际的处理器中,访问存储器通常难以在一个时钟周期内完成,因此重排指令的意义更加重要。

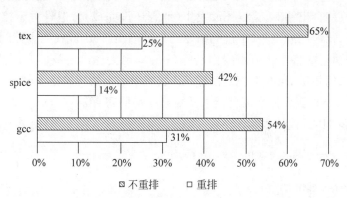

图 7-18 在不同的测试集上,由 load 指令引起的流水线阻塞的比例(在针对性地对指令重排之后,load 指令产生的阻塞被大幅地缩减)

7.5 MIPS 五级流水线处理器的控制冒险

控制冒险是指由于 PC 的值依赖指令的执行结果而产生的冒险。相比于数据冒险,控制冒险需要考虑的情况相对简单,只有 j 指令和 beq 指令两类冒险需要处理。但是由于控制冒险是 PC 的依赖导致的,而 PC 在取指令时就要用到,因此很难通过转发来解决。以下我们分别来看 j 指令和 beq 指令两种情况。

7.5.1 j 指令的控制冒险及其硬件解决方法

图 7-19 给出了 j 指令导致控制冒险的情况。按照图 7-8 的设计,j 指令的跳转目标地址在 ID 阶段被计算出来。但是 j 指令的下一条指令的 IF 阶段依赖于这一结果,因而产生了控制冒险。除非 j 指令的目标跳转地址就是 PC+4(这显然没有意义),j 指令一定会造成控制冒险。类似于我们对数据冒险的处理方法,最直接的做法是在 j 指令之后插入空指令。显然,这里插入一条空指令就足够了。

然后我们考虑能否通过硬件处理 j 指令导致的控制冒险。理论上插入空指令等于阻塞了流水线一个周期。但是采用硬件阻塞的方法对于 j 指令导致的控制冒险并不能获得正确

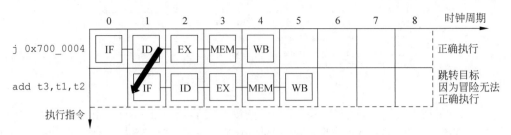

图 7-19　j 指令导致的控制冒险示意图（为了确保指令执行正确，在 j 指令之后需要插入一条空指令。图中箭头源头表示 PC 更新值产生的时刻，箭头去向表示 PC 值被读取的时刻）

的结果。因为流水线直到 ID 阶段才会知道取出的指令是 j，而此时下一条指令已经从指令存储中取出。单纯地阻塞流水线也只是让这条指令延后执行，而不能不执行。对于数据冒险，当硬件发现可能会出错时，错误还没发生（计算还没完成）。但是对于控制冒险，当硬件发现可能出错时，错误已经发生（错误的指令已经被取出）。因此在处理控制冒险时，我们需要做的是将不该执行的指令从流水线中清除（flush）出去。以下我们介绍清除流水线的方法。我们约定，**二值数组 flush[i] 指定清除第 i 级流水线上执行的指令**（对应 IF/ID、ID/EX、EX/MEM、MEM/WB 四级流水寄存器以及最终的写回寄存器堆），那么对应的硬件行为可以用如下 Verilog HDL 代码表示。

```
always @ (posedge clk or negedge rst_n) begin
    if (~rst_n) begin
        // reset 操作
    end
    else if (flush[i]) begin
        // 清除该流水级
        stage_reg[i] <= 0;
    end
    else begin
        // 正常操作，具体代码略
    end
end
```

逻辑执行时，优先判断这一阶段的指令是否需要被清除。若需要被清除，则这一阶段后的寄存器被置 0，否则按照正常的电路行为来运行。与阻塞流水线插入空指令的情况类似，并不是所有的寄存器都需要被置 0。对于 j 指令，在 ID 阶段可以检测出控制冒险，则需要清除 IF 阶段的指令，即 flush=5'b10000。此处与阻塞流水线进行对比。在阻塞时，我们同样需要对某一级流水线寄存器置 0，但是阻塞时同时停止了置 0 寄存器之前的所有电路工作，因此没有指令被清除。而此处的操作并不停止被清除的流水级之前的电路工作。采用清除指令的做法，处理器的工作方式如图 7-20 所示。

但是无论是清除流水线还是阻塞流水线，都会带来性能损失。在这里，转发也是不成立的。因为图 7-19 中的箭头是从右上到左下的，并且在目前的设计中，没有办法更早地计算出 PC。因此对于 j 指令，无论是插入空指令还是清除指令，这一个时钟周期的性能损失是无法完全通过硬件来解决的。

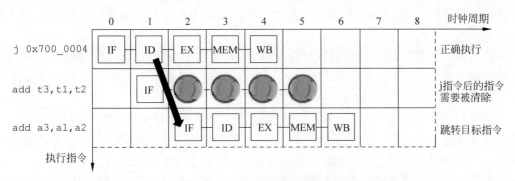

图 7-20 采用清除指令的方式来处理 j 指令引起的控制冒险(图中第二条指令是紧跟 j 指令的指令,不应该被执行。该指令从指令存储器中被取出,但是在执行完 IF 阶段时就被清除了)

7.5.2 BEQ 指令的控制冒险及其硬件处理方法

接下来我们考虑 beq 引起的冒险,如图 7-21 所示。beq 指令正常情况在 MEM 阶段完成跳转,如果通过插入空指令来解决,相比于 j 指令还需要额外两条空指令。类似于处理 j 指令的方式,我们同样可以通过清空流水线来处理 beq 指令。当 MEM 阶段检测出 branch 信号为 1 时,需要将处在 IF/ID/EX 阶段的三条指令清除,此时对应的 flush 信号为 5′b11100。beq 信号仅在确实产生分支时才会清除掉流水线中的指令,否则正常执行即可。

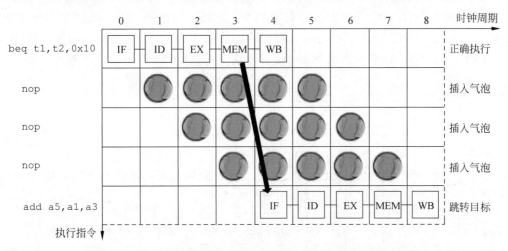

图 7-21 beq 指令导致的控制冒险示意图(为了确保指令执行正确,
在 beq 指令之后需要插入三条空指令)

采用插入空指令的方式会在每条 beq 指令处固定地损失 3 个周期。采用硬件清除流水线的方式时,实际的性能损失要根据指令是否分支的情况来确定。当 beq 指令不分支时,不需要清除流水线,此时没有性能损失。当 beq 指令执行分支时,则需要清除 3 条指令,损失三个时钟周期。因此实际的性能损失与软件的行为有关。

beq(及类似的 bne 等)指令带来的三个时钟周期的损失是不可忽视的。相比于 j 指令,beq 指令在程序中的使用更加频繁,尤其会出现在循环中。在目前的流水线设计中,beq 引起的损失是因为是否跳转必须等到 MEM 阶段才能够得到结果。若可以在 MEM 阶段之前计算出结果,则清空流水线的代价就会降低。因此我们考虑修改流水线的设计来提前进行分支判断。

若提前 1 个周期,在 EX 阶段执行分支判断,则方案是很直接的。分支的条件是当 EX 阶段的指令是 beq 指令且比较的两个数相同时令多路选择器选择跳转目标 PC,同时将 IF 和 ID 阶段的指令清除掉。这里不再用单独的图描述。

若提前 2 个周期,在 ID 阶段执行分支判断,则可以进一步节省一个时钟周期,但相应的设计复杂度会大大提高。首先,原本 CPU 在 EX 阶段进行分支判断,采用 ALU 来完成比较操作。在 ID 阶段,电路中原本是没有比较电路的,需要单独增加比较电路来实现 beq 的功能。该电路接收寄存器堆的读数据作为输入,计算出是否需要分支的结果。同时计算分支目标地址的电路也需要从 EX 阶段转移到 ID 阶段。

其次,在 ID 阶段判断 beq,等价于将 beq 指令的 EX 阶段提前进行。在 7.4 节中,我们介绍了数据冒险以及通过转发电路来解决问题方法。在这里,ID 阶段的执行会重新引入数据冒险。类似于图 7-9 的分析方式,我们用图 7-22 分析到 ID 阶段的数据冒险。可能的转发源有五个:A1/A2/A3/A4/A5。其中,A1→B0 的转发已经由寄存器堆的先写后读特性解决。A2→B0 的转发需要新的转发逻辑来实现。而从时序上看,A3/A4/A5 都不能转发至 B0。其中 A3 对应于指令 2 是 lw 的情况,A4 对应于指令 3 是普通运算的情况,A5 对应于指令 3 是 lw 的情况。相比于前面讨论的数据冒险,这里无法通过转发来处理的情况变多了。这也是非常好理解的,因为 beq 阶段更早地需要数据。一方面原本就无法处理的 load-use 冒险依然存在,且需要阻塞更多的周期。另一方面,原本通过 EX/MEM 转发至 EX 的处理方式也无法奏效。指令 3 要写入寄存器堆的数据必须等到 EX 阶段执行完才能得到。而对于指令 2,原本不需要考虑的 load-use 冒险在提前进行分支时也不得不考虑进来。

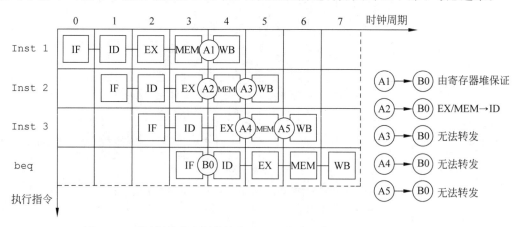

图 7-22　采用提前分支判断的方法,beq 指令可能导致的数据冒险分析

至此,我们考虑清楚了在提前进行分支判断时硬件上面临的问题以及需要进行的改动。图 7-23 给出了修改后的硬件结构图。修改后的电路主要增加了三个部分:ID 阶段的比较逻辑,从 EX/MEM 阶段至 ID 阶段的转发逻辑,以及针对无法解决的数据冒险而产生的冒险检测和流水线控制逻辑。

在增加的模块中,比较模块的设计是直接的。对于转发逻辑,其设计可以用如下代码实现。其中 cmp_op1 表示比较器的第一个输入,regA 表示从寄存器堆第一个端口读出的结

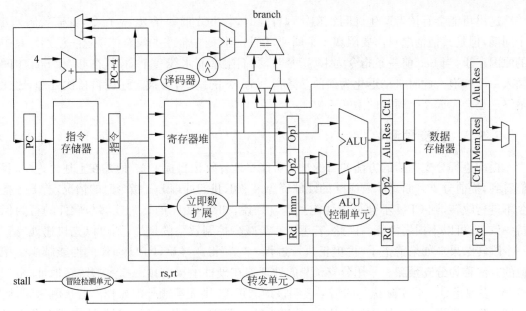

图 7-23　在 ID 阶段完成 beq 指令的硬件结构示意图(增加了在 ID 阶段的比较器, 转发逻辑以及用于阻塞流水线的冒险判断逻辑)

果。对于 cmp_op2,转发的逻辑是类似的,不再重复描述。

```
always @ ( * ) begin
    if (IF_ID.rs != 0 && EX_MEM.RegWr && EX_MEM.rd == IF_ID.rs) begin
        cmp_op1 = EX_MEM.alu_res;
    end
    else begin
        cmp_op1 = regA;
    end
end
```

对于冒险检测的逻辑,首先要判断何时应该阻塞流水线。根据前面的分析,情况可以归纳为两种:前一条指令的计算结果要在 beq 中用到(无论是计算还是 lw);前前一条指令为 lw 指令且写入的寄存器在 beq 指令中要用到。其次需要决定阻塞哪些流水级。我们在 ID 阶段才能够确定当前指令是否为 beq 指令,并且由于 ID 阶段就要执行分支判断,因此只能选择在 ID 阶段判断是否阻塞。那么就需要 ID 阶段、EX 阶段和 MEM 阶段三条指令的信息。并且在发现需要阻塞时,阻塞 IF 和 ID 阶段的两条指令。具体的代码描述如下:

```
always @ ( * ) begin
    if (ID.branch &&
      ((ID_EX.RegWr && (ID_EX.rd == IF_ID.rs || ID_EX.rd == IF_ID.rt)) ||
      (EX_MEM.memRd && (EX_MEM.rd == IF_ID.rs || EX_MEM.rd == IF_ID.rt)))
    begin
        stall = 5'b11000;
    end
    else begin
        stall = 5'b00000;
    end
end
```

这里可能会有读者产生疑问。在处理冒险时,若 beq 前一条为 lw 指令,则需要阻塞 2 个周期,但是其他情况只需要阻塞 1 个周期,在上述代码中似乎并没有体现这一区别。其中的原因在于,当 beq 前一条指令为 lw 指令时,我们阻塞流水线一个周期,在 lw 和 beq 中间插入一个气泡。此时自动退化为前前一条指令为 lw 的情况,会被上述逻辑再次处理,因此最终还是会完成 2 个周期的阻塞。

7.5.3 分支预测

提前进行分支判断的方法的目的是尽可能早地计算出目标 PC。但是在上述讨论中,我们看到,提前分支判断意味着额外的硬件资源。考虑我们处理 beq 指令时的情况,若 beq 指令不进行跳转,则 CPU 不会损失性能。也就是说,如果 CPU 的行为能够与软件的行为保持一致,就可以不损失性能。因此,若想进一步减少控制冒险的损失,则可以先快速地"猜"一个跳转结果。如果猜错了,再更正执行过程。"猜"得越准确,CPU 损失的性能越少。相应的方法称为**分支预测**。采用分支预测的处理器在硬件上提前预测指令的跳转地址,根据该 PC 去取指令。若实际执行的结果表明该预测正确,则无需额外的操作。若预测错误,则处理器将已经进入流水线的指令清除,从正确的位置重新开始执行。假设流水线上分支指令完成跳转需要 C_{branch} 个时钟周期,跳转的概率是 P_{branch},则默认不跳转时,平均每条指令的性能损失为

$$C_{\text{loss}} = C_{\text{branch}} \times P_{\text{branch}} \tag{7-3}$$

假设预测一个结果固定需要 C_{pred} 个时钟周期,预测正确的概率是 P_{pred},则 CPU 在处理分支时损失的性能可以估计为

$$C_{\text{loss}} = C_{\text{pred}} + C_{\text{branch}} \times (1 - P_{\text{pred}}) \tag{7-4}$$

一个简单的情况是,默认预测不跳转,则 C_{pred} 为 0,$P_{\text{pred}} = 1 - P_{\text{branch}}$,分支预测的情况退化为没有预测时的情况。另一种简单情况是默认预测跳转,则 $P_{\text{pred}} = P_{\text{branch}}$。假设 $P_{\text{branch}} > 0.5$,则默认分支跳转会相比于默认不跳转带来收益,这是容易理解的。

下面考虑更一般的情况,在什么情况下进行分支预测可以相比于默认不跳转带来收益。比较式(7-3)和式(7-4)得到获得收益的条件为

$$C_{\text{pred}} < C_{\text{branch}} \times (P_{\text{branch}} + P_{\text{pred}} - 1) \tag{7-5}$$

由于预测正确率 P_{pred} 不可能大于 1,式(7-5)右侧的值不会大于 $C_{\text{branch}} \times P_{\text{branch}}$,即不做预测时的平均损失。也就是说预测代价 C_{pred} 永远不应该超过不预测时的平均损失。此外,由于 C_{pred} 不可能小于 0,因此对于右侧而言,P_{pred} 应该不小于 $1 - P_{\text{branch}}$。一般而言,越复杂的预测意味着越高的正确率 P_{pred},但同时也意味着越大的判断代价 C_{pred}。因此 CPU 的分支预测方案设计是在一定范围内对预测概率和预测复杂度的权衡。

若分支是否跳转是完全随机的,则预测就完全没有意义,$P_{\text{branch}} = 0.5$ 而 P_{pred} 最大也只能是 0.5。从上面的分析中,这种情况下进行预测毫无意义。但实际上并非如此。举一个最简单的例子,考虑如下汇编代码,计算 1~10 的和。其中第 4 行的 beq 代码需要被执行 11 次,其中前 10 次都不会跳转。类似的情况在实际代码中很常见,因此分支预测具有重要的意义。

```
add $t0, $0, $0          # s = 0
addi $t1, $0, 1          # i = 1
```

```
addi $t2, $0, 11              # N = 11
loop: beq $t1, $t2, 2         # while (i ! = N)
add $t0, $t0, $t1             # s = s + i
addi $t1, $t1, 1              # i = i + 1
j loop
addi $v0, $t0, 0              # return s;
```

具体分支预测可以带来多大的性能提升,与预测的方法相关。比较简单的方法是**静态分支预测**,根据指令本身的一些特征来判断是否跳转。例如:

- 根据指令是向前跳转还是向后跳转进行预测。在一些编译器的编译结果中,向后跳转的指令,跳转概率可以高达 90%,而向前跳转的指令,跳转概率只有 50%。
- 根据跳转指令的类型进行预测。Motorola MC88110 指令集中规定了一些分支的跳转偏好。bne0 指令倾向于跳转,而 beq0 倾向于不跳转。这样的预测方式是合理的,因为对于一个随机的变量,其等于 0 的概率应该远小于其不等于 0 的概率。

静态分支预测对于每一条指令的预测是确定的,与程序的实际行为无关。同样实现一个循环,既可以把分支指令放在循环体前,也可以放在循环体后。两种情况下的跳转行为是相反的。通过跟踪程序执行的情况来预测可以提高预测的准确率,这样的方法称为**动态分支预测**。动态分支预测在硬件上保存一个分支预测表,表的每一项包含至少两个属性:分支指令的位置(或标签)和预测的跳转地址。当 IF 阶段读取到一条指令时,处理器根据该指令的 PC 地址在分支预测表中查询,如果查找到对应项,则读取该项的预测地址传入 PC。当分支指令实际执行完成后,根据正确的分支结果更新预测表。预测错误时将已经读入的指令从流水线中清除即可。更为复杂的分支预测表会维护更多的信息,但是相应地也就提高了 C_{pred}。图 7-24 展示了分支预测表和 1 位分支预测器的状态转移图。

(a) 分支预测表示意,记录了分支指令的PC地址和分支目标的地址

(b) 一个1位的动态分支预测器,包含两个状态,分支的预测取决于上一次分支与否

图 7-24 动态分支预测

7.5.4 延时槽技术

提前进行分支判断的目的是减少在需要分支时流水线上的损失。如果需要分支时流水线上的指令原本就需要执行,就不需要考虑冒险问题。这种处理方法称为**延时槽技术**。采用延时槽技术的处理器,默认跳转总是延时一个周期生效。这个周期称为转移延时槽,这个周期内执行的指令是无论跳转是否发生都应该被执行的一条指令。采用这种方法后,处理器执行 j 指令就不存在控制冒险。执行 beq 指令时,需要 flush 的指令会减少一条。但是,并不是所有的延时槽都一定能够填入指令,必要时也需要填入空指令。所以延时槽并不能完全地解决控制冒险的问题。

一个更重要的问题是,采用延时槽意味着 CPU 对汇编代码的解读发生了根本性的变化。严格来说,采用延时槽技术是直接改变了指令集。理论上,同一指令集下的相同指令序列在不同的处理器实现上应该得到相同的运算结果。但是考虑如下代码,在采用延时槽技术的处理器上,第三条指令应该被执行。但是在不采用延时槽技术的处理器上,第三条指令不该被执行。

```
add $t0, $0, $0
j  0xC                          # 跳转至最后一条指令
addi $t0, $t0, 1                # 是否被执行?
add $v0, $t0, $0
```

7.5.5 中断和异常

理论上,中断和异常可以看作在程序执行过程中随机出现的跳转,因此同样会引发控制冒险,也可以用上述方法来解决。首先回顾第 6 章介绍的中断和异常的处理方法。

- **中断**:当处理器接收到外部中断时,应立刻跳转至对应的中断处理程序,并在中断处理程序处理完成后返回执行现场继续执行。
- **异常**:当处理器执行过程中出现异常时,报异常的指令停止执行,同时从该指令处跳转至相应的异常处理程序中进行处理,然后根据异常处理程序决定后续的执行方式。

可以看到,中断的处理中并没有规定当流水线中有多条指令时应该从哪一条指令处进入中断。这里可以定义下一个周期进行新读入的指令为中断处理函数的第一条指令,因此流水线上在执行的指令都会保留直至结束。所以在目前的五级流水线设计中,只需要增加 PC 跳转的逻辑即可。而对于异常,情况要复杂一些。假设 EX 阶段抛出了异常(如计算溢出等问题),那么 IF/ID/EX 阶段的指令应该被清除,MEM 和 WB 阶段的指令被继续执行。同时 PC 跳转至异常处理程序的入口。因此,处理器对异常和中断的处理分为两部分: PC 的跳转和流水线指令的处理。PC 的跳转可以由如下的 Verilog HDL 代码来描述。这里的设计中,认为处理异常的优先级比处理中断要高。

```
always @ (posedge clk) begin
    if (~rst_n) begin
        PC <= PC_reset;
    end
    else if (except) begin
        PC <= PC_except;
    end
    else if (IRQ != 0) begin
        PC <= PC_irq;
    end
    else begin
        PC <= // 正常执行
    end
end
```

流水线中指令的处理主要由 flush 信号来控制,控制的逻辑如下。当检测到出现异常时(假定是 EX 阶段出现异常),将 IF、ID 和 EX 阶段的指令清除掉,并让 MEM 和 WB 阶段的指令继续完成。

```
always @ ( * ) begin
    if (except) begin
        flush = 5'b11100;
    end
    else begin
        flush = // 正常执行
    end
end
```

7.6 总结

本章介绍了数据冒险和控制冒险。针对不同的冒险,我们设计了不同的方法来避免流水线处理器出错,同时尽可能地减少处理器的性能损失。这里对这些方法进行简单的小结。

- **插入气泡**:在编译程序时,在可能发生阻塞的地方插入空指令,可以应对各种冒险,但是效率很低,并且增加了程序的体积。
- **阻塞**:通过暂停流水线上部分指令的执行,实现类似插入空指令的效果,能够应对大多数数据冒险。相比于插入气泡,硬件阻塞可以只在实际发生冒险时再阻塞电路,性能损失更小,并且不会增加程序的体积。但是相应地需要增加控制阻塞的电路,增加电路面积,恶化电路时序。
- **清除**:通过清除流水线上正在执行的指令,应对控制冒险,效果上与插入空指令类似。类似于阻塞,也可以只在实际发生冒险时清除指令,性能损失更小,且不会增加程序的体积,但是需要额外的硬件代价。
- **转发**:通过将流水线中还未写回寄存器堆的数据直接转发到前面的流水级,可以避免大部分的数据冒险。在转发可以处理的情况下,处理器没有性能损失。但是也存在 load-use 等转发无法处理的情况。此时需要通过阻塞或插入气泡来辅助解决冒险,缺点同样是需要增加硬件的代价。
- **提前分支判断**:在 EX 或 ID 阶段进行分支判断,减少处理控制冒险需要清除的指令数。特别地,在 ID 阶段进行分支判断,会引入额外的数据冒险,需要谨慎处理。
- **分支预测**:通过电路预测分支的行为,减少因预测错误而需要清除指令的概率。分支预测和提前分支判断的方法,分别从清除指令的概率和每次需要清除指令的数量两方面来降低性能损失。
- **延时槽技术**:默认分支指令之后的指令需要执行,属于修改指令集的方法,减少了硬件上需要处理的冒险情况。缺点是无法和不采用延时槽技术的处理器兼容相同的指令。
- **软件指令调度**:编译器或其他软件方法,检测到指令序列中存在冒险时,可以在保证程序执行结果正确的情况下,对指令序列进行重新排序,消除指令间的数据控制依赖。缺点是对编译器的依赖,增加软件开发的复杂度,程序执行的性能因编译器不同而有所差别。

其中,硬件电路的设计涉及与 CPU 流水线的结合,将所有的电路一次性画出来非常复杂。但是其中主要的设计只有两类:一类是针对流水级之间的寄存器,通过时序逻辑进行的清空或阻塞；另一类是针对流水级内的电路，通过组合逻辑进行的转发，由图 7-25 表示。对于不同的冒险情况，硬件处理的区别在于阻塞和清除逻辑以及转发逻辑的区别，但总体上的结构是一致的。因此读者在实际设计流水线处理器时，将处理器的冒险情况分析清楚，然后将描述冒险情况的逻辑代入图 7-25(a)或(b)的结构中，即可完成设计。

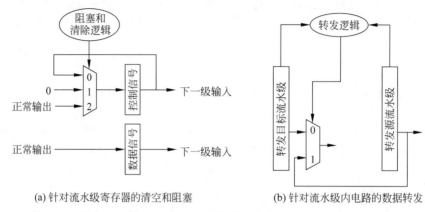

(a) 针对流水级寄存器的清空和阻塞　　　　(b) 针对流水级内电路的数据转发

图 7-25　针对流水线冒险设计的两种典型电路处理方法

7.7　拓展阅读

需要说明的是，本章所介绍的流水线设计是非常基本的 CPU 设计理念。在本章的最后，我们进行一些拓展的介绍。对于 CPU 设计感兴趣的读者可以了解更先进的 CPU 设计技术。本节介绍的内容，推荐读者阅读《计算机体系结构：量化研究方法》的第 3 章来详细了解。另外，对于 CPU 设计的细节感兴趣的读者，可以阅读《手把手教你设计 CPU——RISC-V 处理器》，该书包含一个简单的 RISC-V 架构的 CPU 的详细代码以及设计介绍。

7.7.1　寄存器堆"先写后读"实现方式

在 7.3.1 节中提到过，一些数据冒险可以通过让寄存器堆支持"先写后读"来解决。"先写后读"即同一周期内既有寄存器读取也有寄存器写入，若读取和写入操作的寄存器编号相同，则该读取操作可以立即读取到将要写入的数据，而无需等待下一周期的读取。本节以寄存器内旁路的方式为例，介绍"先写后读"的实现方式。如图 7-26 所示的寄存器堆，两个读取输出端分别添加了一个 2×1 MUX。MUX 的一个输入是正常寄存器堆的读取，另一个输入则是直接来自寄存器堆的写入数据，当读取的寄存器与写入的寄存器具有相同地址时，通过 MUX 的选择，将写入数据直接旁路到读取输出端口，完成一个周期内写入的数据在统一周期内被读取，即先写入后读取。

7.7.2　进一步提升流水线的性能

流水线设计作为提升 CPU 性能的方法，可以看作"指令级"并行。流水线形式的 CPU 在同一个时钟周期内在同时执行多条指令。随着人们对处理器的性能要求的不断提升，流水线的长度不断增加。然而流水线所面临的基本问题和本章中介绍的始终一致：数据冒险

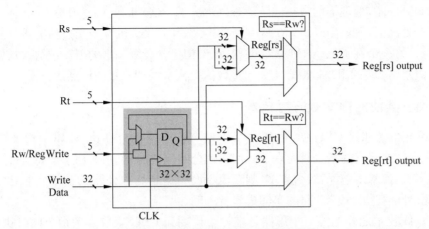

图 7-26　内部旁路的先写后读寄存器堆

和控制冒险。然而,随着流水线长度的增加,可能出现的数据冒险越来越多,CPU 需要更加复杂的电路来处理,或是引入更多的阻塞来回避这些问题。另外,控制冒险使得处理器损失的时钟周期数量也在增加,处理器也需要更加激进的方式来减少控制冒险发生的概率。仅仅采用本章所介绍的设计方法很难适应更长的流水线设计。

在 7.4 节的最后介绍了可以通过在编译期调整指令顺序的方式来减少数据冒险的出现。这项技术对于不同的处理器均有效。然而,它依赖于处理器本身的设计。随着处理器设计的不断发展,即便是相同的指令集,也会存在不同的设计实现方式。采用编译期静态调度的方法,使得程序从一种处理器迁移到另一种处理器时,需要重新编译。此外,一些与数据有关的分支也将导致一些难以预测的数据冒险。最后,我们不得不提到一个在本章中一直回避的问题,访存。在本章所讨论的所有内容中,我们都认为处理器可以在一个周期内获得内存的数据。但是在后面的章节中我们将看到,处理器的访问并不是确定的。究竟要将多少指令插入到访存的间隙是编译器难以预测的。

为了解决这些问题,人们发明了**动态调度**的技术。在 CPU 上,动态地监测可能发生的冒险,并通过调整指令顺序的方式来避免冒险的发生。动态调度的技术在不同的架构上有不同的具体实现,但是基本上包含两个方面。一是通过检测指令使用和写入的寄存器,动态地判断一条指令什么时候该执行。二是通过寄存器的重命名来避免一些原本不必要的冒险。

另一个发展的方向是**分支预测**。这项技术在 7.5 节已经有过一定的介绍。分支预测要在预测的准确性和预测引入的代价之间进行权衡。更加先进的分支预测技术主要通过对过去的分支行为进行记录,通过分支指令的 PC 以及之前的分支行为来预测下一次的分支行为。

流水线技术在 CPU 设计上的应用是有极限的。我们在 7.1 节就介绍了流水线设计的非理想因素。流水线的运行频率并不能随着流水级数的提升而无限缩小。Intel 公司的奔腾 4 CPU 在这方面追求到了极致。奔腾 4 采用 Netburst 架构。第一代的 Williamette 核心采用了 12 级流水线,而最后一代 Prescott 核心采用了 31 级流水线。同时,为了进一步提升性能,Netburst 架构采用 ALU 倍频的策略。例如,对于标称 3.5GHz 频率运行的处理器,其 ALU 将运行在 7GHz。尽管 Intel 公司声称处理器的频率将能够达到 5(10)GHz,实际情况是在 3.8GHz 时,处理器的散热问题就难以解决了。这一问题最终迫使 Intel 转向新的架构。之后的处理器,例如 Intel i7 6700,流水线级数为 14 级,包含分支预测出错时的代价也只有 17 级。另一个例子是 ARM A53 架构,该架构包含 2 级流水的 IF 阶段(预测分支包含额外 2 级流水),4 级的 ID 流水线,4 级的整数执行流水线和 5 级的浮点执行流水线。

7.7.3　其他的指令级并行技术

本章介绍的流水线 CPU 中,虽然一个周期有若干条指令在执行,属于指令级并行技术,但每个周期执行完的指令只有一条。用高速公路作比喻,流水线相当于高速公路上有源源不断的车流,流水线越深,级数越多,则车流越密。但是高速公路只有一个车道和一个收费口,因此能同时进出高速公路的车辆最多就一辆。

在流水线技术之外的另一个思路是在一个周期让 CPU 获取多条指令同时执行,又称**多发射**。采用这种设计的一个基本出发点是 CPU 不同的功能模块可以同时使用。比如在我们的 5 级 MIPS 流水线中,单纯的算术计算其实没有用到 MEM 阶段。而 sw/lw 指令也只用到 EX 阶段的加立即数功能。将不同功能的电路分开并让它们并行执行不同的指令是多发射的基本思路。多发射方法可以分为超长指令字(Very Long Instruction Word,VLIW)和超标量(superscalar)。超标量包括静态调度的超标量和动态调度的多发射。

从设计思想上,静态调度的超标量和 VLIW 是极为接近的。它们将更多的调度交由编译器处理,进而简化电路的设计。但是相应地,对编译器要求的提高意味着能够运行的软件更少。VLIW 处理器的一个典型例子是 Intel 和 HP 公司共同研发的 IA64 架构。该架构的第一代诞生在 2001 年。2001—2017 年又迭代了 4 代架构。但是目前 Intel 已经宣布将不再迭代该架构并于 2020 年停止生产。值得一提的是,基于该架构的处理器从来没有超过 Intel 处理器销售额的 0.5%。一个重要的因素是,VLIW 相比于动态超标量技术并没有带来明显的性能提升,电路的设计复杂度也并没有明显降低。

在今天的处理器中,更多采用的是动态超标量技术。在前面我们已经介绍过动态调度技术。通过硬件检测指令读取和写回的寄存器,判断可能存在的冒险,决定指令的执行顺序。这一点对于多发射的处理器也是一样的。例如,AMD 的 Zen2 架构 CPU 在整数处理部分包括 4 个 ALU、2 个 load 模块和 1 个 store 模块,最多同时发射 7 条指令。

这里再次以高速公路为例,上述的多发射技术相当于在单车道基础上,把流水线做宽,扩展为多车道和多个高速出入收费口,能够同时出入高速公路的车辆就由原来的一辆变成了多辆,对应于处理器中的单条流水线扩展为多条流水线。我们以更多车道和出入收费口为代价,极大地提高了高速公路的吞吐量。

在动态多发射技术上还衍生出了**超线程**技术。单一的线程因为数据冒险和控制冒险,不总能同时发射多条指令,因此 CPU 中的处理模块会闲置。超线程的思路是将多个线程的指令交错地在一个 CPU 核心中执行。由于这些指令之间不存在数据依赖关系,它们更有可能同时使用所有的模块。Intel 的 CPU 通常采用每核心 2 线程的设计。IBM 的 PowerPC 架构可以支持每核心 4 线程乃至 8 线程。

另外,对于一些特定的功能,处理器也会通过扩展指令集并设计专用的模块来提升性能。例如,大部分的处理器都会提供专用的模块来实现浮点运算。常见的桌面处理器也包括向量处理指令集(如 SSE、AVX)以及相应的计算单元。这里不再详细介绍。

[1]［英特尔 NetBurst 架构］https://www.intel.com/pressroom/archive/releases/2000/dp082200.htm.

[2]［英特尔奔腾 4 处理器］https://www.intel.com/content/www/us/en/products/sku/27447/intel-pentium-4-processor-2-80-ghz-512k-cache-533-mhz-fsb/specifications.html.

[3]［英特尔 IA-64 和 IA-32 指令级架构手册］https://www.intel.cn/content/www/cn/zh/architecture-and-technology/64-ia-32-architectures-software-developer-vol-1-manual.html.

[4]［PowerPC 架构处理器列表］http://www.cpu-collection.de/? tn＝0&l0＝cl&l1＝PowerPC.

7.8　习题

1. 简述 K 级流水线通常无法达到 K 倍加速比的原因。

2. 考虑图 7-27 所示的某种同步时序电路。这里,我们不关心其中组合逻辑 A 的具体实现方式。假设组合逻辑 A 的延时为 100ns,寄存器的 $t_{\text{clk-to-q}}$ 和建立时间之和为 1ns。则该时序电路的关键路径长度为 101ns。该电路的计算延时是从寄存器 0 获取输入值的时钟沿到寄存器 1 得到输出值的时钟沿之间的时间。

图 7-27　某同步时序电路

（1）通过在组合逻辑 A 中插入 1 级寄存器,使该电路变为 2 级流水线。请计算此时关键路径的最小值,以及延时的最小值。

（2）改为插入 9 级寄存器,使该电路变为 10 级流水线。请计算此时关键路径的最小值,以及延时的最小值。

（3）流水线设计可以无限地提高电路频率吗? 增加流水级对电路的延时有什么影响?

3. 考虑由 8 个全加器构成的 8 位串行进位加法器（图 7-28）。将该电路改为 2 级流水线实现,不增加新的组合逻辑,使电路的关键路径缩短为原来的一半。需要增加多少个 1 位寄存器? 请在图 7-28 上画出。注意输出结果应该是同步的。

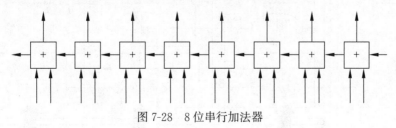

图 7-28　8 位串行加法器

4. 已知 MIPS 五级流水线的 5 个阶段（IF/ID/EX/MEM/WB）的延时分别为 10ns/10ns/15ns/20ns/5ns。不考虑寄存器的建立时间。

（1）处理器的最高工作频率是多少？

（2）将 EX 阶段的延时缩短 5ns，处理器的最高频率是多少？

（3）将 MEM 阶段分为 2 个阶段，每段延时为 10ns，但是 IPC 因此降低了 30%。处理器的性能提高或降低了多少？

5. 请简述流水线冒险出现的原因。对于 MIPS 流水线处理器，可能的冒险有哪些类型？

6. 考虑如下计算斐波那契数列的程序：

```
addi $t0, $0, 1
addi $t1, $0, 1
add $t2, $t0, $t1
add $t0, $t1, $t2
add $t1, $t2, $t0
# 后续重复前面三行代码
```

请列出前 5 行代码中所有的数据冒险。

7. 考虑在图 7-29 中的流水线处理器上执行以下代码。

```
add $2, $3, $1
sub $4, $3, $5
add $5, $3, $7
add $7, $6, $1
add $8, $2, $6
```

（1）说明第 5 个时钟周期末，哪些寄存器正在被读取，哪些寄存器将被写入。

（2）说明在第 5 个时钟周期，转发单元所起的作用（说明其中在进行的比较操作及其意义）。

（3）说明在第 5 个时钟周期，冒险检测单元所起的作用（说明其中正在进行的比较操作及其意义）。

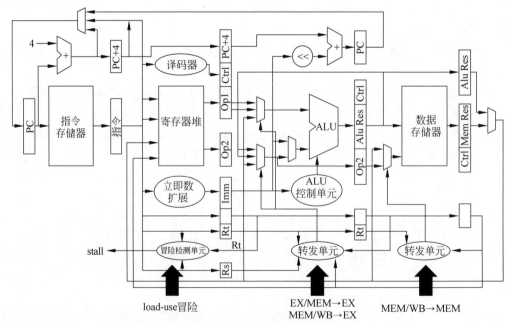

图 7-29　MIPS 五级流水线设计实例

8. 在本题中,我们将看到处理控制冒险的不同方法的作用。考虑如下的一段程序,它对一个 32 位整型数组进行求和,其中输入参数 $a0 和 $a1 分别为数组的基地址和数组元素个数。在图 7-29 中的 5 级 MIPS 流水线 CPU 上运行。

```
0x00 add $t0, $0, $a0        # t0 为数据地址,初始化为数组基地址
0x04 sll $t8, $a1,2          # t8 为数组地址长度
0x08 add $t8, $t8, $a0       # t8 为数组末尾地址
0x0C add $t1, $0, $0         # t1 为累加用的寄存器,初始化为 0
0x10 lw $t2,0( $t0)          # 读取数组数据到 t2
0x14 addi $t0, $t0,4         # 数据地址递增
0x18 add $t1, $t2, $t1       # 累加
0x1C bne $t0, $t8, - 4       # 判断是否为数组末尾
0x20 add $v0, $t1, $0        # 返回结果
```

(1) 执行该程序的过程中用到了哪些转发路径?

(2) 如果对于 0x1C 的 bne 指令,我们默认处理器在决定分支之前会读取其下一条指令继续正常执行,仅当 bne 在 MEM 阶段检测出需要执行分支时清除 IF/ID/EX 三个阶段的指令(与处理 beq 时一致)。假设 $a1 的值为 1000,那么执行完上述程序需要多少个时钟周期? 如果 bne 指令之后默认读取其跳转位置的指令呢(具体地,假设 bne 后需要阻塞一个时钟周期来计算跳转目标 PC,而后执行跳转位置指令)?

(3) 同(2),但 $a1 的值为 1,请计算两种 bne 默认处理方式下程序的运行时间。

(4) 假设 bne 指令执行时采用分支预测的方式,将上一次分支的行为作为本次的默认行为,同时将上一次分支地址作为本次的默认分支地址(即分支指令后不再需要阻塞一个周期),预测也不需要额外的时钟周期。同样假设 $a1 的值为 1000,bne 在一开始被预测为不跳转,那么执行完上述程序需要多少时钟周期?

(5) 同(4),将 $a1 的值改为 1。但是程序被连续执行了 1000 次。请计算平均每次执行程序需要的时钟周期数。

(6) 同(5),但是 $a1 的值为 2。

(7) 将 bne 后的指令作为延时槽,并交换 0x18 和 0x1c 两条指令,并将 bne 中的立即数改为−3。假设 $a1 的值为 1000,默认处理器在决定分支之前会继续正常执行,那么执行完上述程序需要多少个时钟周期?

9. (思考题)从上一题我们看到,bne 指令作为循环的后置边界判断时,默认跳转会提升 CPU 性能。但目前图 7-29 的设计并不能支持这一功能。请修改上面的 CPU 电路设计,使得 CPU 可以在 bne 指令被读取的下下个周期,即阻塞一个时钟周期用于计算 bne 跳转目标之后,将 PC 更新为 bne 跳转目标。

10. 我们有一个包含 10^3 条形如 lw,add,lw,add 指令的程序。其中 add 指令只依赖于它之前的那条 lw 指令,同样 lw 指令也只依赖于它之前的那条 add 指令。如果这个程序被图 7-29 的流水线数据通路执行。请计算:

(1) 实际的 CPI 是多少?

(2) 如果没有转发,实际的 CPI 是多少?

11. 在 ID 阶段提前判断分支时,需要额外增加转发判断单元。这个单元可以和原本为 EX 阶段服务的转发单元合并吗? 为什么?

12. 在 ID 阶段提前判断分支时,可以将 EX 阶段 ALU 的结果转发以避免相邻指令依赖时产生的额外阻塞吗? 为什么?

13. 考虑如下给链表求和的 MIPS 汇编代码。其中输入 $a0 为链表头地址,输出结果保存在 $v0,链表节点的格式为:

data(存储该节点的数据)	next(存储下一节点的地址)
4Bytes	4Bytes

```
0x00 add $t0, $a0, $0      # t0 初始化为链表头
0x04 add $t1, $0, $0       # t1 为累加用的寄存器
0x08 beq $t0, $0, 4        # 判断是否为链表末尾
0x0C lw  $t2, 0( $t0)      # 读取结点数据
0x10 add $t1, $t2, $t1     # 累加
0x14 lw  $t0, 4( $t0)      # 读取下一个节点的地址
0x18 j   0x08              # 返回 beq 指令
0x1C add $v0, $t1, $0      # 返回结果
```

本题中,对于控制冒险,采用插入空指令的方式,即阻塞流水线直至分支或跳转指令判断完成。

(1) 假设链表的长度为 1000,考虑采用图 7-29 的 5 级流水线 CPU 执行该程序,执行时间是多少个时钟周期?

(2) 如果调换 0x10 指令和 0x14 指令的顺序,那么执行的时间是多少个周期? 请说明执行 add $t1, $t2, $t1 指令时转发单元的作用。

(3) 不考虑上一小题,如果采用在 ID 阶段进行提前分支判断的方式,在 0x08 指令执行到 ID 阶段时,请说明转发单元的作用。并计算程序的执行时间。

14. 在本节中,我们一直默认存储器的访问可以在一个周期内完成。但是实际上,我们将在后面的章节看到,存储器的访问通常需要不止一个时钟周期。假设存储器的访问需要 2 个时钟周期。

(1) 数据转发通路是否要修改? 如果需要,如何修改?

(2) 冒险检测单元是否需要修改? 考虑 load-use 冒险以及是否会增加新的冒险。

(3) (思考题)假设存储器的访问不能在确定的时钟周期内完成,可以采用什么样的方式来保证流水线正常工作?

15. 在五级 MIPS 流水线设计中,我们认为 EX 阶段可以在一个周期内完成。如果 EX 阶段改为两个周期完成,即 EX1 和 EX2。EX1 和 EX2 之间的寄存器为 ALU 计算的中间结果。请回答:

(1) 数据转发通路是否要修改? 如果需要,如何修改?

(2) 冒险检测单元是否需要修改? 考虑 load-use 冒险以及是否会增加新的冒险。

16. (扩展)通过查阅资料,了解目前的桌面级的 x86 架构 CPU 和嵌入式端的 ARM 架构的 CPU,分别用了多长的流水线。根据你在本章的学习中对流水线设计的了解,从功耗、性能、效率等角度简述为什么会形成这样的差异。

第8章

存储系统设计

回顾冯·诺依曼架构,处理器所需的指令和数据会被存放在内存以及大容量外部存储器中以备读取或修改。为了充分发挥处理器的性能,需要为高速的处理器搭配一个速度快、容量大并且价格低廉的存储器。然而,很难找到同时满足这三个要求的单一存储介质。因此本章将重点讨论。如何利用各种现有的存储介质来设计出能够满足上述三个要求的存储系统就是本章要介绍的重点。本章思维导图如图 8-1 所示。

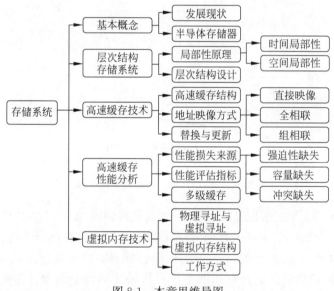

图 8-1　本章思维导图

8.1　存储器系统基础

8.1.1　存储器的发展现状与理想需求

回顾绪论中介绍的现在计算机核心架构——冯·诺依曼架构。其五个组成部分如下:

- 包含算术逻辑计算单元和寄存器的处理单元。
- 包含指令寄存器及程序计数器的控制单元。

- 存储数据与指令的内存。
- 大容量外部存储。
- 输入及输出端口。

本章重点关注"存储数据与指令的内存",并简要介绍"大容量外部存储"。处理器从内存中读取所需的指令和数据,但内存较小,只会存储当前正在运行的程序。如果需要运行一个新程序,则需要先将新程序的数据和指令从大容量外部存储设备中搬运到内存,然后处理器才能访问这个新程序的指令和数据。**注意,本章提到的存储器主要是指内存(或主存),即处理器可以由地址直接访问到的存储区域。有关外部存储器的相关知识将会在本章的拓展阅读中介绍。**

第 6、7 章将存储器抽象为处理器通路中的一个模块,并假设存储器读写速度和处理器速度一致。然而,在实际的计算机系统中,存储器读写速度和处理器速度存在较大差异。图 8-2 给出了 1980—2025 年,处理器(CPU)和存储器(DRAM)的性能发展对比图。这里使用归一化速度作为性能评估指标,计算公式为

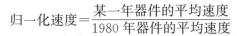

$$归一化速度 = \frac{某一年器件的平均速度}{1980 \text{ 年器件的平均速度}}$$

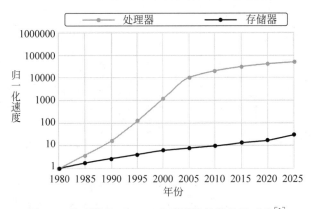

图 8-2　处理器与 DRAM 存储器的性能发展对比[1]

其中,1980—2015 年的数据是从文献[1]中摘录得到的,2015—2025 年的数据是本书编者整理和预测的。从图 8-2 中可以看到,处理器的发展速度比存储器快得多。具体而言,处理器的归一化速度平均每年约有 36% 的提升,而存储器的归一化速度平均每年仅有 7% 的提升。存储器(DRAM)缓慢的访存速度是计算机系统的性能瓶颈。因此,仅使用 DRAM 作为存储器无法满足实际需求。

- **容量**:衡量一个存储器能够存储的数据量,一般以字节或者比特数表示。
- **速度**:衡量存储器进行数据读写需要花费的时间,通过访问时间 T_A、存储周期 T_M、带宽 B_M 加以衡量。
  - 访问时间 T_A:从接收读写申请到完成数据读写的时间。
  - 存储周期 T_M:连续两次访问存储器的最小时间间隔。
  - 带宽 B_M:在单位时间内读取或写入的总数据量。

需要注意的是,访问时间 T_A 和存储周期 T_M 一般不相等,且两者的大小关系与具体的

器件相关,没有明确的大小关系。带宽 B_M 可以看作总线宽度除以存储周期,即 $B_M = \dfrac{w}{T_M}$,式中 w 表示总线宽度,表示每次读取或写入数据的比特数。

- **成本**:衡量存储器的单位价格,在半导体存储器中通常与存储 1 位数据使用的晶体管数量直接相关。存储 1 位数据用到的晶体管数量越多,其成本往往越高。存储器成本通常以每位的价格加以衡量。

为了提高计算机系统的性能,就需要设计一个容量足够大、速度足够快并且成本足够低的存储系统。

- **需求 1——容量大**:容量小的存储器无法装载应用程序所需的全部指令和数据。为了运行程序,存储器需要频繁地与外存进行数据交换,从而导致程序无法高速运行。因此,理想的存储器应该有足够大的容量来存储常用应用程序所需的所有数据。
- **需求 2——速度快**:如果存储器的读写速度不够快,那么处理器需要等待存储器完成读取后才能继续处理数据,从而造成处理器资源的浪费。因此,理想存储器需要在一个处理器时钟周期内完成数据的读取或写入。
- **需求 3——成本低**:如果存储器的价格不够便宜,那么将会延缓计算机的普及,影响众多行业的发展进程。因此,理想存储器应该是足够便宜的,使得先进的计算机系统惠及各行各业。

实际上,理想存储器还有其他许多需求,如低耗电量、高可靠性、高便携性等。本书重点关注存储器的容量、速度以及成本这三点需求。针对上述的三点需求,通常使用以下三种评价指标来评价存储器的优劣:

表 8-1 给出了 1980—2022 年 DRAM 的容量、速度和成本的变化情况。相比 1980 年,2022 年 DRAM 的容量增长了 524288 倍,访存延时降低为 1/25,并且成本也降低为 1/3750000。随着工艺进步,存储器的制造变得更为复杂,供应链环节也越来越多,导致存储器的成本更加容易受到外界的干扰。地震等自然灾害,火灾等人为因素,以及国际关系变化都会对半导体的生产带来显著影响。例如 2013 年无锡 SK 海力士厂房火灾,导致原本的 3 条 DRAM 生产线中有 1 条停产,2 条受到粉尘影响许久。这直接导致了全球 DRAM 产量减少 9%,价格短时间内上涨约 40%。

表 8-1 DRAM 的容量、速度、成本变化表[2]

生产年份/年	容量	访存延时/ns	成本/(美元/GB)
1980	64Kb	250	1500000
1983	256Kb	185	500000
1985	1Mb	135	200000
1989	4Mb	110	50000
1992	16Mb	90	15000
1996	64Mb	60	10000
1998	128Mb	60	4000
2000	256Mb	55	1000
2004	512Mb	50	250
2007	1Gb	45	50
2010	2Gb	40	30

生产年份/年	容量	访存延时/ns	成本/(美元/GB)
2012	4Gb	35	1
2015	8Gb	25	0.9
2019	16Gb	15	0.7
2022	32Gb	10	0.4

8.1.2　存储器简介

存储器是数字电路系统中具有记忆功能的器件,用来存放指令和数据。构成存储器的

图 8-3　Intel core i7-3960X 处理器的
实际结构图[3]

存储介质为半导体和磁性材料。现代计算机系统主要使用半导体存储介质,并且处理器中很大一部分的半导体电路都会被用于制造存储器及其控制电路。如图 8-3 所示是 Intel core i7-3960X 处理器的实际结构图,可以看到高速缓存存储器及其控制电路占据了 40％以上的处理器面积。

常见的半导体存储器类型包括:

(1) 只读存储器(ROM)。只能读取信息,不能写入信息,且具有非易失性。一般用于存储固定的系统软件等。随着存储技术的更新,ROM 也不再不能写存储器了。发展出了许多不同类型的 ROM,有:

① 可编程只读存储器(PROM)。允许以编程的方式将数据写入设备中,但是一旦写入数据就只能读取写入后的数据,不能再次写入。

② 可擦除可编程只读存储器(EPROM)。EPROM 不但可以编程写入数据,而且在编程之后也可以使用强紫外线照射擦除已有的数据从而可以再次写入。

③ 电可擦除可编程只读存储器(EEPROM)。这种存储器不再需要使用强紫外线完成数据的擦除,可以使用计算机或其他专用电子设备进行数据的擦除、重写。

④ 闪存(Flash memory)。闪存本质上也是一种 EEPROM,只不过它的擦除不是以字节为单位,而是以数据块为单位。因此通常将闪存单独列出来。闪存在生活的应用非常广泛,SD 卡、U 盘的存储器都是闪存。

(2) 随机访问存储器(RAM)。支持对其中任一存储单元随机读或写,掉电后信息丢失,数据易失。通常用来存放各种正在运行的软件、处理器需要的输入和输出数据等,广泛地用于制造内存。

图 8-4 展示了随机访问存储器的阵列结构,主要包括存储矩阵、行列地址译码器和读写控制器。其中,**存储矩阵**负责存储数据,对应的是图中浅灰色的区域,它

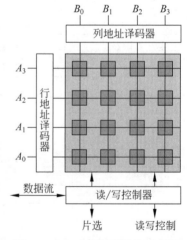

图 8-4　RAM 的阵列结构示意图

由若干存储单元组成,即图中深灰色部分。**行/列地址译码器**负责将输入的地址码翻译成行列对应的具体硬件中的行和列。**读写控制器**负责决定片选信号以及读写控制信号,当片选信号为真时,可以根据读写信号以及行列地址对任意存储单元进行读写操作。图中连接存储单元的水平连线称为字线(wordline,WL),用来控制存储单元的开启和关闭;垂直连线称为位线(bitline,BL),作为读取或写入相应数据的数据通道。

再进一步,按照存储单元电路结构和工作原理的不同,可以将 RAM 再分为常见的两类。

(1)静态随机访问存储器(SRAM)。利用晶体管构造锁存器结构,使用其 0 和 1 两个稳态来存储二进制数。只要不掉电,锁存器结构将稳定保持其当前状态,即静态。

(2)动态随机访问存储器(DRAM)。利用晶体管控制电容器充放电来记录 0 和 1 两种状态。由于电容器本身会逐渐漏电造成信息丢失,因此需要动态刷新电路以保持数据,即动态。

接下来详细介绍 SRAM 和 DRAM 的具体结构,并对各自的工作原理和特点进行详细分析。

SRAM 的典型结构如图 8-5 所示。在静态随机访问存储器中,每位的数据由 6 个 MOS 晶体管 $M_1 \sim M_6$ 进行存储。其中 $M_1 \sim M_4$ 构成的一个双稳态的锁存器结构是数据存储的核心,它能够保持存储状态 Q 的值为 0 或 1。在读取数据时,先将字线 WL 置为 1 使得 M_5 和 M_6 导通打开存储单元,再从位线 BL 和 $\overline{BL}$ 读出数据。在写入数据时,先将位线 BL 和 $\overline{BL}$ 置为相应电平(例如,将 BL 置为 1,同时将 $\overline{BL}$ 置为 0),再将字线 WL 置为 1,从而可以将数据写入锁存器中。待锁存器稳定之后即完成写操作。

DRAM 的典型结构如图 8-6 所示。在动态随机访问存储器中,每位的数据由一个 MOS 晶体管 M_1 和一个电容器 C_1 进行存储。其中的电容器 C_1 用来实现记忆功能,本书中统一认为高电平为 1、低电平为 0。而晶体管 M_1 则作为开关控制电容器 C_1 和位线相连以实现数据的读取、写入和额外的数据刷新。在读取数据时,先将字线置为 1 导通晶体管 M_1,再通过对位线电压的检测读取数据,高电平为 1、低电平为 0。但是在读取数据时由于电容器 C_1 会发生放电,因此在读取数据之后应立即做一次刷新操作以确保其记忆内容不变。在写入数据时,先将待写入的数据置于位线,再将字线置为 1 导通晶体管 M_1,即可完成电容器 C_1 的充放电,从而完成数据写入。

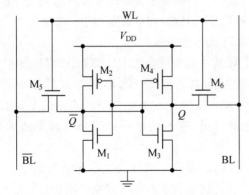

图 8-5　SRAM 单元的六晶体管结构

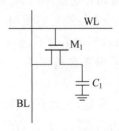

图 8-6　DRAM 单元的单晶体管结构

注意,在 DRAM 中,由于 MOS 不可避免地会存在漏电现象,而且在数据读取过程中电容器也会泄漏部分电量,如果不进行额外处理,一段时间之后 DRAM 存储的数据将会丢失。因此,为了稳定存储数据,DRAM 需要对数据进行刷新(即读取后重新写回)以保证存储数据的正确性。但在 DRAM 刷新数据时 CPU 不能使用这部分存储器,这会额外地降低计算机系统的性能。

从成本和容量上看,存储 1 位数据时,SRAM 需要 6 个晶体管,而 DRAM 仅需 1 个晶体管即可。因此,在相同的工艺和面积下,SRAM 的容量显著低于 DRAM。在存储容量相同时,SRAM 的面积更大,价格也会高于 DRAM。综合两者的特点,SRAM 主要向容量小而速度快的方向发展,DRAM 则主要是向低速且容量大的方向发展。

8.2　层次结构存储系统

8.2.1　单一存储介质的困境

虽然 DRAM 的访存速度难以和处理器的速度相匹配,但是,常见的存储介质并不是只有 DRAM 一种。是否可以找到一种能够单独满足理想需求的存储介质呢?

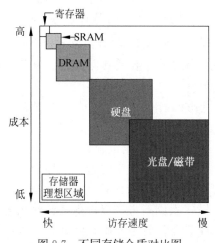

图 8-7　不同存储介质对比图

常见的存储介质有寄存器、SRAM、DRAM、硬盘、光盘、磁带等。对以上存储介质的容量、速度和成本进行对比和分析,可以总结出如图 8-7 所示的对比示意图。其中横轴表示不同存储介质的访存速度,纵轴表示存储相同数据量的成本,矩形的大小定性表示了存储介质常见的容量。

以访存速度为例,寄存器的访存速度很快,平均访问时间在 1ns 以内,通常只在处理器内部出现且可以用指令直接访问。SRAM 的平均访问时间在 10ns 以内,经常用作高速缓存。DRAM 的平均访问时间在 100ns 以内,一般用作主存储器。硬盘和光盘/磁带一般作为外置存储使用,它们的访存速度很慢,平均访问时间为 ms 量级。

其中硬盘中常用的有固态硬盘(SSD)和机械硬盘(HDD),其访问时间分别为 0.1～1ms 和 9～10ms。光盘/磁带的访问时间更长,通常为 80～120ms。

随着访存速度降低,存储介质的成本会降低并且容量会增大。例如,访存速度很快的寄存器,其成本较高且容量很小;而访存速度很慢的光盘/磁带,其成本较低且容量较大。定性来看,当前的存储介质参数大致分布于图 8-7 中从左上到右下的对角线上,而理想的存储介质分布在整幅图左下角的位置。由此可见,现有的单一存储介质都无法满足理想需求。

综上所述,在现有的技术下,制造容量足够大、速度足够快且成本足够低的单一存储介质是无法实现的。而且,在未来发明出能够满足理想需求的单一存储介质也显得遥遥无期。因此,需要另辟蹊径设计满足需求的存储系统。

8.2.2 存储系统设计基础：局部性原理

依靠 SRAM、DRAM 等单一的存储介质，通常无法获得一个容量足够大、速度足够快并且成本足够低的存储器。那么如何设计一个尽可能满足理想需求的存储器系统，充分发挥不同存储介质的优势，使得使用者"看来"这个存储系统能够满足理想需求呢？为了实现这一想法，需要挖掘理想需求和实际程序的内在规律，并用这些规律指导存储系统的设计。

本书用一个实际生活中的例子帮助读者体会计算机程序中广泛存在的内在规律。

假设完成某课程的作业需要同学们去图书馆查阅存储器的参考文献。图书馆有各种类型的书籍，从头开始寻找是不现实的，需要设计一个合理的查阅策略。幸运的是，图书馆将同种类型的书籍放在了一起，方便读者查阅。一个比较合理的策略是：首先，在图书馆系统中查找课堂上提到过的某一本存储器参考书所在位置，并获取这本书。其次，这本书旁边的书也大概率与存储器相关。所以可以一次性取阅这本书附近的多本书，减少了去书架找文献的次数。然后，这些书也不用看完就放回，因为它们可能需要反复查阅。最后，如果手头的文献中都没有需要查找的内容，那么就需要借阅其他书。更极端的情况是整个图书馆都没有需要的书籍，那么就需要去其他图书馆寻找。

这个例子展示了：实际任务的各部分数据之间往往存在较强的相关性。如例子中当前正在使用的书籍可能被多次用到，并且内容相关的一组书籍往往会同时被用到。

在计算机程序中也存在相似的现象。如图 8-8 所示，一方面，程序倾向于不断访问当前正在访问的部分数据，如循环结构。另一方面，程序倾向于访问与当前数据比较近的数据，如按照地址顺序访问主存。它们统称为数据的**局部性原理**。

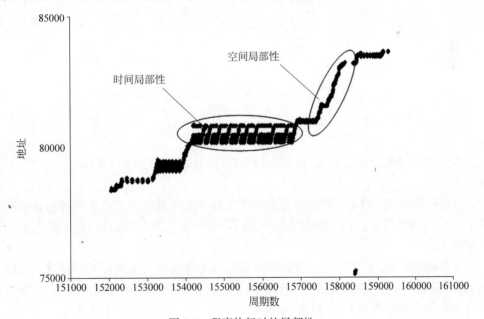

图 8-8 程序执行时的局部性

这里用一个排序程序帮助读者理解局部性原理。一个简单的 C 语言排序程序如下所示：

```
// vanilla sort
int a[30] = {29, 2, 23, 14, 9, 3, 8, 26, 18, 12, 7, 24, 1, 19, 16, 27, 20, 22, 17, 28, 11, 13,
15, 10, 0, 6, 5, 25, 4, 21};
int temp;
for(int i = 0; i < 30; i++)
{
    for(int j = i; j < 30; j++)
    {
        if (a[i] < a[j])
        {
            temp = a[i];
            a[i] = a[j];
            a[j] = temp;
        }
    }
}
```

图 8-9 展示了访存的时序图。一方面,因为数组 a 中的数据都是顺序存储的,因此访问过程具有连续性,即图中的空间局部性。另一方面,因为程序需要多次遍历整个数组,因此在同一段地址区间会出现重复的访问模式,即图中标出的时间局部性。

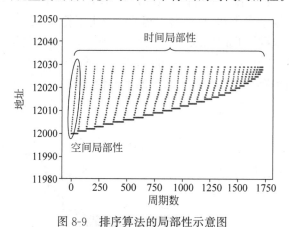

图 8-9　排序算法的局部性示意图

这里对**局部性原理**进行总结,根据前面分析出的数据相关性的不同形式,可以将局部性分为以下两点。

(1) **时间局部性**:即不久之后要用到的信息很可能就是现在正在使用的信息,即图 8-9 标出的时间局部性部分,CPU 会多次集中访问一部分的主存储器地址,这种情况主要是由循环带来的。

(2) **空间局部性**:即不久之后要用到的信息很可能与现在正在使用的信息在空间上是邻近的,即图 8-9 中标出的空间局部性部分,CPU 会访问连续的主存储器地址,主要是由顺序执行和数据的聚集存放和顺序访问带来的。

请读者牢记时间局部性和空间局部性这两个重要的特性,它们是贯穿后续的存储器系统设计及其性能分析的重要理论依据。

8.2.3 存储系统的层次结构

回到 8.2.2 节开头提到的思路：既然获得一个容量足够大、速度足够快并且成本足够低的单一存储介质是难以实现的，那么能否将现有的多种存储介质巧妙地组合起来，扬长避短，构造一个满足实际需求的存储系统呢？此时有了局部性原理这一重要的理论依据，上述思路就变得可行了。

局部性原理说明了一个普遍存在的规律，即不久之后会用到的信息很可能是现在正在使用的数据或者是与其空间相邻的部分数据。因此应当将这些"当前有很大概率需要使用的少量数据"存放在速度更快的 SRAM 中。将那些"一段时间之后才可能用到的数据"存放在速度稍慢一点的大容量主存储器 DRAM 中。将那些"暂时不太可能用到的数据"存放在速度更慢但是容量足够大的辅助存储器硬盘或光盘中，待数据需要使用时再进行调用。如此一来，可以成功构造出一个如图 8-10 所示的层次化存储系统，通常认为越靠近处理器的存储器层次越高，越远离处理器的存储器层次越低。需要注意的是：

（1）通常在生活中所说的内存仅仅是指图 8-10 中的主存储器，也称主存，主要由 DRAM 组成。而本章所说的内存是指所有处理器可以通过地址访问到的存储器。

（2）通常在生活中所说的硬盘、光盘等属于图 8-10 中的辅助存储器，在本章中称为外存。

因为时间局部性和空间局部性广泛存在于各种程序中，因此处理器大多数情况下会能够直接从存储着"当前有很大概率需要使用的少量数据"的

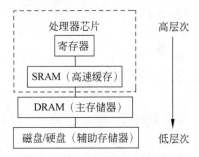

图 8-10 计算机存储器层次结构

SRAM 存储器中获取需要的数据。只有当数据在 SRAM 存储器中找不到时，才会进一步在速度更慢的主存储器或辅助存储器中寻找数据。并且从成本角度看层次化存储器的成本逐级降低，也可以成功地达到降低成本的目的。等价于拥有了一个容量足够大、速度足够快并且成本足够低的存储器，满足了理想需求。

8.2.4 层次结构存储系统的性能度量

为了更全面地评价层次结构存储系统的性能，应当考虑在某一层次存储器中未找到数据时，访问更低层次存储器带来的额外代价。一般使用**命中率**作为层次结构存储系统的性能指标。为了计算命中率，需要引入以下两个概念。

- **命中（hit）**：对层次结构存储系统中的某一层次存储器来说，该层要访问的数据正好在这一层。
- **缺失（miss）**：对层次结构存储系统中的某一层次存储器来说，要访问的数据不在这一层，而在更低的层次。

命中率是指在某一层次存储器中成功找到数据的存储访问比例，也就是命中的比例。**缺失率**的概念与之对应，是指在某一层次存储器中没有找到数据的存储访问比例，也就是缺失的比例。其中命中率和缺失率之和应等于 100%。

另外，缺失会降低存储系统的性能。因此充分衡量存储系统存在缺失时的访存速度是

关键。简单起见,这里以一个两级的存储系统为例,假设高层存储器的访问时间为 T_{A1},命中率为 H。低层存储器的访问时间为 T_{A2}。对于该存储系统,存在如下三个常见的评价指标。

- **平均访问时间**: $T_A = HT_{A1} + (1-H)(T_{A1} + T_{A2})$
- **访问时间比**: $r = \dfrac{T_{A2}}{T_{A1}}$
- **访问效率**: $e = \dfrac{T_{A1}}{T_A}$

平均访问时间 T_A 表示在命中率为 H 时系统访问一次数据花费的时间,其中 T_{A1} 表示命中的情况下访问数据的总时间、$(T_{A1} + T_{A2})$ 表示缺失的情况下访问数据的总时间。访问时间比 r 表示两个层次存储器的访存速度差距。访问效率 e 表示在命中率为 H 时,平均访问时间相比于高层存储器访问时间的差距,实际中往往追求 e 尽可能接近于1,即存储系统尽可能接近于高层的存储器。

【例 8-1】 已知二级存储系统的访问时间比 $r=10$,高层存储器的访问时间 $T_{A1}=2\text{ns}$。为了使存储系统的访问效率 e 达到 80% 以上,高速缓存的命中率 H 至少为多少?

解:已知二级存储系统的访问时间比 $r=10$,高层存储器的访问时间 $T_{A1}=2\text{ns}$。则低层存储器的访问时间为

$$T_{A2} = rT_{A1} = 10 \times 2\text{ns} = 20\text{ns}$$

目标是访问效率 e 达到 80% 以上,因此最长的平均访问时间 T_A 为

$$T_A = T_{A1}/e = 2\text{ns}/0.80 = 2.5\text{ns}$$

将 T_A、T_{A1} 和 T_{A2} 代入平均访问时间的计算公式:

$$2.5\text{ns} = 2\text{ns} \times H + 22\text{ns} \times (1-H)$$

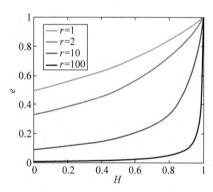

图 8-11　存储器访问效率随命中率变化曲线图

得到高速缓存的命中率 H 至少为 97.5%。

为了直观显示不同命中率、不同访问时间比对两级存储器系统访存效率的影响,这里给出了在不同访问时间比 r 之下,访问效率 e 随命中率 H 变化的关系曲线,如图 8-11 所示。从图中可以看出,无论访问时间比 r 为多少,随着命中率 H 的提升,访问效率 e 均在提升。随着访问时间比 r 的增加,在命中率 H 接近 1 时,命中率 H 对访问效率 e 的影响剧烈程度在增加。也就是说,对于较大的访问时间比 r,需要尽可能高的命中率 H 来保证高访问效率 e。

8.3　高速缓存技术

本节将以处理器架构中广泛使用的高速缓存技术为例,介绍层次结构存储系统的实现细节。

8.3.1 高速缓存的基本概念

高速缓存(cache)是处理器和主存储器之间的一块容量小、速度快的存储器,其访存速度与处理器速度匹配。如图 8-10 所示,高速缓存通常和处理器集成在同一个芯片上。高速缓存的数据调度是由硬件自动完成的,程序员无法直接操作。

高速缓存中数据调度的理论基础是局部性原理。回顾 8.2.2 节的例子,书籍可以看作数据,书桌可以看作"高速缓存",书架可以看作"主存储器",其他图书馆可以看作"外部存储器"。学生将近期有较大概率被用到的书放在了书桌上,在未来相当长的一段时间内学生将重复阅读这些书。当需要额外的书籍时,学生才返回书架重新寻找书籍。如果再找不到,就需要去其他图书馆查阅。这个例子涵盖了层次结构存储系统中需要考虑的各类访存问题,请读者仔细体会。

8.3.2 高速缓存的基础结构

本节将为读者介绍高速缓存的基本结构。为了便于在主存储器和高速缓存之间进行数据调度,二者的存储体结构和地址格式有较为相似的设计。图 8-12 展示了主存储器和高速缓存各自的存储体基本结构示意图,图 8-13 展示了二者各自查找数据时用到的地址格式。

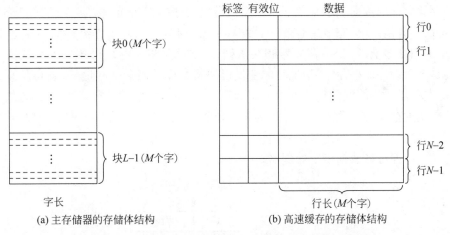

(a) 主存储器的存储体结构　　　　　(b) 高速缓存的存储体结构

图 8-12　主存储器和高速缓存的存储体基本结构示意图

如图 8-12 所示,主存储器由多个大小相同的"块"组成,其数据位宽通常为一个字长(32 位)。而高速缓存是由多个大小相同的"行"组成,若每一行能存储 M 个字,则高速缓存的行长为 M 个字长。每次在主存储器和高速缓存之间搬运数据时,主存储器的一个块会对应高速缓存中的一行,且块的大小和行的大小相等。将高速缓存设计成这种一次存储多个相邻数据的方式是为了充分利用存储器访问的局部性原理,即当前需要访问的某一个数据,其周围的数据不久之后很有可能被访问。

假设主存储器一共有 L 个块、高速缓存中一共有 N 个行,为了降低成本,高速缓存中行的数量一般会远小于主存储器中块的数量,即 $N \ll L$。这将导致一个高速缓存块无法唯一旦永久地对应一个主存储器块,因此在高速缓存的每一行需要增加一个"标签"用来记录它对应的是主存储器中的哪一个块。

另外,在系统运行的过程中会出现数据只从处理器输出到了高速缓存中,但暂时没有从高速缓存中写回到主存储器中,这会带来主存储器数据和高速缓存中数据不一致的现象。因此还需要在高速缓存的每行增加一个"有效位"(valid bit),用于记录高速缓存行中的数据是否是主存储器的副本,本章中有效位 V 为 1 即代表有效。在高速缓存复位或刚上电时,所有高速缓存行的有效位 V 均为 0。若高速缓存行的内容被替换,则有效位 V 变为 1。**特别注意,在有效位 V 等于 1 的前提下高速缓存才有可能命中,否则即使高速缓存的标签和主存地址标签完全相等也属于缺失。**

如图 8-13 所示,主存储器和高速缓存的地址格式基本相同。主存储器的块和行中均包含了若干个字的数据,因此在访问具体某一个字的数据时需要进行两级查询,即首先找到某一行(块),然后再去对应的行(块)内根据内部的地址找到对应数据。

(a) 主存储器地址格式   (b) 高速缓存地址格式

图 8-13   主存储器和高速缓存的地址格式

为了自动在高速缓存与主存储器之间调度数据,需要构造高速缓存的完整数据通路并设计工作流程。图 8-14 展示了高速缓存的数据通路,包含了三个重要模块:高速缓存存储体(用来存储主存的数据副本)、地址映像变换模块(完成主存地址和高速缓存地址的转换操作)、高速缓存替换模块(完成主存和高速缓存的数据传输)。其工作流程为:首先,拆分处理器给出的主存地址,得到主存块号和块内地址。然后,将主存块号传入地址映像变换模块,查询是否命中。如果命中,地址映像变换模块将翻译出高速缓存地址,即可从高速缓存存储体中获取需要的数据并传给处理器。如果缺失,将产生两种情况。其一,高速缓存未满时,将数据从主存中搬运至高速缓存中的相应位置,然后将需要的数据传给处理器。其二,高速缓存已满时,从主存取出数据后,替换模块将新的数据写入高速缓存的某一行,覆盖原有数据。然后,即可将数据传给处理器。

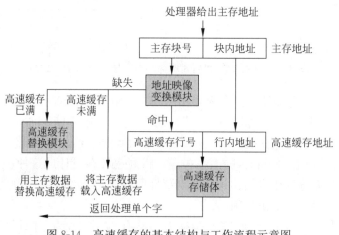

图 8-14   高速缓存的基本结构与工作流程示意图

8.3.3 高速缓存的地址映像方式

本节将重点介绍**地址映像变换模块**,包括地址映像的不同实现方式与其对应的搜索匹配标签的方式。

本节主要介绍三种常用的地址映像方式,分别是:

- 直接映像:主存储器中的每一个块只可能存放在唯一的高速缓存行中。
- 全相联映像:主存储器中的每一个块能存放在任意的高速缓存行中。
- 组相联映像:预先将高速缓存分成多个组,每一个组内包含多个行。主存储器的每个块只可能存放到唯一的组中。确定了唯一的组之后,可以将主存储器块存放在组内任意的高速缓存行中。

第一种方式是直接映像。这种地址映像方式比较直观。其存储方式可以用如下公式表示:

$$j = i \bmod N$$

其中,i 表示主存储器中的块号,j 表示高速缓存中的行号,N 表示高速缓存内的总行数,为 2 的倍数。图 8-15 给出了更直观的直接地址映像关系。

直接映像方式中主存储器地址和高速缓存地址的对应关系如图 8-16 所示。从图中理解上述公式的含义,因为高速缓存内的总行数 N 为 2 的倍数,因此上述公式相当于取了主存储器块号 i 中较低的 $\log_2 N$ 位数据,即主存储器地址中的块内地址部分,它就是当前主存储器块对应的高速缓存行号。主存储器地址剩余的部分就是对应的高速缓存行要存储的标签。

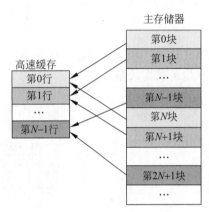

图 8-15　直接映像图示

高速缓存行号	块内地址	高速缓存地址

主存标签	高速缓存行号	块内地址	主存储器地址

图 8-16　直接映像中主存地址和高速缓存地址的对应关系

对于直接映像,其地址映像查找方式是固定查找,如图 8-17 所示。将主存储器地址切分成如图 8-16 所示的三部分,可直接找到主存储器地址对应的高速缓存行号。然后将主存储器地址的标签部分与对应高速缓存行中的标签进行比较。如果两个标签相等并且高速缓存行中的有效位为真,即高速缓存命中,直接取出高速缓存行内对应的数据交给 CPU 即可;否则就需要从主存中加载数据。

直接映像的优点是硬件实现简单,只需要对主存储器地址做简单的拆分即可定位其对应的高速缓存行。但是其缺点也十分明显,由于主存储器中的块只能对应高速缓存中唯一的行,因此这种方式的高速缓存的命中率往往比较低、高速缓存的空间利用率也往往不高。

第二种方式是全相联映像。为了克服直接映像方式的缺点,全相联映像方式允许主存储器中的每个块和任意数量的高速缓存行对应。在全相联映像方式中,主存储器块号和高

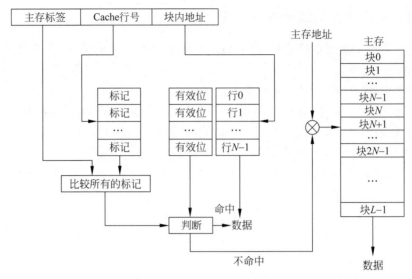

图 8-17　直接映像的固定查找

速缓存行号之间没有像直接映像方式一样的固定的对应关系。图 8-18 给出了更直观的全相联地址映像关系。

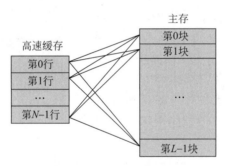

图 8-18　全相联映像图示

对于全相联映像,其地址映像查找方式是并行查找,具体的结构如图 8-19 所示。这种情况下高速缓存存储体中存储的标签为完整的主存储器块号。首先将主存储器地址分为主存储器块号和块内地址两部分。然后将主存储器块号和高速缓存中每一行的标记进行比较。为了节约比较时间,可以采用并行的方式同时将主存块号和所有标记进行比较。在得到比较结果之后的流程和直接相联完全一样,不再赘述。

全相联映像的优点恰好是直接相联的缺点,全相联映像允许主存储器中的每个块和任意数量的高速缓存行对应,因此这种方式的高速缓存利用率往往会比直接映像高。并且由于高速缓存的利用率提高,高速缓存命中率也随之变高。同时全相联映像的缺点又恰好是直接映像的优点,因为全相联映像需要对所有的标记位并行比较,因此这种方式的硬件开销较大且硬件实现更复杂。

第三种方式是组相联映像。通过前面对直接映像和全相联映像的分析,可以发现这两种方法的优点恰好是彼此的缺点。因此一个简单的想法就是取一个直接映像和全相联映像之间的折中方案,以达到高速缓存利用率、命中率和硬件实现复杂度之间的良好权衡。组相

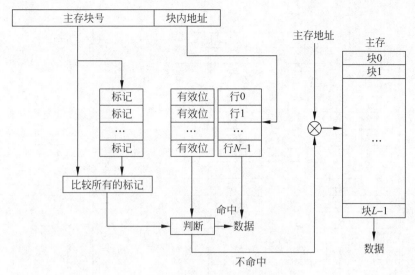

图 8-19 全相联映像的并行查找

联映像就是这样一种折中的方式,这种方式会先将高速缓存分成若干个组,**每个组内包含 *n* 个高速缓存行,称为 *n* 路组相联**。主存储器的每个块只可能存放到唯一的组中。在确定了唯一的组之后,可以将主存储器块存放在该组内的任意高速缓存行中。**简而言之,这种方式是组间直接映像,组内全相联映像**。图 8-20 给出了更直观的组相联地址映像关系。

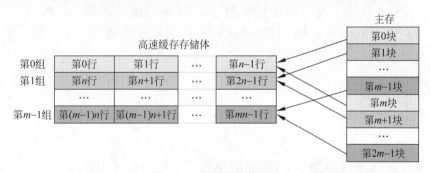

图 8-20 组相联映像图示

组相联映像中主存地址的划分方式如图 8-21 所示。可以看到,由于在组间使用了直接映像的方式,地址的划分方式与直接映像方式类似,也是分为三部分,且划分的方式与直接映像中一致。

主存标签	组号	块内地址

图 8-21 组相联映像中主存地址的划分方式

如图 8-22 所示,简单起见,这里以二路组相联为例介绍组相联映像中的地址查找方式。首先将主存储器地址分为标签、组号和块内地址三部分。然后由组号直接确定主存储器地址对应的高速缓存组。在确定的组内,将组内所有的标签和主存地址中的标签进行比较以确定是否命中。在得到比较结果之后的流程和前两种方式完全一样,不再赘述。

组相联映像的优缺点介于直接映像和全相联映像之间。实际上直接映像和全相联映像

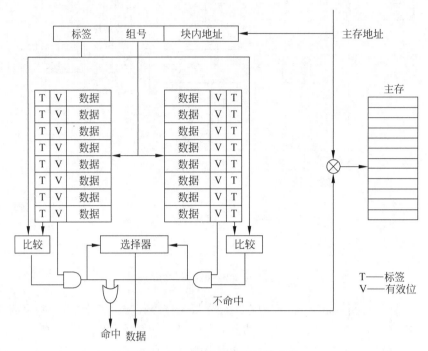

图 8-22　二路组相联的地址查找

是分别是组相联的特例,直接映像是 1 路组相联、全相联映像是 N 路组相联。

【**例 8-2**】　已知主存地址为 32 位。高速缓存的容量为 256KB,采用 4 路组相连,每行 16B,请问标签需要多少位?

解:

行内寻址偏移量:$\log_2 16 = 4$ 位

组号索引:共 256K/16/4＝4K 组(4096),定位哪一组需要 $\log_2(4K) = 12$ 位

剩下的位数作为标签:32－4－12＝16 位

8.3.4　高速缓存中数据的替换与更新

本节将从读和写两方面介绍高速缓存中数据的**替换与更新**。读数据时,如果数据缺失且高速缓存已满,就需要用主存数据替换高速缓存中的数据,即数据的替换。写数据时,如何高效地将数据写入高速缓存和主存储器中,并保持二者的数据一致,即数据的更新。这两方面的问题均由高速缓存的替换模块解决。

首先是读数据时的数据替换。对于直接映像来说,一个主存储器块仅和唯一的一个高速缓存块对应,因此替换的过程中只能替换唯一的一个高速缓存行,不存在额外的选择。然而对于全相联映像和组相联映像来说,就需要有一种替换算法来决定将哪一个高速缓存块替换出去。并且为了保证高速缓存的性能,这种替换算法需要用硬件实现,因此还要求这些算法对应的逻辑电路不可以太复杂。

对于全相联映像和组相联映像来说,目前常用的高速缓存替换算法包含以下三种。

• **随机法**:随机选择一个高速缓存行进行替换。

• **先进先出法**(first in first out,FIFO):选择最早放进高速缓存中的一行(存在时间最

长的行)进行替换。

- **最近最少使用法**(least recently used,LRU):选择高速缓存中最近最少被使用的行进行替换。实际上,将 LRU 翻译为"最久未使用"会更为恰当,因为该算法实际会选择高速缓存中最久没有被用到的行进行替换。

随机法简单直观,在每次需要选择高速缓存行时,使用随机数生成模块生成一个随机数选择缓存行即可。缺点是命中率波动较大。

先进先出法的一个例子如图 8-23 所示。例子中地址映像采用全相联映像的方式,因此在高速缓存未满时数据将会按照高速缓存行号的顺序一次存入高速缓存,如图中第 1~5 步的访存情况。在高速缓存存满之后才会真正用到数据替换的算法,即图中的第 6~8 步。可以发现,在先进先出法中,每次进行完高速缓存替换之后下次被替换的高速缓存行是确定的,可以由如下公式确定:

$$j = (i+1) \bmod N$$

式中,i 表示当前进行替换的行,j 表示下一次将会替换的行,N 表示高速缓存存储体中的总行数。读者也可以将整个高速缓存存储器想象成一个循环队列,在队列满了之后,先进先出算法每次会将队首的行替换掉并将下一行变为队首。

访问顺序	1	2	3	4	5	6	7	8
地址块号	2	11	2	9	7	6	2	3
行分配情况	2	2	2	2	2	6	6	6
	–	11	11	11	11	11	2	2
	–	–	–	9	9	9	9	3
	–	–	–	–	7	7	7	7
操作状态	调进	调进	命中	调进	调进	替换	替换	替换

图 8-23 先进先出法示例

最近最少使用法的一个例子如图 8-24 所示。例子中地址映像仍然采用全相联映像的方式,且对主存地址块的访问顺序与前一个例子一致。这种方法需要记录高速缓存中每一行数据并按照使用的顺序进行排序,刚刚使用过的数据优先级更高,过去使用过的数据优先级更低。在图 8-24 所示的第 6 步时需要进行替换操作。此时算法会选择距离当前经历时间最久的一行进行替换,即用块 6 替换掉块 11。同理第 8 步时,距离当前经历时间最久的一行是块 9,因此用块 3 替换掉块 9。特别注意,最近最少使用法不需要记录每个高速缓存行被访问的次数,仅需记录每一行数据访问的先后次序即可。这一点相比于先进先出法而言显得更为灵活。

访问顺序	1	2	3	4	5	6	7	8
地址块号	2	11	2	9	7	6	2	3
行分配情况	2	2	2	2	2	2	2	2
	–	11	11	11	11	6	6	6
	–	–	–	9	9	9	9	3
	–	–	–	–	7	7	7	7
操作状态	调进	调进	命中	调进	调进	替换	命中	替换

图 8-24 最近最少使用法示例

对比以上三种方法。其中随机法未用到任何局部性原理,因此其性能不稳定,通常情况下命中率不高。先进先出法和最近最少使用法都利用了程序的局部性原理,因此这两种算法的命中率普遍较高。

然后是写数据时的数据更新。因为这里讨论的存储器实际上是一个二级存储系统(多级类似),因此在 CPU 需要将数据写入主存中时会有如下两种不同选择。

- 写通过(write through):写入操作会直接将数据写入主存储器中。若数据恰好在高速缓存中,则会同时更新高速缓存中对应的数据。
- 写回(write back):写入操作仅将数据写入高速缓存的某一行中,只有在该行要被替换时才将对应的数据写入主存储器中。

首先是写通过的方式。这种方式是直接将数据写入主存储器和高速缓存中。其优点是实现简单,在高速缓存替换时无需将数据再写入主存储器中。并且始终可以保持高速缓存中的数据和主存储器中的数据一致。其缺点是写操作的执行时间将与主存储器的访问时间相当,无法利用到高速缓存的读写速度快的优势。

为了解决写通过的缺点,可以引入一个额外的写缓冲(write buffer)模块,如图 8-25 所示。沿用写通过的策略,仍然会在写操作时将数据写入主存储器,但是并非直接写入主存储器,而是将要写的数据及其主存储器地址先保存在高速的写缓冲模块中,再由写缓冲器以主存速度将数据传送到主存中。而在写缓冲器将数据写入主存时,处理器可以继续处理下一条指令。但是这种修改方式的缺点是大量突发写操作可能会占满整个写缓冲从而发生数据等待,降低系统的运行速度。另外,因为数据暂存在写缓冲中而没有及时更新到主存储器中,所以可能造成主存储器和高速缓存中数据不一致。因此在读数据前需要将写缓冲器的内容完全写入主存储器或者对写缓冲器进行额外的检查,这样也会降低系统的运行速度。

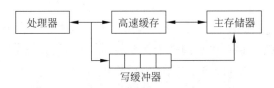

图 8-25 引入写缓冲模块的写通过流程

然后是写回的方式。这种方式只会将数据写入高速缓存中的某一行,从而充分利用高速缓存写数据快的特点。只有在对应块发生替换时才会将更新后的数据写入主存储器中。但是这种方式的缺点是会造成高速缓存数据和主存储器数据暂时性的不一致。解决方法如图 8-26 所示,需要在高速缓存存储体的每一行增加一个额外的"脏位"(dirty bit)标记当前的高速缓存行是否被写操作更新,脏位为 1 表示高速缓存行中的数据被更新了,脏位为 0 表示高速缓存行中的数据未被更新。

当高速缓存的某一行要被替换出去时,若其脏位为 1,则代表该数据已经被写操作更新了,其数据与主存储器中对应的数据不一致。因此在其被替换出去前,需要将该高速缓存行的数据写入主存中,从而保证主存储器中数据的正确性。而若高速缓存的某一行要被替换出去时其脏位为 0,则不会将数据再写入主存储器。所以在这种写回的方式下,

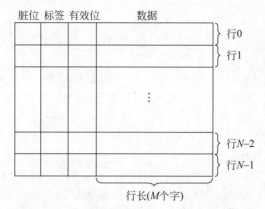

图 8-26　写回策略中高速缓存存储体的示意图

即使主存储器数据和高速缓存数据不一致,也可以确保处理器能够从高速缓存中获取正确的结果。这种策略尽可能减少了将数据写入主存储器的次数,从而可以提升存储器系统的写入速度。

　　综合上述对替换与更新策略的讲解,可以将数据的读写用图 8-27 中的流程图表示。写回方式在高速缓存存储体中引入了额外的脏位,需要在读写时对脏位进行额外的处理,所以会产生两种不同的读写流程,即图 8-27(a)和(b)所示。读者可以根据图中所示的读写流程,进一步理解之前对替换、更新策略的讲解。**注意**:在写回操作中,对于写请求且高速缓存未命中的情况,需要将对应的主存储器块先加载到高速缓存行中,然后将新数据写入高速缓存行中。

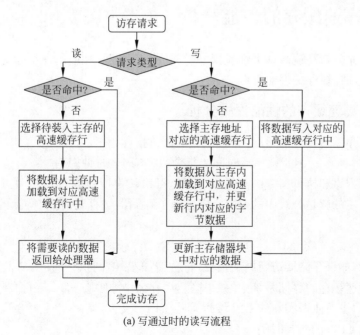

(a) 写通过时的读写流程

图 8-27　数据的读写流程图

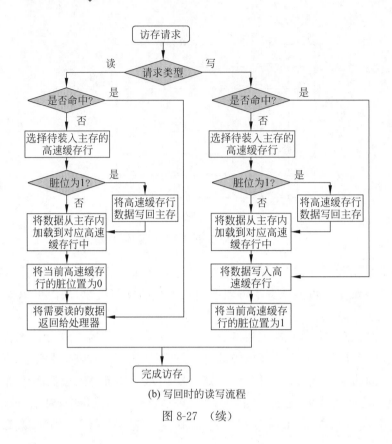

(b) 写回时的读写流程

图 8-27 （续）

8.4 高速缓存的性能分析

本节将首先分析高速缓存中性能损失的原因,然后定义相应的评价指标,最后结合实例分析如何提升高速缓存的性能。

8.4.1 高速缓存的性能损失分析

首先站在存储器设计的角度回顾 CPU 的评价指标:

$$CPU\ 执行时间=指令数×CPI×时钟周期$$

一旦应用程序和执行指令的 CPU 确定了,可以认为指令数和 CPU 的时钟周期是确定的。唯一不确定的就是公式中的 CPI。再考虑了存储器访存延时后,实际的 CPI 可以用如下公式表示:

$$实际\ CPI=理想\ CPI+存储器停顿的平均周期数$$

可以看到,如果存储器访问周期很长,将会增加 CPU 的执行时间,从而使得任务变慢。在一个存在高速缓存的存储系统中,如果高速缓存命中率很高,那么存储器停顿的平均周期数会相应的少,进而使得实际的 CPI 接近理想 CPI。反之,实际 CPI 将会远大于理想 CPI,从而显著增加 CPU 的执行时间。

为了反映高速缓存存在缺失时,数据访问时间对性能的影响,通常会使用平均存储器访问时间(average memory access time,AMAT)进行衡量。其计算公式为

$$\text{AMAT}=\text{高速缓存命中时间}+\text{缺失率}\times\text{缺失代价}$$

式中,高速缓存命中时间表示高速缓存命中消耗的时间,往往与高速缓存硬件的复杂度呈正相关,硬件复杂度越高,其物理连线延时也会越高,从而导致命中时间增加。缺失率在之前已经介绍过,表示访存缺失的次数占总访存次数的比例。缺失代价表示高速缓存处理缺失需要的额外时钟周期数。

因此从 AMAT 的计算公式来看,提升高速缓存的性能就等价于降低 AMAT。分别可以从降低命中访问时间、降低缺失率和降低缺失代价进行考虑。这里注意到缺失率和缺失代价为乘法关系,其对性能的影响程度更大。因此需要优先对缺失的原因进行分析。常见的会造成高速缓存缺失的原因主要有三种,因其英文首字母均为"C",也称为"3C 原则"。

- **强迫性(compulsory)**:第一次访问主存储器中的某一个数据块,只能先从主存储器将数据加载到高速缓存中,也称为冷启动或首次访问失效。
- **容量不足(capacity)**:由于容量不足,所需的主存储器块无法全部调入对应的高速缓存行中。当某些高速缓存行被新数据替换之后又要再次访问时就会发生容量缺失。
- **冲突(conflict)**:若太多的主存储器块映像到相同的高速缓存组中,导致需要存入的块数大于组相联度。这种情况下会出现组内某些高速缓存行被新数据替换之后又要再次访问的情况,这就属于冲突缺失,是直接相联和组相联映像的副作用。

在了解了造成高速缓存缺失的"3C 原则"基本概念之后,针对每一种原因给出相应的缓解方法并分析改进方式的优缺点。

第一种是强迫性缺失。这类缺失只在首次访问某个数据块时出现,无法避免,但是发生的次数相对有限。它不受高速缓存总容量和相联度的影响,只与高速缓存行的大小有关。在高速缓存容量不变的情况下,增加高速缓存行的大小(主存储器块的大小),假设需要访问的总数据量不变,则第一次要访问的行数量会减少,从而强迫性缺失的次数也会减少。

但是这样做会存在严重的弊端。第一,如果程序的局部性原理符合得不好,就会出现过多无用数据被加载进高速缓存,降低命中率。第二,增加高速缓存行的容量,相当于减少高速缓存行的总数量,会使得冲突缺失增多。第三,使得更新和替换一个高速缓存行需要搬运的数据量增加,进而增加缺失时消耗的时间,使得缺失带来的代价增大。

第二种是容量缺失。最直接的方式就是增加高速缓存的容量。但是增加容量会直接带来成本的提升,另外增大的高速缓存会使得高速缓存命中的时间增加,从而降低高速缓存的性能。容量缺失通常只会发生在全相联映像,因为其他两种映像方式高速缓存的利用率没有全相联映像高,它们在发生缺失时往往未将高速缓存存储体占满。

第三种是冲突缺失。假设某一个高速缓存组同时被 N 个数据块访问,但是组相联度 $M<N$,就会出现冲突缺失。一般有两种方法来减少冲突缺失。第一种是增加组相联度 M,例如 $M\geqslant N$ 时,就不会出现冲突缺失。第二种是增加高速缓存中行的数量,在每个高速缓存组中行数量不变的情况下,相当于增加了高速缓存组的数目,这样做会使得原来在同一组的数据被映射到不同的组中,进而减少冲突缺失。冲突缺失不会发生在全相联映像中,它是直接相联和组相联映像带来的副作用。

【例 8-2】 根据对"3C 原则"的理解,试回答以下问题:

(1)无限容量全相联高速缓存会发生哪些缺失?

（2）有限容量全相联高速缓存会发生哪些缺失？

（3）组相联或直接映像高速缓存会发生哪些缺失？

解：（1）只可能发生强迫性缺失。强迫性缺失无法避免。

（2）主要会发生容量缺失，会发生少量强迫性缺失，不可能发生冲突缺失。因为全相联映像会用到高速缓存中所有的行。在高速缓存被占满之前，发生的都是强迫性缺失；在高速缓存被占满之后，发生的所有缺失均是容量缺失。综合来看，容量缺失占主导。

（3）主要会发生冲突缺失，会发生少量强迫性缺失，可能发生容量缺失。在组相联或直接映像高速缓存发生缺失时，往往不是所有的高速缓存中行都被使用，因此这种缺失并非由高速缓存总容量不足造成的，而是由组内容量不足造成的。综合来看，冲突缺失将占主导。

将上述改进方案及其优缺点进行汇总可以得到表 8-2。表 8-2 展示了高速缓存容量、高速缓存行大小、高速缓存相联度对三种缺失和命中时间的影响。**特别注意**，这里采用了控制变量的方式，即

- 在增加高速缓存容量时，保证高速缓存行大小和高速缓存相联度不变。
- 在增加高速缓存行大小时，保证高速缓存容量和高速缓存相联度不变。
- 在增加高速缓存相联度时，保证高速缓存容量和高速缓存行大小不变。

表 8-2　改进方案对比

改 进 方 案	强迫性缺失	容 量 缺 失	冲 突 缺 失	命 中 时 间
高速缓存容量↑	—	↓	↓	↑
高速缓存行大小↑	↓	↑	↑	↓
高速缓存相联度↑	—	—	↓	↑

如表 8-2 所示，当仅增大高速缓存容量时，因为高速缓存行的大小不变，所以第一次要访问的高速缓存行数量也不会变，因此对强迫性缺失没有影响。但是会使得容量缺失减少，因为容量缺失的本质就是高速缓存容量有限，因此增加高速缓存容量会直接解决容量缺失问题。同时也会减少冲突缺失，这样相当于增加了高速缓存行的总数量，使得高速缓存组的数量增多，进而使得数据会被映射到更多的组中去，进而减少了冲突缺失。最后因为高速缓存容量增大，导致高速缓存完成数据匹配所用的外围电路复杂度增加，从而增加命中时间。

当仅增大高速缓存行大小时，在需要访问的总数据量不变的前提下，第一次要访问的行数量会减少，从而强迫性缺失的次数会减少。对于容量缺失而言，增大块的大小也会使得无用数据被存入高速缓存的可能性变大，从而使得有用数据的容量减小，进而增加容量缺失次数。对于冲突缺失来说，增加了行的大小，相当于减少了高速缓存行和组的数量，会增加将相同数据映射到同一组的概率，进而增加冲突缺失数量。最后因为高速缓存的行和组的数量减少，降低了高速缓存匹配数据时所用电路的复杂度，从而降低命中时间。

当仅增大高速缓存相联度时，因为高速缓存行的大小不变，所以第一次要访问的高速缓存行数量也不会变，因此对强迫性缺失没有影响。对于容量缺失而言，通常没有影响，因为在直接相联和组相联中，在发生缺失时并非所有组均被占满，简而言之并非因总容量不足导致的缺失，而是因高速缓存组的容量不足导致的缺失。对于冲突缺失，会降低冲突缺失的数量，因为它会增加高速缓存组内高速缓存行的数量，进而直接使得冲突缺失减少。最后因为高速缓存的组内行数增多，导致高速缓存组内匹配数据所用的外围电路更加复杂，从而增加

命中时间。

请读者仔细理解表 8-2 中的内容,体会控制变量的前提下,高速缓存的各个参数对三种缺失和命中时间的影响。

8.4.2 高速缓存的性能评估

本节将更加详细地介绍高速缓存性能评估指标的具体细节,并结合实际例子进行讲解。

CPU 时间可以分为 CPU 执行程序使用的时钟周期和 CPU 等待存储系统进行访存使用的时钟周期两部分。另外,一般会假定高速缓存命中的时钟开销也算作 CPU 正常执行程序的一部分。因此 CPU 执行时间可用以下公式表示:

CPU 时间=(CPU 执行时钟周期数+存储器停顿时钟周期数)×时钟周期

该公式等价于 8.4.1 节中给出的:

CPU 时间=指令数×(理想 CPI+存储器停顿的平均周期数)×时钟周期

其中存储器停顿时钟周期数主要来自高速缓存的缺失,它主要分为读操作引起的停顿和写操作引起的停顿两部分,即

存储器停顿时钟周期数=读停顿时钟周期数+写停顿时钟周期数

读停顿时钟周期数由程序中读访问的次数、读缺失率、读缺失所导致的缺失代价(处理缺失需要的时钟周期数)决定,即

读停顿时钟周期数=读的次数×读缺失率×读缺失代价

写停顿的情况会复杂一些。对于写通过且缺失时优先加载高速缓存数据的方式而言,写停顿主要包括两种方式:其一,写缺失停顿。要求在写操作之前先将缺失的主存储器数据写入高速缓存。其二,写缓冲区停顿。即在写操作时发生了缓冲区已满的情况。对于写通过操作,停顿的周期数为

写通过停顿时钟周期数=(写的次数/程序数)×写缺失率×写缺失代价+
写缓冲区停顿周期数

对于写回且缺失时优先加载高速缓存数据的方式而言,写停顿主要包括两种方式:其一,写缺失停顿。要求在写操作之前先将缺失的主存储器数据写入高速缓存。其二,替换操作产生的额外停顿。即在高速缓存中发生替换时,需要将脏位为 1 的数据写回主存储器中而带来的额外周期数。对于写回操作,停顿的周期数为

写回停顿时钟周期数=(写的次数/程序数)×写缺失率×写缺失代价+
替换操作停顿周期数

对于缺失时先加载高速缓存行的高速缓存而言,读和写的缺失代价是相同的,都是将缺失的块装入高速缓存中所花的时间。对于精心设计的高速缓存而言,写缓冲区停顿和替换操作停顿通常都可以忽略。那么可以将读写操作停顿的周期数合并为同一个公式进行描述,即

读写存储器停顿时钟周期数=(访存次数/程序数)×缺失率×缺失代价

可以通过以下例子来帮助读者理解高速缓存的性能对整个计算系统的影响。

【例 8-3】 已知处理器基本 CPI=2。在如下的两个条件下,试计算 CPU 的实际 CPI:

(1) 执行程序时指令高速缓存缺失率为 2%,数据高速缓存缺失率为 4%;

（2）缺失损失为 100 个时钟周期，访问存储器指令的频率为 36％。

解：设程序的指令数为 I，则 CPU 运行周期数为 $I \times 2 = 2I$。

指令缺失引起的缺失时钟周期数为 $I \times 0.02 \times 100 = 2I$。

数据缺失引起的缺失时钟周期数为 $I \times 0.36 \times 0.04 \times 100 = 1.44I$。

因此 CPU 的实际周期数为 $2I + 2I + 1.44I = 5.44I$

即 CPU 的实际 CPI 为 $5.44I / I = 5.44$。

注：本章在介绍层次结构存储器时是以数据缺失为例的。本例题旨在提醒读者考虑高速缓存缺失时不能只关注数据缺失，实际中还应当考虑指令缺失。

8.4.3　高速缓存性能的改进方向：多级高速缓存

在今天的商用处理器中，我们可以看到有着不同"名字"的高速缓存，即 L1 高速缓存、L2 高速缓存、L3 高速缓存，此类缓存结构就是本节将介绍的提升高速缓存性能的另一种思路——使用多级高速缓存。

为进一步缩小现代处理器高时钟频率与主存储器 DRAM 相对较慢的访存时间之间的差距，大多数处理器会增加高速缓存的层次，进而构造出如图 8-28 所示的多级高速缓存系统与处理器集成在同一个芯片上。

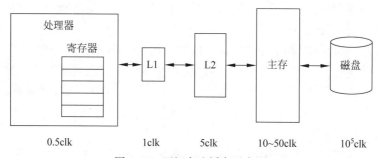

图 8-28　两级高速缓存示意图

高速缓存的层次由高到低，容量会依次增加，但是访问速度会依次降低。这就导致对于不同层次的高速缓存，其设计理念也会有所不同。这里考虑包含 L1 和 L2 两级高速缓存的例子。L1 高速缓存的容量较小，其设计目的是减少命中时间，并且 L1 高速缓存会将指令高速缓存和数据高速缓存分开，主要用来提高处理器的性能。而 L2 高速缓存的容量较大，不再将指令和数据分开存储，其设计目的是保证更高的高速缓存命中率，从而减少直接访问主存储器造成的性能损失。

更详细地说，在一个包含 L1 和 L2 两级高速缓存系统中，一方面，由于 L1 高速缓存的存在，L2 高速缓存的访问时间并不会直接影响处理器时钟周期，只会在 L1 高速缓存发生缺失时带来微小的缺失代价（相比于直接访问主存储器来说是微小的代价）。所以 L2 高速缓存的容量通常会做得比较大，行容量也往往会比 L1 高速缓存大，以此维持 L2 高速缓存的高命中率。另一方面，由于 L2 高速缓存的存在，L1 高速缓存的缺失代价大大减少，所以 L1 高速缓存的容量可以做得比较小以降低命中时间，即使 L1 高速缓存的缺失率高一些，其总代价相比于直接访问主存储器而言也仍然可以接受。

这里举一个例子展示多级高速缓存相比于单个高速缓存的性能优势。

【例 8-4】 已知处理器的基本 CPI＝1,时钟频率为 5GHz。访问一次主存储器的时间为 100ns(包括处理上一级存储器缺失的时间)。假设 L1 高速缓存的缺失率为 2％,且 CPU 对 L1 高速缓存的访问可以在执行指令的一个周期内完成,即不产生额外的访存延时。L2 高速缓存的命中和缺失访问时间都是 5ns,其缺失率仅为 0.5％。在上述条件下,采用两级高速缓存比只用一级高速缓存时处理器速度提高多少?

解：处理器时钟频率为 5GHz,则时钟周期为 $\dfrac{1}{5\times10^9}$s＝0.2ns

所以访问一次主存储器带来的周期损失为 $\dfrac{100\text{ns}}{0.2\text{ns}}$＝500

访问 L2 高速缓存带来的周期损失为 $\dfrac{5\text{ns}}{0.2\text{ns}}$＝25

一级高速缓存的情况：CPI_1＝1＋2％×500＝11

两级高速缓存的情况：

(1) L2 高速缓存包含了 L1 高速缓存的数据：
$$\text{CPI}_2＝1＋2％×25＋0.5％×500＝4$$

此时采用两级高速缓存比只用一级高速缓存时处理器速度提高倍数为
$$11/4-1＝2.75-1＝1.75\text{ 倍}$$

(2) L2 高速缓存和 L1 高速缓存相互独立：
$$\text{CPI}_2＝1＋2％×25＋2％×0.5％×500＝1.55$$

此时采用两级高速缓存比只用一级高速缓存时处理器速度提高倍数为
$$11/1.55-1\approx7.10-1＝6.10\text{ 倍}$$

上述例题展示了两级高速缓存相比于一级高速缓存有明显的性能增益。那么一个最直接的问题就是：高速缓存的级数是否越多越好？答案是否定的。再回到本章最开始给出的图 8-3,现代的处理器通常都会在片上集成三级高速缓存,可以看到仅 L3 高速缓存及其控制电路就占据了整个芯片面积的 40％以上,再增加更多级的高速缓存会使得芯片的制造成本急剧增加。从上述例题中也可以看到,事实上二级高速缓存已经可以保证一个很低的缺失率了,过度增加高速缓存的级数难以再有明显的性能提升。因此,从成本和性能这两个角度考虑,现代计算机大多使用三级高速缓存而不再增加更多的高速缓存层级。

当然,除了多级高速缓存之外,还有很多其他的方法来提升高速缓存的性能,比如非阻塞高速缓存技术会使用复杂度较高的控制方式保证高速缓存缺失时 CPU 可以继续处理其他的访问,Trace 高速缓存技术会使用动态指令流来加快指令的提取速度等。感兴趣的读者可以根据自身需求进行更深层的探索。

8.5 虚拟内存

通过前四节的学习,读者已经了解了高层次存储器的设计以及调度。这些调度的方式是在高速缓存和主存储器之间进行的,本质上是在内存的不同层级之间的调度,处理器知道每条指令和每个数据的物理地址。那么主存储器又是如何与大容量外部存储器进行数据和指令的调度呢?这个问题就变成了内存和外存之间的调度问题,而处理器是不知道外存的物理地址的。虚拟内存技术就是解决这个问题的重要工具。本节将简要介绍虚拟内存是如何工作的。关于虚拟内存的更多内容,读者可以参考《操作系统》等教材。

8.5.1　虚拟内存简介

系统中的进程之间共享同一套 CPU 和主存储器资源。但是这会带来很多主存管理的困难,比如:

(1) 内存利用率低。若许多进程同时使用一个主存,则这些进程会被分配到主存储器的不同地址空间,为了留出足够的裕度来存放数据,实际占用的物理内存都会大于实际需要的物理内存。这会导致程序之间产生许多碎片化的闲置内存。在程序员的视角下难以感受到拥有一个容量足够大的存储器。

(2) 内存容量限制与读写效率。多个进程同时运行时,需要分配的内存可能会大于实际的物理内存,导致需要将其他程序暂时复制到硬盘中,这会导致进程的平均响应时间被严重拖慢。

上述的问题实际上是因为用户对存储容量的需求是巨大的,而物理内存的容量难以满足实际需求,仍然需要更大容量的存储器来满足用户的需求。为了更加有效地管理内存,需要为计算机设计一套高效的内存管理机制,虚拟内存技术也就由此诞生。虚拟内存技术利用了程序的局部性原理为每个进程提供了一个足够大、一致且私有的地址空间,它有以下特点:

(1) 虚拟内存将主存储器看作外存的一个高速缓存。主存中只保留进程当前活动的指令和数据,并根据需求实现主存和外存之间的调度。

(2) 虚拟内存为每个进程分配了一致的地址空间,简化了内存的管理。

(3) 虚拟内存为每个进程分配了私有的地址空间,确保了进程的安全性。

在虚拟内存技术中,主存和外存的关系就如同高速缓存和主存的关系。虚拟内存技术也是利用了程序的局部性原理,保证了进程的高效运行,这与前四节中介绍的思路十分相似。

8.5.2　物理寻址与虚拟寻址

计算机的主存被组织成一个拥有 M 个连续字节单元的数组,每个字节都对应一个唯一确定的物理地址(physics address,PA)。早期的个人计算机、数字信号处理器、嵌入式处理器等都采用物理寻址(physics addressing)的方式访问主存,即直接使用主存物理地址访问主存,这是最直观的一种寻址方式。如图 8-29 所示,当 CPU 需要读取物理地址为 5 处的一个字节时,主存会取出包含这个字节的一个字,并返回给 CPU,CPU 在接收到这个数据字后将其存放在一个寄存器中以进行后续处理。

不同于物理寻址,现代处理器广泛采用一种称为虚拟寻址(virtual addressing)的方式访问主存。如图 8-30 所示,当 CPU 需要读取物理地址为 5 处的一个字节时,实际上 CPU 不知道实际

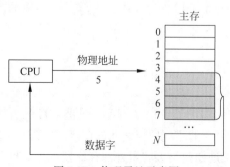

图 8-29　物理寻址示意图

的物理地址在哪里。虚拟内存技术会为 CPU 提供一个虚拟的地址空间,CPU 只知道这个字节对应的一个虚拟地址(virtual address,VA)。因此 CPU 只会给出一个需要访问的虚拟地址,这个虚拟地址将由内存管理单元(memory management unit,MMU)接收并使用主存中的一个称为页表(page table)的数据结构完成从虚拟地址到物理地址的翻译,从而读取数据。

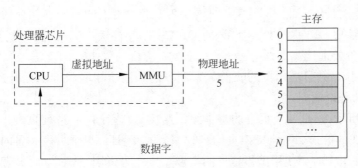

图 8-30 虚拟寻址示意图

8.5.3 虚拟内存的组织方式

虚拟内存技术需要完成主存和外存之间的数据调度,因此与高速缓存技术相似,在虚拟内存中系统也将主存和外存划分成一定大小的数据块作为数据调度的最小单元,这种最小单元称为页(page)。其中虚拟内存中的页称为虚拟页(virtual page,VP),均存储在外存中;物理内存中的页称为物理页(physical page,PP),存储在主存中,物理页称为页帧(page frame)。在任意时刻,虚拟页的集合都可以分成三个不相交的集合。

(1)未分配的:系统还未分配或创建的页。未分配的页没有任何数据和它们相关联,不占用外存空间。

(2)未缓存的:没有缓存在物理存储器中的已分配页。

(3)缓存的:当前缓存在物理存储器中的已分配页。

图 8-31 展示了一个有 8 个虚拟页的虚拟内存,虚拟页 0 和 3 还没有被分配,因此在外存中没有对应的数据。虚拟页 1、4 和 6 已经被缓存在对应的物理页中。页 2、5 和 7 已经被分配了,但是当前并未缓存在主存中,需要将其缓存到物理内存中才能够被处理器访问。

如图 8-30 所示,在支持虚拟内存的系统中,CPU 在访问数据时会使用虚拟地址对存储器进行访问。因此在访问物理内存之前需要

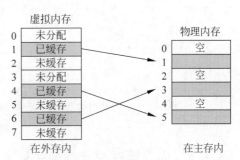

图 8-31 虚拟内存和物理内存映射示意图

先将虚拟地址转换为其对应的物理地址,这个转换的过程称为地址转换(address translation)。

在虚拟内存中,虚拟地址划分为虚拟页号(virtual page number)和页偏移(page offset)。同理,在物理内存中,物理地址也划分为物理页号(physical page number)和页偏移。其中,虚拟页号和物理页号分别作为虚拟地址和物理地址的高位。二者的页偏移位宽

相同,构成地址的低位,负责页内寻址,因此页偏移的位数也决定了页的大小。如图 8-32 所示是一个虚拟地址到物理地址的映射关系示意图。

如图 8-32 所示,完成地址转换过程还需要一个额外的转换模块将虚拟页号转换为其对应的物理页号,这个转换模块称为页表。页表负责提供虚拟页到物理页的映射关系。操作系统负责维护页表的内容以及完成外存与主存的页传输操作。

在介绍页表的具体实现之前,首先回顾 8.2.1 节中给出的不同存储介质的速度对比关系。其中 SRAM 比 DRAM 约快 10 倍,而 DRAM 比外存快 10,000 倍以上,可见如果发生了页的缺失,代价要远比高速缓存技术中 SRAM 的行缺失大。因此虚拟页往往设计得很大,为 4KB~2MB。并且虚拟页的映射关系更多地采用全相联映像以提升命中率,这也是构造页表结构的理论依据。

如图 8-33 所示,这是一个页表的基本组织结构,页表是由一系列页表条目(page table entry,PTE)构成的数组。每个虚拟页均对应一个页表条目,每个页表条目内存储着一个物理地址。页表在工作时会使用虚拟地址的虚拟页号作为索引,从对应的页表条目中寻找其对应的物理地址。另外,每个页表条目有一个对应的有效位来指示当前虚拟页是否被缓存在物理内存中,这里有效位为 1 表示虚拟页缓存在主存中。图中实线表示虚拟页和物理页的对应关系,虚线表示未缓存的虚拟页,页表中的 Null 表示虚拟内存未被分配。

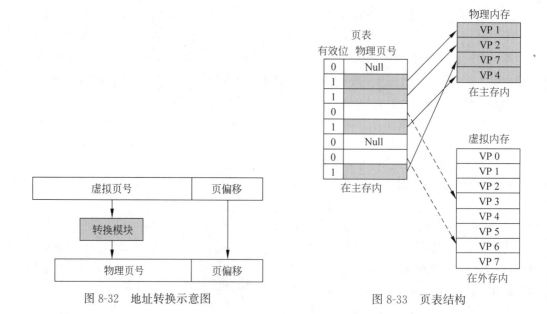

图 8-32　地址转换示意图　　　　图 8-33　页表结构

8.5.4　内存管理单元的缺失处理

在了解了虚拟内存的基本概念以及组织方式之后,本节将介绍虚拟内存技术是如何处理页命中以及缺页的,核心的处理模块是内存管理单元 MMU,它与高速缓存技术中介绍的工作原理十分类似。

首先是页命中的情况。考虑处理器要读取图 8-33 中虚拟内存 VP 2 的一个数据字。MMU 首先读取页表中 VP 2 对应的有效位,发现有效位为 1,表明此时虚拟页 VP 2 已经缓存在主存储器中,然后 MMU 直接从页表中读取虚拟页 VP 2 对应的实际物理页号访问主存中的物理页,并结合处理器给出的偏移址定位到需要读取的字所在的物理地址。

然后是缺页的情况,也就是未命中。考虑处理器要读取图 8-33 中虚拟内存 VP 3 的一个数据字。MMU 首先读取页表中 VP 2 对应的有效位,发现有效位为 0,表明此时虚拟页 VP 2 未缓存在主存储器中,这时会触发一个缺页异常。触发缺页异常后,系统会调用内核中的缺页异常处理程序,该程序会选择一个牺牲页,假设选中的是在物理页 PP 3 中存放的虚拟页 VP 4。内核会将修改后的 VP 4 重新复制回外存,并且修改 VP4 中的页表条目,将有效位改成 0。接下来,内核从外存复制 VP 3 到存储器中的 PP 3,更新 PTE 3,随后异常处理程序返回。当异常处理程序返回时,操作系统会重新启动导致缺页的指令,再次从试图访问该虚拟地址开始,这时有效位是 1,于是正常页命中,从物理地址中读取内存。

至此,本节简要介绍了虚拟内存的概念以及工作原理。回顾高速缓存技术和虚拟内存技术,实际上这两者在许多技术细节上有着高度相似性。背后支撑这两者的核心思想都是局部性原理,只要程序有良好的时间相关性和空间相关性,都可以使用这种缓存技术保证程序的高效运行。

最后,请读者区分高速缓存技术和虚拟内存技术的一个本质区别。即高速缓存技术中的所有操作全都是硬件自动完成的,在设计处理器时就已经将高速缓存技术中所有的操作逻辑在处理器内部使用硬件实现了。但虚拟内存技术中的操作均是由操作系统完成的,没有建立起硬件化的数据通路。希望读者联系操作系统[12]的相关知识来更全面地理解虚拟内存是如何工作的。

8.6 拓展阅读

[处理器与存储器性能趋势对比]http://csg.csail.mit.edu/6.5900/Lectures/L02.pdf.

[DRAM 模标参数变化趋势]Hennessy JL,et al. Computer Organization and Design:The Hardware/Software Interface.

[莫特尔处理器数据参考]https://www.overclock3d.net/reviews/cpu_mainboard/intel_core_i7-3960x_review/2.

[操作系统知识简介] Bryant R B,et al. Computer systems:A Programmer's Perspective.

8.7 习题

1. 今天的计算机系统如何利用 SRAM 和 DRAM 做到容量足够大、速度足够快而且成本足够低的存储系统?

2. 从缺失率和命中时间的角度考虑,在不改变高速缓存数据容量和地址映像方式的条件下,为什么高速缓存行的大小不宜过大,也不宜过小?

3. 计算要实现如图 8-34 所示的高速缓存存储体所需要的总位数。注意:这里需要计算的总位数除了数据之外还包括额外的标记(标签)和有效位。

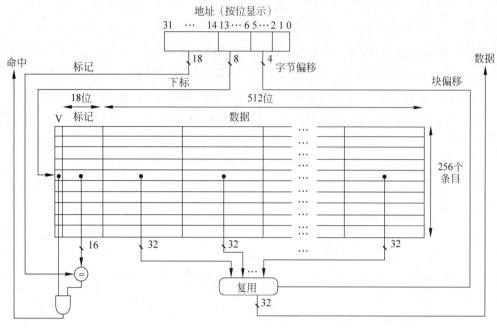

图 8-34 习题 3 图

4. 在高速缓存地址映像中,提高相联度需要更多的比较器,同时高速缓存存储体中的标签位数也需要增加。假设一个高速缓存有 4096 行,行大小为 4 个字,主存地址为 32 位,请分别计算在直接映像、两路组相联、四路组相联和全相联映像中,高速缓存存储体的总组数以及单个标签的位数。

5. 一段程序按照如下顺序访问主存(字地址):

2,3,13,16,21,11,64,48,19,11,3,22,4,27,6,13

(1)假设高速缓存共 16 行,每行对应 1 个字,地址映像与变换的方式采用直接映像。初始时,高速缓存未加载主存中任何块的内容。请给出上述地址访问顺序下,每次访问在高速缓存中的命中与缺失情况,并给出高速缓存中的最终内容。

(2)假设高速缓存共 16 行,每行对应 4 个字,地址映像与变换的方式采用直接映像。初始时,高速缓存未加载主存中任何块的内容。请给出上述地址访问顺序下,每次访问在高速缓存上的命中与缺失情况,并给出高速缓存中的最终内容。

6. 考虑三种不同的高速缓存:

高速缓存 1:行大小为 1 个字,直接映像

高速缓存 2:行大小为 4 个字,直接映像

高速缓存 3:行大小为 4 个字,两路组相联

各自的缺失率如下:

高速缓存 1:指令缺失率为 4%,数据缺失率为 6%

高速缓存 2:指令缺失率为 2%,数据缺失率为 4%

高速缓存 3:指令缺失率为 2%,数据缺失率为 3%

某一测试程序中有 50% 的指令包含数据访问。假设高速缓存缺失带来的损失是每次(6+行大小)个时钟周期,其中行大小以字计。现测得使用了高速缓存 1 的处理器在此工作

负载下的 CPI 为 2.0。请判断哪台处理器在高速缓存缺失上花费了最多的时钟周期并给出详细的分析过程。

7. 给定以下伪码：

```
input: m, n
define and initialize: int array[m][p]
for i = 1,...,m and j = 1,...,n do
    array[i][j] = array[i][j] * 2
end for
```

请用两个 C 程序实现该算法：①逐行访问数组成员；②逐列访问数组成员。比较两个程序的运行时间并分析主存中数据排布方式对缓存性能有着怎样的影响。（受限于系统主存等原因，系统可能无法为程序分配 10000×100000 的大数组，可以根据实际情况选取尽可能大的数组完成实验。）

8. 什么是存储系统中的时间局部性和空间局部性？考虑下面的 C 代码，在变量 i、sum 和数组 arr 中，哪些具有时间局部性？哪些具有空间局部性？

```
int sumarr(int arr[N]) {
    int i, sum = 0;
    for(i = 0; i < N; i++)
        sum += arr[i];
    return sum;
}
```

9. 使用某一特定处理器运行下面这段 C 程序（未做优化）：

```
int i, j, c, stride, array[512];
for (i = 0; i < 10000; i++)
for (j = 0; j < 512; j = j + stride)
        c = array[j] + 17;
```

其中处理器的高速缓存共 256 字节，高速缓存行大小为 8 个字。只考虑访问数组带来的高速缓存操作并假设 int 数据占 1 个字，那么当高速缓存是直接映像并且 stride=256 时，高速缓存的缺失率是多少？当 stride=255 时，缺失率又是多少？如果高速缓存是 2 路组相联的，这两种情况各自又如何？（认为数组从地址 0 开始）

10. 给定如下一段 C 程序（未做优化），在一台处理器上运行，高速缓存行大小为 64 字节，能保存 1024 字节数据：

```
int i = 0, j = 0;
float a, b;
float arr[1024];
…
while (i < 1e4) {
    a = arr[7] + 49;
    b = arr[257 * j] + 490;
    i++;
    j++;
    if (j >= 4) {
        j = 0;
    }
}
```

如果只考虑访问数组 arr 而生成的高速缓存动作,每个 float 数占 4 字节,那么:

(1) 当高速缓存是直接映像时,该缓存中包含块数为多少? 数组元素 arr[7]和 arr[257]映射到的块号分别是多少?(假定 arr[0]映射到的块号为 0)

(2) 当高速缓存是直接映像,且数据替换方法为先进先出(FIFO)时,完整执行该段程序时的缺失率是多少? 请给出计算分析过程。

(3) 当高速缓存采用 2 路组相连时,数据替换方法为先进先出法和最近最少使用法时,完整执行该段程序时的缺失率又分别是多少? 请给出计算分析过程。

11. 在数字信号处理领域中,矩阵转置是一种非常常见的计算。考虑下面的 C 语言矩阵转置函数:

```c
void transpose(int dst[4][4], int src[4][4]) {
        int i, j;
    for(i = 0; i < 4; i++)
        for(j = 0; j < 4; j++)
            dst[j][i] = src[i][j];
}
```

假设矩阵按行优先存储于内存中,sizeof(int)=4,src 的起始地址为 0,dst 的起始地址为 64(十进制)。系统有一个数据高速缓存,块大小为 16 字节,采用直接映射,注意读写均通过高速缓存。如果只考虑数组的访问,回答以下问题:

(1) 如果高速缓存的大小为 32 字节,则高速缓存缺失率是多少?

(2) 如果高速缓存的大小为 128 字节,则高速缓存缺失率是多少?

12. 若 L1 高速缓存的容量为 16KB,块大小为 32 字节,采用 4 路组相连,下列哪些地址一定不会和地址 0x4F4ADBCB 产生冲突并给出详细分析。

A. 0x3ABDBBCD

B. 0x4F4ADBDB

C. 0x4F4ADBCF

D. 0x3FBCABC0

E. 0x3FDFABDD

13. 现有如图 8-35 所示的存储系统。假设高速缓存的命中率为 90%。处理器时钟频率为 1GHz,高速缓存命中时的 CPI 为 1。主存的访问延时为 50ns。

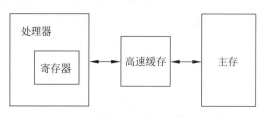

图 8-35 习题 13 图

(1) 处理器的实际 CPI 为多少?

(2) 为了改进性能,有人提出两种解决方案:一是将主存替换成访问延时为 20ns 的存储器;二是增加一个访问延时为 5ns,局部命中率为 95% 的二级缓存。这两种方案中哪种性能更好?

14. 某 32 位的计算机处理器，采用如图 8-36 所示的存储系统。

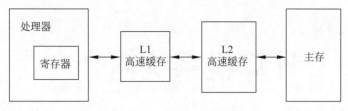

图 8-36 习题 14、15 图

（1）若在此存储系统中，高速缓存行大小为 16B，L1 高速缓存的容量为 32KB。采用 8 路组相联的地址映像方式，求主存中 0x4F4FA0AD 对应到 L1 高速缓存中的组号、标签以及可能对应的 L1 高速缓存行号（组号和标签采用十六进制表示，对应的高速缓存行号采用十进制）。

（2）若在此存储系统中，L1 高速缓存的缺失率为 5%，L2 高速缓存的缺失率为 1%。L1 高速缓存的访问时间为 1 个周期，当 L1 高速缓存缺失时，从 L2 高速缓存加载数据，L2 高速缓存的访问时间为 10 个周期，当 L2 高速缓存也缺失时，从主存加载数据，主存的访问时间为 500 个周期（访问时间指无论命中或者缺失都需要花费的时间，命中时不再需要额外的时间）。请计算在这种情况下，存储系统的平均访问时间为多少？

（3）若在此存储系统中，行大小为 4B，L1 高速缓存的容量为 32B（数据空间，不包含标签位、标志位等），采用直接映像的地址映射方式，L1 高速缓存初始时未加载主存中的任何内容。按照下列顺序访问主存中的地址（每个地址对应一个字节，地址的单位为 B，所有的地址都从 0 开始）：0,3,4,32,33,5 请问访问哪些地址时在 L1 高速缓存中可直接命中？整体的 L1 高速缓存命中率是多少？

15. 某 32 位的计算机处理器，采用如图 8-38 的存储系统。其中 L1 高速缓存采用 8 路组相连，命中率为 20%，访问时间为 10ns，容量为 16KB，块大小为 32B，L2 高速缓存采用直接映射，命中率为 40%，访问时间为 20ns，容量为 1MB，块大小为 64B。主存访问时间为 100ns。

（1）L2 高速缓存中的标签（tag）需要有多少位？

（2）该存储器的平均访问时间是多少？

第9章

计算机系统简介

前面介绍了处理器和存储器的相关内容,它们能够分别完成程序的处理和数据及指令的存储的功能。然而,仅有处理器和存储器是无法支撑完整计算机系统运行的。例如,当计算机系统需要完成一个自动翻译的任务时,输入一种语言的文字(如中文"你好"),计算机系统需要能够自动将其翻译为另一种语言中对应的文字(如英文"hello")。在这个例子中,文字的输入一般采用键盘实现,而翻译的输出一般显示在屏幕上,键盘和屏幕实现了计算机系统的信息输入和输出,实现了计算机系统和外界的信息交互。一般而言,这类用来扩展或者增强所连接的计算机系统的功能或者性能,对数据和信息起着传输、转送和存储作用的设备称为外设,外设是计算机系统中的重要组成部分。

外设的组成多种多样,包括常见的键盘、鼠标、显示器等,不同外设承担的任务也有所不同。而在执行某些任务时,需要不同种类的外设,以及处理器、存储器等各司其职,相互配合,共同完成具体的任务。例如在上述例子中,需要键盘完成文字的输入,处理器完成语言的转换,屏幕完成翻译文字的输出。在承担这些任务时,主要组件需要连接在一起并进行频繁的数据通信与信息传输(如键盘到处理器、处理器到屏幕等)。在当今的计算机系统中,广泛采用总线作为处理器、存储器、各种外设间的通信通道,将具有不同功能的组件连接在一起,构成完整的计算机系统。

本章将主要从总线的分类及结构、总线的通信过程两方面介绍总线的基础知识,帮助读者了解学习总线的原理、结构及工作方式,同时还会简略介绍今天广泛应用的、具有代表性的数种总线协议。而对于外设部分,本章将主要从外设的分类、外设和计算机系统之间的通信这两方面介绍外设的基础知识,并给出若干典型的例子帮助读者加深对于外设的理解。本章思维导图如图 9-1 所示。

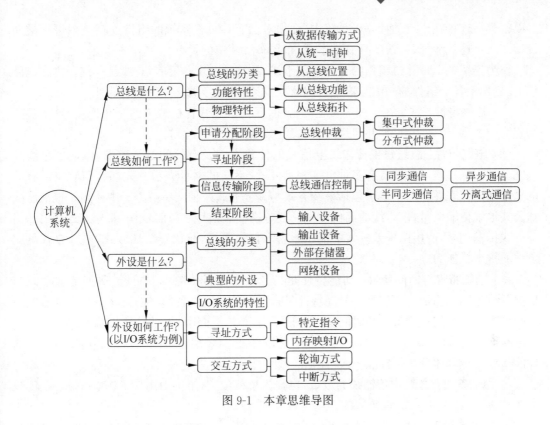

图 9-1　本章思维导图

9.1　总线的定义及分类

9.1.1　总线的定义及性能指标

在本章提到的自动翻译任务中,需要构建键盘到处理器、处理器到屏幕的通信通道。因此,可以构建键盘到处理器以及处理器到屏幕之间的点对点的传输通道来完成信息传输,这种连接方式一般称为分散连接。然而当需要更换键盘(例如从笔记本键盘切换到外置键盘)或者更换屏幕(例如从笔记本屏幕切换到外置显示器)时,这类分散连接需要重新建立信道,面临着通用性及可扩展性的缺陷。因此,当前计算机系统采用总线(bus)的形式来建立不同计算机系统组件之间的通信通道。

总线正如其名字所示,是一辆传输信息的"公交车",待传输的信息就是"公交车"上的"乘客",而不同的计算机系统组件就是不同的"公交车站"。"乘客"从某一个"公交车站"上车,经过"公交车"的运送后,在目标"公交车站"下车,这样就完成了一次从起始计算机组件到目标计算机组件的信息传输。

具体而言,总线是指在计算机系统内,各个组件传递信息(如交换数据、发送控制信号)使用的一组公共连接线(通信干线)。在基于总线的计算机系统中,各个计算机组件通过接口电路与总线相连。每当计算机组件之间需要传递信息时,信息发送端的组件将待传输数据发送在总线上,通过总线传输至其他组件,接收端的组件从总线上加载自己需要的数据。相比于组件间点对点传输的分散连接,总线具有很强的通用性及可扩展性,新的计算机组件可以很容易连接在已有的计算机系统中,无须对已有计算机系统的组件连接关系进行重新设计。除上述优势外,总线还具有成本低、布局布线简单的优点。

作为连接各个计算机组件的公共通信干线,从物理实现角度看,总线是一组印刷在电路板上、延伸至各个组件的一组互连线。因此在设计总线时,需要考虑如下特性。

（1）**机械特性**：总线在物理连接上的特性,保证了总线在机械上的可靠连接,具体包括互连线的类型、传输线数量、几何尺寸、引脚的数量及排列顺序等。

（2）**电气特性**：总线每根传输线上信号的传输方向及有效的电平范围,保证了总线在电气上的正确连接。总线具有多种电平表示方式,不同的电平表示方式都有相对应的有效电平范围。代表性的电平表示包括单端方式与差分方式两种。单端方式中使用一根信号线和公共地线传输信号,信号线的高低电平一般分别代表信号 1 与信号 0；差分方式使用一对差分线传输信号,使用两根差分线的电压差表示传输数据,相比于单端方式,差分方式具有更强的抗干扰能力。

（3）**功能特性与时间特性**：功能特性是指总线中信号传输线的功能,例如地址总线与数据总线分别传输地址与数据。时间特性是指总线传输线上各信号的时序关系及其有效的时间范围。总线的功能特性与时间特性保证了总线连接多组件时的功能正确性。

在设计总线时,除了要考虑上述总线特性以保证总线功能的正确性外,还需要对如下的性能指标进行具体分析,由此进一步评估总线性能。

- **总线宽度**：总线中传输线的数量,也称为总线位宽,单位为比特（bit）。例如 32 位数据总线就包含 32 根传输线。
- **标准传输率**：总线上每秒可以传输的最大数据量,也被称为总线带宽,单位为吉（G）/兆（M）/千（K）字节每秒（Bps，Byte/s）。一般计算公式为：标准传输率（总线带宽）＝总线数据传输频率×总线宽度/8。
- **总线复用**：一组物理传输线是否会在不同时间传输不同种类的数据,例如,可以使地址总线与数据总线共用一组物理线,时分复用传输不同种类的信息。
- **负载能力**：在保证输入输出电平仍在可识别范围内的前提下,总线可以连接挂载的组件/设备的数目多少。

9.1.2　总线的结构及分类

回到自动翻译的例子,除了之前提到的键盘-处理器-屏幕挂载的总线之外,还需要处理器和存储器之间的总线来完成处理器和存储器的通信,使得处理器能够完成自动翻译的任务。可以想见,对于键盘-处理器-屏幕挂载的总线和处理器与存储器之间的总线,所需要的总线宽度、标准传输率等也会有所差异,前者需要的标准传输率较低,而后者的标准传输率需求较高。因此需要不同类型的总线结构来满足不同的总线任务需求。

为满足不同应用场景下对于传输速度、负载能力等方面的要求,同时考虑到机械特性、电气特性等的物理约束,已经有多种不同的总线结构被提出和使用。按照不同的分类标准,本书将总线结构进行了多个维度的分类。本章将从数据传输方式、是否由统一时钟控制、总线位置、传输信息种类及总线拓扑结构这五方面出发,讨论五种代表性的总线分类方法。

分类方法 1：根据数据传输方式进行分类。一根传输高低电平的物理线在单一时刻仅能传输 1 位信息,为实现多位数据的传输,总线可以采用并行设计与串行设计两种不同实现方式,以此可以将总线划分为**并行总线**与**串行总线**两类。**并行总线**使用一组并行的信号线并行传输多位数据,例如 32 位并行总线需要 32 根信号线并行传输数据。现代计算机系统中常用作内存的双倍数据率动态随机存储器(double data rate dynamic random access memory,DDR DRAM)采用的数据总线即为典型的并行总线。并行总线的优势在于数据传输速度快、逻辑实现简单,但是由于并行总线需要的信号线较多,且需要尽可能保证各条信号线等长,满足并行信号线的数据传输同步,导致并行总线一般会占据大量布线空间,不利于电路微型化设计。此外在远距离数据传输时,并行总线还会面临多根传输线之间的数据串扰问题。与并行总线同时使用多根信号线并行传输多位数据不同,**串行总线**上数据逐位传输。在传输过程中,发送组件通过并串转换电路将待发送并行数据转换为串行数据以进行传输,接收组件将接收到的串行传输的数据通过串并转换电路进行数据还原。相比于并行总线,串行总线可以减少布线空间成本以及降低接口引脚数量,设计复杂度与实现成本更低,可以有效缓解并行总线多根传输线之间的串扰问题,实现每根传输线上数据传输速率大于并行总线。因此,串行总线常用于远距离传输和微型化设备中,生活中常见到的通用串行总线(USB)设备使用的即为高速串行总线。

分类方法 2:根据总线否由统一的时钟信号控制,可以将总线划分为**同步总线**与**异步总线**。**同步总线**的控制线中包括一根时钟信号线,总线上互连的各组件均使用同一个时钟信号,数据与时钟同步工作,根据通信协议在规定时钟周期数内完成通信。同步总线具有逻辑设计简单、运行速度快的优势。当同步总线过长时,时钟信号易出现时钟漂移问题(clock skew,指时钟信号相比于理想时钟信号出现时间差)。由于同步总线受时钟信号控制,时钟漂移将严重影响总线性能,因此同步总线常应用于通信距离较短的应用场景中,处理器-存储总线就是一种典型的同步总线。**异步总线**是指没有统一的时钟信号对各设备进行同步的总线设计。在异步总线中,各计算机组件使用握手协议进行通信:发送设备和接收设备通过互相发送请求(request)信号与确认(acknowledgement)信号进行协作通信。由于异步总线没有时钟漂移与统一时钟频率限制等问题,其长度不受限制且可以广泛兼容多种设备。

分类方法 3:根据总线在计算机系统中所处的位置,可以将总线划分为**片内总线**、**系统总线**以及**通信总线**。**片内总线**是指芯片内部的总线,包括处理器内部连接寄存器与算术逻辑单元之间的总线以及连接各个存储块与内存控制器之间的总线等。系统总线是指在计算机系统内部,连接处理器、存储器、输入/输出(input/output,I/O)设备等各个计算机组件之间的总线。**系统总线**可以进一步分为处理器-存储总线以及 I/O 总线。处理器-存储总线又称为前端总线(front side bus,FSB),用于处理器与存储器之间的信息交互。为匹配处理器的运算速度、保障有足够多的数据传输至处理器进行处理,处理器-存储总线通常具有长度短、速度快的特点。I/O 总线又称为外设总线(Peripheral Bus),主要用于将各类外设接入至计算机系统中。相较于处理器-存储总线,I/O 总线的长度较长且速度较慢。此外,I/O 总线通常具有严格的工业标准,以适配多种多样的 I/O 设备。**通信总线**是指连接在多个计算机系统之间或用于计算机系统与其他系统之间的总线。

分类方法 4:根据总线上传输的信息种类可分为**数据总线**、**控制总线**以及**地址总线**,如图 9-2 所示。**数据总线**为双向三态总线(三态指传输线的逻辑包括三种情况:逻辑 0、逻辑 1 以及高阻态 Z),负责在不同计算机组件之间传输数据。需要注意这里的"数据"为广义上的数据信息,不仅包括用于计算处理的数据,也包括指令等信息。数据总线的位宽是数据总线的一个重要指标。在 CPU 中,研究人员常说的 CPU 位宽(如 Intel Core i9 是一个代表性的 64 位 CPU)是指 CPU 内部通用寄存器的位宽,而这一位宽通常也等于数据总线的位宽。**控制总线**负责控制信号和时序信号的传输,用于命令与状态的传输。控制总线通常为双向总线。根据控制总线上的各个设备是否具有对其他设备的控制功能,可以将控制总线上的设备分为主设备与从设备。在具体传输中,控制信号的传输方向由具体的主从设备控制方向决定。控制总线的位宽根据具体需求而定。典型的控制信号包括时钟信号、复位信号、总线使用请求信号及允许信号、中断信号、存储器读写信号以及 I/O 读写信号,其中,总线使用信号及中断信号将分别在 9.2 节介绍。**地址总线**用于传送地址,具体为指示当前数据总线上的数据在存储器及 I/O 端口上的地址。不同于双向传输的数据总线,地址信息通常从处理器或直接访问存储器(Direct Memory Access,DMA)端传入存储器及外设(即数据的读出写回地址均由处理器处理得到后传给其他组件),因此地址总线为单向总线。地址总线的位宽决定了处理器的寻址能力,若地址总线位宽为 N 位,则表示了该处理器的可寻址空间为 2^N 字节,需要注意的是,CPU 位宽(数据总线位宽)与地址总线位宽并无直接的关联。

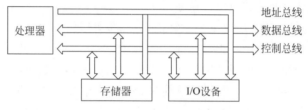

图 9-2　总线连接示意图

分类方法 5:从拓扑连接关系上看,总线结构包括单总线结构与多总线结构。常见的多总线结构包括双总线结构、三总线结构及四总线结构,本节将以双总线结构为例进行介绍。

图 9-3　单总线结构

单总线结构:单总线结构中所有计算机组件均连接在同一组总线上,是最简单的总线结构,如图 9-3 所示。单总线结构中的总线即为 9.1 节中介绍的连接处理器与其他计算机组件的系统总线。单总线结构的优点在于结构简单、易于扩展,例如若在单 CPU 系统中使用单总线结构,则可以通过在系统总线上挂载多个 CPU 将单 CPU 系统扩展为多 CPU 系统。在单总线结构中,由于所有组件都连接在相同的系统总线上,各个组件需要时分复用使用系统总线。若系统总线被速度较慢的组件(如 I/O 设备)所占据,其他速度较快的组件(如处理器)需要等待总线释放后才能传输信息,这就使单总线结构中的信息传输效率较低,成为系统瓶颈。

双总线结构:为了解决单总线结构中不同组件时分复用系统总线导致信息传输效率低的问题,双总线结构采用主存总线进行速度较快组件(处理器和存储器)间的信息传输,和系统总线一起形成了两条主要的总线。代表性的双总线结构包括无层次化双总线结构(图 9-4(a))和层次化双总线结构(图 9-4(b))。无层次化双总线结构仅将主存总线分离出来,使用 I/O 设备时仍通过系统总线进行通信。层次化双总线结构将系统总线进一步拆分为主存总线与 I/O 总线,主存总线与 I/O 总线之间通过定制的 I/O 处理器(input output processor,IOP)进行连接管理。双总线结构保留了单总线结构的可扩展性,并且做到了快速主存总线与慢速 I/O 总线分离,可以有效降低单总线结构中高低速设备复用同一组总线带来的信息传输效率低下问题。双总线结构的缺点在于需要额外的硬件电路来支持分离总线的控制。

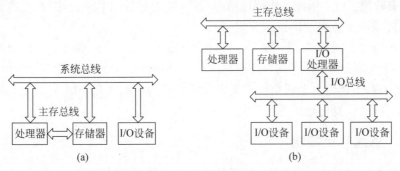

图 9-4 双总线结构

9.2 总线是如何工作的

通过采用数据传输总线,在本章伊始提到的自动翻译任务中,可以将键盘、处理器、屏幕等所需要的计算机组件连接到同一组总线上,进而实现键盘到处理器、处理器到屏幕的数据传输。而对于同一组总线上不同的数据传输需求,通常以时分复用的形式共享总线,在某个时间段,总线用来进行键盘到处理器的信息传输,而在另一个时间段,则用来完成处理器到屏幕的信息传输。而两个不同的信息传输需求一定要被合理分配到总线上。反之,如果总线一直进行键盘到处理器的数据传输,处理器的结果就不能及时显示到屏幕上,而如果一直进行处理器到屏幕的数据传输,会造成对键盘的操作迟迟得不到处理器的响应,而这两种现象都是设计总线时不希望见到的。因此如何将总线使用权合理分配给各个计算机组件、正确且高效地完成信息的传输是设计总线时必须要考虑的关键问题。

9.2.1 总线传输过程

为了设计出能够支持高效信息传输的总线,本书将先对总线的传输过程展开介绍,之后在总线传输过程的基础上介绍如何提高总线的信息传输效率。总线传输过程是指基于总线完成一次从主设备到从设备的数据传输过程。主设备是指在某次总线传输过程中对总线拥有使用权的设备,从设备则是指在此次总线传输过程中响应主设备发送来的总线命令、对总线不具有控制能力的设备。一般而言,总线传输过程可分为如下 4 个阶段。

(1) **申请分配阶段**:需要使用总线的设备首先需要**主动**提出总线使用申请,对于多个设备的总线使用申请,总线仲裁器将依据判优准则决定下一个总线传输周期将总线使用权分配至哪个设备。9.2.2 节将讨论总线仲裁的几种典型方式。获得下一个总线传输周期上总线使用权的设备将自动成为下一个总线传输周期中的主设备。

(2) **寻址阶段**:在总线的下一个传输周期开始时(即当前总线上数据传输完成后),获得总线使用权的主设备会通过地址总线发出本次数据传输的从设备的存储地址或设备端口地址(此地址唯一),并且发送相关命令启动本次总线传输使用的从设备。存储器的访存方式可以参考第 8 章,9.4 节将展开对于外设的寻址方式的讨论。

（3）**信息传输阶段**：主从设备在该阶段进行数据通信，9.2.3 节将重点论述总线传输的四种代表性数据通信方式。

（4）**结束阶段**：当主从设备数据通信完成后，主设备让出总线使用权，总线仲裁器进行新一轮总线传输周期总线使用权的分配。

上述 4 个阶段共同构成了一次完整的总线传输流程，通常也将完成一次总线传输流程的时间称为一个总线周期。总线判优控制（即总线仲裁）以及总线通信控制是决定总线信息传输效率的关键，下面将对总线判优控制以及总线通信控制展开介绍，论述如何通过这两个控制来提高总线的信息传输效率。

9.2.2　总线判优控制

总线判优控制又称为总线仲裁，用于判断下一个总线传输周期中总线使用权属于哪个设备（需要设备主动提出申请）。在总线判优控制中，总线仲裁器（bus arbitrator）是完成总线判优控制的核心处理模块，根据总线仲裁器的位置，可以将总线判优控制分为**集中式仲裁系统**和**分布式仲裁系统**。

在**集中式仲裁系统**中，总线判优的控制逻辑集中在全局位置上的总线仲裁器，全局的总线仲裁器完成所有申请占用总线设备的总线使用权仲裁。而根据总线仲裁器的控制逻辑，可以将集中式仲裁系统划分为三类：**链式查询**、**计数器定时查询**以及**总线独立请求与准许**。

（1）**链式查询**（**daisy chain**）：链式查询是结构最简单的集中式仲裁系统，总线仲裁器按一定次序对每个设备进行轮询，若被轮询到的设备有主动占用总线的申请，则判定该设备占用总线，结构如图 9-5 所示。除了通常的数据总线与地址总线外，采用链式查询仲裁的总线结构中添加了与总线仲裁控制相关的三组信号线：总线请求（bus request，BR）信号线、总线占用（bus busy，BS）信号线以及总线允许（bus grant，BG）信号线。当某一设备需要使用总线时，通过总线请求线发送占用总线请求信号。当总线空闲时，链式查询的总线仲裁器向**第一个**主设备（主设备 0）发送总线允许信号，该信号代表当前设备可以具有总线使用权。若当前设备并未发送占用总线请求信号（即该设备无需使用总线），则将总线允许信号传送至下一个主设备（例如从主设备 0 传递至主设备 1）。若当前主设备发送了占用总线请求信号（即该设备需要使用总线），则在此设备处拦截总线允许信号，同时发送总线占用信号，标志其他设备在总线释放使用权前无法使用该总线。链式查询具有硬件结构简单、易于扩充设备的优势。由于总线允许信号从总线仲裁器发出**依次**传入至各主设备，所以链式查询结构中存在固定的设备优先级，例如在图 9-5 中的链式查询结构中，距离总线仲裁器最近的主设备 0 具有最高优先级，最远的主设备 N 具有最低优先级。当优先级高的设备频繁请求使用总线时，优先级较低的设备会长时间无法使用总线。除此之外，链式查询结构中传播延时与设备数呈正比，因此只适用于少量模块间的通信，且该结构对电路故障较为敏感（某个设备损坏可能会影响后续设备接收总线允许信号）。

（2）**计数器定时查询**（**query by a counter**）：计数器定时查询的总线结构如图 9-6 所示。与链式查询的总线结构相比，计数器定时查询的总线结构无需总线允许线，而添加了用于实现计数器机制的设备地址线（此地址线用于处理总线仲裁，与地址总线不同）。在系统初始化时，总线仲裁器会设置一个计数初始值。当总线仲裁器接收到有设备发送过来的占用总

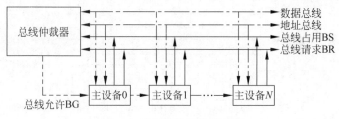

图 9-5　链式查询结构示意图

线请求信号后,若总线空闲,则仲裁器开始计数,并将计数值通过设备地址线发送给各设备。每个设备将设备地址与该计数值进行比较,当某个发送总线请求的设备地址与计数值相同,则该设备获得总线使用权,并发送总线占用信号,此时总线仲裁器停止计数。若没有已经发送占用总线请求信号的设备地址与计数值相同,则计数器进行循环计数更新计数值并重新发送。计数器定时查询的总线结构可以通过设置计数器初始值改变总线仲裁的优先次序。此外,由于总线仲裁器与各设备之间没有总线允许信号连接,计数器定时查询结构对电路故障较不敏感。计数器定时查询的总线结构的主要缺点在于需要增加额外的设备地址线,当系统中有 N 个主设备时,则至少需要 $\lceil \log_2 N \rceil$ 位,对应 $\lceil \log_2 N \rceil$ 根设备地址线。

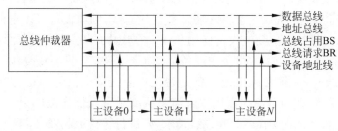

图 9-6　计数器定时查询结构

（3）**总线独立请求与准许**（**independent bus-request and grant method**）：在链式查询的总线结构与计数器定时查询的总线结构中,所有设备复用同一组总线控制线(例如总线占用线与总线请求线),而在独立请求与准许的总线结构中,每个设备由一组独立的总线请求和总线允许信号线和总线控制器相连,如图 9-7 所示。顾名思义,在独立请求与准许的总线结构中,每个设备独立地向总线仲裁器发送总线占用请求并独立从总线仲裁器接收总线使用允许信号,而每个设备对应的总线请求信号线有其对应的优先级。当总线空闲时,总线仲裁器根据其内部的优先级判别算法判断响应哪个设备的占用总线请求。独立请求与准许的总线结构的优点在于各个设备独立控制、总线响应速度快。此外,总线仲裁器内部的优先级判别算法可以灵活调整各个设备的优先级次序,常用的优先级判别算法包括固定并行判优法(各个主设备拥有固定的优先级,并行比较优优先级)和动态优先级算法(主设备优先级不固定,如先来先服务法、最近最少使用法等)。独立请求与准许的总线结构的缺点亦显而易见,灵活性的提高造成控制线数量增多,带来控制逻辑复杂的问题。当系统中有 N 个设备时,独立请求与准许的总线结构需要 N 组总线请求控制线和 N 组总线允许控制线。但其灵活的特性也使得独立准许与请求的总线结构是现代总线普遍采用的集中式仲裁结构。

与集中式仲裁系统相对的是分布式仲裁系统。在**分布式仲裁系统**中,总线仲裁的控制逻辑分散在与总线连接的各个组件或设备上,各个设备竞争总线使用权,无需集中的总线仲

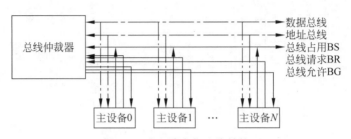

图 9-7 独立请求与准许结构

裁器。同样根据分布式仲裁的控制逻辑，可以将分布式仲裁划分为三类：**自举分布式仲裁**、**冲突检测分布式仲裁**以及**并行竞争分布式仲裁**。

（1）**自举分布式仲裁**：在自举分布式仲裁的总线结构中，总线上所有设备优先级固定，由每个设备独立判别本身是否是当前优先级最高的总线请求设备。在自举分布式仲裁的总线结构中，每个设备都有自己对应的总线请求信号线，且依优先级连接到其他设备的总线请求信号线上，图 9-8 展示了一个具有 4 个主设备的自举分布式仲裁系统。在总线空闲时，需要请求使用总线的各个设备在各自的总线请求线上发送总线请求信号。当有多个设备同时请求总线时，每个设备都将取回其他设备的总线请求信号，判断自己是否是当前优先级最高的主设备。若没有其他优先级更高的设备需要使用总线，则本设备可以立刻使用总线，并发送总线占用信号；否则，等待其他设备使用总线。在图中的案例中，4 个设备的优先级次序为：主设备 3＞主设备 2＞主设备 1＞主设备 0。由于主设备 3 拥有最高优先级，因此当主设备 3 需要使用总线时，无须考虑其他设备是否发送总线请求信号，只须判断总线是否被占用。对于其他主设备，在申请总线使用权时需要从高于自己优先级的设备总线请求线上取得总线请求信号，若高优先级设备存在总线请求，则进行等待。此外，由于优先级最低的设备（主设备 0）是否请求总线使用不会影响其他主设备，因此主设备 0 不需要总线请求信号线。

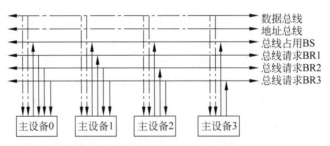

图 9-8 自举分布式仲裁系统举例

（2）**冲突检测分布式仲裁**：在冲突检测分布式仲裁的总线结构中，每个设备独立请求总线。在请求总线使用时，首先检测是否有其他设备也要进行总线使用申请，即检测总线是否存在使用冲突。若不存在冲突，则该设备获得总线使用权；在检测到冲突后，将按照特定的冲突处理策略在冲突的设备中选择一个设备获得总线使用权。在通信总线中，一种典型的冲突处理策略是检测到冲突后，发生冲突的设备随机延迟一段时间后再发送总线的使用申请。读者可以参考"通信原理"相关书籍了解其他更多的冲突处理策略。

（3）**并行竞争分布式仲裁**：在并行竞争分布式仲裁的总线结构中，每个设备具有唯一的仲裁号和专属的仲裁器。此外，在现有总线中添加公用的仲裁总线。当某一设备需要申请总线使用权时,将其仲裁号发送至仲裁总线上。在总线仲裁过程中,每个设备的仲裁器将仲裁总线上的仲裁号与自己设备的仲裁号进行比较。若仲裁总线上的仲裁号较大,则撤销自己设备的仲裁号,此次总线使用申请不予响应。最后仲裁总线上仅保留唯一的仲裁号,对应设备获得总线使用权。

总线的判优控制是影响总线信息传输效率的关键一环。在设计总线时,需要从多角度考虑总线仲裁方案的选择,包括:连接在总线上设备的数量、设备使用总线的频率、总线长度的可扩展性、对总线仲裁速度的需求、对仲裁公平性的需求以及实际物理硬件的约束(如硬件面积)。

9.2.3 总线通信控制

在总线传输过程中,经过总线仲裁后,待传输信息的主从设备获得了总线使用权。本节将重点讨论主从设备利用总线进行信息传输的具体过程,即总线通信控制。总线通信控制解决的主要问题是通信双方如何确认传输的开始与结束以及主从设备如何在通信过程中协调配合,总线通信控制直接影响总线上的信息传输效率。根据主从设备数据传输时时钟信号之间的关系,总线通信控制通常被划分为四类:**同步通信**、**异步通信**、**半同步通信**以及**分离式通信**。

(1) **同步通信**(synchronous):同步通信使用的即为 9.1 节中介绍过的同步总线,通信双方由统一的时钟信号控制,即通信过程由时钟信号进行定时,并且在时钟边沿处进行数据的采样和传输。该时钟信号既可由处理器发出,传递给总线上的所有设备,也可由各个设备内的时序发生器发出,再经过总线控制器产生的时钟信号进行同步。在同步通信中,一个读命令的例子如图 9-9 所示。图 9-9(a) 展示了一次同步通信完成读命令的流程,主从设备完成一次读操作需要 4 个时钟周期:T_1 周期主设备发送读地址→T_2 周期主设备发送读命令→T_3 周期从设备将读出数据放在数据总线上→T_4 周期通信结束,主设备撤销读命令,从设备撤销读出数据,释放总线。图 9-9(b) 展示了一次同步通信完成写命令的流程,类似读命令,写命令同样可以分为 4 个时钟周期:T_1 周期主设备发送写地址→T_2 周期主设备将待写数据发送至数据总线→T_3 周期发送写命令,从设备接收到写命令后依据地址信息将数据总线上的数据写入至指定地址→T_4 周期通信结束,主设备撤销写命令及写数据,释放总线。通过上述两个例子可以注意到主从设备以时钟信号作为控制基准,根据时钟周期可以将操作流程分为数个阶段,通信过程简单,规则明确。但是,为保证总线上各个设备**都能够**在规定的时钟周期内完成操作(如写主存),同步通信需要根据总线上速度最慢的设备设计公共时钟,效率较低,且同步的时钟信号不能设计得过长,否则易受电路非理想因素干扰。因此,同步通信通常适用于总线长度短、总线上各设备操作时间较为一致的场合。

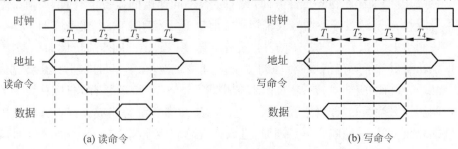

图 9-9 同步通信示例

（2）**异步通信**（asynchronous）：与同步通信不同，异步通信取消了同步通信中作为操作基准的公共时钟信号，而是在主从设备间添加请求线与确认线，采用握手的方式进行通信。由于无须按照公共时钟严格统一操作时间，异步通信中各个设备的操作速度可以不一致。而为了保证信息传输的准确性，主从设备需要根据对方的响应来调整对应的请求/确认信号从而完成通信，这也称为互锁。依据主从设备之间的互锁关系，异步通信可以划分为三种类型：不互锁方式、半互锁方式及全互锁方式，如图 9-10 所示。图 9-10（a）为不互锁方式，在该模式下，主设备发送请求信号（图中主设备请求信号拉高），经过一段时间后自动将请求信号还原（图中主设备请求信号拉低），从设备接收到操作请求信号后发送从设备确认信号，并在一段时间后自动将确认信号还原。不互锁方式操作简单，但是主从设备的请求/确认信号的还原不依赖于对方，而是经过一段时间后自动还原，在一些情况下可能会发生通信错误。图 9-10（b）为半互锁方式，在该模式下，主设备发送请求信号，从设备接收到主设备请求信号后发送从设备确认信号。其间，主设备一直维持请求信号，直到收到从设备发来的确认信号后再将请求信号还原。从设备的确认信号经过一段时间后自动还原，不依赖于主设备状态。因此该模式仅存在从设备"锁定"主设备状态的情况，称为半互锁。图 9-10（c）为全互锁方式，在半互锁方式的基础上添加了主设备对从设备的"锁定"，即从设备仅在主设备请求信号还原后再进行确认信号的还原。全互锁方式以多次握手的形式保障了通信通道的正确建立，广泛应用于网络通信等领域。在异步通信中，传递的信息中除了有效的数据位外，通常还有额外的附加位，如起始位、校验位、终止位等。通常使用比特率和波特率两个指标评估异步通信的速率。其中，比特率是指单位时间内传送的有效数据的二进制比特数量，波特率是指单位时间内传送的总数据（有效数据加附加位）的二进制比特数量。异步通信依赖于请求信号与确认信号的握手，而外界通信环境或电路中存在的噪声可能会造成请求/确认信号的错误变化，从而造成通信发生错误，因此异步通信主要问题在于对于环境或者电路中的噪声较为敏感。

主设备请求信号

从设备确认信号

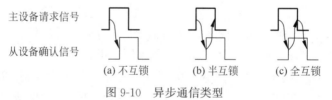

(a) 不互锁　　　　　(b) 半互锁　　　　　(c) 全互锁

图 9-10　异步通信类型

（3）**半同步通信**（semi-synchronous）：半同步通信是同步通信与异步通信的结合。在同步性方面，半同步通信具有同步通信的基本特点，地址信号、数据信号和操作指令（如读写命令）均在时钟边沿处采样。在异步性方面，为了兼容不同速度的设备，半同步通信中增加等待响应信号线（wait），通过等待信号线来指示当前数据是否有效，一个代表性例子如图 9-11 所示。在该例子中，T_1、T_2、T_3、T_4 的基本操作与图 9-9（a）中的同步通信读命令保持一致，唯一的区别在于引入了等待信号线。由于从设备速度较慢，在第三个周期，读出数据尚未准备好，因此发送等待响应信号，等待一个时钟周期 T_w。该等待信号有效时，总线上的地址信号及控制信号保持不变（即读过程进入"暂停"状态），当从设备完成读操作并将读出数据发送至数据总线上后，等待响应信号还原，进入正常总线传输周期（T_3）。半同步通信同时解决了同步通信对设备速度的限制以及异步通信中控制复杂、受噪声干扰的问题。但是由于引入了额外的等待时间且不同设备的等待时间存在差异,总线的工作效率低于同步通信。

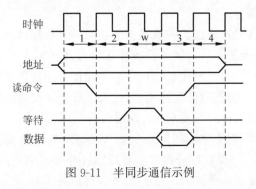

图 9-11　半同步通信示例

（4）**分离式通信**（split transaction）：分离式通信将一个整体的总线周期拆分为两个子周期进行数据传输。以读取数据命令为例,在第一个子周期内,主设备请求总线使用权,将操作命令、地址等信息发送至总线上。从设备接收到这些信息后,主设备释放总线,在第一个子周期结束后,其他设备可以申请使用总线。从设备根据主设备发送过来的命令、指令、地址等信息准备数据,数据准备好后进入第二个子周期。在第二个子周期中,从设备申请总线使用权,获得总线使用权后将主设备编号或地址及其所需要的数据发送至总线上,由主设备接收,完成整个数据传输过程。分离式通信将主从之间的一次通信拆分为两次子通信过程,每个子过程可以采用同步方式进行通信（即根据时钟信号传递数据,无须等待对方响应）,也可以通过异步握手的方式进行通信（两个子过程均建立握手关系等待对方回答）。通过上述过程的介绍可以发现,分离式通信的主要优势在于无须因为等待从设备准备数据而造成总线数据传输时钟周期长。主设备传递完相关数据后随即释放总线,其他设备可以申请使用总线,总线通过在多组主从设备间交叉使用保证了所有的总线占用在占用时间内均在有效工作,没有空闲的等待时间。然而,分离式通信需要较为复杂的控制逻辑,因此一般被应用于大型计算机系统中。

9.3　外设的定义及分类

总线的强通用性以及高可扩展性使得计算机系统能够容纳更新、更多的计算机组件,而不需要对已有的组件连接关系进行重新设计,促进了计算机组件的多样性。在当今,除了计算机系统的"核心组件"（例如处理器、存储器）之外,许多用来配合计算机系统完成实际场景下具体任务的组件也在出日新月异地变化。例如计算机系统的输入方式从打卡式纸带演进到键盘、鼠标,再到当今"科幻"的脑机交互,输出方式也从纸带演进到屏幕,再到当今的 VR（virtual reality,虚拟现实）、AR（augmented reality,增强现实）等,让人能够沉浸式体验虚拟世界。

一般而言,在计算机系统中,能够增强、扩展计算机系统功能的组件统称为计算机系统外部设备,简称为外设。本节将以多种典型外设为例,对外设的设计原理、工作方式及性能分析和评估等方面展开介绍。

外设是计算机系统外部设备的简称,是指连接在计算机系统上,"核心组件"以外的硬件设备。外设可以独立或者半独立地工作而不依赖于计算机处理器,通常用来扩展或者增强所连接的计算机系统的功能或者性能,对数据和信息起着传输、转送和存储的作用,是当今计算机系统的重要组成部分。

根据外设的使用场景以及外设扩展或增强的功能,可以将外设划分为**输入设备**、**输出设备**、**外部存储器**以及**网络设备** 4 类。**输入设备**和**输出设备**实现了计算机系统和外部环境的信息交互,是人机交互的基础,典型代表如在自动翻译任务中使用到的键盘和屏幕;**外部存储器**扩展、增强了计算机系统的数据存储功能,使得计算机系统能够实现长时间的大数据稳定存储,典型代表如机械硬盘、固态硬盘等;**网络设备**实现了计算机系统和局域网内其他计算机系统之间的信息交互以及对访问网站的相关需求,典型代表如网络适配器和 Wi-Fi(wireless fidelity)模块(网络设备部分内容可参照"通信原理"中的网络模型部分)。以下将通过一些典型的例子让读者对外设有一些更加具体直观的了解。

9.3.1 典型案例 1:I/O 设备

输入设备和输出设备一般合称为 I/O 设备。I/O 设备负责协助计算机系统实现信息的输入和输出过程(I/O 过程),是 I/O 过程发生的载体。I/O 过程是外部环境(使用者,其他计算机系统外部温度、湿度等)和计算机系统进行数据和信息交换的过程,是人机间的信息交流过程的载体。键盘和屏幕是两种非常典型的 I/O 设备,键盘使得使用者能够通过敲击具体的物理按键来将对应的数据和信息传递给计算机系统,而屏幕将计算机系统中不易直观感知的数据和信息转化为能够被外界理解、使用的图像信息。I/O 设备实现了计算机系统的数据和信息的输入和输出,实现人和计算机系统之间的信息交互。

9.3.2 典型案例 2:磁盘

磁盘是外部存储器中的典型代表,能够扩展、增强计算机系统中存储器的功能,让计算机系统可以实现对程序和数据的大容量、长期保存。一般而言,磁盘采用稳定、平整的磁性旋转盘片作为信息存储载体(如图 9-12 左下的圆盘),采用盘片上不同位置上的磁性来存储信息。同时利用离磁盘很近的磁头(如图 9-12 圆盘上方的部分)实现对盘片上数据的读写。例如,当需要进行特定地址数据读写时,由磁盘内部的机械结构(如图 9-12 偏右上的结构)将磁头移动至特定地址对应的指定位置,从而通过磁头读取该指定位置的磁性来进行数据读取,或者改变指定位置的磁性来进行数据写入。

磁盘是一种性能优异的非易失存储器,能够在断电的情况下保证数据在较长时间段内不会消失,在当今计算机系统中有着较为广泛的应用。一方面,盘片存储数据的面密度已经能够达到每平方英寸(1 英寸 = 2.54 厘米)存储 2000GB,同时,现有的磁盘一般采用多盘片堆叠的方式进一步提高磁盘的存储容量上限,当前的磁盘已经能够实现 20TB 的存储容量。另一方面,磁盘将数据转换为盘片上磁极序列的方式进行存储,可以实现对数据的较长期存储(超过十年)。磁盘长时间、大容量的数据存储特性以及较

图 9-12 磁盘

低的单位存储价格使得磁盘成为企业级应用中难以替代的关键组件,是数据中心的标配。但是由于数据的读取和写入都需要磁头移动位置,并对对应磁极进行读取或者改变,受限于盘片的转速以及磁头的数量,当前磁盘的写入速度仅为130~190MB/s,远不及当前处理器的数据处理速度,因此在计算机存储系统中一般处于最外部层次,用于支持虚拟内存和存储整个文件系统。

9.4 外设是如何工作的

同样回到自动翻译任务,前面已经介绍了可以通过总线实现键盘到处理器以及处理器到屏幕的数据传输,然而当使用者在键盘上按下一个物理按键,例如按键"Q"时,这个按键"Q"被按下的信息是如何被计算机系统识别到的呢? 这就涉及外设在计算机系统中工作过程,本节将以按下按键"Q"为例,介绍在这个过程中I/O设备是如何工作的,展示其工作的内部原理并引入相关的性能评估指标。

9.4.1 I/O设备及其系统的设计目标

I/O设备是实现计算机系统和外部环境间信息交互的硬件基础,键盘和屏幕是其中的两个典型。而除了这些作为基础的硬件设备外,一个完整的I/O过程还需要能够将这些硬件设备上的信息和计算机系统内部的信息进行转换的软件程序。例如在上面的实例中,当键盘上的"Q"键被敲击后,键盘产生了"Q"键对应的电信号,并将此电信号通过总线发送到计算机系统。在计算机系统中,处理键盘传输电信号的程序收到"Q"键对应的电信号并进行解析,将解析后的结果传输给计算机处理器,计算机处理器便可识别到键盘被敲击了"Q"键,完成了一个完整的I/O过程。一般地,本书将这种程序称为**驱动程序**,每种外设一般都有其对应的驱动程序,**I/O驱动程序**和**I/O设备**共同组成了**I/O系统**。

I/O系统是计算机系统的关键组成部分,为了能够处理多用户、多任务的I/O需求,让每个用户的每个任务都能公平地、高效地、可扩展地占用I/O资源,I/O系统需要具有如下特性。

(1) **公平性**:I/O系统能够较为公平地被不同的应用程序"共享"。由于I/O系统的数量一般远小于计算机系统能够并行执行的应用程序数量,而这些应用程序可能来自不同的用户或不同的任务,而每个并行执行的应用程序都有可能出现I/O的需求。因此,I/O系统的第一个特性是能够被不同的应用程序较为公平地"共享"。一个完善的I/O系统应该尽可能避免出现I/O系统被"锁死"在某个应用程序上,导致其他应用程序无法使用I/O系统的情况。

(2) **高效性**:I/O系统和计算机处理器之间的信息交互是高效的。相较于处理器的高计算性能,I/O系统的数据输入输出效率较低,I/O系统也因此成为部分应用程序执行的性能瓶颈。因此当I/O系统产生输入信息或者I/O系统完成信息输出后,处理器应当及时更新应用程序的状态,从而提高整体性能,同时避免由于I/O操作可能的迟滞给操作员带来的不利影响。

(3) **可扩展性**:I/O系统需要支持多种多样的I/O设备,并能够独立处理与底层硬件设备的交互。由于I/O设备信息的多样性和复杂性,I/O系统需要能够独立地处理底层硬件设备上发生的大量串行或并行的事件,因此,I/O 系统也是整个计算机操作系统中最经常发生错误的区域。

为了满足第一个特性,I/O 系统一般**由且仅由**计算机操作系统控制,应用程序和 I/O 系统之间的通信必须通过操作系统提供的系统调用来实现。第三个特性一般由 I/O 系统中丰富的能够与硬件设备相匹配的驱动程序来保证。而对于 I/O 系统和计算机系统之间的高效信息交互问题,当今的计算机系统建立了高效的 I/O 系统和计算机系统信息寻址方式以及 I/O 系统和计算机系统信息交互方式,下面将对上述两点分别展开讨论。

9.4.2　I/O 系统和计算机系统之间的寻址方式

I/O 系统和计算机系统之间的寻址方式是实现 I/O 系统和计算机系统之间的高效信息交互的基础。按照计算机处理器访问 I/O 系统的指令特性,可以将 I/O 系统和计算机系统之间的寻址方式划分为以下两种。

(1) **特定指令寻址**:对 I/O 端口通过特定的指令进行访问。例如在 x86 指令集中,存在 IN 和 OUT 两条独立的指令支持对 I/O 端口的访问。对于 x86 中的"OUT imm8 AL"指令,能够将处理器的 AL 寄存器中的 1 字节数据输出到地址为 imm8(代表 8 位立即数)的 I/O 端口上。这种方式 I/O 端口地址和存储器地址是相互独立的,非常不灵活,且增加了额外的指令,所以基本很少被使用。

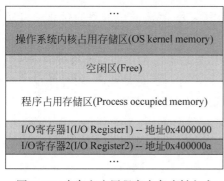

图 9-13　内存和应用程序内存映射方式

(2) **内存映射 I/O(memory-mapped I/O)寻址**:通过将需要使用的 I/O 端口映射到确定且具体的物理内存地址上(如图 9-13 所示),计算机处理器即可通过对指定内存地址上的数据用 load 或 store 指令进行读写,从而达到操作 I/O 端口的目的,进而实现和 I/O 系统之间的信息交互,此时 I/O 端口地址和存储器地址是相互关联的,需要进行隔离。需要注意的是,在内存映射 I/O 寻址时,I/O 端口一般配置对应的 I/O 寄存器来保存 I/O 端口的状态、数据信息。内存映射 I/O 寻址方式灵活,可扩展性高,而且不需要对已有指令集进行任何修改即可支持和任意外设之间的信息交互,已经成为 I/O 系统进行信息交互的主流方式。但需要注意的是,在内存映射 I/O 寻址的模式下,I/O 寄存器所对应的内存地址不能通过高速缓存进行读写加速,否则会出现高速缓存中数据和 I/O 寄存器数据不一致而发生的错误(如图 9-14 所示)。

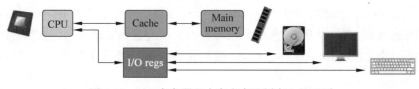

图 9-14　I/O 寄存器和内存在高速缓存上的区别

9.4.3　I/O 系统和计算机系统之间的数据交互方式

I/O 系统和计算机系统之间的数据交互方式是影响 I/O 系统和计算机系统之间的高效信息交互的关键因素。依据计算机处理器对于 I/O 寄存器的访问策略，可以将 I/O 系统和计算机系统之间的数据交互方式划分为同步的**轮询方式**、异步的**中断方式**以及**直接访问存储器（DMA，Direct Memory Access）传输方式**。需要注意的是，这几种交互方式都是由计算机操作系统控制的。

1. 轮询方式

轮询方式（polling）要求 I/O 系统将自身的状态信息反映在预设的状态寄存位上，处理器会**周期地**查看状态寄存位上表征 I/O 系统状态的信息，并根据状态信息判断是否发生，如何发生以及发生了怎么样的信息。

如图 9-15 中的一个典型的 I/O 系统输出寄存器所示，最高位被设置为状态寄存位，称为 ready 信号，低 8 位为数据位，负责传输 I/O 系统的数据。在信息传输过程中，当且仅当 I/O 系统空闲，且能够向外输出一个字符时，I/O 系统才会将 ready 信号置为 1，其他情况下，例如 I/O 系统正在进行字符串的输出时，ready 信号均为 0。

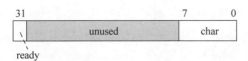

图 9-15　I/O 寄存器的状态寄存位和数据位

在键盘输入"Q"，屏幕显示"Q"的例子中，当计算机处理器进行屏幕显示"Q"的任务时，计算机处理器会周期性地查看 I/O 系统输出寄存器的 ready 信号是否为 1，当 ready 信号为 0 时，继续等待。当 ready 信号为 1 时，计算机处理器将需要显示的字符串"Q"= 0x51（ASCII 码）写入此 I/O 寄存器的低 8 位，随后将 ready 信号置为 0。当 I/O 系统接收到 I/O 寄存器的 ready 信号被置为 0 的信息后，将低 8 位的 0x51 按照规则输出，即输出"Q"，然后将 I/O 寄存器的 ready 信号重新置为 1，完成了一次完整的 I/O 循环。

是否使用轮询通常取决于 I/O 设备是否能够独立地启动 I/O。例如，鼠标在轮询方式下工作得很好，因为它有固定的 I/O 速率，并能独立启动自己的数据传输（无论何时移动）。而对于其他的外设访问，比如磁盘访问，I/O 过程只在操作系统的控制下发生，所以只有在操作系统明确它处于活动状态时进行轮询。

轮询方式非常便于部署，且数据访问和传输完全由计算机处理器控制。但是轮询会占据大量的计算机处理器时间，且可能大部分轮询都是无效的，耗费大量的计算机处理器时间。

2. 中断方式

中断方式（interrupt）要求 I/O 系统能够在 I/O 设备产生信息且该信息需要计算机处理器进行处理时，**中断**计算机处理器的当前程序，并**执行预设**的对该信息的处理程序。

为了让计算机处理器能够执行该信息所对应的处理程序，I/O 系统产生的中断"必须"告诉操作系统事件的类型，产生事件的设备等相关信息，然后计算机处理器根据这些信息决定所对应的预处理程序。一般地，I/O 系统通过设置原因寄存器（cause register）来告诉操作系统相关信息，然后计算机处理器根据向量化中断寄存器中指定的中断程序来处理该次中断。

如图 9-16 所示的一个典型的 I/O 系统输入寄存器中,最高位被设置为中断信号位,称为 full 信号,低 8 位数据位,负责传输 I/O 系统的数据。在键盘输入"Q",屏幕显示"Q"的例子中,敲击键盘上的"Q"键之后,I/O 系统识别到键盘传输到的电信号,并通过对应的驱动程序解析得到此电信号对应的按键信息,随后 I/O 系统将对应的按键信息,例如"Q"=0x51(ASCII 码)写入此 I/O 寄存器的低 8 位,并将最高位的 full 信号设置为 1,在此时,"中断控制器"在 CPU 的正常流程中产生一个中断,并执行该中断所对应的键盘中断程序(相关参数已经预先存储在 cause 寄存器)。预设的键盘中断程序即时开始执行,读取此 I/O 寄存器的低 8 位,得知了键盘产生了对"Q"的敲击,并将此信息传递给需要的程序,最后中断处理程序将最高位的 full 信号设置为 0,完成了一次完整的 I/O 循环。

中断方式的数据交互方式也经常被使用在数据交互双方对对方工作状态不完全确定的情况下。例如在自动翻译任务中,假设存在一个很高效的自动翻译加速处理器能够代替计算机处理器的工作,当计算机处理器接收到键盘传输到的文字后,将文字通过总线传输到这个自动翻译加速处理器上(一般称为协处理器),让这个加速器来执行任务。这时,由于计算机处理器不确定加速器能够何时完成翻译任务,而一直等待着加速器完成又会占用处理器资源,所以一种恰当的方式就是采用中断的数据交互方式。让加速器在完成翻译任务后,告知处理器任务已完成,让处理器通过总线获取翻译的结果,再传输到屏幕上显示出来,最终完成整个自动翻译任务。使用协处理器的总线信息传输示意图如图 9-17 所示。

图 9-16 中断情况下的 I/O 寄存器   图 9-17 使用协处理器的总线信息传输示意图

中断方式的 I/O 系统和计算机处理器的交互是一个非同步事件,可能发生在计算机处理器执行应用程序的任何时间。而且由于存在多种多样的中断,不同的中断会被设置不同的优先级来保证中断功能的正确完成。中断方式的交互只在真正需要数据交互时才会占据计算机处理器时间进行处理,避免了大量无效的轮询时间。但是,中断方式的 I/O 系统需要对中断程序的额外指定和支持,且需要计算机处理器跳转到中断程序才能完成数据处理,相较于轮询方式较难部署。

3. DMA 传输方式

从中断方式的自动翻译任务的例子来看,当协处理器完成翻译任务后,处理器需要将数据从协处理器搬运到存储器上,再从存储器通过总线搬运到屏幕对应的地址。完全相同的数据在总线上被传播了两次,而当这个数据很大时,无疑要占用更多的总线资源,也会带来处理器资源的占用(因为两次总线数据传输都需要处理器控制)。为了解决这个问题,能够让数据直接从协处理器搬运到屏幕是一个很有效的做法,而 DMA 正是实现这种做法的一种有效途径。

相较于传统的需要处理器完全控制的数据传输流程,DMA 在通过处理器控制启动后,即可自动完成将数据从一个地址空间复制到另一个地址空间的任务。DMA 能够避免外设和处理器在数据传输过程中的频繁交互,从而实现外设和存储器之间或者外设和外设之间的高效数据传输,并减少了数据搬运任务对宝贵处理器时间的占用。

具体而言,对于数据传输任务,可以根据 DMA 的存在与否划分为**由处理器控制的间接数据传输**和**由 DMA 控制的直接数据传输**。**由处理器控制的间接数据传输**中处理器能够灵活按照指令完成数据的搬运,但是对于将大量连续数据从一个外设 A 传输到另外一个外设 B 这种重复的任务,若仍然采用由处理器控制的间接数据传输,则将占用大量的处理器时间,使处理器一直处于繁忙状态,且数据传输需要处理器控制也影响了数据传输的效率(如图 9-18 中虚线所示);**由 DMA 控制的直接数据传输**只需要处理器初始化 DMA,确定数据传输的来源外设、目标外设、数据地址、数据数量等关键信息,DMA 模块即可接替处理器完成从外设 A 到外设 B 的数据传输任务(如图 9-18 中实线所示)。DMA 通过本身硬件为外设和存储器件或者外设和外设之间开辟了一条不需要处理器额外控制的传输数据的通道,避免了数据传输带来的处理器占用,同时提高了外设和存储器件或外设和外设之间的数据传输效率。

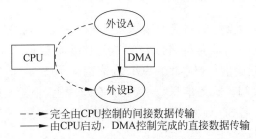

----▶ 完全由CPU控制的间接数据传输
——▶ 由CPU启动,DMA控制完成的直接数据传输

图 9-18　处理器控制和 DMA 控制数据传输流程对比

9.5　常用总线标准及接口

实际应用中的各类外设均按特定的总线标准、通过特定的总线接口连接在计算机系统上。本节将简要介绍目前广泛使用的几种总线协议,感兴趣的读者可以查阅相关资料进一步了解下述总线协议。

9.5.1　I^2C 总线

I^2C(inter-integrated circuit bus,集成电路之间的总线)是一种串行通信总线,使用多主从结构,由飞利浦公司在 20 世纪 80 年代为了让主板、嵌入式系统以及手机能够连接低速周边设备而发展。

I^2C 总线是串行数据总线,仅使用两根物理信号线就可以完成数据的传输:一根是双向的数据总线,用于传输数据,一般称为 SDA;另一根是时钟线,用于同步数据传输的时钟,一般称为 SCL,所有连接到 I^2C 总线上的设备都需要将设备时钟线连接到总线的 SCL 上。注意,SDA 和 SCL 均为双向线路,都需要通过一个电流源或上拉电阻连接到正的电源电压,因此当总线空闲时,SDA 和 SCL 线路均为高电平。连接到 I^2C 总线的设备输出(与 SDA、SCL 线相连的部分)必须是漏极开路或者集电极开路,空闲时等价于高阻态,能够保证不对 SDA 和 SCL 的电平造成干扰,而当 I^2C 总线上任何一个设备连接到地电极后,SDA 或者

SCL 都会被置为 0,从而实现 SDA 和 SCL 的线与功能,如图 9-19 所示。这种设计让 I^2C 总线上任意一个设备都可以成为主设备并发起数据传输,是一种多主从结构。

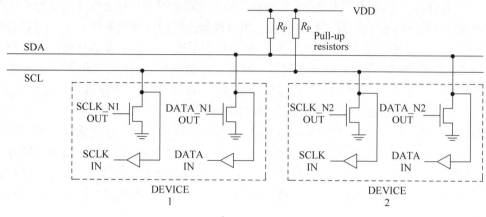

图 9-19 I^2C 总线结构示意图

对于 I^2C 总线而言,数据传输的基本流程如下:在总线空闲时(由于所有设备共用一组信号线,总线的占用情况所有设备都可以获知),需要传输数据的主设备通过配置 SCL 和 SDA 信号线电平,发送起始信号(例如在 SCL 为高时拉低 SDA 信号线),并发送主设备想要通信的从设备地址、读写模式等信息,若从设备在总线上,则会发送 ACK 应答信号,之后按照 SCL 信号作为基准在 SDA 数据线上进行数据传输,在这里,SCL 信号是由主设备驱动的,从设备根据 SCL 信号对信号进行读取。

常见的 I^2C 总线协议依据传输速率的不同而有不同的模式:标准模式为 100kb/s、低速模式为 10kb/s,最多能够支持 112 个节点通信;而新一代的 I^2C 总线可以支持更多的通信节点以更快的通信速率:快速模式为 400kb/s、快速+模式为 1Mb/s、高速模式为 3.4Mb/s,超高速模式为 5Mb/s。I^2C 总线经常被应用在构造简单且可以牺牲传输速率来降低制造成本的外设上,例如小型 OLED 屏幕、单片机等,其优势在于引脚少,通过两个接脚以及相应的软件,可以控制一个总线上的其他设备,在引脚数量受限的场景下有较为广泛的应用。

9.5.2 PCI 与 PCIe 总线

PCI(peripheral component interconnect,外设元件互连)总线通常应用于个人计算机中,由 Intel 公司的 Architecture Development Lab 于 1992 年提出。PCI 总线为并行总线,总线宽度有 32 位及 64 位两种,总线时钟频率包括 33.33MHz 或 66.66MHz 两种,因此 PCI 总线带宽包括如下三种情况:133MB/s(标准配置,总线宽度 32 位、时钟频率 33MHz)、266MB/s(总线宽度 32 位、时钟频率 66MHz 或总线宽度 64 位、时钟频率 33MHz)以及 533MB/s(总线宽度 64 位、时钟频率 66MHz)。符合 PCI 总线标准的设备称为 PCI 设备,PCI 设备通过 PCI 接口连接在 PCI 总线上,PCI 板卡接口示意图如图 9-20 所示。在计算机系统中,PCI 总线上通常会挂载多个 PCI 设备,当 PCI 设备过多时,系统中会包含多条 PCI 总线,多条 PCI 总线通过 PCI 桥进行连接。

PCI 总线的信号线根据功能可以分为如下几组:①系统控制信号,包括时钟信号与复位信号;②地址与数据信号,包括时分复用的地址/数据线(address/data,A/D)、时分复用

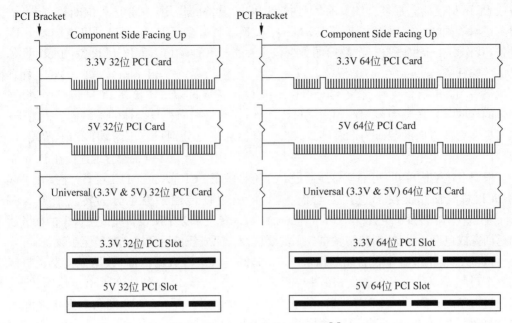

图 9-20 PCI 板卡接口示意图[1]

的总线命令/字节使能线（command/byte enable，C/BE）以及奇偶校验信号线（odd even parity，PAR）；③接口控制信号，用于协调通信主从设备的控制信号；④仲裁信号，PCI 采用**集中式仲裁的独立请求与准许仲裁结构**，所有主设备均有一对总线请求与总线允许信号线，由全局的总线仲裁器进行仲裁，且总线仲裁与数据传送同时进行，不占用总线周期；⑤错误报告信号，用于指示总线通信中的错误，例如奇偶校验错误。

PCI 总线中数据线与地址线时分复用，通常情况下完成一次数据传输后需要清空数据地址线上的数据，重新发送地址，此时信息传送效率很低。为解决该问题，PCI 总线采用突发式数据传送（burst），数据传输时先传输起始地址与数据长度 N，然后使用地址数据总线连续传输 N 个数据，无须再发送地址。因此，PCI 的数据传送过程分为一个地址周期和多个数据周期，数据、地址及控制信号均在总线时钟下降沿处发生变化，总线上的设备在时钟上升沿采样总线上的信号。

PCI 总线作为一种并行总线，当数据传输速率高速发展后，并行连线易受信号干扰问题，为解决并行传输中的诸多问题，PCIe 应运而生。PCIe 总线全称 Peripheral Component Interconnect Express，曾拟定名为 3GIO（3rd generation IO），是一种替代且兼容并行 PCI 总线的高速串行总线，诞生于 2003 年。PCIe 总线传输数据使用一组差分信号线进行串行传输。两组差分线（一组用于接收数据，一组用于传输数据）构成了一个 PCIe 通道（lane）。PCIe 设备的通道数可由 1 个（×1）拓展至 32 个绑定在一起（×32），从而显著提升 PCIe 的传输带宽。例如，2019 年提出的 PCIe5.0 协议中，PCIe ×1 的总线带宽为 3.938GB/s，而×16 的总线带宽可提高至 63.015GB/s。图 9-21 对比了 PCIe×1、PCIe×16 及 PCI 的接口。

在连接结构上，PCIe 采用点对点连接方式，每个设备建立独立的数据传输通道。PCIe 总线的系统结构包括如下几部分：①根复合体（root complex）：根复合体用于将处理器、存储器与 PCIe 设备连接在一起。根复合体包括多个 PCIe 端口，每个端口连接一个 PCIe 设备或 PCIe 交换器。根复合体具有管理控制 PCIe 设备的作用,内部具有中断控制器、错误检测逻辑等模块。②PCIe 交换器(switch):交换器具有多个 PCIe 端口可以连接多个 PCIe 设备,其作用在于将来自一个端口的数据信息发送至其他端口。③PCIe 设备:PCIe 设备为具体传输任务(transaction)的请求者或完成者,也称为端点(endpoint)。每个 PCIe 具有特定的设备 ID,包括总线号、设备号等信息。PCIe 设备通过端口连接在 PCIe 链路中,根据数据包的接收与发送分为入端口和出端口。此外,通常将指向根复合体的端口称为上游端口,离开根复合体方向的端口为下游端口。根复合体和端点分别只有下游端口和上游端口,交换器同时具有上下游端口。④PCIe-PCI 桥:该组件用于将 PCI 设备兼容地连接在 PCIe 系统中。根据上述结构可知,与 PCI 总线通过 PCI 桥将多组 PCI 总线(及 PCI 设备)连接在一起不同,PCIe 总线使用交换器连接多台设备,具体的数据传输事务也分为转发事务(posted transaction)和非转发事务(non-posted transaction)。转发事务中从设备完成主设备的任务后无须返回完成包至主设备,而非转发事务则需要从设备完成任务后反馈完成包至主设备。

　　PCIe 总线中的各个设备以数据包(packet)的形式进行数据传输,数据报文发送与接收的整个过程需要经过多个层次,如图 9-22 所示。首先,PCIe 设备核产生出待传输数据,数据通过 PCIe 核接口传入 PCIe 端口处的事务层。事务层主要负责数据与数据包之间的转换处理。发送数据时,事务层将数据打包为数据包(transaction layer packet,TLP),并将 TLP 发送至数据链路层;接收数据时,事务层从数据链路层接收 TLP,完成数据包校验与有效数据提取,将有效数据通过接口传递至 PCIe 设备核。此外,PCIe 采用**分离式通信**方案,多组主从设备交叉使用总线。为保证分离式通信中事务数据包的正确顺序,事务层还会负责处理事务排序与流量控制。数据链路层是事务层与物理层的中间层,主要用于保证链路上收发数据包时的数据完整性,具体方式为:在 TLP 上附加链路循环冗余校验(link cyclic redundancy check,LCRC)及序列 ID、传送/接收数据链路层数据包(data link layer packet,DLLP)并用 ACK/NAK(acknowledgement and negative acknowledge)协议保证事务传输的可靠性。物理层是 PCIe 总线的最底层,负责连接 PCIe 链路,为信息通信提供传输介质。具体包括处理数据包逻辑运算的逻辑物理层和包括驱动电路差分电路在内的电气物理层。

图 9-21　PCI 与 PCIe 接口对比[1]

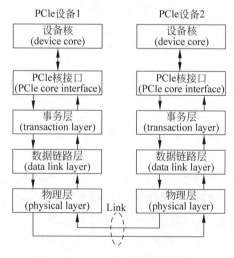

图 9-22　PCIe 层次结构示意图

9.5.3 USB

USB(universal serial bus,通用串行总线)是诞生于 1994 年的一种连接计算机系统与外设的串口总线标准,广泛用于个人计算机、移动设备等产品中。自 1996 年正式发布的 USB1.0 至 2019 年正式公布标准规范的 USB 4.0,USB 的数据传输速率由 1.5Mb/s 增加至 40Gb/s,如表 9-1 所示。

表 9-1 USB 数据速率发展变化[2]

USB	时间/年	数据传输速率
USB 1.0	1996	1.5Mb/s(low speed) ∼ 12Mb/s(full speed)
USB 1.1	1998	1.5Mb/s(low speed)∼ 12Mb/s(full speed)
USB 2.0	2001	1.5Mb/s(low speed) 12Mb/s(full speed) 480Mb/s(high speed)
USB 3.0	2011	5Gb/s(superspeed)
USB 3.1	2014	10Gb/s(superspeed+)
USB 3.2	2017	20Gb/s(superspeed+)
USB 4	2019	40Gb/s(superspeed+, Thunderbolt3)

标准 USB 2.0 接口中主要有 4 根信号传输线,其中,2 根线分别接电源与地,2 根线为传输数据的串行差分线。Mini USB 接口在此基础上增加 1 根 ID 信号线,当两个设备在没有主机(host)的情况下相连,通过 ID 信号线判断两个设备的主从关系。USB 3.0 在 mini USB 基础上新增 4 根信号线(共 9 根信号线),分别是用于高速传输(superspeed)的发数据信号线 SSTX+/SSTX-以及收数据信号线 SSRX+/SSRX-。今天广泛应用的 USB Type-C 接口在 USB 3.0 的 9 根线的基础上添加了 4 根信号线,分别是新增电源信号线、地信号线、用于插入检测及识别防线的 CC 信号线(configuration channel)和 SBU 辅助信号线(side band use),同时去掉了 ID 信号线,合计 12 根线。此外,USB Type-C 具有不分正反的特性,接口中两边均有信号,合计 24 根线。

与 PCIe 总线类似,USB 的数据传输也以数据包为基本传输单位。若干数据位构成域(包括同步域、标识域、地址域、数据域等多种数据域),域再组合为数据包。如前所述,USB 以串行差分线的方式传输数据,数据位串传输遵从 NRZI(Non return to zero, inverted)编码格式。在 NRZI 编码中,若原始数据为"0"则编码数据电平翻转,若原始数据为"1"则编码数据电平保持不变。在使用 NRZI 编码时,若通信的主从设备工作频率不一致,信号同步将成为重要问题,例如从设备接收到持续一段时间的低电平,无法判断改组数据代表多少个"1"信号(注意原始数据位 1 时电平保持不变)。为解决数据同步问题,USB 在协议中引入了同步头机制,每个数据包开始时均有一个同步域,该同步域原始信号为 0000_0001,经过 NRZI 编码后为 0101_0100,从设备接收到该同步域后可以计算出主设备的发送频率,从而进行自同步。此外,USB 协议中还采用了 bit-stuffing 的策略进行时钟信号同步,若传送的数据包括连续 7 个以上的"1",则会在第六个"1"后面插入一个"0",强制进行信号翻转,当接收者接收到连续的"1"信号后,通过删除第六个"1"信号后的"0"信号进行数据还原与频率调整。

图 9-23   USB 系统拓扑结构

USB 系统中的各个设备以星型结构连接,拓扑结构中包括三部分:主机、多端口转发器(hub)以及 USB 设备,如图 9-23 所示。主机中包含 USB 主控制器,控制 USB 总线上各个设备之间的数据传输。Hub 是一种特殊的 USB 设备,提供多个 USB 接口,可以将设备连接至 USB 总线上并为 USB 设备提供电源,USB 系统有唯一的根 Hub,连接在主控制器上。从物理连接关系上看,各个 USB 设备直接连接或通过 Hub 连接在 USB 总线上;从逻辑连接关系上看,主机和 USB 设备直接连接,数据传输由主机中的主控制器负责控制。

在数据传输过程中,USB 数据包主要包括令牌包、数据包与握手包。USB 是一种基于令牌的总线,主机中的主控制器会广播令牌包,令牌包指示了待传输数据包送至哪个 USB 设备(或从 USB 设备接收数据),每次只有一个设备会对广播的令牌包作出响应。总线上的设备检测令牌包中的地址是否与自身相符,并进行响应。数据包为待传输数据,若数据包长度大于对应接收端点的容量,则将数据包拆分为多个包传输。握手包用于指示数据是否成功传输(失败时需要重传数据)。各个数据包会进一步组成事务(transaction),每个事务包含三个阶段:①令牌包阶段:启动事务;②数据包阶段:传输相应的数据;③握手包阶段:返回数据传输情况。事务包括三种类型:IN 事务、OUT 事务与 SETUP 事务,三类事务分别对应从 USB 设备向主机发送数据、从主机向 USB 设备发送数据以及主机向 USB 设备发送标准 USB 设备请求命令(建立链接)。三类事务构成了完整的数据传输。USB 系统共有四种数据传输方式。

(1) 控制传输(control):由主机 USB 系统软件发出命令,在 USB 设备与主机之间建立联系,在主机与 USB 设备之间建立控制通道,用以传输控制、状态机配置信息,为可靠的双向传输。

(2) 同步传输(isochronous):同步传输中只有 IN 事务与 OUT 事务,两个事务中没有握手包的确认,不支持错误重发机制。因此,同步传输是一种不可靠的传输。通常用于周期性、提供确定带宽及延时要求、数据传输速率固定、容错性强的数据传输。

(3) 中断传输(interrupt):主机通过固定的时间间隔对各个 USB 设备进行轮询,若有数据传输请求则进行数据传输。中断传输是一种可靠的单向传输方式。用于数据传输量小、无周期性、对响应时间敏感且优势试行要求的设备,如鼠标键盘。

(4) 数据块传输(bulk):数据块传输同样是一种可靠的单向传输,其充分利用带宽完成传输,适合传输数据量较大的传输。

9.6   拓展阅读

[PCI&PCIe] https://pcisig. com.

[USB] USB complete: The Developer's Guide, Fifth Edition, Jan Axelson.

[USB] https://www. usb. org/documents.

9.7　习题

1. 并行总线和串行总线的区别是什么？请各举一个例子进行介绍。

2. 什么是总线仲裁？常见的总线仲裁有哪几种仲裁方式？它们的区别是什么？

3. 考虑一个有 4 个主设备的总线系统，总线仲裁采用集中式仲裁结构。请问使用链式查询、计数器定时查询以及总线独立请求与准许三种结构时，分别需要多少根控制通信线（地址线与数据线之外的总线通信线）？每根（组）线各负责什么功能？

4. 假设某同步总线的时钟周期为 50ns，总线宽度 32 位，每次总线传输需要花费一个时钟周期。若该总线上连接了一个存储器，存储器取出 4 字节数据的时间为 200ns，请问使用该同步总线读取数据的最大总线带宽为多少？如果存储器读数时间为 220ns，最大总线带宽为多少？

5. 假设某异步总线每次握手需要 40ns，采用全互锁方式，总线宽度 32 位，存储器取出 4 字节数据的时间为 200ns，请问使用该异步总线读取数据的最大总线带宽为多少？数据传输的握手过程如图 9-24 所示。

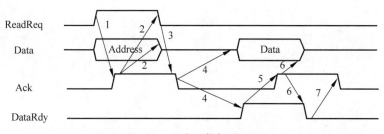

图 9-24　异步通信握手过程

6. 考虑一个异步串行传输系统，传输字符串格式为 1 位起始位、16 位数据位、1 位奇偶校验位和 1 位终止位。假设该一步串行传输系统的数据传输波特率为 1200b/s，求该传输系统相应的数据传输比特率。

7. 请查阅相关资料，介绍 AXI 总线（advanced extensible interface）的主要特点，内容包括但不限于总线宽度、数据传输速率、数据传输特点、应用场景等。

8. 除了书中已列举的键盘、鼠标、显示器、磁盘等，请再给出两到三种常见的外设，并说明这些外设在哪些方面扩展或增强了计算机系统的功能。

9. 请给出 I/O 系统的关键组成部分以及一个良好的 I/O 系统应该满足哪些特性。

10. 书中给出了轮询式的 I/O 访问策略和中断式的 I/O 访问策略，请比较两种 I/O 访问策略的优缺点。

9.8　参考文献

[1]　https://en.wikipedia.org/wiki/Peripheral_Component_Interconnect.

[2]　https://en.wikipedia.org/wiki/USB.